MECATRÓNICA
Aplicaciones y Tendencias Mecatrónicas
LUIS TEJADA

TEMAS

1. Historia y evolución de la mecatrónica
2. Principios de mecánica y cinemática
3. Fundamentos de electrónica
4. Circuitos eléctricos y electrónicos
5. Elementos de automatización industrial
6. Sistemas electromecánicos
7. Materiales utilizados en mecatrónica
8. Diseño asistido por ordenador (CAD) en mecatrónica
9. Prototipado y fabricación rápida en mecatrónica
10. Análisis de sistemas dinámicos
11. Análisis de señales y sistemas
12. Procesamiento de señales
13. Control automático y retroalimentación
14. Sistemas de instrumentación
15. Diseño de circuitos impresos (PCB)
16. Sensores de proximidad y detección
17. Sensores de temperatura y presión
18. Sensores de luz y visión artificial
19. Sensores de movimiento y posición
20. Sensores de fuerza y torque
21. Sensores de humedad y calidad del aire
22. Sensores de sonido y vibración
23. Técnicas de calibración de sensores
24. Transductores y su aplicación en mecatrónica
25. Redes de comunicación industrial
26. Protocolos de comunicación en sistemas mecatrónicos
27. Microcontroladores y microprocesadores avanzados
28. Programación de microcontroladores en lenguaje C
29. Control PID y otros algoritmos de control
30. Simulación de sistemas mecatrónicos
31. Robótica industrial

Prólogo

La mecatrónica, una disciplina interdisciplinaria que combina la mecánica, la electrónica y la informática, ha evolucionado de manera extraordinaria a lo largo de los años para convertirse en un campo fundamental en la ingeniería moderna. Este libro, que aborda una amplia gama de temas relacionados con la mecatrónica, te llevará en un apasionante viaje a través de sus aspectos fundamentales y aplicaciones avanzadas.

Comenzando con un vistazo a la historia y evolución de la mecatrónica, exploraremos cómo esta disciplina ha crecido y se ha transformado a lo largo del tiempo. Desde los principios fundamentales de mecánica y cinemática, pasando por los conceptos básicos de electrónica y circuitos eléctricos, hasta los elementos de automatización industrial y sistemas electromecánicos, cada capítulo te sumergirá en el conocimiento esencial necesario para comprender la mecatrónica en su totalidad.

Pero no nos quedaremos ahí. También veremos cómo la mecatrónica se aplica a diversos campos de la ingeniería, como la robótica, la visión por computadora, el control automático, los sistemas embebidos, los sistemas de instrumentación y las interfaces hombre-máquina. Aprenderás sobre las tecnologías más innovadoras y los desafíos actuales en la mecatrónica, así como sobre las normativas y estándares de seguridad que rigen esta disciplina.

El libro te ofrecerá ejemplos prácticos, ejercicios resueltos y proyectos finales para que puedas poner en práctica lo aprendido y desarrollar tus propios sistemas mecatrónicos. Al finalizar el libro, habrás adquirido una visión integral y actualizada de la mecatrónica, así como las habilidades necesarias para diseñar, implementar y evaluar soluciones mecatrónicas en diferentes contextos.

1.Historia y evolución de la mecatrónica.

La mecatrónica es una disciplina interdisciplinaria que combina la ingeniería mecánica, la electrónica, la informática y la ingeniería de control para diseñar y crear sistemas y productos que involucran elementos mecánicos y electrónicos. Su historia y evolución se pueden dividir en varias etapas clave:

Década de 1960: Orígenes

La idea de combinar la mecánica y la electrónica se remonta a la década de 1950.

En esta década, los primeros sistemas mecatrónicos comenzaron a aparecer, incluyendo robots industriales y sistemas de control de procesos que integraban componentes mecánicos y electrónicos.

Origen del término "Mecatrónica": Aunque la combinación de la mecánica y la electrónica como disciplinas no era nueva en la década de 1960, lo que hizo especial esta época fue la creación del término "mecatrónica". El ingeniero japonés Tetsuro Mori acuñó este término en 1969 en un artículo publicado en la revista "Yaskawa Electric". El objetivo de Mori era describir la integración de la ingeniería mecánica y electrónica en una sola disciplina, y el término "mecatrónica" surgió de la fusión de las palabras "mecánica" y "electrónica".

Robots Industriales: Durante la década de 1960, se desarrollaron los primeros robots industriales que podían ser programados para realizar tareas específicas en la línea de producción de fábricas. Estos robots eran una manifestación temprana de la mecatrónica, ya que requerían componentes mecánicos para el movimiento, sensores electrónicos para detectar su entorno y sistemas de control electrónicos para operar de manera eficiente y precisa.

Sistemas de Control de Procesos: También en esta década, se comenzaron a desarrollar sistemas de control de procesos que integraban componentes mecánicos y electrónicos para automatizar y optimizar la producción industrial. Estos sistemas permitieron un control más preciso y eficiente de las máquinas y los procesos de fabricación.

Avances en Electrónica: La década de 1960 fue testigo de avances significativos en la electrónica, con la miniaturización de componentes y el desarrollo de circuitos integrados. Estos avances fueron fundamentales para la integración de sistemas electrónicos en aplicaciones mecánicas.

Educación y Reconocimiento: A medida que la mecatrónica comenzó a tomar forma, las universidades y las instituciones educativas comenzaron a reconocer la importancia de esta disciplina emergente. Se crearon programas de estudio específicos de mecatrónica para formar a ingenieros en esta intersección de disciplinas.

La década de 1960 marcó el inicio de la mecatrónica como una disciplina interdisciplinaria que buscaba combinar la mecánica y la electrónica para crear sistemas más avanzados y automatizados. Los desarrollos tecnológicos y la adopción creciente de sistemas mecatrónicos en la industria allanaron el camino para su evolución y expansión en las décadas siguientes.

Década de 1970: Desarrollo de la robótica

La década de 1970 fue testigo de un rápido avance en la robótica industrial, con la introducción de robots programables y sistemas de control más avanzados.

La mecatrónica comenzó a ser reconocida como una disciplina importante en la educación superior, con la creación de programas de grado específicos en universidades de todo el mundo.

Rápido Avance en la Robótica Industrial: fue un período de avances significativos en la robótica industrial. Algunos de los desarrollos más destacados incluyeron:

Robots Programables: Se introdujeron robots industriales programables que podían realizar una variedad de tareas mediante la programación de movimientos y acciones específicas. Estos robots eran capaces de sustituir tareas peligrosas o repetitivas realizadas por trabajadores humanos en las líneas de producción.

Automatización en la Industria: La automatización industrial se expandió considerablemente, gracias a la introducción de sistemas robóticos más avanzados y

sistemas de control más sofisticados. Esto llevó a mejoras en la eficiencia de la producción y la calidad de los productos.

Reconocimiento de la Mecatrónica: Durante esta década, la mecatrónica comenzó a ganar reconocimiento como una disciplina importante y necesaria en la educación superior. Algunos puntos clave incluyen:

Programas de Grado en Mecatrónica: Universidades de todo el mundo comenzaron a establecer programas de grado específicos en mecatrónica o ingeniería mecatrónica. Estos programas estaban diseñados para capacitar a ingenieros con habilidades interdisciplinarias en mecánica, electrónica y control.

Investigación y Desarrollo: Se llevaron a cabo investigaciones y desarrollos significativos en el campo de la mecatrónica, lo que resultó en la publicación de estudios y avances en revistas científicas. Esto ayudó a establecer una base sólida para la disciplina.

Aplicaciones en Diversas Industrias: La robótica industrial no se limitó a una sola industria durante esta década. Se implementaron robots en sectores como la automoción, la electrónica, la industria química y la manufactura en general. Esto demostró la versatilidad de la mecatrónica en la automatización de una amplia gama de procesos.

Regulaciones y Seguridad: A medida que los robots industriales se volvían más comunes en las fábricas, también surgieron preocupaciones sobre la seguridad en el lugar de trabajo. Esto llevó a la promulgación de regulaciones y estándares de seguridad para garantizar que los robots operaran de manera segura junto con los trabajadores humanos.

La década de 1970 fue un período crucial para el desarrollo de la mecatrónica, con avances notables en la robótica industrial y el reconocimiento creciente de la importancia de esta disciplina en la educación superior. Estos avances sentaron las bases para la expansión y la evolución continuas de la mecatrónica en las décadas posteriores.

Década de 1980: Integración de la informática En esta década, la informática se convirtió en una parte fundamental de la mecatrónica. El desarrollo de microcontroladores y sistemas embebidos permitió la integración de la informática en productos mecatrónicos.

Se expandieron las aplicaciones de la mecatrónica en campos como la automoción, la industria manufacturera y la aeronáutica.

Desarrollo de microcontroladores y sistemas embebidos: Uno de los avances tecnológicos más significativos de la década de 1980 fue el desarrollo de microcontroladores y sistemas embebidos. Estos componentes electrónicos permitieron la miniaturización y la integración de la informática en una amplia gama de productos mecatrónicos. Los microcontroladores son pequeños chips de computadora que pueden ejecutar programas específicos para controlar sistemas mecánicos y electrónicos. Esto abrió la puerta a una mayor automatización y control en sistemas mecatrónicos.

Automoción: La industria automotriz fue uno de los sectores que más se benefició de la mecatrónica en la década de 1980. La integración de sistemas de control mecatrónico permitió mejoras significativas en la eficiencia del motor, la seguridad y la comodidad del conductor y los pasajeros. Los sistemas de control de motor, la transmisión automática y los sistemas de frenado se volvieron más sofisticados y precisos gracias a la informática.

Industria manufacturera: En la industria manufacturera, la mecatrónica se convirtió en una herramienta fundamental para la automatización de procesos. Los robots industriales se volvieron más inteligentes y capaces de realizar tareas de ensamblaje y manipulación de manera más precisa y eficiente. La informática permitió la programación y el control de estos sistemas para adaptarse a diferentes tareas de producción.

Aeronáutica: En la aeronáutica, la mecatrónica también desempeñó un papel crucial. Los aviones modernos incorporaron sistemas de control mecatrónico para garantizar la estabilidad y el rendimiento durante el vuelo. Los sistemas de navegación y comunicación también se beneficiaron de la integración de la informática.

Expansión de aplicaciones: La década de 1980 marcó el comienzo de una expansión significativa de las aplicaciones de la mecatrónica en diversos campos. Desde la atención médica hasta la electrónica de consumo, la mecatrónica se hizo presente en una amplia variedad de productos y dispositivos, mejorando su funcionalidad y eficiencia.

En resumen, la década de 1980 fue testigo de un importante avance en la integración de la informática en la mecatrónica. Los microcontroladores y sistemas embebidos permitieron la automatización y el control avanzado de sistemas mecánicos y electrónicos en una variedad de industrias, lo que condujo a mejoras significativas en la eficiencia y la funcionalidad de los productos mecatrónicos. Este período marcó el inicio de la era moderna de la mecatrónica y su creciente influencia en la tecnología y la industria.

Década de 1990: Expansión de la mecatrónica

La mecatrónica se expandió a otros campos, como la medicina, la robótica de servicio y la automatización del hogar.

Se continuó desarrollando la tecnología de sensores y actuadores, lo que permitió la creación de sistemas mecatrónicos más avanzados y precisos.

Expansión a otros campos:

Durante la década de 1990, la mecatrónica dejó de ser una disciplina exclusiva de la ingeniería mecánica y se expandió a otros campos, lo que permitió su aplicación en una variedad de industrias y sectores. Algunos de los campos en los que la mecatrónica comenzó a desempeñar un papel fundamental fueron:

Medicina: La mecatrónica se utilizó para desarrollar equipos médicos avanzados, como sistemas de cirugía asistida por robots y dispositivos de diagnóstico. Estos sistemas permitieron a los médicos llevar a cabo procedimientos quirúrgicos más precisos y menos invasivos, lo que mejoró la atención médica y redujo los riesgos para los pacientes.

Robótica de servicio: La década de 1990 marcó el inicio de la robótica de servicio, con la creación de robots diseñados para realizar tareas en entornos domésticos y comerciales. Los robots de limpieza, como el Roomba, y los robots de asistencia en el hogar, como los sistemas de entretenimiento y control de temperatura, se volvieron más comunes.

Automatización del hogar: La mecatrónica también se aplicó en la automatización de viviendas, lo que permitió a las personas controlar y gestionar dispositivos y sistemas en sus hogares de manera más eficiente. Esto incluyó sistemas de seguridad, iluminación automatizada, control de temperatura y entretenimiento en el hogar.

Desarrollo de tecnología de sensores y actuadores:

Durante la década de 1990, hubo avances significativos en la tecnología de sensores y actuadores. Estos componentes son esenciales en sistemas mecatrónicos, ya que permiten la detección y la respuesta a cambios en el entorno. Los desarrollos clave incluyeron:

Sensores más precisos: Se desarrollaron sensores más precisos y confiables para medir variables como la temperatura, la presión, la velocidad, la posición y la luz. Esto mejoró la capacidad de los sistemas mecatrónicos para interactuar con el entorno y tomar decisiones en tiempo real.

Actuadores avanzados: Los actuadores, que son dispositivos que realizan acciones físicas en respuesta a señales eléctricas, se volvieron más eficientes y versátiles. Esto permitió la creación de robots y sistemas mecatrónicos más ágiles y capaces de llevar a cabo una amplia gama de tareas.

En resumen, la década de 1990 fue un período de expansión significativa para la mecatrónica. Esta disciplina se diversificó en diferentes campos de aplicación, desde la medicina hasta la automatización del hogar, y se benefició enormemente del desarrollo continuo de la tecnología de sensores y actuadores. Estos avances sentaron las bases para las innovaciones mecatrónicas que continúan transformando nuestra vida cotidiana en la actualidad.

Siglo XXI: Avances continuos

En el siglo XXI, la mecatrónica ha seguido avanzando con la integración de la inteligencia artificial y el aprendizaje automático en sistemas mecatrónicos.

Los vehículos autónomos, la industria 4.0 y la Internet de las cosas (IoT) han impulsado aún más el campo de la mecatrónica. En el siglo XXI, la mecatrónica ha experimentado un crecimiento significativo, impulsado principalmente por la integración de la inteligencia artificial (IA) y el aprendizaje automático en sistemas mecatrónicos. Aquí hay algunas expansiones y detalles clave sobre cómo ha evolucionado este campo:

Integración de la Inteligencia Artificial (IA): Uno de los desarrollos más notables ha sido la fusión de la mecatrónica con la IA. Esto significa que los sistemas mecatrónicos ahora pueden tomar decisiones basadas en datos y aprender de la experiencia. La IA se utiliza para mejorar la capacidad de estos sistemas para realizar tareas complejas, como la navegación autónoma, el reconocimiento de patrones y la toma de decisiones en tiempo real.

Vehículos Autónomos: Los vehículos autónomos son un ejemplo destacado de cómo la mecatrónica ha avanzado en el siglo XXI. Estos vehículos incorporan una amplia gama de sensores, actuadores y sistemas mecatrónicos para permitir la conducción sin intervención humana. Utilizan algoritmos de IA para procesar datos de sensores y tomar decisiones sobre la velocidad, la dirección y otras acciones de conducción.

Industria 4.0: La cuarta revolución industrial, también conocida como Industria 4.0, ha transformado la fabricación y la producción industrial. La mecatrónica desempeña un papel crucial en este contexto al permitir la automatización y la optimización de procesos mediante la combinación de sistemas mecánicos, electrónicos y de software avanzados. La recolección de datos en tiempo real y el análisis predictivo son componentes esenciales de la Industria 4.0, y la mecatrónica proporciona las herramientas necesarias para llevar a cabo estas tareas.

Internet de las Cosas (IoT): La IoT es otra área que ha impulsado el campo de la mecatrónica en el siglo XXI. La integración de sensores, actuadores y sistemas mecatrónicos en dispositivos conectados a Internet permite la monitorización y el control remoto de una amplia variedad de objetos y sistemas. La mecatrónica se encarga de la ingeniería detrás de estos dispositivos, asegurando su funcionalidad y eficiencia.

Robótica avanzada: La robótica ha experimentado un crecimiento exponencial en el siglo XXI, y la mecatrónica ha sido fundamental en este avance. Los robots modernos son altamente mecatrónicos, con sistemas de control complejos que les permiten realizar tareas cada vez más sofisticadas, desde la cirugía asistida por robot hasta la exploración espacial.

En el siglo XXI, la mecatrónica ha avanzado significativamente gracias a la integración de la inteligencia artificial, la proliferación de vehículos autónomos, la adopción de la Industria 4.0 y el crecimiento de la IoT. Estos avances han llevado a la creación de sistemas mecatrónicos más inteligentes y eficientes, que desempeñan un papel clave en la automatización y la mejora de diversas industrias y sectores.

La mecatrónica ha experimentado una evolución constante a lo largo de las décadas, con avances significativos en tecnología y aplicaciones. Hoy en día, desempeña un papel crucial en una amplia variedad de industrias y continuará siendo una disciplina en constante evolución a medida que la tecnología avance aún más.

2.Principios de mecánica y cinemática.

La mecánica y la cinemática son dos ramas fundamentales de la física que se centran en el estudio del movimiento de objetos.

Mecánica: La mecánica es la rama de la física que se encarga de estudiar el movimiento de los objetos y las fuerzas que actúan sobre ellos. Esta disciplina se divide en dos categorías principales: la mecánica clásica y la mecánica cuántica, pero nos centraremos en la mecánica clásica.

Existen tres principios fundamentales en la mecánica clásica:

Primer Principio de la Termodinámica (Ley de la Conservación de la Energía): Este principio establece que la energía no puede ser creada ni destruida, solo transformada de una forma a otra. Esto significa que la cantidad total de energía en un sistema aislado se mantiene constante con el tiempo.el Primer Principio de la Termodinámica, también conocido como la Ley de la Conservación de la Energía. Este principio es fundamental en la física y la termodinámica, y su comprensión es esencial para entender cómo la energía se comporta en el universo.

Primer Principio de la Termodinámica - Ley de la Conservación de la Energía:

El Primer Principio de la Termodinámica es una afirmación fundamental que establece que la cantidad total de energía en un sistema aislado se mantiene constante con el tiempo. En otras palabras, la energía no puede ser creada ni destruida, solo puede cambiar de una forma a otra.

Para entender mejor este principio, es importante considerar algunos conceptos clave:

Energía: La energía es una propiedad fundamental del universo que se manifiesta de diversas maneras. Puede existir en muchas formas diferentes, incluyendo la energía cinética (relacionada con el movimiento de los objetos), la energía potencial (relacionada con la posición de los objetos en un campo de fuerza, como la gravedad), la energía térmica (relacionada con la temperatura), la energía química (almacenada en los enlaces químicos), entre otras.

Sistema Aislado: Un sistema aislado es un concepto importante en el contexto del Primer Principio. Se refiere a un conjunto de objetos o partículas que están cerrados al intercambio de materia y energía con su entorno externo. En un sistema aislado, la cantidad total de energía se mantiene constante.

Transformación de Energía: Si bien la energía no puede ser creada ni destruida, puede transformarse de una forma a otra. Esto significa que, en un sistema aislado, la energía puede cambiar de energía cinética a energía potencial, de energía térmica a energía mecánica, o entre cualquier otra forma de energía. Por ejemplo, cuando un objeto se eleva en el aire, su energía cinética aumenta a expensas de la energía potencial gravitatoria, y viceversa cuando cae.

Principio de Conservación: El principio de conservación de la energía implica que si sumas todas las formas de energía en un sistema aislado en cualquier momento dado, obtendrás la misma cantidad total de energía si la vuelves a sumar en cualquier otro momento, siempre que no haya interacción con fuentes externas de energía.

Este principio es de suma importancia en muchas áreas de la física y la ingeniería, ya que proporciona un marco fundamental para analizar y entender el comportamiento de sistemas energéticos en el universo. Además, es la base de la ley de la conservación de la energía en la mecánica, la cual es esencial para resolver problemas relacionados con el movimiento y la interacción de objetos en el mundo físico. En resumen, el Primer Principio de la Termodinámica nos dice que la energía es una propiedad constante en el universo y solo cambia de forma, pero no se crea ni se destruye.

Segundo Principio de la Termodinámica: Este principio se refiere a la dirección del flujo de calor y establece que el calor fluye de manera natural desde objetos de alta temperatura hacia objetos de baja temperatura, a menos que se aplique un trabajo externo para revertir ese proceso.

Segundo Principio de la Termodinámica - Dirección del Flujo de Calor:

El Segundo Principio de la Termodinámica es uno de los conceptos fundamentales en la termodinámica y se refiere a la dirección en la que el calor fluye naturalmente entre objetos o sistemas. En esencia, establece que el calor tiende a fluir de objetos o sistemas a una temperatura más alta hacia objetos o sistemas a una temperatura más baja de manera espontánea. Esto es lo que se conoce como la "ley de la dirección del flujo de calor".

Para comprender mejor este principio, es útil conocer los siguientes conceptos clave:

Temperatura: La temperatura es una medida de la energía cinética promedio de las partículas en un sistema. Los objetos a alta temperatura tienen partículas con mayor energía cinética, mientras que los objetos a baja temperatura tienen partículas con menor energía cinética.

Calor: El calor es la transferencia de energía térmica entre dos sistemas debido a una diferencia de temperatura. Cuando dos sistemas con diferentes temperaturas están en contacto, el calor fluye del sistema a mayor temperatura al sistema a menor temperatura hasta que ambos alcanzan un equilibrio térmico, es decir, hasta que sus temperaturas se igualan.

Trabajo Externo: Según el Segundo Principio, el calor fluirá naturalmente desde un objeto caliente a uno frío a menos que se aplique un trabajo externo para revertir ese proceso. Esto significa que para hacer que el calor fluya desde un objeto frío hacia uno caliente (lo que va en contra de la dirección natural), es necesario realizar un trabajo adicional en el sistema, como el trabajo realizado por un refrigerador o una máquina de calor.

Entropía: La entropía es una medida de la cantidad de desorden o caos en un sistema. El Segundo Principio también se relaciona con la idea de que la entropía de un sistema aislado tiende a aumentar con el tiempo. En otras palabras, los sistemas tienden a evolucionar hacia estados de mayor desorden y dispersión de energía.

Un ejemplo práctico de este principio es el funcionamiento de un refrigerador. Un refrigerador utiliza energía para sacar calor de su interior y expulsarlo al entorno, lo que permite mantener un espacio a una temperatura más baja que la del entorno. Esto es posible gracias a un trabajo externo que invierte el flujo natural del calor, lo cual es consistente con el Segundo Principio de la Termodinámica.

El Segundo Principio de la Termodinámica establece que el calor fluye de manera natural desde objetos o sistemas a alta temperatura hacia objetos o sistemas a baja temperatura, a menos que se aplique un trabajo externo para revertir ese proceso. Este principio es esencial en la comprensión de cómo funcionan los sistemas termodinámicos y tiene implicaciones importantes en áreas como la refrigeración, la generación de energía y la termodinámica de procesos naturales.

Tercer Principio de la Termodinámica: Este principio establece que es imposible alcanzar la temperatura absoluta cero en un número finito de pasos, y que todos los sistemas en equilibrio térmico a esta temperatura tendrán la misma entropía.

Tercer Principio de la Termodinámica - Imposibilidad de Alcanzar el Cero Absoluto:

El Tercer Principio de la Termodinámica establece que es imposible alcanzar la temperatura absoluta cero (0 Kelvin o -273.15 grados Celsius) en un número finito de pasos mediante procesos termodinámicos. Además, este principio postula que todos los sistemas en equilibrio térmico a la temperatura absoluta cero tendrán la misma entropía, que es la medida de desorden o caos en un sistema.

Para entender mejor este principio, es importante considerar los siguientes puntos clave:

Temperatura Absoluta Cero: La temperatura absoluta cero es el punto más bajo de temperatura teóricamente posible en el universo. En esta temperatura, las partículas en un sistema tendrían la energía cinética mínima posible, y el sistema estaría en su estado de energía más bajo. Es importante destacar que ningún sistema físico real puede alcanzar esta temperatura, aunque se ha acercado mucho a ella en experimentos científicos.

Imposibilidad de Alcanzarla: El Tercer Principio establece que, a medida que un sistema se enfría y se acerca al cero absoluto, la cantidad de energía necesaria para seguir enfriándolo se vuelve infinita. En otras palabras, se requeriría una cantidad infinita de trabajo para alcanzar la temperatura absoluta cero a través de procesos termodinámicos convencionales.

Entropía en el Cero Absoluto: El principio también afirma que todos los sistemas en equilibrio térmico a la temperatura absoluta cero tendrán la misma entropía, que será igual a cero. Esto significa que en el estado más bajo de energía, un sistema alcanza un estado de máxima ordenación y estructura, con todas sus partículas en su estado de menor energía posible y sin ningún desorden térmico.

El Tercer Principio de la Termodinámica tiene importantes implicaciones en la física y la química, especialmente en el estudio de la criogenia (la ciencia del enfriamiento a temperaturas extremadamente bajas) y la teoría cuántica. La imposibilidad de alcanzar el cero absoluto en un número finito de pasos es un resultado clave de este principio, y la idea de que todos los sistemas en el cero absoluto tienen entropía cero también es esencial en la comprensión de la mecánica cuántica y la teoría del estado fundamental de los sistemas cuánticos. El Tercer Principio de la Termodinámica establece limitaciones fundamentales en la temperatura más baja posible en el universo y en la entropía de los sistemas a esa temperatura.

Cinemática: La cinemática es una rama de la física que se enfoca en el estudio de las características del movimiento de los objetos sin considerar las causas que lo provocan (como las fuerzas). En otras palabras, la cinemática se encarga de describir cómo los objetos se mueven y cómo cambian sus propiedades sin preocuparse por por qué se mueven de esa manera.

Algunos conceptos clave en cinemática incluyen:

Posición: La posición de un objeto se refiere a su ubicación en el espacio en relación con un punto de referencia o sistema de coordenadas.La posición es uno de los conceptos fundamentales en cinemática y es esencial para describir y entender el movimiento de los objetos en el espacio. Aquí hay una explicación más detallada:

Definición de Posición: En cinemática, la posición se define como la ubicación de un objeto en un sistema de coordenadas. Es una descripción cuantitativa que nos permite identificar dónde se encuentra un objeto en un momento dado. La posición se representa típicamente en función de un punto de referencia o un sistema de coordenadas que actúa como un marco de referencia.

Sistema de Coordenadas: Un sistema de coordenadas es un conjunto de ejes perpendiculares que se utilizan para determinar la posición de un objeto en el espacio. En un sistema de coordenadas bidimensional, como un plano cartesiano, hay dos ejes perpendiculares, uno horizontal (eje x) y otro vertical (eje y). En un sistema de coordenadas tridimensional, se agrega un tercer eje perpendicular (eje z) para describir posiciones en el espacio tridimensional.

Coordenadas: Para especificar la posición de un objeto en un sistema de coordenadas, se utilizan coordenadas. En un sistema bidimensional, se necesitan dos coordenadas (x, y), y en un sistema tridimensional, se requieren tres coordenadas (x, y, z). Estas coordenadas indican la distancia desde un punto de referencia en cada dirección.

Cambios en la Posición: A medida que un objeto se mueve en el tiempo, su posición puede cambiar. Esta variación en la posición se describe mediante una función matemática que relaciona el tiempo con las coordenadas de posición. En un movimiento rectilíneo, donde un objeto se mueve en línea recta, la posición se describe típicamente en función del tiempo como una función de la forma "x(t)" (o "y(t)" en sistemas bidimensionales).

Vectores de Posición: En cinemática, la posición se trata como un vector, lo que significa que tiene tanto magnitud (la distancia desde el punto de referencia) como dirección (la orientación desde el punto de referencia). Los vectores de posición son especialmente útiles cuando se trabaja con movimientos en más de una dimensión.

Punto de Referencia: La elección de un punto de referencia es importante para definir la posición de un objeto. Este punto puede ser arbitrario, pero a menudo se selecciona por conveniencia. Por ejemplo, en física, se utiliza el sistema métrico, y un punto de referencia común es el origen del sistema de coordenadas, donde todas las coordenadas son cero.

La posición es el punto de partida para analizar el movimiento en cinemática. A partir de la información sobre la posición de un objeto en diferentes momentos, es posible calcular su desplazamiento, velocidad y aceleración, lo que permite comprender completamente cómo se está moviendo el objeto en el espacio y cómo cambia con el tiempo. Por lo tanto, la posición es un concepto esencial en la descripción matemática y el análisis del movimiento en física y ciencias relacionadas.

Desplazamiento: El desplazamiento es el cambio en la posición de un objeto entre dos puntos en el tiempo. Se representa como un vector que tiene magnitud y dirección.El desplazamiento es un concepto fundamental en cinemática que se utiliza para describir el cambio en la posición de un objeto a medida que se mueve desde un punto inicial a un punto final en el tiempo. Aquí tienes una explicación más detallada:

Definición de Desplazamiento: El desplazamiento se define como el cambio en la posición de un objeto en el espacio entre dos puntos en el tiempo. Matemáticamente, se expresa como un vector que tiene tanto magnitud (la distancia entre los dos puntos) como dirección (la orientación del cambio de posición). El desplazamiento se representa típicamente con la letra "Δx" o "Δr" y se calcula de la siguiente manera:

Desplazamiento (Δx) = Posición final - Posición inicial

Donde: Δx representa el desplazamiento.

Posición final es la ubicación del objeto en el punto final del intervalo de tiempo.

Posición inicial es la ubicación del objeto en el punto inicial del intervalo de tiempo.

Unidades de Desplazamiento: Las unidades de desplazamiento dependen de las unidades de posición utilizadas. En el sistema métrico, si la posición se mide en metros (m), entonces el desplazamiento se mide en metros (m). Sin embargo, también puede expresarse en otras unidades de longitud, como kilómetros (km) o millas (mi).

Desplazamiento Neto y Desplazamiento Total: Cuando un objeto se mueve en diferentes direcciones durante un período de tiempo, el desplazamiento neto es la suma vectorial de todos los desplazamientos individuales. El desplazamiento total es la distancia entre el punto de partida y el punto final de la trayectoria completa del objeto, independientemente de la dirección.

Desplazamiento y Trayectoria: Es importante tener en cuenta que el desplazamiento es una cantidad vectorial y, por lo tanto, se preocupa por la dirección y la magnitud. Esto significa que dos objetos pueden tener la misma distancia total recorrida (longitud de la trayectoria), pero diferentes desplazamientos si se mueven en direcciones distintas.

Signo del Desplazamiento: El signo del desplazamiento se utiliza para indicar la dirección del cambio de posición. Un desplazamiento positivo implica un movimiento en una dirección específica, mientras que un desplazamiento negativo indica movimiento en la dirección opuesta.

Relación con la Velocidad: El desplazamiento también se relaciona con la velocidad del objeto. La velocidad promedio de un objeto se calcula dividiendo el desplazamiento total entre el tiempo transcurrido. Matemáticamente, esto se expresa como:

Velocidad promedio = Desplazamiento / Tiempo

El desplazamiento es un concepto esencial en cinemática porque proporciona información clave sobre cómo un objeto ha cambiado de posición a lo largo del tiempo. Es especialmente útil cuando se trabaja con objetos en movimiento, ya que permite analizar la posición relativa de un objeto en diferentes momentos y comprender su trayectoria y dirección de movimiento.

Velocidad: La velocidad es la tasa de cambio del desplazamiento con respecto al tiempo. Puede ser constante o cambiar con el tiempo y se expresa en unidades de distancia por unidad de tiempo (por ejemplo, metros por segundo).La velocidad es un concepto fundamental en cinemática y se utiliza para describir cómo un objeto se mueve en términos de distancia recorrida y el tiempo empleado en ese desplazamiento. Aquí hay una explicación más detallada:

Definición de Velocidad: La velocidad se define como la tasa de cambio del desplazamiento con respecto al tiempo. En otras palabras, la velocidad nos indica cuánto cambia la posición de un objeto en una unidad de tiempo específica. Matemáticamente, se expresa como:

Velocidad (v) = Cambio en la posición (Δx) / Cambio en el tiempo (Δt)

Donde:

v representa la velocidad.

Δx representa el cambio en la posición (desplazamiento).

Δt representa el cambio en el tiempo.

Unidades de Velocidad: La velocidad se expresa en unidades de distancia por unidad de tiempo. Las unidades más comunes para la velocidad en el sistema métrico son metros por segundo (m/s), pero también puede expresarse en kilómetros por hora (km/h), millas por hora (mph), o cualquier otra combinación de unidades de longitud y tiempo.

Magnitud y Dirección: La velocidad es una cantidad vectorial, lo que significa que tiene tanto magnitud (un valor numérico que indica la rapidez) como dirección (la orientación del movimiento). Esto implica que la velocidad es capaz de describir no solo cuán rápido se está moviendo un objeto, sino también en qué dirección se está moviendo.

Velocidad Instantánea vs. Velocidad Promedio: Es importante distinguir entre la velocidad instantánea y la velocidad promedio. La velocidad instantánea se refiere a la velocidad en un punto específico en el tiempo y se obtiene tomando el límite de Δt mientras se aproxima a cero. La velocidad promedio se calcula tomando el cambio total en la posición y el cambio total en el tiempo durante un intervalo dado.

Signo de la Velocidad: El signo de la velocidad se utiliza para indicar la dirección del movimiento. Una velocidad positiva indica movimiento en una dirección específica, mientras que una velocidad negativa indica movimiento en la dirección opuesta.

Velocidad Escalar vs. Velocidad Vectorial: La velocidad escalar se refiere a la magnitud de la velocidad sin tener en cuenta la dirección (es decir, es siempre positiva), mientras que la velocidad vectorial considera tanto la magnitud como la dirección.

La velocidad es un concepto esencial para analizar y describir el movimiento de objetos en cinemática. Permite calcular la rapidez y la dirección de un objeto en cualquier punto de su trayectoria y es una herramienta fundamental en la resolución de problemas relacionados con la cinemática, la navegación, el diseño de vehículos y muchas otras aplicaciones en la física y la ingeniería.

Aceleración: La aceleración es la tasa de cambio de la velocidad con respecto al tiempo. Al igual que la velocidad, puede ser constante o variable.La aceleración es un concepto esencial en cinemática que se utiliza para describir cómo la velocidad de un objeto cambia en función del tiempo. Aquí tienes una explicación más detallada:

Definición de Aceleración: La aceleración se define como la tasa de cambio de la velocidad con respecto al tiempo. En otras palabras, la aceleración nos indica cuánto cambia la velocidad de un objeto en una unidad de tiempo específica. Matemáticamente, se expresa como:

Aceleración (a) = Cambio en la velocidad (Δv) / Cambio en el tiempo (Δt)

Donde:

a representa la aceleración.

Δv representa el cambio en la velocidad.

Δt representa el cambio en el tiempo.

Unidades de Aceleración: Las unidades de aceleración dependen de las unidades utilizadas para la velocidad y el tiempo. En el sistema métrico, si la velocidad se mide en metros por segundo (m/s) y el tiempo en segundos (s), entonces la aceleración se mide en metros por segundo al cuadrado (m/s²). Otras unidades comunes incluyen kilómetros por hora al segundo (km/h²) o millas por hora al segundo (mi/h²).

Aceleración Constante vs. Aceleración Variable: La aceleración puede ser constante o variable según cómo cambie la velocidad con el tiempo:

Aceleración Constante: Cuando la velocidad de un objeto aumenta o disminuye a una tasa constante con respecto al tiempo, se dice que el objeto experimenta una aceleración constante. Esto significa que la aceleración tiene el mismo valor en cada intervalo de tiempo igual.

Aceleración Variable: Si la velocidad de un objeto cambia de manera no uniforme a lo largo del tiempo, se dice que el objeto experimenta una aceleración variable. En este caso, la aceleración puede cambiar en magnitud y dirección en función del tiempo.

Signo de la Aceleración: El signo de la aceleración se utiliza para indicar si la velocidad está aumentando o disminuyendo. Una aceleración positiva implica que la velocidad está aumentando (por ejemplo, un automóvil acelerando), mientras que una aceleración negativa indica que la velocidad está disminuyendo (por ejemplo, un automóvil frenando).

Relación con el Cambio de Velocidad: La aceleración es fundamental para comprender cómo cambia la velocidad de un objeto. Si la aceleración es constante, el cambio en la velocidad en función del tiempo es uniforme y se puede calcular utilizando la siguiente ecuación:

Cambio en la velocidad (Δv) = Aceleración (a) x Cambio en el tiempo (Δt)

La aceleración es un concepto crucial en cinemática y se relaciona directamente con la descripción del movimiento de los objetos. Permite analizar cómo cambia la velocidad de un objeto, lo que a su vez influye en la distancia recorrida y en cómo se mueve en el tiempo. La aceleración es especialmente relevante en el estudio de fenómenos como la caída libre, la frenada de vehículos, la aceleración de partículas en física de partículas y muchas otras aplicaciones en física y la ingeniería.

Movimiento rectilíneo uniforme (MRU) y movimiento rectilíneo uniformemente acelerado (MRUA): Estos son dos tipos de movimientos que se estudian en cinemática. En el MRU, la velocidad es constante, mientras que en el MRUA, la velocidad cambia de manera uniforme debido a una aceleración constante.El MRU es un tipo de movimiento en el cual un objeto se mueve en línea recta a una velocidad constante en relación con el tiempo. Aquí tienes una explicación más detallada:

Velocidad Constante: En el MRU, la velocidad del objeto no cambia con el tiempo, lo que significa que la magnitud (valor numérico) de la velocidad es constante. Esto implica que el objeto recorre distancias iguales en intervalos de tiempo iguales.

Ecuación del MRU: La posición de un objeto en un MRU se puede describir con una ecuación simple:

Posición (x) = Velocidad (v) x Tiempo (t)

Donde:

x representa la posición del objeto.

v representa la velocidad constante.

t representa el tiempo transcurrido.

Gráfica del MRU: En un gráfico de posición vs. tiempo en un MRU, obtendrías una línea recta con una pendiente igual a la velocidad constante. La posición aumenta de manera uniforme con respecto al tiempo.

Un ejemplo común de MRU es un automóvil que se mueve a una velocidad constante en una carretera recta y nivelada.

Movimiento Rectilíneo Uniformemente Acelerado (MRUA):

El MRUA es un tipo de movimiento en el cual un objeto se mueve en línea recta, pero su velocidad cambia de manera uniforme debido a una aceleración constante. Aquí tienes una explicación más detallada:

Aceleración Constante: En el MRUA, la aceleración es constante, lo que significa que la magnitud de la aceleración no cambia con el tiempo. Esta aceleración puede ser positiva (si el objeto está acelerando) o negativa (si el objeto está desacelerando o frenando).

Ecuaciones del MRUA: Para describir el MRUA, se utilizan varias ecuaciones que relacionan la posición, la velocidad, la aceleración y el tiempo. Algunas de las ecuaciones más comunes incluyen:

Ecuación de velocidad: $Vf = Vi + at$

Ecuación de posición: $x = Vit + (1/2)at^2$

Donde:

Vf representa la velocidad final.

Vi representa la velocidad inicial.

a representa la aceleración constante.

t representa el tiempo transcurrido.

Gráfica del MRUA: En un gráfico de velocidad vs. tiempo en un MRUA, obtendrías una línea recta con una pendiente igual a la aceleración constante. En un gráfico de posición vs. tiempo, obtendrías una curva parabólica.

Un ejemplo común de MRUA es un objeto que cae libremente bajo la influencia de la gravedad. Durante esta caída, la aceleración debida a la gravedad es constante, y la velocidad del objeto aumenta a medida que cae.

En resumen, el MRU y el MRUA son dos tipos de movimiento estudiados en cinemática. En el MRU, la velocidad es constante en relación con el tiempo, mientras que en el MRUA, la velocidad cambia de manera uniforme debido a una aceleración constante. Estos conceptos son fundamentales para comprender y describir una amplia variedad de fenómenos de movimiento en la física y la ingeniería.

La mecánica se enfoca en el estudio de las fuerzas y las leyes que rigen el movimiento de los objetos, mientras que la cinemática se centra en la descripción matemática del movimiento en términos de posición, desplazamiento, velocidad y aceleración sin considerar las causas subyacentes. Ambos campos son esenciales para comprender y predecir el comportamiento de objetos en movimiento en el mundo físico.

3.Fundamentos de electrónica.

La electrónica es una rama de la física y la ingeniería que se enfoca en el estudio de los electrones y su manipulación para controlar el flujo de corriente eléctrica.

Corriente eléctrica: La corriente eléctrica es el flujo de electrones a través de un conductor, como un alambre de cobre. Se mide en amperios (A) y se representa como I. La corriente fluye desde el polo positivo al polo negativo de una fuente de energía, como una batería.La corriente eléctrica es uno de los conceptos fundamentales en electrónica y electricidad en general. Aquí tienes información adicional sobre este tema:

Definición de corriente eléctrica: Como mencioné anteriormente, la corriente eléctrica es el flujo de electrones a través de un conductor. Es importante entender que los electrones en un conductor (como un alambre de cobre) no se mueven en la dirección del flujo de corriente. En realidad, los electrones se desplazan desde el polo negativo de la fuente de energía hacia el polo positivo. Esto se debe a una convención histórica establecida antes de que se entendiera la naturaleza de los electrones.

Unidades de medida: La corriente eléctrica se mide en amperios (A). Un amperio es una unidad que representa la cantidad de carga eléctrica que fluye a través de un conductor por unidad de tiempo. Matemáticamente, 1 amperio es igual a 1 coulombio por segundo (1 A = 1 C/s).

Dirección de la corriente: Como mencioné anteriormente, la corriente fluye desde el polo positivo al polo negativo de una fuente de energía. Esto se conoce como la convención de corriente convencional. Sin embargo, la realidad física es que los electrones se mueven en sentido contrario, del polo negativo al polo positivo. Esta convención es importante para mantener la consistencia en el análisis de circuitos eléctricos.

Tipos de corriente eléctrica: Hay dos tipos principales de corriente eléctrica:

Corriente continua (CC): La corriente continua fluye de manera constante en una sola dirección. Es típica de las baterías y se utiliza en dispositivos electrónicos portátiles, como linternas y calculadoras.

Corriente alterna (CA): La corriente alterna cambia de dirección periódicamente. En la mayoría de las redes eléctricas residenciales y comerciales, se utiliza corriente alterna.

La frecuencia de cambio de dirección es medida en Hertz (Hz), y en la mayoría de los lugares del mundo, la frecuencia es de 50 o 60 Hz.

Ley de Kirchhoff de la corriente: Esta ley establece que la cantidad total de corriente que ingresa a un nodo en un circuito eléctrico es igual a la cantidad total de corriente que sale del nodo. Esta ley es fundamental para analizar y diseñar circuitos eléctricos complejos.

Efectos de la corriente eléctrica: La corriente eléctrica puede tener varios efectos, incluyendo la generación de calor en los conductores (efecto Joule), la producción de campos magnéticos y la capacidad de realizar trabajo eléctrico en dispositivos y máquinas.

Seguridad eléctrica: Es crucial tener precaución al trabajar con corriente eléctrica, ya que puede ser peligrosa. Se deben seguir medidas de seguridad, como desconectar la fuente de energía antes de trabajar en un circuito y usar equipo de protección personal.

La corriente eléctrica es el flujo de electrones a través de un conductor y es un concepto fundamental en la electrónica y la electricidad en general. Comprender cómo funciona la corriente eléctrica es esencial para el diseño, análisis y mantenimiento de circuitos eléctricos y electrónicos en una variedad de aplicaciones.

Tensión eléctrica (Voltaje): La tensión eléctrica es la fuerza que impulsa a los electrones a moverse en un circuito. Se mide en voltios (V) y se representa como V. La tensión crea un potencial eléctrico entre dos puntos en un circuito, lo que provoca que los electrones fluyan de un lugar de mayor potencial (voltaje) a uno de menor potencial.

Definición de tensión eléctrica: La tensión eléctrica, o voltaje, se refiere a la diferencia de potencial eléctrico entre dos puntos en un circuito. Es una medida de la fuerza que impulsa a los electrones a moverse a través de un conductor. Se mide en voltios (V) y se representa como "V" en las ecuaciones y diagramas de circuitos.

Potencial eléctrico: Cuando se aplica una tensión a un conductor, se crea un potencial eléctrico. El potencial eléctrico representa la energía potencial por unidad de carga eléctrica en un punto dado del circuito. Cuanto mayor sea el voltaje, mayor será la diferencia de energía potencial entre dos puntos en el circuito.

Dirección del flujo de electrones: La tensión eléctrica es la fuerza que impulsa a los electrones a moverse. Los electrones fluyen desde un punto de mayor potencial eléctrico (mayor voltaje) hacia un punto de menor potencial eléctrico (menor voltaje). Esto se asemeja al flujo de agua desde un área elevada a una área más baja debido a la gravedad.

Representación gráfica: En un diagrama de circuito, los componentes eléctricos se conectan a través de líneas conductoras, y se indica la tensión entre dos puntos mediante un símbolo de voltaje, que generalmente se representa como una "V" con un valor numérico. Por ejemplo, si ves "V = 5V" en un circuito, significa que hay una tensión de 5 voltios entre esos dos puntos.

Aplicaciones en la vida cotidiana: La tensión eléctrica se encuentra en todos los aspectos de nuestra vida cotidiana. Es lo que permite el funcionamiento de dispositivos electrónicos como teléfonos móviles, televisores, electrodomésticos y sistemas de iluminación. También es fundamental en la transmisión y distribución de energía eléctrica desde las plantas generadoras hasta nuestros hogares y negocios.

Ley de Ohm y tensión: La relación entre la corriente eléctrica (I), la tensión eléctrica (V) y la resistencia eléctrica (R) se describe mediante la Ley de Ohm: $V = I * R$. Esta ecuación muestra que el voltaje es directamente proporcional a la corriente y la resistencia en un circuito.

Tensión continua y alterna: La tensión eléctrica puede ser continua (CC) o alterna (CA). En una corriente continua, el voltaje no cambia de polaridad con el tiempo, mientras que en una corriente alterna, el voltaje oscila periódicamente entre valores positivos y negativos.

En resumen, la tensión eléctrica es una medida de la fuerza que impulsa a los electrones a moverse en un circuito eléctrico. Es un concepto fundamental en la electrónica y la electricidad en general, y es esencial para comprender cómo funcionan los circuitos eléctricos y cómo se suministra y utiliza la energía eléctrica en nuestras vidas.

Resistencia: La resistencia eléctrica (R) se refiere a la oposición al flujo de corriente en un circuito. Se mide en ohmios (Ω). Los componentes eléctricos, como resistencias y dispositivos electrónicos, pueden agregar resistencia a un circuito, lo que limita la cantidad de corriente que puede pasar a través de ellos.resistencia eléctrica:

Definición de resistencia eléctrica: La resistencia eléctrica es una propiedad de los materiales que se opone al flujo de corriente eléctrica a través de ellos. En otras palabras, es la medida de la dificultad que presenta un material para permitir el paso de electrones a través de él cuando se aplica una tensión. Se mide en ohmios (Ω) y se representa con la letra "R" en las ecuaciones y diagramas de circuitos.

Factores que afectan la resistencia: La resistencia eléctrica de un material está determinada por varios factores, incluyendo su longitud, su área transversal (grosor), y su resistividad. La resistividad es una propiedad intrínseca del material que indica cuánta resistencia ofrece por unidad de longitud y área transversal. Materiales como el cobre y el aluminio tienen baja resistividad y, por lo tanto, son buenos conductores de electricidad, mientras que materiales como el caucho y el vidrio tienen alta resistividad y son aislantes.

Ley de Ohm y resistencia: La relación entre la corriente eléctrica (I), la tensión eléctrica (V) y la resistencia eléctrica (R) se describe mediante la Ley de Ohm: V = I * R. Esta ecuación muestra que la tensión es igual al producto de la corriente y la resistencia. Además, la ley de Ohm establece que la corriente es directamente proporcional a la tensión e inversamente proporcional a la resistencia.

Aplicaciones de resistencias: Las resistencias son componentes fundamentales en la construcción de circuitos eléctricos y electrónicos. Se utilizan para limitar la cantidad de corriente que fluye a través de un circuito, proteger dispositivos electrónicos sensibles, ajustar voltajes y corrientes, y dividir tensiones en circuitos. Las resistencias también se emplean en aplicaciones como la atenuación de señales en circuitos de audio y la protección contra corrientes excesivas en circuitos de alimentación.

Resistencias variables: Algunas resistencias, conocidas como resistencias variables o potenciómetros, tienen un valor de resistencia que se puede ajustar manualmente. Estos

componentes se utilizan para controlar el brillo de una luz, el volumen de un altavoz o cualquier otra aplicación en la que se requiera ajustar la resistencia de manera continua.

Calentamiento en resistencias: Cuando una corriente eléctrica pasa a través de una resistencia, esta se calienta debido al efecto Joule. Este fenómeno es importante en aplicaciones como calefacción eléctrica y en la operación de elementos calefactores en electrodomésticos.

Codificación de resistencias: Los valores de resistencia se codifican mediante un sistema de colores en las bandas que rodean el cuerpo de la resistencia. Esto permite identificar rápidamente el valor de resistencia sin necesidad de mediciones adicionales.

La resistencia eléctrica es la propiedad de un material que se opone al flujo de corriente eléctrica. Se mide en ohmios y desempeña un papel fundamental en la construcción de circuitos eléctricos y electrónicos, permitiendo el control y la limitación de la corriente eléctrica en diversas aplicaciones. La comprensión de la resistencia es esencial para el diseño y el análisis de circuitos eléctricos.

Ley de Ohm: La ley de Ohm establece que la corriente (I) en un circuito es directamente proporcional a la tensión (V) y inversamente proporcional a la resistencia (R). Matemáticamente, se expresa como I = V / R.

Ley de Ohm:

La Ley de Ohm es uno de los principios fundamentales en la electrónica y la electricidad, y fue formulada por el físico alemán Georg Simon Ohm en el siglo XIX. Esta ley establece la relación matemática entre la corriente eléctrica (I), la tensión eléctrica (V) y la resistencia eléctrica (R) en un circuito eléctrico y se expresa mediante la ecuación:

$I = RV$

A continuación, te proporciono una explicación más detallada de los componentes clave de la Ley de Ohm:

Corriente eléctrica (I): La corriente eléctrica, medida en amperios (A), representa la tasa de flujo de carga eléctrica a través de un conductor en un circuito. Indica cuántos electrones pasan por un punto específico en el circuito por unidad de tiempo. Cuanto mayor sea la corriente, más electrones están fluyendo.

Tensión eléctrica (V): La tensión eléctrica, medida en voltios (V), representa la diferencia de potencial eléctrico entre dos puntos en un circuito. En otras palabras, es la fuerza que impulsa a los electrones a moverse a través del circuito. Cuanto mayor sea la tensión, mayor será la fuerza con la que los electrones se desplazarán.

Resistencia eléctrica (R): La resistencia eléctrica, medida en ohmios (Ω), es una propiedad de un componente o un material que se opone al flujo de corriente eléctrica. Cuanto mayor sea la resistencia, más difícil será que los electrones pasen a través de ella. La resistencia es intrínseca a los componentes eléctricos, como resistencias y dispositivos electrónicos, y también depende de las propiedades del material y las dimensiones físicas del conductor.

La Ley de Ohm establece tres relaciones importantes:

La corriente es directamente proporcional a la tensión: Si aumentas la tensión en un circuito, la corriente también aumentará, siempre y cuando la resistencia permanezca constante. Esto significa que si duplicas la tensión, la corriente se duplicará.

La corriente es inversamente proporcional a la resistencia: Si aumentas la resistencia en un circuito, la corriente disminuirá, siempre y cuando la tensión permanezca constante. Esto significa que si duplicas la resistencia, la corriente se reducirá a la mitad.

La relación entre la corriente, la tensión y la resistencia es lineal: Esto significa que puedes representar gráficamente esta relación como una línea recta en un gráfico de corriente en función de la tensión. La pendiente de la línea es igual a 1/R, donde R es la resistencia.

La Ley de Ohm es esencial para comprender y analizar circuitos eléctricos y electrónicos, ya que permite predecir cómo cambiará la corriente en respuesta a cambios en la tensión o la resistencia, y viceversa. Esta ley es una base fundamental para la resolución de problemas y el diseño de circuitos eléctricos.

Componentes electrónicos básicos: Los circuitos electrónicos se construyen utilizando una variedad de componentes básicos, incluyendo resistencias, condensadores, inductores, transistores, diodos y circuitos integrados. Cada uno de estos componentes tiene una función específica en un circuito.

Los componentes electrónicos básicos son los bloques fundamentales de la electrónica y se utilizan para construir circuitos electrónicos complejos:

Resistencias: Las resistencias son componentes pasivos que limitan el flujo de corriente eléctrica en un circuito. Están diseñadas para tener una resistencia específica (medida en ohmios, Ω) y se utilizan para controlar la corriente, dividir tensiones, establecer valores de referencia y muchas otras aplicaciones. Las resistencias son esenciales para ajustar y controlar las características eléctricas de un circuito.

Condensadores: Los condensadores almacenan energía eléctrica en forma de carga en sus placas. Tienen la capacidad de almacenar cargas positivas y negativas en lados opuestos, lo que crea una diferencia de potencial (tensión) entre sus terminales. Los condensadores se utilizan en circuitos para almacenar y liberar energía eléctrica, filtrar señales, acoplar señales entre etapas y ajustar el tiempo de respuesta en circuitos temporizadores.

Inductores: Los inductores son componentes pasivos que almacenan energía en forma de campo magnético cuando la corriente fluye a través de ellos. Se oponen a los cambios en la corriente y son especialmente útiles en circuitos de filtrado, donde su capacidad para bloquear cambios rápidos en la corriente se utiliza para eliminar ruido o interferencias. Los inductores se miden en henrios (H).

Transistores: Los transistores son componentes activos y ampliamente utilizados en la electrónica. Son dispositivos semiconductores que pueden actuar como interruptores o amplificadores de señal. Los transistores bipolares (NPN y PNP) y los transistores de efecto de campo (FET) son los tipos más comunes. Se utilizan en amplificadores, osciladores, circuitos de conmutación y en la lógica digital.

Diodos: Los diodos son componentes semiconductores que permiten que la corriente fluya en una dirección y bloquean el flujo en la dirección opuesta. Tienen muchas aplicaciones, incluyendo la rectificación de corriente alterna (convierten CA en CC), protección contra inversión de polaridad, generación de luz en diodos emisores de luz (LED), y regulación de voltaje en circuitos de fuentes de alimentación.

Circuitos Integrados: Los circuitos integrados (CI o IC, por sus siglas en inglés) son dispositivos que contienen una gran cantidad de componentes electrónicos interconectados en un solo paquete. Estos componentes pueden incluir transistores, resistencias, condensadores y más. Los CIs se utilizan en una amplia variedad de aplicaciones, desde microprocesadores en computadoras hasta amplificadores de audio y controladores de pantalla en dispositivos móviles.

Bobinas y Transformadores: Las bobinas son inductores utilizados en aplicaciones específicas, como filtros de paso alto y paso bajo en circuitos de audio. Los transformadores son inductores especialmente diseñados para cambiar la tensión de una señal eléctrica alterna. Se utilizan en fuentes de alimentación para elevar o reducir la tensión de entrada.

Estos son solo algunos ejemplos de los componentes electrónicos básicos utilizados en electrónica. Combinando estos componentes en circuitos, los ingenieros y diseñadores pueden crear una amplia variedad de dispositivos electrónicos, desde radios y teléfonos hasta computadoras y sistemas de control industrial. Cada componente tiene una función específica en un circuito y su elección y disposición son fundamentales para lograr el funcionamiento deseado del dispositivo electrónico.

Circuitos eléctricos: Un circuito eléctrico es una ruta cerrada que permite que la corriente fluya de manera controlada. Los circuitos pueden ser simples, como un interruptor que enciende una luz, o muy complejos, como los circuitos integrados utilizados en dispositivos electrónicos.

los circuitos eléctricos son fundamentales en la electrónica y la electricidad en general. Aquí te proporciono una ampliación sobre este tema:

Definición de circuito eléctrico:

Un circuito eléctrico es un sistema de componentes eléctricos interconectados diseñados para permitir el flujo controlado de corriente eléctrica. En un circuito eléctrico típico, los electrones se desplazan a través de un camino cerrado, desde un punto de inicio (donde la corriente se introduce en el circuito) hasta un punto de retorno (donde la corriente sale del circuito). Este camino puede ser tan simple como un alambre conductor o tan complejo como un circuito integrado en un dispositivo electrónico.

Componentes de un circuito eléctrico:

Los circuitos eléctricos pueden contener una variedad de componentes, y la combinación de estos componentes determina la función y el comportamiento del circuito. Algunos de los componentes comunes en los circuitos eléctricos incluyen:

Fuente de energía: Proporciona la tensión eléctrica necesaria para impulsar la corriente en el circuito. Esto puede ser una batería, una fuente de alimentación, una célula solar o cualquier dispositivo que suministre energía eléctrica.

Cables y alambres: Actúan como conductores para permitir que la corriente fluya a través del circuito. Los materiales conductores típicos incluyen cobre y aluminio.

Interruptores: Permiten abrir o cerrar el camino de la corriente eléctrica. Los interruptores son componentes clave para controlar cuándo y cómo se energiza un circuito.

Resistencias: Limitan el flujo de corriente al proporcionar resistencia al paso de los electrones. Se utilizan para ajustar la cantidad de corriente en el circuito y dividir tensiones.

Condensadores: Almacenan carga eléctrica y liberan energía almacenada en forma de corriente cuando se descargan. Los condensadores se utilizan en circuitos de temporización, filtrado y almacenamiento de energía.

Inductores: Almacenan energía en forma de campo magnético cuando circula corriente a través de ellos. Se utilizan para filtrar señales, eliminar ruidos y controlar la velocidad de cambio de corriente.

Diodos: Permiten que la corriente fluya en una dirección y bloquean el flujo en la dirección opuesta. Se utilizan para rectificar corriente alterna en corriente continua, proteger circuitos contra inversión de polaridad y otras aplicaciones.

Transistores: Son dispositivos semiconductores utilizados para amplificar señales, conmutar corrientes y realizar lógica digital en circuitos electrónicos.

Circuitos integrados: Contienen múltiples componentes electrónicos, como transistores, resistencias y condensadores, en un solo paquete. Son esenciales en dispositivos electrónicos modernos y se utilizan en microprocesadores, controladores, memorias y mucho más.

Tipos de circuitos eléctricos:

Los circuitos eléctricos pueden ser clasificados en diferentes categorías según su complejidad y función:

Circuitos simples: Incluyen componentes básicos como interruptores, luces y baterías. Se utilizan en aplicaciones cotidianas como sistemas de iluminación y electrodomésticos.

Circuitos complejos: Contienen una amplia variedad de componentes y pueden realizar tareas sofisticadas. Ejemplos incluyen circuitos en dispositivos electrónicos como teléfonos móviles, computadoras y televisores.

Circuitos de potencia: Diseñados para manejar grandes corrientes y tensiones, se utilizan en aplicaciones industriales, sistemas de transmisión eléctrica y generación de energía.

Circuitos digitales: Utilizados en la lógica digital, operan en dos estados (0 y 1) y se encuentran en la base de la electrónica moderna, incluyendo la electrónica de consumo y la informática.

Los circuitos eléctricos son fundamentales en la electrónica y la electricidad. Pueden variar desde simples interruptores que encienden una luz hasta circuitos integrados complejos en dispositivos electrónicos avanzados. Comprender cómo funcionan los circuitos eléctricos y cómo se construyen es esencial para el diseño, análisis y mantenimiento de sistemas eléctricos y electrónicos en una amplia gama de aplicaciones.

Semiconductores: Los semiconductores son materiales que tienen una conductividad eléctrica entre los conductores (como el cobre) y los aislantes (como el vidrio). Los dispositivos electrónicos más importantes, como los transistores y los diodos, están hechos de semiconductores y desempeñan un papel crucial en la electrónica moderna.

¿Qué son los semiconductores?

Los semiconductores son materiales que tienen una característica única en términos de conductividad eléctrica. A diferencia de los conductores, como el cobre o el aluminio, que permiten que la corriente eléctrica fluya fácilmente, y de los aislantes, como el vidrio o la madera, que prácticamente no conducen la electricidad, los semiconductores se encuentran en algún punto intermedio. Esto significa que pueden conducir la electricidad, pero no tan eficientemente como los conductores.

Propiedades clave de los semiconductores:

Bandas de energía: La conductividad de un semiconductor está influenciada por sus bandas de energía. Los semiconductores tienen dos bandas de energía cruciales: la banda de valencia y la banda de conducción. La banda de valencia contiene electrones que están firmemente ligados a los átomos, mientras que la banda de conducción contiene electrones que tienen suficiente energía para moverse y conducir la electricidad. La brecha de energía entre estas dos bandas, llamada brecha de banda prohibida, determina la capacidad de un semiconductor para conducir la electricidad.

Dopaje: La conductividad de un semiconductor se puede modificar mediante un proceso llamado dopaje. Agregando pequeñas cantidades de impurezas, como átomos de fósforo o boro, al material semiconductor, es posible aumentar su conductividad. Este proceso crea dos tipos de semiconductores: el tipo N (negativo), donde hay un exceso de electrones, y el tipo P (positivo), donde hay un déficit de electrones.

Importancia en la electrónica:

Los semiconductores son fundamentales para la electrónica moderna y desempeñan un papel crucial en una amplia variedad de dispositivos electrónicos y aplicaciones:

Transistores: Los transistores son dispositivos semiconductores que actúan como interruptores o amplificadores de señal. Son los componentes básicos de la electrónica digital y se utilizan para construir circuitos lógicos y de conmutación. Los transistores permiten la miniaturización y la eficiencia de la electrónica moderna.

Diodos: Los diodos son dispositivos semiconductores que permiten que la corriente fluya en una dirección y bloquean su flujo en la dirección opuesta. Se utilizan para rectificar corriente alterna, proteger circuitos contra inversión de polaridad y en aplicaciones de conmutación.

Circuitos integrados: Los circuitos integrados (CIs) son chips que contienen múltiples componentes electrónicos, como transistores, resistencias y condensadores, en un solo paquete. Los CIs son la base de la mayoría de los dispositivos electrónicos modernos, desde computadoras y teléfonos móviles hasta electrodomésticos y sistemas de control.

Fotodetectores y LEDs: Los semiconductores se utilizan en fotodetectores para convertir la luz en corriente eléctrica (como en cámaras digitales) y en diodos emisores de luz (LEDs) para generar luz en dispositivos de visualización y señalización.

Celdas solares: Las celdas solares utilizan semiconductores para convertir la luz solar en electricidad, lo que las hace fundamentales para la generación de energía renovable.

Los semiconductores son materiales cruciales en la electrónica moderna debido a su capacidad para conducir la electricidad de manera controlada. Permiten la construcción de dispositivos electrónicos que son fundamentales en nuestra vida cotidiana y son esenciales para la continua innovación tecnológica.

Electrónica digital y analógica: La electrónica se divide en dos categorías principales: electrónica digital y electrónica analógica. La electrónica digital trabaja con señales discretas y se utiliza en sistemas de computadoras y electrónica de consumo, mientras que la electrónica analógica trabaja con señales continuas y se aplica en amplificadores de audio, radios, y otros dispositivos.

:Electrónica Digital:

La electrónica digital se basa en el procesamiento de señales discretas o digitales, que son representaciones numéricas de datos. Estos sistemas trabajan con niveles discretos de voltaje, típicamente representados como 0 y 1 (bits), y operan en base a operaciones lógicas. Aquí hay algunos aspectos clave de la electrónica digital:

Representación binaria: En la electrónica digital, la información se representa en forma binaria, utilizando combinaciones de 0 y 1. Cada dígito binario se llama "bit" y es la unidad básica de información.

Discreción: Los sistemas digitales operan con valores discretos, lo que significa que hay un conjunto finito de valores posibles. Esto permite un alto grado de precisión y la capacidad de procesar información de manera confiable.

Procesamiento lógico: La electrónica digital utiliza circuitos lógicos, como puertas lógicas (AND, OR, NOT), para realizar operaciones matemáticas y lógicas. Esto es esencial en la lógica booleana y en la construcción de circuitos digitales.

Robustez: Los sistemas digitales tienden a ser más robustos y resistentes al ruido y las interferencias que los sistemas analógicos, lo que los hace adecuados para aplicaciones críticas, como la informática y las comunicaciones digitales.

Exactitud: La electrónica digital ofrece una alta precisión y capacidad de control, lo que la hace ideal para tareas como cálculos numéricos, procesamiento de datos y almacenamiento de información.

Ejemplos de aplicaciones: La electrónica digital se utiliza en una amplia gama de aplicaciones, desde sistemas de computadoras y teléfonos inteligentes hasta reproductores de música digital, cámaras digitales, electrodomésticos y sistemas de control automatizado.

Electrónica Analógica:

La electrónica analógica, por otro lado, trabaja con señales continuas, lo que significa que las señales varían suavemente a lo largo del tiempo. En lugar de representar información de manera discreta como 0 y 1, la electrónica analógica utiliza niveles de voltaje variables. Algunos aspectos clave de la electrónica analógica incluyen:

Señales continuas: Las señales analógicas son continuas y pueden tomar cualquier valor dentro de un rango específico. Esto permite una representación más precisa de fenómenos naturales como el sonido, la luz y el movimiento.

Amplificación: Los dispositivos analógicos, como amplificadores y osciladores, amplían o modifican señales analógicas para realizar diversas funciones, como amplificar audio, sintonizar radios y regular voltajes.

Precisión limitada: Aunque la electrónica analógica es muy efectiva para el procesamiento de señales continuas, tiende a tener una precisión limitada en comparación con la electrónica digital.

Ejemplos de aplicaciones: La electrónica analógica se encuentra en aplicaciones como sistemas de audio, radio, televisión, instrumentación de laboratorio, sensores de temperatura y sistemas de control analógico.

Interacción entre la Electrónica Digital y Analógica:

En muchos dispositivos electrónicos modernos, la electrónica digital y analógica interactúan. Por ejemplo, un teléfono inteligente combina la electrónica digital para procesar datos y ejecutar aplicaciones con la electrónica analógica para amplificar el audio, capturar señales de radio y administrar la energía de la batería.

La electrónica digital y analógica son dos ramas complementarias de la electrónica con aplicaciones específicas. La elección entre una u otra depende de la naturaleza de la señal y los requisitos de la aplicación. Ambas tienen un papel crucial en la tecnología moderna y contribuyen a una amplia gama de dispositivos y sistemas que utilizamos en nuestra vida cotidiana.

Circuitos impresos (PCB): Los circuitos impresos son placas que contienen rutas de conexión eléctrica impresas en su superficie. Se utilizan para montar y conectar componentes electrónicos en dispositivos electrónicos, desde teléfonos inteligentes hasta computadoras.

los circuitos impresos, comúnmente conocidos como PCB (por sus siglas en inglés, Printed Circuit Board), son componentes fundamentales en la electrónica moderna. Aquí tienes una ampliación sobre este tema:

Definición de PCB:

Un circuito impreso es una placa plana hecha de un material aislante, generalmente fibra de vidrio reforzada con resina epoxi. En su superficie, se imprimen o graban pistas conductoras de cobre que conectan componentes electrónicos. Estas pistas conductoras permiten la interconexión eléctrica entre los componentes en un dispositivo electrónico. Los PCB proporcionan un soporte estructural para los componentes y facilitan la disposición ordenada y la interconexión eficiente de los mismos.

Componentes de un PCB:

Pistas conductoras: Son líneas de cobre impresas en la superficie del PCB que transportan la corriente eléctrica entre los componentes. Estas pistas pueden tener diferentes anchuras y formas, dependiendo de los requisitos de diseño y las corrientes que deben llevar.

Pads: Son áreas de cobre en el PCB donde se montan y sueldan los componentes electrónicos. Los pads sirven como puntos de conexión eléctrica entre los componentes y las pistas conductoras.

Agujeros metalizados: Los agujeros metalizados son perforaciones en el PCB que permiten que las pistas conductoras de una capa se conecten con las de otra capa. Esto es esencial en PCB multicapa, que se utilizan en dispositivos más complejos.

Máscaras de soldadura: Son capas de material resistente al calor que se aplican sobre las pistas conductoras y los pads para protegerlos durante el proceso de soldadura. La máscara de soldadura evita que el soldador se adhiera a las áreas incorrectas del PCB.

Componentes electrónicos: Los componentes electrónicos, como resistencias, condensadores, transistores, microchips y conectores, se montan en los pads del PCB y se conectan eléctricamente a través de las pistas conductoras.

Proceso de fabricación de PCB:

El proceso de fabricación de PCB implica varias etapas, que incluyen el diseño del circuito, la creación del diseño del PCB, la fabricación del PCB y la soldadura de los componentes. Estas etapas se resumen de la siguiente manera:

Diseño del circuito: Los ingenieros diseñan el circuito electrónico y definen la interconexión de componentes y pistas conductoras necesaria para que funcione correctamente.

Diseño del PCB: Utilizando software de diseño asistido por computadora (CAD), se crea el diseño del PCB. Esto implica ubicar componentes en la placa, trazar pistas conductoras y generar archivos de fabricación.

Fabricación del PCB: El diseño se utiliza para fabricar el PCB real. Esto implica la creación de la placa de fibra de vidrio, la impresión de las pistas conductoras, la perforación de agujeros y la aplicación de la máscara de soldadura.

Soldadura de componentes: Los componentes electrónicos se montan en los pads del PCB y se sueldan en su lugar. Esto se puede hacer manualmente o mediante máquinas automatizadas.

Ventajas de los PCB:

Diseño eficiente: Los PCB permiten un diseño eficiente y compacto de circuitos, lo que reduce el espacio y el peso de los dispositivos electrónicos.

Fiabilidad: Los PCB son confiables y duraderos, lo que hace que los dispositivos electrónicos sean más robustos y menos propensos a fallar.

Reparabilidad: Facilitan la identificación y la reparación de problemas en dispositivos electrónicos, ya que los componentes están organizados y etiquetados en la placa.

Producción en masa: Los PCB se pueden producir en masa de manera eficiente, lo que hace posible la fabricación de dispositivos electrónicos a gran escala.

Reducción de interferencias: Los PCB están diseñados para minimizar las interferencias electromagnéticas y garantizar un funcionamiento estable.

Los circuitos impresos (PCB) son componentes esenciales en la electrónica moderna. Permiten la interconexión eficiente de componentes electrónicos en una variedad de dispositivos, desde teléfonos inteligentes y computadoras hasta electrodomésticos y sistemas de control industrial. Su diseño y fabricación eficientes son cruciales para la innovación y la producción en masa de dispositivos electrónicos.

Diseño de circuitos: El diseño de circuitos electrónicos es una parte fundamental de la electrónica. Implica la creación de esquemas y la selección de componentes para lograr un funcionamiento deseado, considerando factores como la eficiencia energética, la estabilidad y la seguridad.El diseño de circuitos electrónicos es un proceso crucial en la electrónica que implica la planificación y la creación de esquemas electrónicos para lograr un funcionamiento deseado en un dispositivo o sistema electrónico. Este proceso combina principios de ingeniería, matemáticas y conocimiento técnico para convertir una idea o un concepto en un circuito funcional. Aquí tienes una ampliación sobre este tema:

Pasos clave en el diseño de circuitos electrónicos:

Definición de objetivos: El primer paso es definir claramente los objetivos del diseño. ¿Qué debe hacer el circuito? ¿Cuáles son los requisitos de rendimiento? ¿Cuáles son las restricciones de costo, tamaño y energía? Establecer metas claras es esencial para orientar el proceso de diseño.

Selección de componentes: Una vez que se comprenden los objetivos, se seleccionan los componentes electrónicos adecuados para el circuito. Esto incluye la elección de resistencias, condensadores, inductores, transistores, diodos, circuitos integrados y otros elementos en función de sus características eléctricas y mecánicas.

Dibujo del esquema eléctrico: Se crea un esquema eléctrico que muestra cómo se conectan los componentes en el circuito. El esquema representa la lógica y la interconexión del circuito sin entrar en detalles físicos.

Análisis y simulación: Se realiza un análisis teórico del circuito utilizando ecuaciones y principios de ingeniería para evaluar su funcionamiento. Además, se pueden realizar simulaciones computarizadas para verificar el rendimiento del circuito en condiciones diversas.

Diseño de la disposición: Se planifica la disposición física de los componentes en la placa de circuito impreso (PCB). Esto incluye la ubicación de los componentes, las pistas conductoras y la consideración de la interferencia electromagnética y la disipación de calor.

Diseño del PCB: Se crea el diseño del PCB, que es la placa que alojará los componentes y las pistas conductoras. Esto implica la colocación de componentes, la traza de pistas y la incorporación de elementos adicionales como agujeros metalizados y máscaras de soldadura.

Construcción del prototipo: Se fabrica un prototipo del circuito para realizar pruebas prácticas. Esto ayuda a verificar que el diseño funcione según lo previsto y permite hacer ajustes si es necesario.

Optimización: En base a los resultados de las pruebas del prototipo, se pueden realizar ajustes y optimizaciones en el diseño para mejorar el rendimiento, la eficiencia o la fiabilidad.

Documentación: Se crea una documentación completa que incluye el esquema eléctrico, el diseño del PCB, las especificaciones de componentes y cualquier otra información relevante. Esto es esencial para futuras revisiones y para la producción en masa.

Consideraciones importantes en el diseño de circuitos electrónicos:

Eficiencia energética: Diseñar circuitos que funcionen con eficiencia energética es importante para dispositivos portátiles y sistemas alimentados por baterías, ya que ayuda a prolongar la duración de la batería y reduce el consumo de energía.

Estabilidad y robustez: Los circuitos deben ser estables y capaces de funcionar de manera confiable en diversas condiciones ambientales y de carga. Se deben considerar tolerancias y variaciones en los componentes.

Seguridad: Se deben tomar medidas para garantizar que el circuito sea seguro para su uso, lo que puede incluir la protección contra cortocircuitos, sobretensiones y sobrecorrientes.

Costo: El costo de los componentes y la complejidad del diseño son factores importantes a considerar. En algunos casos, es necesario encontrar un equilibrio entre el rendimiento y el costo.

Normativas y estándares: Es fundamental cumplir con las normativas y estándares aplicables en la industria, especialmente en áreas como la electrónica médica y la seguridad.

En resumen, el diseño de circuitos electrónicos es un proceso multidisciplinario que implica la planificación, la selección de componentes, el análisis y la implementación de circuitos electrónicos funcionales. Es esencial en la creación de dispositivos electrónicos y sistemas que utilizamos en nuestra vida cotidiana y en aplicaciones industriales y científicas.

La electrónica es una disciplina amplia y en constante evolución que tiene aplicaciones en una amplia variedad de campos, desde las comunicaciones hasta la medicina y la automatización industrial. Comprender los fundamentos de electrónica es esencial para desarrollar y mantener tecnologías avanzadas en la era digital.

4. Circuitos eléctricos y electrónicos.

Los circuitos eléctricos y electrónicos son fundamentales en nuestra vida cotidiana y en numerosas aplicaciones tecnológicas. Estos circuitos están diseñados para controlar el flujo de corriente eléctrica y procesar información de diversas formas. Vamos a profundizar en cada uno de estos términos:

1. Circuitos Eléctricos: Los circuitos eléctricos son sistemas diseñados para transportar y controlar la corriente eléctrica. Están compuestos por componentes eléctricos como resistencias, condensadores, bobinas y fuentes de alimentación. Estos componentes se conectan de manera específica para realizar tareas como proporcionar energía a dispositivos eléctricos, controlar la intensidad y voltaje de la corriente eléctrica, y proteger contra sobrecargas.

Componentes clave de los circuitos eléctricos:

Resistencias: Son componentes pasivos que se utilizan para limitar la cantidad de corriente eléctrica que fluye a través de un circuito. Controlan la intensidad de la corriente al ajustar su valor de resistencia, medida en ohmios (Ω). Las resistencias son fundamentales para proteger componentes sensibles al controlar el flujo de corriente.

:1. Función de las Resistencias:

Las resistencias son componentes electrónicos que ofrecen una resistencia eléctrica específica al flujo de corriente. Su función principal es limitar la cantidad de corriente eléctrica que circula por un circuito, lo que se logra mediante la introducción de una oposición al flujo de electrones. Esto es fundamental en muchos aspectos de la electrónica y la electricidad, y aquí se explican algunas de sus funciones más importantes:

Limitación de Corriente: Una de las aplicaciones más comunes de las resistencias es limitar la cantidad de corriente eléctrica que fluye a través de un componente o un circuito. Esto es útil para proteger componentes sensibles que no deben estar expuestos a corrientes excesivas. Por ejemplo, en un LED, una resistencia limita la corriente para evitar que el LED se dañe debido a una corriente demasiado alta.

Divisor de Voltaje: Las resistencias se utilizan en circuitos de divisor de voltaje para crear una tensión más baja en una parte específica del circuito. Esto es útil en aplicaciones como sensores y amplificadores operacionales para proporcionar la referencia de voltaje necesaria.

Filtrado de Señales: En circuitos de filtrado, las resistencias se combinan con otros componentes para filtrar frecuencias específicas de una señal eléctrica. Esto es fundamental en la industria de las comunicaciones y la electrónica de audio, donde se utilizan para eliminar ruido no deseado o para ajustar las características de la señal.

2. Valor de Resistencia y Notación:

El valor de resistencia de una resistencia se mide en ohmios (Ω). La resistencia eléctrica es una medida de la oposición al flujo de corriente eléctrica. Las resistencias pueden tener valores de resistencia muy bajos (fracciones de ohmios) o valores muy altos (miles de ohmios o más), dependiendo de su aplicación.

La notación de resistencias se hace utilizando un código de colores o valores numéricos. El código de colores consiste en bandas de colores en el cuerpo de la resistencia que representan dígitos numéricos. Esto permite identificar el valor de resistencia sin necesidad de instrumentos de medición. Los valores de resistencia más comunes se encuentran en la serie E12 o E24, que incluye resistencias con valores estándar como 1Ω, 10Ω, 100Ω, etc.

3. Tipos de Resistencias:

Existen varios tipos de resistencias, incluyendo:

Resistencias de película de carbono: Son las más comunes y económicas. Están hechas de una película de carbono que proporciona la resistencia eléctrica.

Resistencias de película metálica: Tienen una película metálica fina que proporciona una mayor precisión y estabilidad en comparación con las de película de carbono.

Resistencias de óxido metálico: Son similares a las de película metálica pero tienen una capa de óxido metálico en lugar de una película metálica.

Resistencias variables (potenciómetros): Son resistencias ajustables que permiten cambiar su valor de resistencia manualmente.

Las resistencias son componentes esenciales en la electrónica y desempeñan un papel fundamental en el diseño y la operación de circuitos eléctricos y electrónicos. Su capacidad para limitar y ajustar la corriente eléctrica es crucial para el funcionamiento seguro y confiable de una amplia gama de dispositivos y sistemas eléctricos.

Condensadores: Los condensadores almacenan carga eléctrica y liberan esa carga cuando se descargan. Están compuestos por dos placas conductoras separadas por un material dieléctrico. Los condensadores se utilizan en una variedad de aplicaciones, como almacenar energía, filtrar señales y acoplar circuitos.:

1. Función de los Condensadores:

Los condensadores son componentes electrónicos diseñados para almacenar carga eléctrica y liberarla cuando sea necesario. Su función principal es la de almacenar energía en forma de campo eléctrico entre dos placas conductoras separadas por un material dieléctrico. Cuando se aplica una diferencia de potencial (voltaje) entre estas placas, los electrones se acumulan en una de las placas, creando una carga eléctrica. Esto resulta en la acumulación de energía potencial eléctrica.

Cuando se necesita liberar esta energía almacenada, el condensador descarga su carga eléctrica, lo que puede ocurrir en un período muy corto de tiempo. Esta propiedad de almacenamiento y liberación de carga eléctrica es fundamental en una variedad de aplicaciones electrónicas y eléctricas.

2. Componentes de un Condensador:

Los condensadores tienen una estructura básica compuesta por los siguientes elementos:

Placas conductoras: Son las superficies metálicas que forman las caras del condensador. Una de las placas se carga positivamente, mientras que la otra se carga negativamente cuando se aplica un voltaje. Estas placas están separadas por un pequeño espacio físico.

Material dieléctrico: Es un material aislante colocado entre las placas conductoras. Este material dieléctrico aísla eléctricamente las placas entre sí y puede ser de varios tipos, como papel, cerámica, plástico o mica. La elección del material dieléctrico afecta las propiedades del condensador, como la capacitancia y la resistencia dieléctrica.

3. Aplicaciones de los Condensadores:

Los condensadores se utilizan en una amplia variedad de aplicaciones en electrónica y electricidad debido a su capacidad para almacenar y liberar energía eléctrica de manera controlada. Algunas de las aplicaciones más comunes son:

Almacenamiento de energía: Los condensadores se utilizan para almacenar energía temporalmente y liberarla cuando se necesita un impulso adicional de corriente. Esto es útil en aplicaciones como flashes de cámaras, encendido de motores eléctricos y sistemas de alimentación ininterrumpida (UPS).

Filtrado de señales: Los condensadores se utilizan en circuitos de filtrado para eliminar componentes de alta frecuencia de una señal eléctrica. Esto es importante en aplicaciones de audio y comunicaciones para eliminar ruido o interferencias no deseadas.

Acoplamiento de circuitos: Los condensadores se utilizan para transmitir señales de un circuito a otro, bloqueando la corriente continua y permitiendo el paso de señales de alta frecuencia. Esto se usa en amplificadores y sistemas de transmisión de radio.

Arranque de motores: En aplicaciones de motores eléctricos, los condensadores se utilizan para proporcionar un impulso inicial de corriente, lo que facilita el arranque del motor.

Temporización: Los condensadores se utilizan en circuitos temporizadores, como osciladores, para controlar la frecuencia y el período de las señales.

Los condensadores son componentes versátiles y esenciales en la electrónica y la electricidad, y su elección adecuada es crucial para garantizar el funcionamiento correcto de los circuitos y sistemas en diversas aplicaciones. La capacidad de un condensador para almacenar y liberar energía eléctrica en un momento específico hace que sea una herramienta valiosa en el diseño y funcionamiento de una amplia gama de dispositivos electrónicos.

Bobinas (inductores): Las bobinas, también conocidas como inductores, almacenan energía en forma de campo magnético cuando una corriente eléctrica fluye a través de ellas. Se utilizan en aplicaciones como transformadores para cambiar la tensión de una corriente eléctrica y en filtros para eliminar ruido de señales eléctricas.

1. Función de las Bobinas (Inductores):

Las bobinas, o inductores, son componentes electrónicos que almacenan energía en forma de campo magnético cuando una corriente eléctrica fluye a través de ellas. Su función principal es oponerse a cambios en la corriente eléctrica, lo que resulta en la acumulación de energía magnética en su interior. Esta propiedad se basa en la Ley de Faraday de la inducción electromagnética, que establece que un cambio en el flujo magnético a través de una bobina induce una fuerza electromotriz (fem) o voltaje en la bobina.

2. Componentes de una Bobina:

Una bobina típica está compuesta por los siguientes elementos:

Núcleo: Puede ser de diversos materiales, como hierro, ferrita o aire. El núcleo concentra el campo magnético generado por la corriente que fluye a través de la bobina y afecta sus propiedades inductivas.

Alambre enrollado: Se enrolla un alambre conductor alrededor del núcleo para formar la bobina. Cuanto más largo es el alambre y más vueltas tiene, mayor será la inductancia de la bobina.

Terminales: Estos son los puntos de conexión de la bobina al circuito. La corriente eléctrica entra y sale de la bobina a través de estos terminales.

3. Aplicaciones de las Bobinas (Inductores):

Las bobinas se utilizan en una variedad de aplicaciones en la electrónica y la electricidad debido a sus propiedades inductivas. Algunas de las aplicaciones más comunes incluyen:

Transformadores: Los transformadores son dispositivos que utilizan bobinas para cambiar la tensión de una corriente eléctrica. Consisten en dos bobinas acopladas magnéticamente, conocidas como bobina primaria y bobina secundaria. La relación entre el número de vueltas en estas bobinas permite aumentar o disminuir la tensión del circuito, lo que es fundamental en la distribución de energía eléctrica y la adaptación de voltajes en diversos equipos eléctricos.

Filtros de Ruido: Las bobinas se utilizan en circuitos de filtrado para eliminar ruido de señales eléctricas. La propiedad inductiva de las bobinas les permite actuar como filtros de paso alto, permitiendo que las señales de alta frecuencia pasen mientras bloquean las de baja frecuencia. Esto es útil en aplicaciones de audio, comunicaciones y electrónica de potencia para eliminar interferencias no deseadas.

Almacenamiento de Energía: En aplicaciones donde es necesario almacenar energía temporalmente, como en fuentes de alimentación conmutadas, las bobinas se utilizan para acumular energía magnética y liberarla de manera controlada, lo que contribuye a la estabilidad del sistema y reduce las fluctuaciones de voltaje.

Generación de Campos Magnéticos: Las bobinas se utilizan en dispositivos que requieren campos magnéticos, como electroimanes utilizados en motores, actuadores y dispositivos de control.

Antenas: Las bobinas se utilizan en antenas para sintonizar frecuencias específicas y mejorar la eficiencia de la transmisión y recepción de señales electromagnéticas.

En resumen, las bobinas, o inductores, son componentes esenciales en la electrónica y la electricidad, y desempeñan un papel fundamental en diversas aplicaciones. Su capacidad para almacenar energía en forma de campo magnético y oponerse a cambios en la corriente eléctrica las hace cruciales en la transformación de voltajes, la eliminación de ruido de señales y muchas otras aplicaciones en la tecnología moderna.

Fuentes de alimentación: Estos dispositivos proporcionan la energía eléctrica necesaria para que el circuito funcione. Pueden ser fuentes de alimentación de corriente continua (CC) o de corriente alterna (CA) y tienen la tarea de suministrar el voltaje y la corriente adecuados para los componentes del circuito.1. Función de las Fuentes de Alimentación:

Las fuentes de alimentación son dispositivos diseñados para proporcionar la energía eléctrica necesaria para que un circuito o un dispositivo funcione de manera adecuada y confiable. Su función principal es convertir la energía eléctrica disponible en una forma que sea compatible con los requisitos específicos de los componentes del circuito. Esto implica suministrar el voltaje y la corriente adecuados de manera constante y estable.

2. Tipos de Fuentes de Alimentación:

Existen dos tipos principales de fuentes de alimentación, que se utilizan según las necesidades del circuito o el dispositivo:

Fuentes de Alimentación de Corriente Continua (CC): Estas fuentes de alimentación suministran una corriente eléctrica constante en una sola dirección. Se utilizan ampliamente en la electrónica, ya que muchos componentes, como transistores y circuitos integrados, requieren voltajes de CC para funcionar correctamente. Las fuentes de alimentación de CC a menudo se usan en aplicaciones como electrónica de consumo, informática y electrónica industrial.

Fuentes de Alimentación de Corriente Alterna (CA): Estas fuentes de alimentación suministran una corriente eléctrica que cambia de dirección periódicamente, como la que se encuentra en las redes eléctricas domésticas. Las fuentes de alimentación de CA se utilizan en aplicaciones como electrodomésticos, iluminación y sistemas de climatización. En muchos casos, los dispositivos electrónicos que funcionan con CC incluyen una etapa de conversión de CA a CC mediante un adaptador o transformador.

3. Regulación y Estabilidad:

Una característica fundamental de las fuentes de alimentación es su capacidad para proporcionar voltaje y corriente de manera constante y estable, independientemente de las variaciones en la carga o la tensión de entrada. Las fuentes de alimentación reguladas son dispositivos que incorporan circuitos de control para mantener un voltaje de salida constante incluso cuando la carga varía o cuando hay fluctuaciones en la alimentación de entrada. Esto es esencial para garantizar el funcionamiento correcto y seguro de los componentes electrónicos.

4. Protección y Seguridad:

Muchas fuentes de alimentación incluyen características de protección para prevenir daños a los dispositivos o circuitos conectados. Estas características pueden incluir protección contra sobretensión, sobrecorriente y cortocircuitos. La protección contra sobretensión evita que el voltaje de salida supere un nivel seguro, mientras que la protección contra sobrecorriente evita que se suministre más corriente de la que puede manejar un componente o circuito.

5. Eficiencia Energética:

La eficiencia de una fuente de alimentación es importante, especialmente en dispositivos alimentados por batería o en aplicaciones donde se busca reducir el consumo de energía. Las fuentes de alimentación eficientes convierten la energía eléctrica de manera más efectiva y desperdician menos energía en forma de calor. Esto es importante para prolongar la vida útil de la batería y reducir el calentamiento de los dispositivos.

Las fuentes de alimentación son componentes esenciales en la electrónica y la electricidad modernas. Su capacidad para proporcionar energía eléctrica de manera confiable y estable es fundamental para el funcionamiento correcto de dispositivos y circuitos en una amplia gama de aplicaciones, desde electrónica de consumo hasta sistemas industriales y de comunicaciones. Las fuentes de alimentación también desempeñan un papel importante en la eficiencia energética y la seguridad de los sistemas eléctricos.

Principios básicos de los circuitos eléctricos:

Ley de Ohm: Esta ley fundamental establece que la corriente (I) en un circuito es directamente proporcional al voltaje (V) e inversamente proporcional a la resistencia (R). Matemáticamente, se expresa como I = V / R. La ley de Ohm es esencial para comprender cómo se comporta la corriente en un circuito con resistencias.

La Ley de Ohm, nombrada en honor al físico alemán Georg Simon Ohm, establece la relación básica entre tres parámetros en un circuito eléctrico: la corriente (I), el voltaje (V) y la resistencia (R). Matemáticamente, se expresa como:

$I = RV$

Donde:

I (corriente eléctrica) se mide en amperios (A) y representa la cantidad de carga eléctrica que fluye por un punto en un circuito en un período de tiempo dado.

V (voltaje o tensión eléctrica) se mide en voltios (V) y representa la diferencia de potencial eléctrico entre dos puntos en un circuito.

R (resistencia eléctrica) se mide en ohmios (Ω) y representa la oposición al flujo de corriente en un componente o dispositivo en el circuito.

La Ley de Ohm establece que, en un circuito eléctrico lineal, la corriente es directamente proporcional al voltaje aplicado y inversamente proporcional a la resistencia presente en el circuito. Esto significa que si se mantiene constante la resistencia, un aumento en el voltaje resultará en un aumento proporcional en la corriente, y viceversa.

Aplicaciones de la Ley de Ohm:

La Ley de Ohm es una herramienta fundamental para analizar y diseñar circuitos eléctricos y electrónicos. Algunas de las aplicaciones más comunes incluyen:

Diseño de circuitos: Permite calcular la corriente en un circuito conocido el voltaje y la resistencia, o viceversa, lo que es esencial para dimensionar los componentes adecuadamente.

Resolución de problemas: Ayuda a identificar y solucionar problemas en circuitos al verificar si los valores de corriente, voltaje y resistencia son coherentes con la Ley de Ohm.

Cálculo de potencia: Permite calcular la potencia consumida o disipada en un componente o circuito a partir de la corriente y el voltaje.

Selección de resistencias: Facilita la elección de resistencias adecuadas para ajustar la corriente o el voltaje en un circuito, como en un divisor de voltaje o un limitador de corriente.

Limitaciones de la Ley de Ohm:

La Ley de Ohm es una aproximación válida en circuitos lineales, donde la relación entre el voltaje, la corriente y la resistencia es constante. Sin embargo, en circuitos no lineales o en presencia de componentes no lineales como diodos y transistores, esta ley puede no ser aplicable directamente.

En resumen, la Ley de Ohm es una herramienta fundamental para comprender el comportamiento de la corriente eléctrica en circuitos con resistencias y es ampliamente utilizada en la teoría y la práctica de la electricidad y la electrónica. Facilita el diseño, el análisis y la solución de problemas en una amplia variedad de aplicaciones eléctricas y electrónicas.

Leyes de Kirchhoff: Estas leyes son fundamentales para analizar circuitos más complejos. La Ley de Corrientes de Kirchhoff (LCK) establece que la suma de las corrientes entrantes en un nodo de un circuito debe ser igual a la suma de las corrientes salientes. La Ley de Voltajes de Kirchhoff (LVK) establece que la suma de las caídas de voltaje en un circuito cerrado debe ser igual a la suma de las tensiones aplicadas.Fueron formuladas por Gustav Kirchhoff, un físico alemán, y constan de dos leyes principales: la Ley de Corrientes de Kirchhoff (LCK) y la Ley de Voltajes de Kirchhoff (LVK).

1. Ley de Corrientes de Kirchhoff (LCK):

La LCK establece que la suma algebraica de las corrientes que entran y salen de un nodo en un circuito eléctrico es igual a cero. En otras palabras, la corriente total que fluye hacia un nodo debe ser igual a la corriente total que sale de ese nodo.

Matemáticamente, esto se expresa como:

$0 \sum_{n=1}^{N} I_n = 0$

Donde:

I_n es la corriente en el enésimo brazo o rama del nodo.

N es el número total de brazos conectados al nodo.

La LCK es fundamental para aplicar la conservación de la carga en un circuito y asegurarse de que la corriente se conserve en todas las intersecciones de conexiones en un circuito.

2. Ley de Voltajes de Kirchhoff (LVK):

La LVK establece que la suma algebraica de las diferencias de potencial (voltajes) en un lazo cerrado de un circuito es igual a cero. En otras palabras, la suma de las caídas de voltaje alrededor de cualquier bucle cerrado en un circuito debe ser igual a la suma de las fuentes de voltaje en ese bucle.

Matemáticamente, esto se expresa como:

$1^{N} V_n = \sum_{m=1}^{M} E_m$

Donde:

V_n es la caída de voltaje en el enésimo componente o resistencia a lo largo del lazo.

E_m es la fuerza electromotriz (fem) o voltaje proporcionado por la enésima fuente de voltaje en el lazo.

N es el número de componentes o resistencias en el lazo.

M es el número de fuentes de voltaje en el lazo.

La LVK es esencial para determinar las relaciones entre las diferencias de potencial en un circuito y se utiliza para calcular voltajes desconocidos en bucles cerrados.

Aplicaciones de las Leyes de Kirchhoff:

Las Leyes de Kirchhoff son fundamentales en el análisis de circuitos eléctricos y electrónicos, especialmente en circuitos más complejos que contienen múltiples componentes y fuentes de energía. Algunas de las aplicaciones comunes de estas leyes incluyen:

Análisis de circuitos mixtos: Permiten analizar circuitos que contienen tanto elementos de corriente continua (CC) como de corriente alterna (CA), así como componentes no lineales.

Resolución de problemas: Ayudan a resolver ecuaciones y encontrar valores desconocidos en circuitos complejos mediante el uso de las relaciones definidas por las leyes de Kirchhoff.

Diseño de circuitos: Facilitan el diseño y la construcción de circuitos complejos al proporcionar un marco teórico para garantizar que se cumplan las leyes de la física en la circulación de corriente y voltaje.

Las Leyes de Kirchhoff son fundamentales en la teoría y la práctica de la electricidad y la electrónica. Son herramientas esenciales para el análisis y el diseño de circuitos más complejos y se utilizan ampliamente en la ingeniería eléctrica, la electrónica y campos relacionados para resolver problemas y comprender el comportamiento de los circuitos eléctricos.

Potencia eléctrica: La potencia eléctrica (P) se refiere a la cantidad de energía que se consume o se suministra en un circuito eléctrico. Se calcula como el producto de la corriente (I) y el voltaje (V), es decir, $P = VI$. La potencia se mide en vatios (W) y es esencial para dimensionar componentes y entender el consumo energético.la potencia eléctrica es un concepto fundamental en la electricidad y la electrónica que se refiere a la cantidad de energía que se consume o se suministra en un circuito eléctrico. La potencia eléctrica se mide en vatios (W) y desempeña un papel crucial en la descripción del rendimiento y la eficiencia de los dispositivos y sistemas eléctricos. Aquí tienes una ampliación de este tema:

Fórmula de la Potencia Eléctrica:

La potencia eléctrica (P) se calcula utilizando la siguiente fórmula:

$P = VI$

Donde:

P es la potencia eléctrica en vatios (W).

V es el voltaje o la tensión en voltios (V).

I es la corriente eléctrica en amperios (A).

Esta fórmula establece que la potencia eléctrica es el producto del voltaje y la corriente en un circuito. La potencia eléctrica puede ser positiva o negativa, dependiendo de si la energía se consume (potencia positiva) o se suministra (potencia negativa) en el circuito.

Conceptos clave sobre la Potencia Eléctrica:

Potencia Consumida y Potencia Suministrada: La potencia eléctrica puede ser consumida por dispositivos eléctricos, como lámparas o electrodomésticos, o suministrada por fuentes de alimentación, como generadores o baterías. Cuando se consume energía, la potencia es positiva, y cuando se suministra energía, la potencia es negativa. En el caso de una fuente de alimentación que suministra energía a una carga, la potencia suministrada es negativa debido a la convención de signos en la fórmula.

Potencia Activa y Potencia Aparente: En circuitos de corriente alterna (CA), se distingue entre la potencia activa (real), que realiza trabajo útil, y la potencia aparente, que es el producto de la tensión y la corriente sin considerar el factor de potencia. La potencia aparente se mide en voltiamperios (VA), y la potencia activa se mide en vatios (W). El factor de potencia (FP) indica cuán eficiente es un circuito en la conversión de potencia aparente en potencia activa. Un factor de potencia de 1 indica una eficiencia perfecta.

Efecto Joule o Pérdida de Energía: Cuando la potencia eléctrica se consume en una resistencia eléctrica, se convierte en calor debido a la resistencia al flujo de corriente. Este fenómeno se conoce como el efecto Joule o pérdida de energía por calentamiento. Es importante considerar estas pérdidas de energía en el diseño y la operación de circuitos eléctricos, especialmente en aplicaciones donde la eficiencia energética es crítica.

Potencia en Sistemas de Corriente Continua (CC): En sistemas de corriente continua, la potencia es el producto directo de la tensión y la corriente, y la dirección de la corriente es constante. La potencia suministrada o consumida es siempre positiva, ya que no existe reversión de la corriente.

Potencia en Sistemas de Corriente Alterna (CA): En sistemas de corriente alterna, la potencia puede ser positiva (consumida) o negativa (suministrada) en diferentes momentos del ciclo de la onda. La potencia activa (real) es la parte de la potencia que realiza trabajo útil y varía a lo largo del ciclo.

La comprensión de la potencia eléctrica es esencial para el diseño y la operación de sistemas eléctricos y electrónicos. Permite evaluar la eficiencia de los dispositivos, calcular las pérdidas de energía, dimensionar adecuadamente fuentes de alimentación y comprender cómo se distribuye y se consume la energía en un circuito. Además, la medición de la potencia eléctrica es importante en la facturación de electricidad y la evaluación del consumo energético en aplicaciones industriales y domésticas.

Protección de circuitos: Para garantizar la seguridad y el funcionamiento confiable de los circuitos, se utilizan dispositivos de protección como fusibles y disyuntores. Estos componentes se diseñan para interrumpir la corriente eléctrica cuando se detectan condiciones de sobrecarga o cortocircuito.la protección de circuitos es esencial para garantizar la seguridad y el funcionamiento confiable de sistemas eléctricos y electrónicos. Los dispositivos de protección, como los fusibles y los disyuntores, desempeñan un papel fundamental en la prevención de daños a los componentes y en la mitigación de riesgos. Aquí tienes una ampliación de este tema:

1. Fusibles:

Los fusibles son dispositivos de protección diseñados para interrumpir el flujo de corriente eléctrica en un circuito cuando se supera un valor específico de corriente. Su función principal es proteger los componentes y dispositivos conectados al circuito de corrientes excesivas que podrían dañarlos o causar un incendio. Los fusibles están compuestos por un conductor metálico (generalmente un alambre) que se derrite cuando la corriente supera el límite seguro. Al derretirse, interrumpen el flujo de corriente y protegen el circuito.

2. Disyuntores:

Los disyuntores, también conocidos como interruptores automáticos o interruptores de circuito, son dispositivos de protección similares a los fusibles, pero con la ventaja de ser reutilizables. Los disyuntores se utilizan para interrumpir el flujo de corriente en un circuito cuando se detecta una corriente excesiva. A diferencia de los fusibles, los disyuntores pueden restablecerse después de una operación de corte. Esto significa que, una vez que se ha resuelto la causa del exceso de corriente, el disyuntor puede volver a cerrarse, restaurando el suministro de energía al circuito.

3. Importancia de la Protección de Circuitos:

La protección de circuitos es fundamental por varias razones:

Seguridad: La principal razón para utilizar dispositivos de protección es la seguridad. Evitan que se produzcan sobrecargas peligrosas que podrían causar incendios o daños a las personas y propiedades.

Protección de Componentes: Los dispositivos electrónicos y eléctricos pueden ser costosos y sensibles. Los fusibles y los disyuntores protegen estos componentes al cortar la corriente cuando se detecta un problema.

Prevención de Cortocircuitos: Los cortocircuitos pueden ocurrir cuando dos conductores con corrientes opuestas se conectan directamente. Los dispositivos de protección, al cortar la corriente en caso de cortocircuito, evitan daños a los componentes y al cableado.

Evitar Daños en la Instalación: Protegen el sistema de cableado y la infraestructura eléctrica al evitar que se sobrecarguen y se deterioren con el tiempo.

Cumplimiento de Normativas: En muchas jurisdicciones, es obligatorio el uso de dispositivos de protección para cumplir con las normativas de seguridad eléctrica.

4. Selección de Dispositivos de Protección:

La elección de dispositivos de protección depende de la aplicación específica y de los requisitos del circuito. Es importante seleccionar fusibles o disyuntores con valores nominales apropiados de corriente y voltaje para garantizar una protección efectiva. Los cálculos de carga, la capacidad de sobrecarga y otros factores deben tenerse en cuenta al seleccionar estos dispositivos.

En resumen, la protección de circuitos es esencial para garantizar la seguridad y el funcionamiento confiable de sistemas eléctricos y electrónicos. Los fusibles y los disyuntores son dispositivos clave en esta protección, y su uso adecuado es fundamental para prevenir daños, incendios y riesgos para las personas en aplicaciones eléctricas y electrónicas.

Los circuitos eléctricos son la base de la electrónica y la electricidad moderna. Comprender los componentes y los principios básicos de estos circuitos es esencial tanto para el diseño y la construcción de dispositivos eléctricos como para el mantenimiento y la resolución de problemas en sistemas eléctricos. Los circuitos eléctricos desempeñan un papel crítico en prácticamente todas las facetas de la vida moderna y la tecnología.

2. Circuitos Electrónicos: Los circuitos electrónicos son una subcategoría de los circuitos eléctricos y se centran en el uso de componentes electrónicos, como transistores, diodos y circuitos integrados, para controlar y procesar señales eléctricas con el fin de realizar tareas específicas. Aquí hay algunas áreas clave relacionadas con los circuitos electrónicos:

Transistores: Son dispositivos semiconductores que pueden amplificar señales, conmutar corriente y realizar funciones lógicas. Los transistores son esenciales en la electrónica moderna y se utilizan en una amplia gama de aplicaciones, desde amplificadores de audio hasta circuitos de procesamiento de datos.

1. Función de los Transistores:

Los transistores son dispositivos semiconductores que se utilizan en una amplia gama de aplicaciones electrónicas debido a su capacidad para controlar y amplificar señales eléctricas. Tienen tres terminales: emisor (E), base (B) y colector (C), y se dividen en dos categorías principales:

Transistores Bipolares de Unión (BJT): Los BJT son transistores que se basan en la conducción de corriente a través de dos uniones semiconductoras. Vienen en dos tipos principales: NPN (emisor-negativo, base-positivo, colector-negativo) y PNP (emisor-positivo, base-negativo, colector-positivo). Los BJT se utilizan para amplificar señales analógicas y conmutar corriente.

Transistores de Efecto de Campo (FET): Los FET son transistores que controlan el flujo de corriente entre dos terminales mediante un campo eléctrico aplicado a una tercera terminal. Los FET incluyen transistores de unión (JFET) y transistores de óxido de metal semiconductor (MOSFET). Los MOSFET, en particular, son ampliamente utilizados en electrónica digital y potencia.

2. Amplificación de Señales:

Una de las principales funciones de los transistores es amplificar señales. Los transistores pueden aumentar la amplitud de una señal eléctrica de entrada en su terminal de base y producir una señal de salida amplificada en su terminal de colector o drenaje. Esta amplificación es crucial en aplicaciones como amplificadores de audio, amplificadores de señales de radio y amplificadores de instrumentación.

3. Conmutación de Corriente:

Los transistores también se utilizan para conmutar corriente eléctrica. Pueden actuar como interruptores electrónicos controlados por una señal de entrada. Cuando se aplica un voltaje adecuado a la terminal de base o puerta, el transistor permite que fluya corriente entre el emisor y el colector o entre el drenaje y la fuente. Esta función es esencial en aplicaciones como la electrónica de conmutación, como en los circuitos de encendido y apagado de luces y motores.

4. Lógica Digital:

Los transistores desempeñan un papel fundamental en la electrónica digital y la construcción de puertas lógicas. Se utilizan para implementar funciones lógicas, como puertas AND, OR y NOT. Los transistores MOSFET se utilizan en la mayoría de los circuitos digitales de dispositivos electrónicos modernos, como computadoras, teléfonos móviles y sistemas embebidos.

5. Aplicaciones Especiales:

Además de las aplicaciones mencionadas, los transistores se utilizan en una variedad de aplicaciones especiales, como osciladores (para generar señales de frecuencia constante), amplificadores operacionales (para aplicaciones de precisión), conmutadores de alta potencia (para controlar cargas de alta corriente), y muchos más.

6. Miniaturización y Tecnología Avanzada:

La miniaturización de los transistores ha sido una tendencia constante en la industria electrónica. Los avances tecnológicos han permitido la creación de transistores cada vez más pequeños y eficientes, lo que ha impulsado el desarrollo de dispositivos más pequeños y potentes.

En resumen, los transistores son componentes esenciales en la electrónica moderna y tienen una amplia gama de aplicaciones en amplificación de señales, conmutación de corriente, lógica digital y más. Su capacidad para amplificar y controlar corriente eléctrica los convierte en una parte fundamental de la tecnología electrónica que utilizamos en nuestra vida cotidiana.

Diodos: Permiten que la corriente fluya en una dirección y bloquean en la dirección opuesta. Se utilizan para rectificar señales, proteger circuitos contra polaridad inversa y generar luz en dispositivos como LED.

1. Función de los Diodos:

Los diodos se basan en la propiedad fundamental de los materiales semiconductores que forman una unión PN (unión entre material tipo P, rico en huecos, y material tipo N, rico en electrones) que permite el flujo de corriente en una sola dirección. Esto se debe a que la región tipo N tiene electrones libres y la región tipo P tiene huecos (regiones con una falta de electrones).

Conducción (Directa): Cuando se aplica un voltaje positivo en la terminal P y un voltaje negativo en la terminal N (polarización directa), los electrones de la región N son empujados hacia los huecos en la región P, lo que permite el flujo de corriente a través del diodo. En este estado, el diodo tiene una resistencia muy baja y se considera en "modo ON".

Bloqueo (Inversa): Cuando se aplica un voltaje positivo en la terminal N y un voltaje negativo en la terminal P (polarización inversa), los electrones de la región N son atraídos hacia los huecos en la región P, creando una zona de agotamiento o barrera de potencial. En este estado, el diodo tiene una resistencia muy alta y se considera en "modo OFF", lo que significa que prácticamente no permite el flujo de corriente.

2. Tipos de Diodos:

Existen varios tipos de diodos diseñados para aplicaciones específicas:

Diodo Rectificador: Se utiliza para convertir corriente alterna (CA) en corriente continua (CC). Los diodos rectificadores permiten que la corriente fluya en una sola dirección.

Diodo Zener: Se utiliza para regular el voltaje en un circuito. Los diodos Zener mantienen un voltaje constante a través de ellos cuando están polarizados en inversa y se utilizan en fuentes de alimentación y reguladores de voltaje.

Diodo LED (Light Emitting Diode): Emite luz cuando está polarizado en directa. Los LEDs se utilizan en indicadores luminosos, pantallas y señalización.

Diodo Schottky: Tiene una caída de voltaje más baja que los diodos rectificadores estándar y es adecuado para aplicaciones de alta frecuencia y alta velocidad.

Diodo de Avalancha: Similar al diodo Zener, pero con un punto de ruptura más abrupto. Se utiliza en aplicaciones de alta tensión.

3. Aplicaciones de los Diodos:

Los diodos tienen una amplia variedad de aplicaciones, incluyendo:

Rectificación de Corriente Alterna (CA): En fuentes de alimentación y adaptadores para convertir CA en CC.

Protección de Polaridad: Para prevenir daños a circuitos electrónicos debido a la inversión de polaridad.

Generación de Luz: En dispositivos de iluminación como LEDs y láseres.

Modulación de Señal: En la construcción de circuitos moduladores y demoduladores de señales.

Regulación de Voltaje: En reguladores de voltaje y fuentes de alimentación estabilizadas.

Protección Contra Sobretensiones: En circuitos de protección contra picos de voltaje, como en sistemas de protección de sobretensiones.

Los diodos son componentes electrónicos esenciales que permiten el control del flujo de corriente eléctrica en un solo sentido. Sus diversas aplicaciones en rectificación, regulación, señalización y protección los convierten en una parte fundamental de la electrónica moderna.

Circuitos Integrados (CI): Son componentes que contienen numerosos transistores, resistencias y otros componentes en un solo chip. Los CIs son la base de la mayoría de los dispositivos electrónicos modernos, como computadoras, teléfonos inteligentes y electrodomésticos.Los Circuitos Integrados (CI), también conocidos como chips o microchips, son componentes electrónicos que desempeñan un papel fundamental en la electrónica moderna. Están diseñados para contener numerosos transistores, resistencias, condensadores y otros componentes electrónicos en un solo encapsulado, lo que los convierte en componentes extremadamente versátiles y compactos. Aquí tienes una ampliación de este tema:

1. Función de los Circuitos Integrados:

Los Circuitos Integrados (CI) realizan una amplia variedad de funciones en electrónica, desde tareas simples como amplificación de señales hasta funciones altamente complejas como procesamiento de datos y control de sistemas. Algunas de las funciones más comunes que pueden llevar a cabo los CIs incluyen:

Amplificación de señales: Los amplificadores integrados aumentan la amplitud de las señales eléctricas, como las señales de audio en sistemas de sonido.

Procesamiento de señales: Los CIs digitales pueden realizar operaciones matemáticas y lógicas en señales digitales, como microcontroladores y procesadores de señales digitales (DSP).

Memoria: Los CIs de memoria almacenan datos digitalmente, como memorias RAM, ROM, Flash y EEPROM.

Control: Los microcontroladores y microprocesadores controlan y coordinan la operación de sistemas electrónicos, como en aplicaciones de automatización y sistemas embebidos.

Conversión de señales: Los convertidores analógico-digital (ADC) y digital-analógico (DAC) transforman señales entre dominios analógicos y digitales.

Comunicaciones: Los chips de comunicación gestionan la transmisión y recepción de datos en dispositivos de comunicación, como módems y chips de radiofrecuencia (RF).

Gestión de energía: Los reguladores de voltaje y los chips de gestión de energía optimizan el suministro de energía en dispositivos electrónicos.

2. Tipos de Circuitos Integrados:

Existen varios tipos de Circuitos Integrados diseñados para aplicaciones específicas:

CIs Analógicos: Se utilizan para el procesamiento de señales analógicas, como amplificadores operacionales, amplificadores de potencia y osciladores.

CIs Digitales: Están diseñados para el procesamiento de señales digitales y operaciones lógicas, como microcontroladores, microprocesadores y puertas lógicas.

CIs Mixtos (Analog-Digital): Combinan funciones analógicas y digitales en un solo chip, como convertidores analógico-digitales y digitales-analógicos (ADC y DAC).

CIs de Memoria: Almacenan datos digitalmente, incluyendo memorias RAM, ROM, Flash y EEPROM.

CIs Programables: Permiten configuración y reconfiguración personalizada, como dispositivos FPGA (Field-Programmable Gate Arrays).

3. Ventajas de los Circuitos Integrados:

Tamaño y Peso Reducidos: Los CIs integran múltiples componentes en un solo chip, lo que reduce el espacio y el peso en los dispositivos electrónicos.

Eficiencia: Al reducir la cantidad de conexiones físicas, los CIs son más eficientes en términos de consumo de energía y velocidad de operación.

Confiabilidad: Al eliminar la necesidad de interconexiones mecánicas, los CIs son menos propensos a fallas debido a conexiones sueltas o roturas de cableado.

Facilidad de Diseño: Los CIs preexistentes pueden simplificar el diseño de circuitos y sistemas electrónicos, reduciendo el tiempo de desarrollo.

Reproducibilidad: La fabricación de CIs es altamente reproducible, lo que garantiza una calidad constante y una confiabilidad predecible.

4. Fabricación de Circuitos Integrados:

La fabricación de Circuitos Integrados es un proceso complejo que implica la creación de capas de materiales semiconductores y conductores en un sustrato de silicio. El proceso incluye la fotolitografía, la deposición de capas, la grabación de patrones y la prueba de cada chip individual.

5. Evolución Tecnológica:

Los CIs han experimentado una rápida evolución tecnológica, con avances constantes en la miniaturización, la integración y el rendimiento. Esto ha llevado a la creación de chips más potentes y eficientes que se utilizan en una amplia gama de dispositivos electrónicos, desde teléfonos inteligentes hasta sistemas de control industrial.

Los Circuitos Integrados son componentes electrónicos esenciales que han revolucionado la electrónica moderna al permitir la integración de múltiples funciones en un solo chip. Su versatilidad y eficiencia los hacen vitales para una amplia variedad de aplicaciones en la tecnología actual.

Electrónica Digital: Se refiere a circuitos electrónicos que trabajan con señales digitales, representadas como "0" o "1". Estos circuitos se utilizan en sistemas de procesamiento de datos, como microcontroladores y computadoras.la electrónica digital es una rama de la electrónica que se centra en el procesamiento y la manipulación de señales digitales, que están representadas como "0" o "1". Los circuitos electrónicos digitales se utilizan en una amplia gama de aplicaciones en la tecnología moderna, incluyendo microcontroladores, computadoras, sistemas de comunicación, electrónica de consumo y mucho más.

1. Señales Digitales vs. Señales Analógicas:

En la electrónica, existen dos tipos principales de señales: digitales y analógicas. Las señales analógicas son continuas y pueden tener un rango infinito de valores, mientras que las señales digitales son discretas y solo pueden tomar uno de dos valores: "0" (apagado) o "1" (encendido). Esta característica de "todo o nada" de las señales digitales hace que sean más robustas y menos susceptibles a la degradación de la señal en comparación con las señales analógicas, que pueden ser afectadas por ruido y atenuación.

2. Componentes de Electrónica Digital:

Los circuitos electrónicos digitales utilizan componentes específicos diseñados para trabajar con señales digitales. Algunos de los componentes más comunes incluyen:

Puertas Lógicas: Estos son componentes que realizan operaciones lógicas básicas como AND, OR, NOT, XOR, etc. Se utilizan para diseñar circuitos digitales más complejos.

Flip-Flops y Registros: Estos elementos permiten el almacenamiento temporal de información, lo que es esencial para la memoria y el almacenamiento de datos en sistemas digitales.

Microcontroladores y Microprocesadores: Estos son chips que contienen una unidad central de procesamiento (CPU) y se utilizan en sistemas de control, computadoras y dispositivos inteligentes para realizar tareas de procesamiento y control.

Memorias Digitales: Incluyen RAM (memoria de acceso aleatorio) y ROM (memoria de solo lectura) utilizadas para almacenar datos y programas.

Convertidores Analógico-Digitales (ADC) y Digitales-Analógicos (DAC): Estos componentes permiten la conversión de señales entre dominios digital y analógico.

Contadores y Temporizadores: Se utilizan para medir el tiempo y controlar secuencias de eventos en aplicaciones de control.

3. Aplicaciones de Electrónica Digital:

La electrónica digital tiene una amplia variedad de aplicaciones en la tecnología moderna:

Computadoras y Dispositivos de Consumo: Los microprocesadores y microcontroladores son el núcleo de las computadoras personales, teléfonos inteligentes, tabletas y muchos otros dispositivos electrónicos de consumo.

Automatización Industrial: Se utilizan en sistemas de control para automatizar procesos industriales, desde líneas de producción hasta sistemas de control de robótica.

Comunicaciones: La electrónica digital es esencial en sistemas de comunicación, como redes de datos, telefonía móvil y comunicaciones por satélite.

Electrónica de Entretenimiento: Se encuentra en dispositivos de entretenimiento como televisores, reproductores de música, consolas de videojuegos y sistemas de cine en casa.

Instrumentación Médica: Se utiliza en equipos médicos como dispositivos de diagnóstico y monitores de pacientes.

Automóviles: La electrónica digital se encuentra en sistemas de control del motor, sistemas de seguridad, sistemas de entretenimiento y más.

4. Diseño de Circuitos Digitales:

El diseño de circuitos electrónicos digitales implica la creación y el análisis de sistemas digitales que realizan tareas específicas. Los diseñadores utilizan software de diseño digital, lenguajes de descripción de hardware (HDL) y herramientas de simulación para crear y probar circuitos antes de su implementación física.

La electrónica digital es una disciplina fundamental en la electrónica moderna que se centra en el procesamiento y manipulación de señales digitales. Su versatilidad y aplicaciones en una amplia variedad de campos la convierten en una tecnología esencial en la vida cotidiana y en la industria.

Electrónica Analógica: Se ocupa de señales eléctricas continuas y se utiliza en aplicaciones como amplificadores de audio y circuitos de control. La electrónica analógica es una rama de la electrónica que se enfoca en el procesamiento y manipulación de señales eléctricas continuas, en contraste con la electrónica digital que trabaja con señales discretas (representadas como "0" o "1"). Aquí tienes una ampliación de este tema:

1. Señales Analógicas vs. Señales Digitales:

La diferencia clave entre señales analógicas y señales digitales radica en su naturaleza continua frente a discreta. Las señales analógicas representan información en forma de voltajes o corrientes que varían de manera continua en el tiempo y pueden tener un rango infinito de valores. Por otro lado, las señales digitales son discretas y solo pueden tomar un conjunto finito de valores, típicamente representados como "0" o "1". Las señales analógicas son especialmente adecuadas para representar información física real, como el voltaje de una señal de audio o la temperatura de un sensor.

2. Componentes de Electrónica Analógica:

La electrónica analógica utiliza una variedad de componentes diseñados para trabajar con señales analógicas. Algunos de los componentes más comunes incluyen:

Amplificadores Operacionales (Op-Amps): Estos dispositivos amplifican señales analógicas y se utilizan en una amplia variedad de aplicaciones, desde amplificadores de audio hasta filtros y circuitos de acondicionamiento de señales.

Transistores Bipolares y FET: Los transistores son fundamentales en la electrónica analógica y se utilizan en aplicaciones de amplificación y conmutación.

Resistencias y Capacitores: Estos componentes se utilizan para ajustar, filtrar y acoplar señales en circuitos analógicos.

Inductores (Bobinas): Los inductores se utilizan en circuitos analógicos para almacenar energía en forma de campo magnético y para filtrar señales.

Potenciómetros: Se utilizan para ajustar el nivel de una señal analógica, como en controles de volumen.

3. Aplicaciones de Electrónica Analógica:

La electrónica analógica se encuentra en una variedad de aplicaciones en la vida cotidiana y la industria:

Amplificadores de Audio: Se utilizan para amplificar señales de audio en sistemas de sonido, amplificadores de instrumentos musicales y radios.

Electrónica de Radio y Comunicaciones: Los circuitos de radio y comunicaciones utilizan técnicas analógicas para transmitir y recibir señales de radio y televisión.

Electrónica de Potencia: En sistemas de conversión y control de energía eléctrica, como convertidores de frecuencia, controladores de motores y fuentes de alimentación conmutadas.

Instrumentación de Medición: En instrumentos de medición como multímetros, osciloscopios y sensores de temperatura.

Electrónica de Control: En sistemas de control automático, como termostatos, reguladores de velocidad y sistemas de control de procesos industriales.

4. Desafíos en la Electrónica Analógica:

La electrónica analógica puede ser más susceptible a ruido y degradación de señales en comparación con la electrónica digital. Además, el diseño de circuitos analógicos a menudo implica cálculos más complejos y puede requerir componentes de alta precisión para mantener la exactitud de las señales. Esto hace que el diseño y la depuración de circuitos analógicos sean desafiantes y requiere una comprensión profunda de la teoría y la práctica de la electrónica.

La electrónica analógica se enfoca en el procesamiento de señales eléctricas continuas y es esencial en una amplia gama de aplicaciones, desde amplificación de audio hasta control de procesos industriales. Aunque la electrónica digital ha ganado terreno en muchas áreas, la electrónica analógica sigue siendo crucial para representar y manipular señales del mundo real de manera precisa y eficiente.

Los circuitos eléctricos y electrónicos son esenciales en la infraestructura moderna, desde la generación y distribución de energía eléctrica hasta la electrónica de consumo y la industria. Además, son cruciales en campos como la comunicación, la automatización industrial, la medicina y la exploración espacial.

5.Elementos de automatización industrial.

La automatización industrial es un campo esencial en la fabricación y procesos industriales que implica el uso de tecnología y sistemas para controlar y supervisar la producción de manera eficiente y efectiva. A continuación, te proporcionaré una descripción general de los elementos clave involucrados en la automatización industrial:

Controladores Lógicos Programables (PLC): Los PLC son dispositivos electrónicos programables utilizados para controlar maquinaria y procesos industriales. Estos dispositivos pueden ser programados para realizar tareas específicas y se utilizan comúnmente en la automatización de líneas de producción y maquinaria industrial.

Los Controladores Lógicos Programables (PLC, por sus siglas en inglés, Programmable Logic Controllers) son dispositivos electrónicos esenciales en la automatización industrial y la ingeniería de control. Su principal función es controlar maquinaria y procesos industriales de manera eficiente y precisa. Aquí hay una explicación más detallada de sus características y funciones:

Programabilidad: Uno de los rasgos distintivos de los PLC es su capacidad de programación. Los ingenieros y técnicos pueden utilizar software especializado para crear programas personalizados que describan el comportamiento deseado del PLC. Estos programas pueden ser modificados y adaptados fácilmente para satisfacer las necesidades cambiantes de la producción industrial.

Entradas y Salidas: Los PLC tienen múltiples entradas y salidas (E/S) que les permiten interactuar con sensores, actuadores y otros dispositivos en un entorno industrial. Las entradas recopilan datos del proceso, como temperatura, presión, nivel de líquidos, etc., mientras que las salidas envían señales para controlar motores, válvulas, luces y otros elementos de la maquinaria industrial.

Lógica de Control: Los PLC se basan en la lógica de control programable para tomar decisiones en tiempo real. Los programas pueden incluir instrucciones de lógica booleana, temporización, contaje y comparación, lo que permite al PLC tomar decisiones precisas y ejecutar acciones en función de las condiciones detectadas en las entradas.

Ciclo de Escaneo: Los PLC operan en un ciclo de escaneo constante. Durante este ciclo, el PLC lee las entradas, ejecuta el programa de control y actualiza las salidas. Esto asegura que el sistema de control se mantenga actualizado y responda rápidamente a las condiciones cambiantes en el entorno industrial.

Robustez y Fiabilidad: Los PLC están diseñados para funcionar en entornos industriales adversos. Son resistentes a vibraciones, temperaturas extremas, humedad y otras condiciones adversas, lo que garantiza su fiabilidad en aplicaciones industriales críticas.

Comunicación: Los PLC modernos ofrecen capacidades de comunicación avanzadas. Pueden conectarse a redes industriales, como Ethernet, Profibus, Modbus, etc., lo que permite la supervisión remota y la integración con sistemas de control más grandes.

Flexibilidad: Los PLC son altamente flexibles y pueden adaptarse a una amplia gama de aplicaciones industriales. Esto los convierte en una elección popular para la automatización de procesos en la fabricación, la industria química, la agricultura, la energía y muchos otros sectores.

Mantenimiento y Diagnóstico: Los PLC suelen estar equipados con funciones de diagnóstico avanzadas que facilitan la detección y corrección de problemas. Los técnicos pueden monitorear el rendimiento del PLC y diagnosticar fallas de manera eficiente.

En resumen, los Controladores Lógicos Programables son dispositivos esenciales en la automatización industrial, permitiendo el control preciso y eficiente de maquinaria y procesos. Su flexibilidad, programabilidad y capacidad para operar en entornos industriales desafiantes los convierten en una herramienta fundamental para mejorar la productividad y la eficiencia en una amplia variedad de industrias.

Sensores y Actuadores: Los sensores son dispositivos que detectan cambios en el entorno, como temperatura, presión, nivel, etc. Los actuadores, por otro lado, son dispositivos que realizan acciones físicas en respuesta a las señales de los sensores. Ambos son esenciales en la automatización industrial para recopilar información del proceso y tomar acciones en consecuencia.

Sensores:Los sensores son dispositivos electrónicos o mecánicos diseñados para detectar y medir cambios o variables en el entorno físico o en un sistema. Estos cambios pueden incluir una amplia variedad de magnitudes físicas, como temperatura, presión, luz, movimiento, nivel de líquido, humedad, fuerza, entre otras. Aquí hay una explicación más detallada sobre los sensores:

Detección de Variables: Los sensores son responsables de transformar una variable física o química en una señal eléctrica o digital que pueda ser interpretada y utilizada por otros componentes electrónicos, como un controlador o un sistema de procesamiento de datos.

Tipos de Sensores: Existen numerosos tipos de sensores, cada uno diseñado para detectar una variable específica. Algunos ejemplos comunes incluyen:

Sensores de temperatura: como los termopares y los termistores.

Sensores de presión: como los sensores de presión piezoeléctricos o los sensores de presión capacitivos.

Sensores de luz: como los fotodiodos y los fototransistores.

Sensores de movimiento: como los sensores de infrarrojos pasivos (PIR) y los acelerómetros.

Sensores de nivel: como los sensores ultrasónicos y los sensores de capacitancia.

Sensores de humedad: como los higrómetros y los sensores de humedad capacitivos.

Salida de Datos: La información recopilada por un sensor se presenta típicamente como una señal eléctrica o digital que puede ser analizada, procesada y utilizada por otros dispositivos electrónicos, como controladores, microcontroladores o sistemas de control automatizado.

Actuadores:

Los actuadores son dispositivos que responden a señales eléctricas, electrónicas o digitales y ejecutan una acción física o mecánica en respuesta a esas señales. Su función es convertir una señal de control en un movimiento o acción física en el mundo real. A continuación, se destacan aspectos clave de los actuadores:

Tipos de Actuadores: Al igual que los sensores, hay varios tipos de actuadores disponibles, cada uno diseñado para una aplicación específica. Algunos ejemplos incluyen:

Actuadores eléctricos: como motores eléctricos que pueden girar o moverse linealmente.

Actuadores hidráulicos: que utilizan fluidos presurizados para generar movimiento, comúnmente en maquinaria pesada.

Actuadores neumáticos: que emplean aire comprimido para producir movimiento en aplicaciones industriales.

Actuadores piezoeléctricos: que se basan en la propiedad piezoeléctrica para generar movimientos precisos y rápidos.

Control Preciso: Los actuadores pueden controlarse de manera precisa mediante señales eléctricas o electrónicas. Esto les permite realizar movimientos con alta precisión y repetibilidad, lo que es esencial en aplicaciones que requieren un control fino, como en robótica y manufactura automatizada.

Aplicaciones Diversas: Los actuadores son fundamentales en una amplia gama de aplicaciones, desde abrir y cerrar válvulas en sistemas de tuberías hasta ajustar la posición de una cámara en un teléfono inteligente o mover las partes de un robot industrial.

Los sensores y actuadores son componentes esenciales en sistemas de control, automatización y monitoreo en una variedad de campos, desde la industria manufacturera y la electrónica de consumo hasta la medicina y la investigación científica. Los sensores detectan cambios en el entorno, mientras que los actuadores ejecutan acciones físicas o mecánicas en respuesta a señales controladas, permitiendo la interacción entre sistemas electrónicos y el mundo físico.

Interfaz Hombre-Máquina (HMI): Las HMI son pantallas táctiles o interfaces gráficas que permiten a los operadores supervisar y controlar los sistemas automatizados. Proporcionan información en tiempo real sobre el estado del proceso y permiten a los operadores interactuar con la maquinaria.

Las Interfaces Hombre-Máquina (HMI) son componentes cruciales en sistemas de automatización y control industrial. Estas interfaces permiten la comunicación y la interacción entre los operadores humanos y los sistemas automatizados o máquinas. Aquí tienes una explicación más detallada sobre las HMI:

Pantallas Táctiles y Gráficas: Las HMI suelen consistir en pantallas táctiles o interfaces gráficas que muestran información crítica sobre el sistema o proceso que están supervisando y controlando. Estas pantallas suelen ser intuitivas y visualmente atractivas, lo que facilita su uso por parte de los operadores.

Supervisión y Control: La función principal de una HMI es permitir a los operadores supervisar y controlar los sistemas automatizados. Esto incluye la visualización de datos en tiempo real, como información sobre el estado del proceso, lecturas de sensores, alarmas y otros indicadores importantes.

Interacción Usuario-Máquina: Las HMI no solo muestran información, sino que también permiten a los operadores interactuar con el sistema. Los operadores pueden realizar acciones como iniciar o detener máquinas, ajustar configuraciones, cambiar parámetros y responder a alarmas o eventos inesperados a través de la HMI.

Personalización: Las HMI suelen ser altamente personalizables. Los operadores pueden configurar la apariencia de la interfaz, la disposición de los elementos gráficos y las vistas de pantalla según sus necesidades específicas. Esto les permite adaptar la HMI a sus tareas y preferencias individuales.

Alarmas y Notificaciones: Las HMI pueden generar alarmas visuales o auditivas en caso de condiciones anormales o eventos críticos en el proceso. Esto ayuda a los operadores a responder rápidamente a situaciones problemáticas y tomar las medidas adecuadas.

Registro de Datos: Muchas HMI tienen la capacidad de registrar y almacenar datos históricos del proceso. Esto es valioso para el análisis posterior, la resolución de problemas y el cumplimiento de regulaciones que requieren un seguimiento detallado de los procesos industriales.

Conexión con Sistemas de Control: Las HMI se conectan generalmente a los sistemas de control, como Controladores Lógicos Programables (PLC) o Controladores de Lógica Difusa (DSC), mediante interfaces de comunicación como Ethernet, Profibus, Modbus, entre otras. Esto permite que la HMI envíe comandos al sistema de control y reciba datos en tiempo real.

Seguridad y Acceso Autorizado: Dado que las HMI pueden controlar procesos críticos y sensibles, a menudo incluyen características de seguridad, como acceso con contraseña y control de acceso, para garantizar que solo personal autorizado pueda realizar cambios en el sistema.

Aplicaciones Industriales Diversas: Las HMI se utilizan en una amplia variedad de aplicaciones industriales, que van desde la manufactura y la automatización de procesos hasta el control de sistemas de energía, la gestión de edificios y la monitorización de infraestructuras críticas.

Las Interfaces Hombre-Máquina (HMI) desempeñan un papel esencial en la automatización industrial y en el control de procesos. Permiten a los operadores supervisar, controlar y ajustar sistemas automatizados de manera eficiente y segura, mejorando la eficiencia operativa y la capacidad de respuesta ante situaciones cambiantes en entornos industriales y comerciales. Su diseño intuitivo y personalizable las convierte en una herramienta valiosa para mejorar la productividad y la calidad en una amplia gama de aplicaciones.

Redes Industriales: Las redes industriales son sistemas de comunicación que conectan todos los componentes de automatización, como PLC, sensores, HMI, y más. Estas redes permiten la transmisión de datos y comandos de manera eficiente y segura en toda la planta industrial.:

Redes Industriales:

Las redes industriales son sistemas de comunicación diseñados específicamente para conectar y coordinar todos los componentes de automatización en entornos industriales y de fabricación. Su función principal es permitir la transferencia de datos y el intercambio de información entre dispositivos como Controladores Lógicos Programables (PLC), sensores, Interfaces Hombre-Máquina (HMI), actuadores y otros dispositivos utilizados en la automatización y el control de procesos industriales. Aquí se presentan detalles más específicos sobre las redes industriales:

Interconexión de Dispositivos: Las redes industriales permiten la interconexión de una amplia gama de dispositivos industriales distribuidos en una planta o instalación industrial. Esto incluye no solo los dispositivos mencionados anteriormente, sino también otros equipos como variadores de frecuencia, controladores de temperatura, sistemas de visión artificial y más.

Comunicación en Tiempo Real: En entornos industriales, la comunicación en tiempo real es esencial para coordinar procesos y asegurar una operación eficiente. Las redes industriales están diseñadas para proporcionar tiempos de respuesta predecibles y rápidos, lo que es crítico en aplicaciones donde la sincronización y la coordinación son esenciales.

Tipos de Redes Industriales: Existen varios protocolos y estándares de redes industriales, cada uno adaptado a diferentes necesidades y aplicaciones. Algunos ejemplos incluyen:

Ethernet Industrial: Basada en el estándar Ethernet, se utiliza en muchas aplicaciones industriales para transmitir datos de alta velocidad y control en tiempo real.

PROFIBUS: Un protocolo de comunicación de bus de campo ampliamente utilizado para la automatización industrial.

CAN (Controller Area Network): Común en aplicaciones automotrices y de maquinaria móvil.

Modbus: Un protocolo de comunicación serie utilizado en una amplia variedad de aplicaciones industriales.

EtherCAT: Utilizado en aplicaciones de automatización de alta velocidad y alta precisión.

AS-Interface: Diseñado específicamente para dispositivos de nivel de campo como sensores y actuadores.

Redundancia y Fiabilidad: La confiabilidad es fundamental en entornos industriales. Muchas redes industriales ofrecen mecanismos de redundancia para garantizar la disponibilidad continua de la comunicación, incluso en caso de fallos de hardware o cableado.

Seguridad de Red: Dado que las redes industriales pueden manejar datos críticos, la seguridad es una preocupación importante. Se utilizan protocolos y prácticas de seguridad para proteger la integridad de los datos y prevenir intrusiones no autorizadas.

Gestión de Datos: Además de la comunicación en tiempo real, las redes industriales también pueden admitir la transferencia de datos históricos y de diagnóstico. Esto es útil para el análisis de datos y el mantenimiento predictivo.

Escalabilidad: Las redes industriales deben ser escalables para acomodar expansiones y cambios en las instalaciones industriales. Esto implica la capacidad de agregar nuevos dispositivos o modificar la topología de la red según sea necesario.

Aplicaciones Diversas: Las redes industriales se utilizan en una amplia gama de aplicaciones industriales, que van desde la manufactura y el procesamiento químico hasta la energía, la robótica y la automatización de edificios.

Las redes industriales son fundamentales para la automatización y el control eficiente de procesos industriales y sistemas de manufactura. Facilitan la comunicación y la coordinación entre dispositivos dispersos en una planta industrial, permitiendo una operación más eficiente, un mantenimiento predictivo y una mayor capacidad de respuesta a los cambios en el entorno de producción. Su diseño y selección adecuados son esenciales para garantizar un funcionamiento óptimo en un entorno industrial diverso y desafiante.

Software de Control: El software de control es esencial para programar y configurar los sistemas de automatización. Se utilizan lenguajes de programación específicos y software de desarrollo para diseñar la lógica de control que determina cómo se comportarán las máquinas y los procesos.

El software de control es una parte fundamental en el ámbito de la automatización industrial y en diversos sistemas que requieren supervisión y gestión automatizada. Su función principal es programar, configurar y controlar dispositivos, máquinas o sistemas para que realicen tareas específicas de manera eficiente y precisa. A continuación, ampliaré este tema para proporcionarte una visión más detallada:

Tipos de sistemas de control:

Control de procesos: Se utiliza en la industria para supervisar y regular variables como la temperatura, la presión, el flujo, etc., en procesos químicos, petroquímicos, manufactura, entre otros.

Control de maquinaria: Se emplea para controlar máquinas industriales, como robots, CNC (Control Numérico Computarizado), impresoras 3D, entre otros.

Control de sistemas embebidos: Se utiliza en dispositivos electrónicos embebidos, como electrodomésticos, sistemas de seguridad, automóviles, etc.

Funciones del software de control:

Programación: Permite definir cómo debe comportarse el sistema o la máquina en función de una serie de instrucciones lógicas. Esto se hace mediante lenguajes de programación específicos para la automatización, como ladder, grafcet, CFC (Continuous Function Chart), entre otros.

Configuración: Permite ajustar parámetros y configuraciones del sistema, como tiempos, velocidades, rangos de operación, y más.

Monitorización: Proporciona información en tiempo real sobre el estado del sistema, lo que facilita la detección de problemas o la optimización de procesos.

Control en tiempo real: Permite tomar decisiones instantáneas y ajustar el funcionamiento del sistema en función de las condiciones cambiantes, garantizando un rendimiento óptimo.

Plataformas de software de control:

PLCs (Controladores Lógicos Programables): Estos son dispositivos específicamente diseñados para controlar procesos industriales. Utilizan software de programación especializado y se emplean en una amplia gama de aplicaciones industriales.

SCADA (Supervisory Control and Data Acquisition): Se trata de sistemas de software que permiten supervisar y controlar sistemas y procesos industriales desde una ubicación central. Proporcionan una interfaz gráfica que muestra datos en tiempo real y permiten tomar decisiones basadas en esa información.

HMI (Interfaz Hombre-Máquina): Son interfaces gráficas que permiten a los operadores interactuar con el sistema. Proporcionan pantallas táctiles y controles visuales para monitorear y controlar procesos.

Importancia del software de control:

Eficiencia: El software de control automatiza tareas repetitivas y permite una ejecución más precisa, lo que mejora la eficiencia de la producción y reduce errores.

Flexibilidad: Facilita la adaptación de sistemas a cambios en los procesos o en los requisitos del producto.

Seguridad: Permite implementar medidas de seguridad, como paradas de emergencia y limitaciones de acceso.

Optimización: Proporciona datos en tiempo real para tomar decisiones informadas sobre la optimización de procesos y la reducción de costos.

Documentación: Registra y almacena datos y eventos importantes, lo que facilita el seguimiento, la auditoría y el cumplimiento de regulaciones.

El software de control es esencial en la automatización industrial y en una variedad de sistemas que requieren control y supervisión. Facilita la programación, configuración y operación eficiente de sistemas automatizados, lo que aporta beneficios en términos de eficiencia, flexibilidad, seguridad y optimización de procesos. Su importancia seguirá creciendo a medida que la automatización siga desempeñando un papel crucial en la industria y otros sectores.

Sistemas de Supervisión y Control (SCADA): Los sistemas SCADA son aplicaciones de software que se utilizan para supervisar y controlar procesos industriales a gran escala. Proporcionan una vista general de toda la planta y permiten a los operadores tomar decisiones informadas en tiempo real.Los Sistemas de Supervisión y Control (SCADA, por sus siglas en inglés, Supervisory Control and Data Acquisition) son aplicaciones de software y hardware diseñadas para supervisar, controlar y adquirir datos de procesos industriales y sistemas de infraestructura críticos a gran escala. Estos sistemas desempeñan un papel esencial en una amplia gama de industrias, desde la producción manufacturera hasta la distribución de energía eléctrica y la gestión de redes de agua. A continuación, ampliaré este tema:

Componentes clave de un sistema SCADA:

Supervisión (Supervisory): Esta es la función principal de un sistema SCADA. Proporciona a los operadores y supervisores una vista en tiempo real de los procesos y sistemas que están supervisando. Las representaciones gráficas, como gráficos, diagramas de flujo y pantallas de control, permiten a los operadores tener una comprensión visual de lo que está ocurriendo.

Control: Un sistema SCADA permite a los operadores controlar los procesos o sistemas que están supervisando. Esto puede incluir la capacidad de encender o apagar equipos, ajustar configuraciones, cambiar modos de operación y tomar acciones basadas en eventos o alarmas.

Adquisición de Datos (Data Acquisition): Los sistemas SCADA recopilan datos de sensores, dispositivos y equipos distribuidos en el campo. Estos datos incluyen información sobre temperatura, presión, nivel, flujo, estado de dispositivos, entre otros. La adquisición de datos se realiza a través de interfaces de comunicación con protocolos estándar, como OPC (OLE for Process Control), Modbus y DNP3.

Almacenamiento de Datos: Los datos recopilados se almacenan en bases de datos históricas para su posterior análisis, generación de informes y auditoría. Esto es útil para identificar tendencias, diagnosticar problemas y cumplir con requisitos de registro y regulaciones.

Alarmas y Eventos: Los sistemas SCADA pueden configurarse para generar alarmas y eventos cuando se detectan condiciones anormales o se producen eventos importantes. Las alarmas pueden ser visuales y audibles, y a menudo se envían notificaciones a través de correo electrónico o mensajes de texto a los operadores.

Características clave de los sistemas SCADA:

Interfaz de Usuario Amigable: Los sistemas SCADA suelen contar con interfaces de usuario intuitivas que permiten a los operadores interactuar de manera efectiva con los procesos y sistemas supervisados. Esto incluye pantallas personalizables y funciones de arrastrar y soltar.

Conectividad y Comunicación: Los sistemas SCADA deben ser capaces de comunicarse con una variedad de dispositivos y sistemas en el campo, incluidos PLCs, RTUs (Unidades Terminales Remotas), sensores y otros equipos de control. La capacidad de interoperabilidad es fundamental.

Seguridad: Dado que los sistemas SCADA controlan procesos críticos y a menudo están conectados a redes públicas o privadas, la seguridad es una preocupación principal. Se deben implementar medidas de seguridad robustas para proteger contra amenazas cibernéticas y garantizar la integridad y confidencialidad de los datos.

Capacidad de Escalabilidad: Los sistemas SCADA deben poder adaptarse a medida que cambian las necesidades de supervisión y control. Esto incluye la capacidad de agregar nuevos dispositivos y expandir la funcionalidad según sea necesario.

Redundancia: La disponibilidad es crítica en muchas aplicaciones industriales. Los sistemas SCADA a menudo incorporan redundancia en hardware y comunicaciones para garantizar que la supervisión y el control continúen funcionando en caso de fallos.

Aplicaciones típicas de los sistemas SCADA:

Industria manufacturera: Control de procesos de producción, monitoreo de calidad y gestión de la producción en líneas de ensamblaje y fábricas.

Energía y servicios públicos: Supervisión y control de plantas de generación eléctrica, subestaciones, redes de distribución de agua y sistemas de gestión de residuos.

Petróleo y gas: Control de plataformas de producción offshore, monitoreo de oleoductos y gasoductos, y gestión de refinerías.

Transporte: Control de sistemas de tráfico y transporte público, incluyendo trenes y metros.

Infraestructura de edificios: Control de sistemas de climatización, iluminación y seguridad en edificios comerciales y residenciales.

Los sistemas SCADA desempeñan un papel crucial en la supervisión y el control de procesos industriales y sistemas críticos a gran escala. Proporcionan a los operadores una visión en tiempo real de los procesos, permiten tomar decisiones informadas y contribuyen a la eficiencia, seguridad y confiabilidad de las operaciones en una amplia variedad de industrias y aplicaciones.

Robots Industriales: Los robots industriales son máquinas programables que realizan tareas físicas repetitivas en la línea de producción. Se utilizan ampliamente en la automatización de tareas de montaje, soldadura, embalaje y manipulación de materiales.Los robots industriales son máquinas programables diseñadas para realizar tareas físicas repetitivas en entornos industriales. Estas máquinas son un componente esencial en la automatización industrial, ya que pueden llevar a cabo una variedad de tareas con precisión y consistencia, aumentando la eficiencia y la productividad en la línea de producción. Aquí tienes una ampliación de este tema:

Características clave de los robots industriales:

Programabilidad: Los robots industriales son máquinas programables, lo que significa que su comportamiento puede ser controlado y ajustado mediante software. Esto permite a los operadores y programadores adaptar su funcionalidad a diferentes tareas y procesos de producción.

Precisión: Los robots industriales son extremadamente precisos en sus movimientos. Pueden realizar tareas que requieren una alta precisión, como soldadura, ensamblaje, pintura y manipulación de objetos delicados, de manera consistente y sin errores.

Repetibilidad: La repetibilidad es una característica clave de los robots industriales. Realizan las mismas tareas una y otra vez con una precisión constante, lo que es fundamental en la producción en masa.

Flexibilidad: Los robots industriales pueden ser reprogramados y reconfigurados para realizar diferentes tareas en la línea de producción. Esto les otorga una alta flexibilidad para adaptarse a cambios en la demanda del mercado y en los productos.

Capacidad de carga: Los robots industriales están diseñados para manipular cargas de diferentes tamaños y pesos. Pueden ser desde robots pequeños y ligeros para tareas de montaje precisas hasta robots grandes y potentes para el manejo de cargas pesadas en la industria automotriz, por ejemplo.

Sensores y visión artificial: Muchos robots industriales están equipados con sensores y sistemas de visión artificial que les permiten detectar y adaptarse a su entorno. Esto les permite evitar obstáculos, realizar inspecciones de calidad y trabajar de manera segura junto con humanos.

Aplicaciones típicas de los robots industriales:

Ensamblaje: Los robots industriales se utilizan ampliamente en la industria manufacturera para ensamblar productos, como automóviles, electrónicos y dispositivos médicos. Pueden colocar componentes, soldar, atornillar y realizar otras operaciones de ensamblaje con alta precisión.

Soldadura: En aplicaciones de soldadura, los robots industriales pueden realizar soldaduras consistentes y de alta calidad en estructuras metálicas, lo que es común en la industria automotriz y de construcción.

Manipulación de materiales: Los robots industriales se utilizan para cargar, descargar y mover materiales en líneas de producción, almacenes y centros de distribución. Pueden acelerar el proceso de manejo de materiales y reducir la fatiga del personal.

Pintura y recubrimiento: En la industria de la fabricación de automóviles y la industria aeroespacial, los robots industriales se emplean para aplicar pintura y recubrimientos de manera uniforme y precisa.

Empaque y paletización: Los robots industriales pueden empacar productos en cajas, bolsas o paletas de manera eficiente, lo que es común en la industria de alimentos y bebidas.

Inspección y control de calidad: Algunos robots están equipados con sistemas de visión artificial para inspeccionar productos y realizar controles de calidad en busca de defectos.

Atención médica: En entornos médicos, los robots quirúrgicos asisten a cirujanos en procedimientos complejos y de alta precisión, lo que mejora la precisión y la recuperación de los pacientes.

Los robots industriales desempeñan un papel crucial en la automatización de la producción y la mejora de la eficiencia en una amplia gama de industrias. Su capacidad de realizar tareas físicas repetitivas con precisión y constancia los convierte en activos valiosos en la manufactura y otras aplicaciones industriales. Con avances en la robótica y la inteligencia artificial, se espera que su papel en la industria siga creciendo en el futuro.

Sistemas de Control Distribuido (DCS): Los DCS son sistemas de automatización que se utilizan en plantas industriales más grandes y complejas, como refinerías y plantas químicas. Permiten el control y supervisión centralizada de múltiples procesos.Los Sistemas de Control Distribuido (DCS, por sus siglas en inglés, Distributed Control Systems) son sistemas avanzados de automatización industrial que se utilizan para supervisar y controlar procesos complejos en plantas industriales, fábricas y otros entornos de producción. A diferencia de los sistemas de control centralizados, en los que un controlador central gestiona todas las operaciones, los DCS distribuyen el control a lo largo de una red de controladores y estaciones de trabajo distribuidas. Aquí te ofrezco una ampliación de este tema:

Características clave de los Sistemas de Control Distribuido (DCS):

Arquitectura distribuida: Los DCS se componen de múltiples estaciones de control distribuidas en la planta. Cada estación puede controlar una sección específica del proceso y comunicarse con otras estaciones para coordinar las operaciones generales.

Comunicación en tiempo real: Los controladores y estaciones en un DCS están conectados a través de una red de comunicación en tiempo real que permite la transmisión instantánea de datos y señales de control. Esto garantiza una respuesta rápida a los cambios en el proceso.

Flexibilidad y escalabilidad: Los DCS son altamente flexibles y escalables. Pueden adaptarse a cambios en la producción o en los procesos al agregar o quitar controladores y estaciones de manera relativamente sencilla.

Interfaz de operador amigable: Los operadores interactúan con el DCS a través de interfaces de usuario gráficas y amigables. Estas interfaces proporcionan información en tiempo real sobre el estado del proceso y permiten a los operadores tomar decisiones informadas.

Control avanzado: Los DCS ofrecen capacidades de control avanzado que permiten a los operadores y sistemas de control automatizado tomar decisiones basadas en algoritmos complejos y estrategias de control avanzadas. Esto es especialmente útil en procesos complejos y variables.

Gestión de alarmas: Los DCS están diseñados para gestionar alarmas y eventos. Pueden generar alarmas cuando se detectan condiciones anormales en el proceso y presentarlas de manera clara para que los operadores las atiendan de inmediato.

Historiadores y registros de datos: Los DCS registran datos históricos de operación y eventos del proceso. Estos registros son esenciales para el análisis retrospectivo, la resolución de problemas y el cumplimiento de regulaciones y estándares.

Aplicaciones típicas de los Sistemas de Control Distribuido (DCS):

Industria química y petroquímica: Los DCS se utilizan para controlar y supervisar procesos químicos y petroquímicos, incluyendo la mezcla, la destilación y la producción de productos químicos.

Energía y utilities: En centrales eléctricas y plantas de generación de energía, los DCS controlan la operación de turbinas, generadores y sistemas de distribución de energía.

Industria de alimentos y bebidas: Los DCS gestionan la producción, el envasado y el control de calidad en la industria de alimentos y bebidas.

Industria farmacéutica: En la fabricación de productos farmacéuticos, los DCS supervisan procesos críticos y garantizan el cumplimiento de los estándares de calidad y seguridad.

Automatización de edificios: En aplicaciones de automatización de edificios, los DCS controlan sistemas de climatización, iluminación y seguridad.

Industria del agua y aguas residuales: Los DCS se utilizan para el control de plantas de tratamiento de agua y aguas residuales, incluyendo el monitoreo de procesos químicos y biológicos.

Los Sistemas de Control Distribuido (DCS) son herramientas vitales en la automatización industrial y juegan un papel crucial en el control y la supervisión de procesos complejos en una variedad de industrias. Su capacidad para distribuir el control y la comunicación en tiempo real es fundamental para garantizar una producción eficiente, segura y adaptable.

Seguridad Industrial: La automatización industrial debe cumplir con normas de seguridad rigurosas para proteger a los trabajadores y los activos. Esto incluye sistemas de parada de emergencia, cercas de seguridad y protocolos de seguridad para prevenir accidentes.La seguridad industrial es un aspecto fundamental en la automatización industrial, ya que se enfoca en proteger a los trabajadores, los activos y el entorno de trabajo de posibles riesgos y peligros asociados a los procesos automatizados. Cumplir con normas rigurosas de seguridad es esencial para garantizar un ambiente de trabajo seguro y minimizar los accidentes y las lesiones. A continuación, ampliaremos este tema:

Principales aspectos de la seguridad industrial en la automatización:

Evaluación de riesgos: Antes de implementar cualquier sistema de automatización, se debe realizar una evaluación exhaustiva de los riesgos asociados con las operaciones automatizadas. Esto incluye identificar posibles peligros, evaluar su gravedad y probabilidad, y tomar medidas para mitigar o eliminar estos riesgos.

Normativas y estándares: Existen normas y estándares de seguridad específicos para la automatización industrial, como las normas ISO 13849 para sistemas de control de seguridad y la norma IEC 61508 para la seguridad funcional de sistemas electrónicos. Cumplir con estas normativas es fundamental para garantizar un alto nivel de seguridad.

Diseño seguro: El diseño de sistemas de automatización debe incluir medidas de seguridad desde el principio. Esto implica seleccionar componentes y tecnologías seguras, como sensores de seguridad, controladores seguros y actuadores seguros, que cumplan con los estándares y requisitos de seguridad aplicables.

Integración de sistemas de seguridad: Los sistemas de seguridad deben estar integrados en la automatización de manera efectiva. Esto incluye la implementación de funciones de parada de emergencia, limitación de movimiento, detección de colisiones y otras medidas para proteger a los trabajadores y los activos en caso de situaciones peligrosas.

Formación y capacitación: Los trabajadores que operan y mantienen sistemas automatizados deben recibir una formación adecuada en seguridad. Deben comprender los riesgos asociados con la automatización y saber cómo actuar en caso de emergencia.

Mantenimiento y supervisión: Los sistemas de automatización deben someterse a un mantenimiento regular para garantizar su funcionamiento seguro. Además, es importante tener sistemas de supervisión y diagnóstico que permitan detectar problemas de seguridad de manera temprana.

Tecnologías y medidas de seguridad comunes en la automatización industrial:

Cercas y barreras de seguridad: En áreas donde los trabajadores deben estar protegidos de maquinaria peligrosa, se utilizan cercas y barreras físicas que impiden el acceso no autorizado.

Sensores de seguridad: Los sensores de seguridad, como sensores de presencia, sensores de luz, sensores de movimiento y sensores de proximidad, se utilizan para detectar la presencia de personas o objetos en áreas peligrosas y detener la maquinaria si es necesario.

Paro de emergencia: Los botones y dispositivos de paro de emergencia permiten a los trabajadores detener de inmediato la maquinaria en caso de peligro.

Controladores de seguridad: Los controladores de seguridad supervisan y gestionan las señales de seguridad de los sensores y dispositivos, asegurando una respuesta adecuada en caso de eventos peligrosos.

Programación segura: Se utiliza la programación segura para garantizar que los sistemas de control respondan de manera segura a situaciones anormales y que no se ponga en peligro la seguridad de los trabajadores.

Sistemas de visión y cámaras de seguridad: Estos sistemas permiten a los operadores supervisar el proceso de forma remota y detectar problemas de seguridad.

La seguridad industrial es una prioridad en la automatización industrial, ya que garantiza la protección de los trabajadores y la integridad de los activos. Cumplir con las normativas y estándares de seguridad, así como implementar tecnologías y medidas de seguridad adecuadas, es esencial para minimizar los riesgos y mantener un entorno de trabajo seguro en la automatización industrial.

Mantenimiento Predictivo: La automatización industrial a menudo incluye sistemas de mantenimiento predictivo que utilizan datos recopilados de sensores para predecir cuándo es necesario realizar mantenimiento en las máquinas y equipos, lo que ayuda a evitar tiempos de inactividad no planificados.El mantenimiento predictivo es una estrategia clave en la automatización industrial que utiliza tecnología avanzada y datos en tiempo real para predecir cuándo se requerirá el mantenimiento de un equipo o sistema. Esta aproximación permite a las empresas planificar el mantenimiento de manera eficiente, minimizar el tiempo de inactividad no planificado y reducir los costos operativos. A continuación, ampliaremos este tema:

Componentes clave del mantenimiento predictivo:

Sensores y dispositivos de monitoreo: Los sensores y dispositivos de monitoreo se instalan en máquinas y equipos para recopilar datos en tiempo real sobre su rendimiento y estado. Estos sensores pueden medir parámetros como temperatura, vibración, presión, nivel de aceite, corriente eléctrica, entre otros.

Conectividad: Los datos recopilados por los sensores se transmiten a través de redes de comunicación, como Ethernet industrial o redes inalámbricas, a sistemas de análisis y monitoreo centralizados.

Sistemas de análisis de datos: Los datos recopilados se procesan y analizan utilizando software avanzado de análisis de datos, como algoritmos de aprendizaje automático y análisis estadísticos. Estos sistemas identifican patrones y anomalías que pueden indicar problemas potenciales.

Algoritmos de predicción: Los algoritmos de predicción utilizan los datos históricos y en tiempo real para prever cuándo es probable que ocurra una falla o un problema en un equipo o sistema. Estos algoritmos pueden basarse en modelos matemáticos, machine learning o técnicas de análisis de series temporales.

Generación de alertas y notificaciones: Cuando se detecta una condición anormal o se prevé una falla, el sistema de mantenimiento predictivo genera alertas y notificaciones automáticas. Estas alertas pueden enviarse a través de correo electrónico, mensajes de texto o sistemas de gestión de activos.

Ventajas del mantenimiento predictivo en la automatización industrial:

Reducción del tiempo de inactividad: Al predecir las fallas antes de que ocurran, las empresas pueden planificar el mantenimiento de manera oportuna, evitando costosos tiempos de inactividad no planificado.

Mayor eficiencia: La automatización del proceso de mantenimiento permite a las empresas utilizar recursos de manera más eficiente, ya que solo se realizan reparaciones cuando son realmente necesarias.

Ahorro de costos: Al reducir el tiempo de inactividad, minimizar las reparaciones de emergencia y optimizar el uso de repuestos, el mantenimiento predictivo puede generar importantes ahorros de costos.

Seguridad mejorada: Al detectar y abordar problemas antes de que se conviertan en fallas graves, el mantenimiento predictivo puede mejorar la seguridad en el lugar de trabajo y reducir el riesgo de accidentes.

Mayor vida útil de los equipos: Al mantener los equipos en condiciones óptimas de funcionamiento, el mantenimiento predictivo puede prolongar la vida útil de los activos industriales, lo que resulta en un mejor retorno de la inversión.

Aplicaciones típicas del mantenimiento predictivo en la automatización industrial:

Maquinaria y equipos de fabricación: El mantenimiento predictivo se utiliza en la supervisión de motores, cintas transportadoras, máquinas de soldadura, equipos CNC y otros equipos de producción.

Plantas de energía: En centrales eléctricas y plantas de generación de energía, se utiliza para monitorear turbinas, generadores, sistemas de refrigeración y otros equipos críticos.

Industria petroquímica: En la industria petroquímica, se aplica para supervisar bombas, compresores, intercambiadores de calor y otros componentes.

Mantenimiento de flotas de vehículos: El mantenimiento predictivo se utiliza en la industria del transporte para monitorear el estado de los vehículos y prevenir fallas en camiones, trenes y flotas de vehículos industriales.

El mantenimiento predictivo es una estrategia esencial en la automatización industrial que utiliza datos en tiempo real y análisis avanzados para prever problemas y planificar el mantenimiento de manera eficiente. Esto conduce a una reducción del tiempo de inactividad, ahorro de costos y una mayor eficiencia operativa en una variedad de aplicaciones industriales.

Los elementos de automatización industrial son componentes esenciales que trabajan en conjunto para mejorar la eficiencia, la calidad y la seguridad en la producción industrial. Estos elementos permiten a las empresas optimizar sus operaciones, reducir costos y mantenerse competitivas en un mercado cada vez más exigente.

6.Sistemas electromecánicos

Los sistemas electromecánicos son una parte fundamental de la mecatrónica, una disciplina que combina la ingeniería mecánica, la electrónica y la informática para diseñar y desarrollar sistemas automatizados y controlados por computadora. Estos sistemas son esenciales en una amplia gama de aplicaciones industriales, comerciales y de consumo en la sociedad moderna. En este contexto, es importante entender en qué consisten los sistemas electromecánicos y cómo contribuyen al mundo de la mecatrónica.

Definición de sistemas electromecánicos: Los sistemas electromecánicos son aquellos que integran componentes mecánicos y eléctricos para llevar a cabo tareas específicas. Estos sistemas pueden ser tan simples como un interruptor de luz o tan complejos como un robot industrial. En su esencia, se basan en la conversión de energía eléctrica en energía mecánica y viceversa, lo que permite la automatización de procesos y el control de sistemas físicos.

Componentes Mecánicos: Estos componentes incluyen piezas físicas como engranajes, palancas, ejes, poleas, resortes, estructuras y cualquier otro elemento mecánico que pueda realizar movimientos físicos o transferir fuerzas. Estos componentes son esenciales para crear sistemas que puedan realizar trabajos mecánicos, como levantar objetos, moverse, cortar, soldar o realizar cualquier tarea que implique movimiento físico o resistencia.

Componentes Eléctricos: Por otro lado, los componentes eléctricos incluyen fuentes de energía eléctrica, como baterías o fuentes de alimentación, así como dispositivos electrónicos como sensores, microcontroladores, relés, interruptores y motores eléctricos. Estos componentes son fundamentales para la generación, control y gestión de la energía eléctrica que se utiliza en el sistema.

Interacción entre Componentes: La característica distintiva de los sistemas electromecánicos es su capacidad para conectar de manera efectiva estos dos tipos de componentes. Los componentes eléctricos generan señales eléctricas que controlan o activan los componentes mecánicos. Por ejemplo, un motor eléctrico puede girar una rueda mediante la aplicación de corriente eléctrica. Del mismo modo, un sensor puede detectar una condición en el entorno, como la temperatura o la presión, y enviar una señal eléctrica que active un actuador mecánico para corregir esa condición.

Aplicaciones Diversas: Los sistemas electromecánicos se utilizan en una amplia variedad de aplicaciones, desde simples, como un ventilador eléctrico de un automóvil, hasta sistemas altamente complejos como robots de fabricación, sistemas de control de aeronaves o equipos médicos avanzados. La versatilidad de estos sistemas los hace esenciales en numerosas industrias y sectores.

Control y Automatización: La electrónica proporciona la capacidad de controlar y automatizar las operaciones de los componentes mecánicos. Los microcontroladores y las computadoras son elementos clave para programar secuencias de operación, ajustar parámetros y tomar decisiones en tiempo real en función de datos de sensores.

Eficiencia y Precisión: Los sistemas electromecánicos a menudo se eligen por su capacidad para ofrecer una alta precisión y eficiencia en la realización de tareas mecánicas. Pueden controlar con precisión la velocidad, el movimiento y la fuerza, lo que los hace ideales para aplicaciones en las que se requiere una alta calidad y repetibilidad.

Los sistemas electromecánicos son una parte esencial de la ingeniería y la mecatrónica moderna, ya que permiten la automatización y el control eficiente de una amplia gama de procesos y tareas físicas. Estos sistemas demuestran la interdependencia y la colaboración exitosa entre la ingeniería mecánica y la ingeniería eléctrica, y su uso es fundamental en la fabricación industrial, la tecnología médica, la electrónica de consumo y muchas otras áreas de la vida moderna.

Componentes clave: Los sistemas electromecánicos constan de varios componentes clave, como motores eléctricos, sensores, actuadores, controladores electrónicos, y mecanismos mecánicos. Los motores eléctricos transforman la energía eléctrica en movimiento mecánico, mientras que los sensores detectan cambios en el entorno y los actuadores ejecutan acciones en respuesta a las señales del controlador. Los componentes clave en los sistemas electromecánicos desempeñan roles específicos y trabajan en conjunto para lograr un funcionamiento eficiente y controlado. Aquí se amplían los detalles de estos componentes clave:

Motores Eléctricos: Los motores eléctricos son dispositivos que convierten la energía eléctrica en movimiento mecánico. Operan según principios electromagnéticos y pueden variar en tamaño desde pequeños motores utilizados en dispositivos electrónicos de consumo, como juguetes y electrodomésticos, hasta motores industriales de alta potencia utilizados en maquinaria pesada. Algunos ejemplos comunes de motores eléctricos incluyen motores de corriente continua (DC) y motores de corriente alterna (AC). Estos motores son fundamentales para proporcionar el movimiento en sistemas electromecánicos, como la rotación de ruedas en un vehículo o el funcionamiento de una cinta transportadora en una línea de ensamblaje.

Sensores: Los sensores son dispositivos que detectan cambios en el entorno o en el sistema y convierten estas variaciones en señales eléctricas. Los sensores son esenciales para la retroalimentación y el control de los sistemas electromecánicos. Por ejemplo, un sensor de temperatura puede medir la temperatura ambiente y enviar una señal eléctrica a un controlador para ajustar un sistema de climatización. Otros ejemplos incluyen sensores de proximidad, sensores de luz, sensores de presión y sensores de posición. Los datos recopilados por los sensores se utilizan para tomar decisiones y realizar ajustes en tiempo real.

Actuadores: Los actuadores son dispositivos que realizan una acción en respuesta a una señal eléctrica o control. Estos dispositivos convierten la energía eléctrica en movimiento mecánico para realizar tareas específicas. Los ejemplos de actuadores incluyen cilindros neumáticos y eléctricos utilizados en sistemas de automatización industrial, actuadores lineales para abrir y cerrar válvulas, y actuadores de servo utilizados en robótica para lograr movimientos precisos y controlados.

Controladores Electrónicos: Los controladores electrónicos son el "cerebro" de los sistemas electromecánicos. Son microprocesadores o microcontroladores que ejecutan programas y algoritmos para controlar el funcionamiento de los componentes mecánicos y eléctricos. Estos controladores reciben información de los sensores y envían señales a los actuadores para lograr un comportamiento deseado. Pueden ser programados para realizar tareas específicas, como mantener una temperatura constante en un horno industrial o controlar los movimientos de un brazo robótico. Además, los controladores pueden incorporar lógica de control y regulación PID (Proporcional, Integral, Derivativo) para ajustar con precisión los sistemas en función de los datos sensoriales.

Mecanismos Mecánicos: Los mecanismos mecánicos son las estructuras y disposiciones físicas que permiten la transmisión y transformación del movimiento mecánico en una variedad de formas. Estos pueden incluir engranajes, levas, sistemas de poleas, palancas y muchos otros dispositivos mecánicos que amplifican, redirigen o transmiten el movimiento generado por los motores eléctricos o los actuadores. Los mecanismos mecánicos son fundamentales para diseñar sistemas que cumplan con requisitos específicos de movimiento, fuerza y precisión.

En conjunto, estos componentes clave trabajan en armonía para permitir que los sistemas electromecánicos realicen tareas diversas en una variedad de aplicaciones. La integración eficiente y la coordinación de estos componentes son esenciales para el funcionamiento exitoso de los sistemas electromecánicos y su capacidad para llevar a cabo tareas específicas de manera precisa y controlada.

Aplicaciones en la mecatrónica: La mecatrónica es un campo multidisciplinario que abarca muchas áreas, desde la industria manufacturera hasta la robótica médica y la automoción. Los sistemas electromecánicos desempeñan un papel crucial en estas aplicaciones. Por ejemplo:

Automatización industrial: En la producción manufacturera, los sistemas electromecánicos controlan líneas de ensamblaje, robots industriales y máquinas CNC para mejorar la eficiencia y la precisión de la producción.

Robótica: Los robots son ejemplos destacados de sistemas electromecánicos. Utilizan motores, sensores y controladores para llevar a cabo tareas diversas, desde la fabricación hasta la exploración espacial.

Automoción: Los vehículos modernos están llenos de sistemas electromecánicos, desde motores y sistemas de frenos hasta sistemas de entretenimiento y asistencia al conductor.

Electrodomésticos y electrónica de consumo: Desde lavadoras y refrigeradores hasta dispositivos de entretenimiento en el hogar, los sistemas electromecánicos son esenciales para hacer funcionar estos productos de manera eficiente y segura.Las aplicaciones de la mecatrónica son vastas y diversificadas, y los sistemas electromecánicos desempeñan un papel crucial en muchas de estas áreas. A continuación, se amplía en algunas de las aplicaciones clave de la mecatrónica donde los sistemas electromecánicos son fundamentales:

Automatización Industrial: Los sistemas electromecánicos son esenciales en la automatización industrial. En la fabricación, se utilizan para controlar líneas de ensamblaje, máquinas de control numérico por computadora (CNC) y robots industriales. Los robots industriales, en particular, son sistemas electromecánicos altamente sofisticados que pueden realizar una variedad de tareas, desde soldadura y ensamblaje hasta paletización y manipulación de materiales pesados.

Robótica: La robótica es un campo destacado en la mecatrónica. Los robots son sistemas electromecánicos que pueden realizar tareas repetitivas, peligrosas o precisas en una variedad de entornos. Se utilizan en la industria manufacturera, la exploración espacial, la atención médica, la agricultura y muchas otras aplicaciones. Los sistemas electromecánicos en robots incluyen motores para mover las articulaciones, sensores para la percepción del entorno, controladores para tomar decisiones y actuadores para realizar tareas físicas.

Automoción: En la industria automotriz, los sistemas electromecánicos son omnipresentes. Los motores eléctricos controlan los sistemas de propulsión y los sistemas de dirección asistida. Los sistemas de control electrónico gestionan la inyección de combustible, la gestión del motor, la seguridad y el entretenimiento a bordo. Los sistemas avanzados de asistencia al conductor, como el control de crucero adaptativo y la asistencia para el estacionamiento, también se basan en sistemas electromecánicos.

Electrodomésticos y Electrónica de Consumo: Los sistemas electromecánicos se encuentran en una variedad de electrodomésticos, desde lavadoras y secadoras hasta refrigeradores y hornos. Estos sistemas controlan el funcionamiento y la eficiencia de estos dispositivos, permitiendo funciones como la regulación de la temperatura, el ciclo de lavado y la cocción. Además, en dispositivos electrónicos de consumo como teléfonos inteligentes, cámaras y drones, los sistemas electromecánicos, como los motores de enfoque de lentes o los mecanismos de estabilización de imagen, son fundamentales para la operación y la funcionalidad.

Salud y Medicina: En la robótica médica, los sistemas electromecánicos se utilizan en dispositivos quirúrgicos asistidos por robot, sistemas de diagnóstico por imágenes, equipos de rehabilitación y prótesis avanzadas. Estos sistemas permiten procedimientos quirúrgicos menos invasivos, una mejor precisión en el tratamiento y una recuperación más rápida de los pacientes.

Aeroespacial: En la industria aeroespacial, los sistemas electromecánicos son esenciales en la operación de aeronaves, desde sistemas de control de vuelo hasta sistemas de aviónica y sistemas de despliegue de aterrizaje. Los sistemas electromecánicos también se utilizan en la exploración espacial, como en los rovers que exploran la superficie de otros planetas.

Energías Renovables: En aplicaciones de energía renovable, como la energía eólica y solar, los sistemas electromecánicos controlan la orientación de las palas de turbinas eólicas o la posición de los paneles solares para maximizar la captura de energía.

La mecatrónica y los sistemas electromecánicos tienen un impacto significativo en una amplia gama de industrias y aplicaciones. Su versatilidad y capacidad para integrar componentes mecánicos y eléctricos permiten mejoras en la eficiencia, la precisión y la automatización en muchas áreas, lo que lleva a avances tecnológicos significativos y a una mayor comodidad y calidad de vida en la sociedad moderna.

Diseño y desarrollo: El proceso de diseño de sistemas electromecánicos implica la selección de componentes adecuados, la integración de sistemas eléctricos y mecánicos, la programación de controladores y la realización de pruebas para garantizar su funcionamiento eficiente y seguro. La simulación por computadora desempeña un papel importante en el diseño y la optimización de estos sistemas antes de su implementación física. El diseño y desarrollo de sistemas electromecánicos es un proceso multidisciplinario y altamente técnico que implica una serie de pasos cruciales para crear sistemas eficientes y seguros. Aquí se amplía en las etapas y consideraciones clave involucradas en este proceso:

Análisis de Requisitos y Especificaciones: El proceso comienza con una comprensión clara de los requisitos del sistema. Esto implica identificar las tareas que el sistema debe realizar, las condiciones de funcionamiento, las restricciones de espacio, las limitaciones de recursos y los estándares de seguridad y regulaciones aplicables. Esta etapa es crucial para definir los objetivos y las expectativas del diseño.

Selección de Componentes Adecuados: Una vez que se comprenden los requisitos, se seleccionan los componentes adecuados para el sistema. Esto incluye la elección de motores, sensores, actuadores, controladores, mecanismos mecánicos y cualquier otro componente necesario. La selección se basa en factores como el rendimiento, la confiabilidad, la eficiencia energética y la disponibilidad en el mercado.

Integración de Sistemas: En esta etapa, se diseña la arquitectura del sistema, determinando cómo se ensamblarán y conectarán todos los componentes. Esto incluye la disposición física de los componentes dentro del sistema y la planificación de las conexiones eléctricas y mecánicas. La integración efectiva garantiza que todos los componentes trabajen en conjunto de manera eficiente.

Diseño Mecánico: Se desarrolla el diseño mecánico del sistema, incluyendo la estructura, los mecanismos, las interfaces mecánicas y cualquier elemento necesario para realizar las tareas físicas requeridas. Esto implica la creación de planos técnicos detallados y la consideración de factores como la resistencia de materiales, la durabilidad y la ergonomía.

Diseño Electrónico: El diseño electrónico abarca la selección de componentes electrónicos, la creación de circuitos y placas de circuito impreso (PCB), y la programación de microcontroladores o controladores lógicos programables (PLC). Esta etapa implica el diseño de esquemas eléctricos y la codificación de software para controlar y supervisar el sistema.

Programación y Desarrollo de Software: Si es necesario, se desarrolla el software para controlar el sistema electromecánico. Esto puede incluir algoritmos de control, interfaces de usuario, comunicaciones y sistemas de adquisición de datos. La programación se realiza de manera que el sistema responda adecuadamente a las entradas de los sensores y realice las acciones requeridas mediante los actuadores.

Pruebas y Validación: Se llevan a cabo pruebas exhaustivas para verificar que el sistema cumple con los requisitos y especificaciones previamente definidos. Esto incluye pruebas de funcionamiento, pruebas de estrés, pruebas de seguridad y pruebas de confiabilidad. Las pruebas se realizan en condiciones simuladas o en entornos reales según sea necesario.

Optimización y Mejora: Después de las pruebas iniciales, es común realizar ajustes y mejoras en el sistema para lograr un rendimiento óptimo. Esto puede implicar cambios en la programación, ajustes mecánicos o la selección de componentes alternativos. El objetivo es lograr la máxima eficiencia y confiabilidad.

Documentación: Se genera documentación completa que incluye manuales de usuario, manuales de servicio, diagramas eléctricos y mecánicos, listas de materiales y cualquier otro detalle necesario para la operación, el mantenimiento y la reparación del sistema.

Puesta en Marcha: Finalmente, el sistema electromecánico se implementa en su entorno operativo. Esto puede incluir la capacitación de operadores, la configuración y la calibración final del sistema. La puesta en marcha es un paso crítico para asegurarse de que el sistema funcione de manera eficiente y segura en su contexto de uso.

El diseño y desarrollo de sistemas electromecánicos es un proceso completo y altamente estructurado que requiere una planificación cuidadosa, selección de componentes adecuados, integración efectiva de sistemas, pruebas rigurosas y documentación completa. La colaboración entre ingenieros mecánicos y eléctricos es esencial para el éxito de este proceso, y el objetivo final es crear sistemas que cumplan con los requisitos del usuario y operen de manera eficiente y segura en su aplicación específica.

Desafíos y tendencias: A medida que la tecnología avanza, los sistemas electromecánicos se vuelven más complejos y sofisticados. Los desafíos incluyen la miniaturización de componentes, el desarrollo de sistemas autónomos, la optimización de la eficiencia energética y la integración de la inteligencia artificial para la toma de decisiones autónoma. Desafíos:

Miniaturización: Con la demanda de dispositivos más pequeños y portátiles, los sistemas electromecánicos deben adaptarse para encajar en espacios reducidos. Esto presenta desafíos de diseño, ya que los componentes mecánicos y eléctricos deben ser más compactos sin comprometer su rendimiento.

Eficiencia Energética: La eficiencia energética es un factor crítico en un mundo consciente de la energía y el medio ambiente. Los sistemas electromecánicos deben ser diseñados para minimizar el consumo de energía y reducir las pérdidas, especialmente en aplicaciones móviles y alimentadas por batería.

Integración de Sensores y Control: La incorporación de sensores más avanzados y la implementación de algoritmos de control sofisticados son esenciales para mejorar la precisión y la autonomía de los sistemas electromecánicos. Esto conlleva desafíos en términos de procesamiento de datos en tiempo real y la gestión de interfaces complejas.

Mantenimiento y Fiabilidad: La confiabilidad es crítica, especialmente en aplicaciones industriales y médicas. Los sistemas electromecánicos deben ser diseñados para ser resistentes al desgaste y la corrosión, y los procedimientos de mantenimiento deben ser eficientes y accesibles.

Interoperabilidad y Comunicación: Con la creciente tendencia hacia la conectividad en el Internet de las cosas (IoT) y la Industria 4.0, los sistemas electromecánicos deben ser capaces de comunicarse con otros sistemas y compartir datos de manera segura y eficiente.

Tendencias:

Automatización Avanzada: La automatización seguirá siendo una tendencia clave en la mecatrónica. La adopción de robots colaborativos y sistemas autónomos aumentará en diversas industrias, desde la manufactura hasta la logística y la atención médica.

Robótica Móvil: Los robots móviles autónomos, como los vehículos autónomos y los drones, seguirán desarrollándose y desempeñarán un papel cada vez más importante en la logística, la agricultura, la exploración y el transporte.

Inteligencia Artificial (IA) y Aprendizaje Automático: La IA y el aprendizaje automático se integrarán más profundamente en los sistemas electromecánicos para mejorar la toma de decisiones, la adaptación en tiempo real y la capacidad de aprendizaje de los sistemas.

Materiales Avanzados: La investigación y desarrollo de materiales avanzados permitirán la creación de componentes más ligeros y resistentes, lo que mejorará la eficiencia y la durabilidad de los sistemas electromecánicos.

Energías Renovables y Almacenamiento de Energía: Los sistemas electromecánicos desempeñarán un papel clave en la generación, distribución y almacenamiento de energía renovable, como la energía solar y eólica, así como en el desarrollo de sistemas de baterías avanzadas.

Sistemas de Transporte Autónomo: La industria del transporte está experimentando una transformación con el desarrollo de vehículos autónomos, como automóviles y camiones sin conductor, que utilizan sistemas electromecánicos para la navegación y el control.

Tecnología Médica Avanzada: En el campo de la atención médica, los sistemas electromecánicos se utilizan en la cirugía robótica, la monitorización de pacientes y la administración de medicamentos, y seguirán avanzando para mejorar la precisión y la eficacia de los tratamientos médicos.

Los sistemas electromecánicos están evolucionando en respuesta a los avances tecnológicos y las demandas de la sociedad. A medida que la tecnología avanza, estos sistemas se vuelven más complejos, eficientes y versátiles, lo que abre nuevas oportunidades en diversas industrias y sectores. El desarrollo continuo de componentes y técnicas de diseño más avanzados permitirá a los sistemas electromecánicos seguir desempeñando un papel fundamental en la mecatrónica y en la mejora de la vida cotidiana.

Los sistemas electromecánicos son una parte esencial de la mecatrónica y desempeñan un papel crucial en la automatización y el control de una amplia gama de aplicaciones en la industria y la vida cotidiana. Su diseño, desarrollo y mejora continúan siendo áreas de investigación y desarrollo en constante evolución en la mecatrónica y la ingeniería en general.

7.Materiales utilizados en mecatrónica.

Los materiales desempeñan un papel fundamental en la mecatrónica, ya que afectan la funcionalidad, la durabilidad, la eficiencia y la seguridad de los sistemas electromecánicos. La elección de materiales adecuados es esencial para el diseño y el rendimiento de estos sistemas. A continuación, se amplían los tipos de materiales utilizados en mecatrónica:

Metales: Los metales son ampliamente utilizados en mecatrónica debido a su alta conductividad eléctrica, resistencia mecánica y durabilidad. Los metales comunes incluyen el acero inoxidable, el aluminio, el hierro fundido, el cobre y el latón. El acero inoxidable es apreciado por su resistencia a la corrosión, mientras que el aluminio es conocido por ser ligero y adecuado para aplicaciones móviles.Los metales son una categoría amplia de materiales que tienen una importancia significativa en la mecatrónica debido a sus propiedades únicas y diversas aplicaciones. Aquí se amplía el concepto de metales en mecatrónica:

Conductividad Eléctrica: Uno de los atributos más destacados de los metales es su alta conductividad eléctrica. Esto significa que los metales permiten el flujo eficiente de corriente eléctrica a través de ellos. Esta propiedad es esencial en sistemas electromecánicos, ya que muchos componentes eléctricos y electrónicos, como cables, conexiones y circuitos, se basan en la conductividad eléctrica de los metales para funcionar correctamente.

Resistencia Mecánica: Los metales tienden a ser fuertes y resistentes mecánicamente, lo que los hace adecuados para aplicaciones en las que se requiere soportar cargas, tensiones o deformaciones significativas. Por ejemplo, en la construcción de estructuras mecánicas, componentes de máquinas y vehículos, los metales como el acero proporcionan la resistencia necesaria.

Durabilidad y Longevidad: Los metales suelen ser duraderos y resistentes a la corrosión, lo que los convierte en una elección preferida en aplicaciones donde los componentes deben soportar condiciones ambientales adversas. El acero inoxidable, en particular, es conocido por su resistencia a la corrosión, lo que lo hace valioso en entornos expuestos a la humedad o la corrosión química.

Variedad de Metales: Existen numerosos tipos de metales, cada uno con propiedades específicas. Algunos metales comunes utilizados en mecatrónica incluyen:

Acero Inoxidable: Se utiliza en aplicaciones que requieren resistencia a la corrosión, como componentes marinos y médicos.

Aluminio: Es ligero y se utiliza en estructuras y componentes donde la reducción de peso es crítica, como en la industria aeroespacial y automotriz.

Hierro Fundido: Se usa en motores, bombas y componentes que requieren alta resistencia y durabilidad.

Cobre: Es conocido por su excelente conductividad eléctrica y se utiliza en cables y componentes eléctricos.

Latón: Una aleación de cobre y zinc, es apreciada por su combinación de resistencia y maleabilidad, y se utiliza en piezas de precisión y componentes decorativos.

Mecanizado y Tratamientos Superficiales: Los metales pueden ser mecanizados con facilidad para crear componentes de formas específicas. Además, se pueden aplicar tratamientos superficiales como el galvanizado, el recubrimiento con pintura y el anodizado para mejorar aún más la protección contra la corrosión y la estética.

Reciclabilidad: Los metales son altamente reciclables, lo que contribuye a la sostenibilidad y la conservación de recursos naturales. La capacidad de reciclar metales hace que sean una opción ecológica en muchas aplicaciones.

Los metales desempeñan un papel integral en la mecatrónica debido a sus propiedades únicas de conductividad eléctrica, resistencia mecánica, durabilidad y versatilidad. La elección del tipo de metal adecuado depende de las necesidades específicas de la aplicación, y su capacidad para ser mecanizado y tratado superficialmente los convierte en una opción esencial en la creación de sistemas electromecánicos eficientes y confiables.

Plásticos y Polímeros: Los plásticos y polímeros son versátiles y se utilizan en carcasas, revestimientos y componentes no conductores. Ejemplos incluyen el polietileno, el polipropileno, el poliestireno, el ABS y el PEEK. Estos materiales son livianos, aislantes eléctricos y resistentes a la corrosión, lo que los hace adecuados para diversas aplicaciones.

Plásticos y Polímeros: Los plásticos y polímeros son versátiles y se utilizan en carcasas, revestimientos y componentes no conductores. Ejemplos incluyen el polietileno, el polipropileno, el poliestireno, el ABS y el PEEK. Estos materiales son livianos, aislantes eléctricos y resistentes a la corrosión, lo que los hace adecuados para diversas aplicaciones

Los plásticos y polímeros desempeñan un papel esencial en la mecatrónica y en una amplia variedad de aplicaciones industriales y tecnológicas. Aquí se amplía el concepto de plásticos y polímeros en mecatrónica:

Versatilidad en Diseño: Los plásticos y polímeros son extremadamente versátiles en términos de diseño. Pueden moldearse en una variedad de formas y tamaños, lo que permite a los ingenieros crear componentes personalizados para adaptarse a aplicaciones específicas. Esta versatilidad de diseño es especialmente útil en la mecatrónica, donde la integración de componentes mecánicos y eléctricos puede requerir soluciones de diseño únicas.

Ligereza: Los plásticos y polímeros son conocidos por su ligereza en comparación con los metales y otros materiales. Esta característica es valiosa en aplicaciones donde se busca reducir el peso del sistema, como en la fabricación de dispositivos móviles, equipos de mano, vehículos aéreos no tripulados (drones) y componentes de vehículos automotores.

Aislamiento Eléctrico: Los plásticos y polímeros son aislantes eléctricos efectivos. Esto significa que no conducen electricidad, lo que los hace ideales para aplicaciones en las que es necesario evitar cortocircuitos o interferencias eléctricas. Los componentes aislantes hechos de plásticos se utilizan comúnmente para encapsular y proteger circuitos electrónicos.

Resistencia a la Corrosión: Muchos plásticos son inherentemente resistentes a la corrosión y la oxidación, lo que los convierte en una elección apropiada para entornos húmedos o corrosivos. Esto es especialmente beneficioso en aplicaciones marinas, al aire libre y en la industria química.

Variedad de Tipos: Existe una amplia variedad de tipos de plásticos y polímeros, cada uno con propiedades específicas. Algunos ejemplos comunes incluyen:

Polietileno: Es conocido por su resistencia al agua y su flexibilidad. Se utiliza en aplicaciones de tuberías, envases y aislamiento eléctrico.

Polipropileno: Es resistente a la humedad y al calor, lo que lo hace adecuado para componentes en contacto con líquidos y aplicaciones de ingeniería.

Poliestireno: Es liviano y se utiliza en envases, componentes de consumo y aplicaciones de aislamiento.

ABS (Acrilonitrilo Butadieno Estireno): Es resistente y duradero, y se utiliza en componentes estructurales, como carcasas de dispositivos electrónicos y piezas de automóviles.

PEEK (Polietereftalato de Etileno): Es un polímero de alto rendimiento con excelentes propiedades mecánicas y resistencia a la temperatura. Se utiliza en aplicaciones que requieren alta resistencia y estabilidad dimensional, como componentes de máquinas y dispositivos médicos.

Economía y Reciclabilidad: Los plásticos suelen ser más económicos que otros materiales y son altamente reciclables, lo que contribuye a la sostenibilidad y la conservación de recursos.

Los plásticos y polímeros son materiales versátiles y ampliamente utilizados en mecatrónica y en una amplia gama de aplicaciones industriales y de ingeniería. Su ligereza, capacidad de aislamiento eléctrico, resistencia a la corrosión y versatilidad de diseño los hacen esenciales para la creación de sistemas electromecánicos eficientes y confiables en una variedad de campos, desde la electrónica de consumo hasta la automoción y la industria manufacturera.

Cerámicos: Los materiales cerámicos se utilizan en aplicaciones que requieren alta resistencia al calor y a la abrasión, así como aislamiento eléctrico. Los cerámicos técnicos, como el óxido de aluminio y el nitruro de silicio, se utilizan en rodamientos, componentes de alta temperatura y aisladores.

Los materiales cerámicos son un grupo de materiales sólidos inorgánicos que se caracterizan por su estructura cristalina y enlaces químicos iónicos o covalentes. Estos materiales tienen propiedades únicas que los hacen adecuados para una variedad de aplicaciones técnicas y de ingeniería. Aquí se amplía el concepto de cerámicos en mecatrónica:

Alta Resistencia al Calor: Uno de los rasgos más destacados de los materiales cerámicos es su capacidad para soportar altas temperaturas. Esto los hace ideales para aplicaciones en las que se generan altas temperaturas, como en motores de combustión interna, turbinas de gas, hornos industriales y aplicaciones aeroespaciales.

Resistencia a la Abrasión: Los cerámicos tienen una alta resistencia a la abrasión y al desgaste. Esto los convierte en una elección adecuada para componentes que están sujetos a desgaste mecánico, como rodamientos y componentes de herramientas de corte. Los rodamientos de bolas de cerámica, por ejemplo, son conocidos por su durabilidad y resistencia al desgaste.

Aislamiento Eléctrico: Los materiales cerámicos son excelentes aislantes eléctricos. Esto significa que no conducen electricidad y, por lo tanto, son utilizados en aplicaciones donde es necesario evitar la conducción eléctrica, como en aisladores eléctricos en líneas de transmisión y componentes eléctricos de alta tensión.

Baja Conductividad Térmica: Los cerámicos tienden a tener una baja conductividad térmica, lo que puede ser beneficioso en aplicaciones de aislamiento térmico. Esto se utiliza en la fabricación de aisladores térmicos, revestimientos de hornos y escudos térmicos en la industria aeroespacial.

Variedad de Tipos: Existen muchos tipos de materiales cerámicos, cada uno con propiedades específicas. Algunos ejemplos comunes incluyen:

Óxido de Aluminio (Alúmina): Es ampliamente utilizado en aplicaciones de alta temperatura y alta resistencia, como rodamientos, componentes de herramientas y piezas de motores.

Nitruro de Silicio: Ofrece una excelente resistencia al calor y a la corrosión, lo que lo hace adecuado para aplicaciones en ambientes agresivos y de alta temperatura.

Zirconia: Conocida por su alta tenacidad, se utiliza en aplicaciones que requieren resistencia al impacto y a la fractura, como cuchillas y componentes dentales.

Circonita: Utilizada en aplicaciones de fusión nuclear y como material de combustible nuclear debido a su alta resistencia a la radiación.

Desafíos de Procesamiento: A pesar de sus ventajas, los cerámicos también presentan desafíos de procesamiento debido a su fragilidad y a la dificultad de mecanizado. El proceso de fabricación de componentes cerámicos suele requerir técnicas especializadas como el sinterizado a alta temperatura.

Aplicaciones Específicas en Mecatrónica: En la mecatrónica, los cerámicos técnicos se utilizan en componentes de alto rendimiento, como rodamientos de alta temperatura, sensores de temperatura, aisladores eléctricos y partes críticas en motores y sistemas de propulsión.

Los materiales cerámicos desempeñan un papel crucial en la mecatrónica y en una variedad de aplicaciones industriales donde se requiere resistencia al calor, resistencia a la abrasión y aislamiento eléctrico. Su capacidad para funcionar en condiciones extremas y su durabilidad los convierten en una elección valiosa para componentes de alto rendimiento en sistemas electromecánicos.

Compuestos: Los materiales compuestos combinan dos o más materiales para aprovechar las ventajas de cada uno. Por ejemplo, las fibras de carbono se pueden combinar con resina epoxi para crear compuestos ligeros y resistentes utilizados en la construcción de estructuras de alta resistencia y en aplicaciones aeroespaciales. Los materiales compuestos son una categoría de materiales que se componen de dos o más componentes distintos que, cuando se combinan, ofrecen propiedades superiores a las de los materiales individuales por sí solos. Estos materiales se utilizan en una amplia variedad de aplicaciones y desempeñan un papel esencial en campos como la mecatrónica y la ingeniería. A continuación, se amplía el concepto de materiales compuestos:

Combinación de Propiedades: La principal ventaja de los materiales compuestos es que permiten combinar las propiedades deseables de diferentes materiales para crear un material que cumpla con requisitos específicos. Por ejemplo, al combinar fibras de carbono extremadamente resistentes y ligeras con una resina epoxi resistente, se obtiene un material compuesto que es fuerte, ligero y duradero.

Resistencia y Rigidez: Los materiales compuestos a menudo son conocidos por su alta resistencia y rigidez. Las fibras de refuerzo, como las de carbono o vidrio, proporcionan una alta resistencia a la tracción, mientras que la matriz de resina proporciona rigidez y capacidad de carga.

Ligereza: Debido a la combinación de materiales ligeros como las fibras de carbono o el vidrio, los materiales compuestos son conocidos por su bajo peso en relación con su resistencia. Esta característica es especialmente valiosa en aplicaciones aeroespaciales y automotrices, donde se busca reducir el peso para mejorar la eficiencia y el rendimiento.

Durabilidad y Resistencia a la Fatiga: Los materiales compuestos pueden tener una excelente resistencia a la fatiga, lo que los hace adecuados para aplicaciones en las que los componentes están sujetos a cargas repetidas, como en estructuras de aviones y componentes de vehículos de carreras.

Resistencia a la Corrosión: Algunos materiales compuestos, especialmente aquellos con fibras de vidrio o cerámicas, son resistentes a la corrosión y al deterioro químico. Esto es valioso en aplicaciones en entornos corrosivos o químicos.

Aislamiento Eléctrico: Dependiendo de la matriz de resina utilizada, los materiales compuestos pueden ser buenos aislantes eléctricos, lo que es útil en aplicaciones donde se debe evitar la conductividad eléctrica.

Proceso de Fabricación: La fabricación de materiales compuestos suele implicar procesos específicos, como el laminado de capas de fibras y resina, la autoclave y el curado a alta temperatura. Estos procesos permiten una personalización precisa de las propiedades del material.

Aplicaciones en Mecatrónica: En la mecatrónica, los materiales compuestos se utilizan en componentes de alto rendimiento, como carcasas de dispositivos, componentes estructurales de robots y sistemas de transporte autónomo, así como en componentes de aeronaves y automóviles para reducir el peso y mejorar la eficiencia.

Tecnologías Emergentes: La investigación continua en materiales compuestos ha llevado al desarrollo de nuevos tipos, como los materiales compuestos nanotecnológicos, que incorporan nanotubos de carbono u otros nanomateriales para mejorar aún más las propiedades mecánicas y eléctricas.

Los materiales compuestos son una opción versátil y valiosa en mecatrónica y en una variedad de campos de la ingeniería. Su capacidad para combinar propiedades deseables de diferentes materiales ha llevado a mejoras significativas en la eficiencia, la resistencia y el rendimiento de los sistemas electromecánicos y las estructuras en una amplia gama de aplicaciones industriales y tecnológicas.

Materiales Inteligentes: Los materiales inteligentes, como los polímeros piezoeléctricos y los materiales con memoria de forma, tienen propiedades especiales que les permiten cambiar su forma, tamaño o propiedades físicas en respuesta a estímulos externos como la temperatura, la tensión eléctrica o la presión. Estos materiales se utilizan en sistemas mecatrónicos para realizar acciones específicas, como actuar como sensores o actuadores.

Los materiales inteligentes, también conocidos como materiales avanzados o materiales funcionales, son una categoría de materiales que exhiben propiedades únicas y cambian sus características físicas en respuesta a estímulos externos. Estos materiales se utilizan en una variedad de aplicaciones y desempeñan un papel importante en la mecatrónica y en numerosos campos de la ingeniería y la tecnología. Aquí se amplía el concepto de materiales inteligentes:

Piezoeléctricos: Los materiales piezoeléctricos son capaces de generar una carga eléctrica cuando se aplican fuerzas mecánicas a ellos, como presión, tensión o vibración. Además, también pueden cambiar de forma cuando se les aplica una tensión eléctrica. Este fenómeno se conoce como efecto piezoeléctrico y es utilizado en una variedad de aplicaciones, como sensores de presión, transductores ultrasónicos, actuadores y dispositivos de cancelación de vibraciones.

Materiales con Memoria de Forma: Los materiales con memoria de forma tienen la capacidad de recuperar su forma original después de haber sido deformados. Los más comunes son las aleaciones de níquel-titanio (también conocidas como Nitinol) y algunos polímeros. Estos materiales encuentran aplicaciones en la industria médica, como stents autoexpandibles, lentes de gafas ajustables y componentes de robótica que requieren flexibilidad y adaptabilidad.

Materiales Termoactivos: Estos materiales cambian sus propiedades físicas en respuesta a cambios de temperatura. Por ejemplo, algunos polímeros termoactivos pueden cambiar de forma cuando se calientan y volver a su forma original cuando se enfrían. Estos materiales se utilizan en aplicaciones como las válvulas termostáticas y los interruptores de temperatura.

Materiales Fotocrómicos y Termocrómicos: Los materiales fotocrómicos cambian de color en respuesta a la luz, mientras que los termocrómicos cambian de color con cambios de temperatura. Estos materiales se utilizan en lentes de sol que se oscurecen automáticamente con la luz solar (fotocrómicos) y en indicadores de temperatura (termocrómicos).

Hidrogeles Inteligentes: Los hidrogeles son polímeros capaces de retener y liberar agua en respuesta a cambios en el entorno, como cambios de pH o temperatura. Se utilizan en aplicaciones biomédicas, como sistemas de liberación de fármacos controlados por estímulos y en dispositivos de detección ambiental.

Aplicaciones en Mecatrónica: Los materiales inteligentes tienen aplicaciones significativas en la mecatrónica. Por ejemplo, los materiales piezoeléctricos se utilizan en sensores de vibración para detectar movimientos y vibraciones, y los materiales con memoria de forma se emplean en actuadores y componentes de robótica que requieren movimientos precisos y reversibles.

Investigación Continua: La investigación y el desarrollo de materiales inteligentes continúan avanzando, lo que ha llevado a la creación de nuevos materiales con propiedades aún más sorprendentes. Estos avances tienen el potencial de impulsar la innovación en una amplia gama de aplicaciones, desde la electrónica flexible hasta la nanotecnología y la medicina.

Los materiales inteligentes son fundamentales en la mecatrónica y en muchas otras áreas de la ingeniería y la tecnología debido a su capacidad para cambiar y adaptarse en respuesta a estímulos externos. Su versatilidad y aplicaciones potenciales siguen siendo un área emocionante de investigación y desarrollo en la búsqueda de soluciones avanzadas y más eficientes para una variedad de aplicaciones tecnológicas y científicas.

Materiales Magnéticos: Los imanes permanentes y los materiales magnéticos blandos se utilizan en motores eléctricos y actuadores. Los imanes de neodimio, por ejemplo, son conocidos por su alta fuerza magnética y se utilizan en aplicaciones de alta potencia. Los materiales magnéticos desempeñan un papel fundamental en la mecatrónica y en una amplia variedad de aplicaciones donde se requiere la generación o el control de campos magnéticos. Estos materiales se dividen generalmente en dos categorías principales: imanes permanentes y materiales magnéticos blandos. A continuación, se amplía el concepto de materiales magnéticos y su aplicación en sistemas electromecánicos:

Imanes Permanentes: Los imanes permanentes son materiales que pueden mantener un campo magnético sin necesidad de una fuente de energía externa. Estos imanes son ampliamente utilizados en mecatrónica y en dispositivos electrónicos, motores eléctricos y actuadores. Algunos ejemplos de imanes permanentes comunes incluyen:

Imanes de Neodimio (NdFeB): Son conocidos por tener una alta fuerza magnética en relación con su tamaño y peso. Estos imanes son extremadamente fuertes y se utilizan en aplicaciones de alta potencia, como motores eléctricos de alta eficiencia, generadores y altavoces.

Imanes de Ferrita: Son económicos y se utilizan en aplicaciones más simples, como en motores eléctricos de uso general, juguetes magnéticos y sistemas de cierre magnético.

Imanes de Alnico: Son aleaciones de aluminio, níquel y cobalto. Se utilizan en aplicaciones donde se requiere una combinación de alta temperatura de funcionamiento y fuerza magnética, como en sensores de temperatura y dispositivos de medición.

Materiales Magnéticos Blandos: A diferencia de los imanes permanentes, los materiales magnéticos blandos son capaces de magnetizarse y desmagnetizarse fácilmente en respuesta a un campo magnético externo. Estos materiales se utilizan en transformadores, núcleos de inductores y componentes de alta frecuencia. Ejemplos incluyen el hierro silicio y las aleaciones amorfas.

Motores Eléctricos y Actuadores: Los imanes permanentes se utilizan en motores eléctricos para generar movimiento rotativo. La interacción entre los campos magnéticos generados por los imanes permanentes y los campos magnéticos generados por corrientes eléctricas en las bobinas crea fuerzas de repulsión y atracción que hacen girar el motor. Los motores de corriente continua (DC) y los motores de corriente alterna (AC) a menudo utilizan imanes permanentes en su diseño.

Actuadores Magnéticos: Los actuadores magnéticos utilizan campos magnéticos para realizar movimientos lineales o rotativos en sistemas mecatrónicos. Estos dispositivos son comunes en válvulas, sistemas de posicionamiento y equipos médicos.

Sensores Magnéticos: Los sensores basados en materiales magnéticos se utilizan para medir campos magnéticos y detectar la posición, la velocidad o la dirección de objetos. Estos sensores se encuentran en aplicaciones de control de movimiento, como encoders magnéticos y sensores de posición en vehículos.

Generadores de Energía: Los imanes permanentes también se utilizan en generadores de energía, donde la rotación de una turbina o un rotor induce una corriente eléctrica en bobinas alrededor de imanes permanentes. Esto se utiliza en turbinas eólicas, generadores hidroeléctricos y otros sistemas de generación de energía.

Los materiales magnéticos, incluidos los imanes permanentes y los materiales magnéticos blandos, desempeñan un papel esencial en la mecatrónica y en una amplia gama de aplicaciones electromecánicas. Su capacidad para generar campos magnéticos y controlar movimientos y fuerzas los convierte en componentes clave en sistemas de potencia, control de movimiento y sensores en la mecatrónica y otras áreas de la ingeniería.

Materiales a Prueba de Agua y Sellado: En aplicaciones donde la protección contra la humedad y el polvo es crítica, se utilizan materiales a prueba de agua y sellos, como elastómeros y cauchos, para garantizar la integridad del sistema y evitar daños a los componentes electrónicos y mecánicos. Los materiales a prueba de agua y los sellos son fundamentales en aplicaciones donde se necesita proteger los componentes electrónicos y mecánicos de la humedad, el polvo y otros elementos ambientales perjudiciales. Estos materiales desempeñan un papel esencial en la mecatrónica y en una amplia gama de aplicaciones industriales y tecnológicas. Aquí se amplía el concepto de materiales a prueba de agua y sellos:

Elastómeros y Cauchos: Los elastómeros y cauchos son materiales flexibles y elásticos que se utilizan comúnmente para sellar y proteger componentes mecánicos y electrónicos. Estos materiales tienen la capacidad de adaptarse a superficies irregulares y proporcionar un sellado efectivo. Algunos ejemplos de elastómeros y cauchos utilizados en aplicaciones a prueba de agua incluyen silicona, neopreno, goma de nitrilo y EPDM (etileno propileno dieno monómero).

Juntas Tóricas: Las juntas tóricas son anillos de sellado de elastómero que se utilizan para evitar la entrada de líquidos y gases en componentes mecánicos, como rodamientos y ejes. Estas juntas se colocan en ranuras diseñadas específicamente para proporcionar un sellado hermético.

Carcasas y Recubrimientos Sellados: En dispositivos electrónicos y mecánicos, las carcasas y los recubrimientos sellados son esenciales para proteger los circuitos, componentes y sistemas contra la exposición al agua y la humedad. Estas carcasas suelen estar hechas de plásticos resistentes al agua o aleaciones selladas.

Conectores Impermeables: Los conectores impermeables se utilizan en aplicaciones donde es necesario conectar cables o componentes eléctricos en entornos húmedos o mojados. Estos conectores están diseñados para sellar herméticamente la conexión y prevenir la entrada de agua y humedad.

Cables y Conductores Impermeables: Los cables y conductores impermeables están diseñados con revestimientos resistentes al agua y sellos para evitar que la humedad penetre en los sistemas eléctricos y cause cortocircuitos o daños.

Sensores y Actuadores en Ambientes Hostiles: En aplicaciones industriales y en la industria automotriz, se utilizan sensores y actuadores a prueba de agua para garantizar un rendimiento confiable en entornos hostiles. Estos componentes a menudo están encapsulados en materiales impermeables y resistentes a la corrosión.

Aplicaciones en Mecatrónica: En la mecatrónica, los materiales a prueba de agua y los sellos desempeñan un papel crucial en la protección de sistemas robóticos, sensores, componentes electrónicos y motores en entornos donde la humedad y el polvo pueden ser perjudiciales. Esto es especialmente importante en aplicaciones al aire libre, en la industria marina, en la agricultura y en la atención médica.

Normativas y Estándares: La selección y el diseño de materiales a prueba de agua y sellos suelen estar sujetos a normativas y estándares específicos de la industria, como los estándares IP (Protección contra ingreso de polvo y agua) y los estándares militares (MIL-STD) que especifican los requisitos de sellado y protección para aplicaciones críticas.

Los materiales a prueba de agua y los sellos son esenciales en la mecatrónica y en una amplia variedad de aplicaciones para garantizar la integridad y la durabilidad de los sistemas electromecánicos en entornos desafiantes. Su capacidad para proteger contra la humedad, el polvo y otros contaminantes contribuye en gran medida a la confiabilidad y el rendimiento de los dispositivos y equipos en condiciones adversas.

Materiales Adhesivos y Selladores: Los adhesivos y selladores juegan un papel importante en la mecatrónica al unir componentes, proporcionar aislamiento eléctrico y sellar conexiones. Los epoxis, siliconas y cintas adhesivas conductivas son ejemplos comunes de estos materiales.Los materiales adhesivos y selladores son fundamentales en la mecatrónica y en una variedad de aplicaciones donde se requiere unir componentes, proporcionar aislamiento eléctrico, sellar conexiones y mejorar la eficiencia de los sistemas electromecánicos. Estos materiales desempeñan un papel crucial en la construcción y el mantenimiento de dispositivos y equipos en una amplia gama de industrias. A continuación, se amplía el concepto de materiales adhesivos y selladores en la mecatrónica:

Unión de Componentes: Los adhesivos se utilizan para unir componentes de manera segura y duradera. Esto es especialmente valioso en aplicaciones donde no se pueden utilizar métodos de unión mecánica, como soldadura o pernos. Los adhesivos se aplican en forma líquida o en gel y luego se endurecen para crear una unión fuerte entre las superficies. Los adhesivos de epoxi son ampliamente utilizados en la unión de componentes en aplicaciones mecatrónicas debido a su resistencia y durabilidad.

Aislamiento Eléctrico: Los materiales adhesivos también se utilizan para proporcionar aislamiento eléctrico en componentes y conexiones eléctricas. Esto evita cortocircuitos y garantiza el funcionamiento seguro de dispositivos y sistemas. Los adhesivos aislantes, como los epoxis aislantes, se aplican para encapsular componentes electrónicos y protegerlos de la humedad y la contaminación.

Sellado y Protección: Los selladores se utilizan para sellar conexiones y juntas en sistemas mecatrónicos para evitar la entrada de humedad, polvo y otros contaminantes. Esto es crítico para mantener la integridad de los componentes y garantizar su funcionamiento adecuado a lo largo del tiempo. Los selladores de silicona son comunes en aplicaciones de sellado debido a su resistencia a la humedad y la temperatura.

Cintas Adhesivas Conductivas: Las cintas adhesivas conductivas se utilizan en aplicaciones donde se requiere la conexión eléctrica entre componentes o para la fabricación de circuitos flexibles. Estas cintas adhesivas contienen partículas conductoras que permiten la transmisión de electricidad a través de la cinta. Se utilizan en la fabricación de pantallas táctiles, paneles solares flexibles y sensores flexibles.

Adhesivos de Montaje: Los adhesivos de montaje son utilizados para fijar componentes a superficies o estructuras de soporte. Estos adhesivos se utilizan en aplicaciones donde se necesita una unión fuerte pero reversible, ya que a menudo se pueden quitar sin dañar las superficies. Son comunes en la fijación de sensores, cámaras y paneles de control en equipos mecatrónicos.

Resistencia Química y Térmica: La elección de adhesivos y selladores se basa en las propiedades requeridas para la aplicación específica. Algunos adhesivos y selladores están diseñados para resistir productos químicos agresivos, mientras que otros son resistentes a altas temperaturas. La selección adecuada garantiza que los materiales funcionen correctamente en entornos desafiantes.

Facilidad de Uso: Los adhesivos y selladores también se valoran por su facilidad de uso, incluida la aplicación y el tiempo de curado. Algunos adhesivos curan rápidamente con calor o luz ultravioleta, lo que acelera el proceso de montaje y producción.

Los materiales adhesivos y selladores son componentes esenciales en la mecatrónica y en una amplia variedad de aplicaciones industriales y tecnológicas. Su capacidad para unir componentes, proporcionar aislamiento eléctrico y sellar conexiones contribuye a la confiabilidad, la durabilidad y el rendimiento de sistemas electromecánicos en diversas industrias, desde la electrónica de consumo hasta la automoción y la industria manufacturera.

Vidrio: El vidrio se utiliza en sensores ópticos y componentes de visualización. El vidrio borosilicato, por ejemplo, es resistente a altas temperaturas y es adecuado para aplicaciones de sensores y óptica. El vidrio es un material ampliamente utilizado en la mecatrónica y en una variedad de aplicaciones donde se requieren propiedades ópticas, transparencia y resistencia a ciertas condiciones ambientales. Además de su uso en componentes de visualización y sensores ópticos, el vidrio desempeña un papel esencial en diversas aplicaciones industriales y tecnológicas. Aquí se amplía el concepto de vidrio en la mecatrónica:

Vidrio Borosilicato: El vidrio borosilicato es una variante especial de vidrio que se caracteriza por su alta resistencia térmica y química. Este tipo de vidrio es capaz de soportar temperaturas elevadas sin deformarse o romperse, lo que lo hace adecuado para aplicaciones en las que se requiere resistencia al calor. El vidrio borosilicato se utiliza en sensores ópticos y componentes de alta temperatura, como ventanas de hornos, tubos de ensayo y lentes para cámaras de alta temperatura.

Sensores Ópticos: El vidrio se utiliza en la fabricación de lentes y componentes ópticos utilizados en sensores de imagen, cámaras, sistemas de visión artificial y otros dispositivos de detección. La transparencia y la capacidad del vidrio para transmitir la luz en un rango amplio de longitudes de onda lo hacen ideal para aplicaciones ópticas y de imagen.

Componentes de Visualización: En la industria de la electrónica, el vidrio se utiliza en la fabricación de pantallas y paneles de visualización, como pantallas LCD y OLED. Estas pantallas utilizan vidrio transparente o vidrio revestido para proteger los componentes internos y proporcionar una superficie de visualización clara y duradera.

Lentes y Prismas: El vidrio se utiliza en la fabricación de lentes y prismas utilizados en microscopios, cámaras, telescopios y otros dispositivos de observación y medición. La calidad óptica del vidrio permite la formación de imágenes nítidas y precisas en estos dispositivos.

Carcasas de Protección: En sistemas mecatrónicos y electrónicos, se utilizan carcasas y cubiertas de vidrio para proteger los componentes internos de daños mecánicos, polvo y humedad. Estas cubiertas de vidrio a menudo se utilizan en equipos de medición y visualización en entornos industriales.

Tecnologías de Pantallas Táctiles: El vidrio también se utiliza en tecnologías de pantallas táctiles, como las pantallas capacitivas y resistivas. En estas aplicaciones, el vidrio transparente se coloca sobre la pantalla para permitir la interacción táctil con dispositivos como smartphones, tabletas y paneles de control.

Manipulación de Láser: En aplicaciones de mecatrónica y de procesamiento láser, el vidrio óptico se utiliza para enfocar, dirigir y manipular haces láser en sistemas de corte, marcado y grabado láser.

Propiedades Ópticas Específicas: Los diferentes tipos de vidrio pueden tener propiedades ópticas específicas, como la dispersión de la luz, la transmitancia en ciertas longitudes de onda y la reflexión. La elección del tipo de vidrio se basa en las necesidades específicas de la aplicación.

El vidrio es un material versátil que se utiliza en una variedad de aplicaciones en la mecatrónica y en la industria tecnológica en general. Su capacidad para proporcionar transparencia, resistencia térmica y propiedades ópticas lo convierte en una elección valiosa en la fabricación de componentes ópticos, sensores y pantallas, así como en la protección de componentes y sistemas en entornos desafiantes.

Materiales aislantes: Para evitar cortocircuitos y garantizar la seguridad eléctrica, se utilizan materiales aislantes, como plásticos y cerámicos, en el aislamiento de cables y componentes eléctricos. Los materiales aislantes desempeñan un papel crítico en la mecatrónica y en todas las aplicaciones eléctricas y electrónicas, ya que son esenciales para prevenir cortocircuitos, garantizar la seguridad eléctrica y proteger a las personas y los equipos de riesgos eléctricos. Aquí se amplía el concepto de materiales aislantes y su importancia en la mecatrónica:

Prevención de Cortocircuitos: Los materiales aislantes evitan que los conductores eléctricos entren en contacto entre sí o con otros objetos conductores, lo que podría causar un cortocircuito. Un cortocircuito puede resultar en sobrecalentamiento, chispas, incendios o daños a equipos.

Seguridad Eléctrica: En sistemas mecatrónicos y electrónicos, la seguridad eléctrica es fundamental. Los materiales aislantes garantizan que las partes conductoras estén protegidas y aisladas, reduciendo el riesgo de descargas eléctricas para las personas que trabajan cerca de estos sistemas.

Clasificación de Materiales Aislantes: Los materiales aislantes se clasifican en función de su capacidad para resistir la conducción eléctrica y su capacidad de aislamiento. Algunos de los materiales aislantes más comunes incluyen plásticos (como el PVC y el polietileno), cerámicos (como la porcelana), materiales compuestos, cauchos y vidrios.

Cables y Aislamientos de Cables: En la mecatrónica, los cables eléctricos se recubren con materiales aislantes para proteger los conductores eléctricos y evitar cortocircuitos. Los cables aislados se utilizan en la transmisión de energía y señales en sistemas mecatrónicos y electrónicos.

Aislantes de Componentes Electrónicos: Los componentes electrónicos, como resistencias, condensadores y circuitos integrados, a menudo están encapsulados en materiales aislantes para protegerlos de la humedad y el polvo, y para evitar que los componentes entren en contacto accidentalmente con otros elementos conductores.

Materiales Dieléctricos: Los materiales dieléctricos son un tipo especial de material aislante que se utiliza en capacitores para almacenar energía eléctrica y en sistemas de aislamiento eléctrico. Estos materiales tienen una alta resistividad eléctrica y se utilizan para separar las placas conductoras de un capacitor.

Materiales Resistentes al Fuego: En aplicaciones donde la resistencia al fuego es crítica, se utilizan materiales aislantes especialmente diseñados para soportar altas temperaturas sin derretirse ni arder. Estos materiales son comunes en la industria automotriz y en sistemas de seguridad contra incendios.

Normativas y Estándares: La elección de materiales aislantes suele estar regulada por normativas y estándares de seguridad eléctrica. Es importante cumplir con estas normativas para garantizar la seguridad y el funcionamiento adecuado de los sistemas mecatrónicos.

Los materiales aislantes son esenciales en la mecatrónica y en todas las aplicaciones eléctricas y electrónicas para garantizar la seguridad eléctrica, prevenir cortocircuitos y proteger a las personas y los equipos de riesgos eléctricos. La selección adecuada de materiales aislantes es fundamental para el diseño y la operación segura de sistemas electromecánicos en una variedad de aplicaciones industriales y tecnoló

8.Diseño asistido por ordenador (CAD) en mecatrónica.

El Diseño Asistido por Ordenador (CAD, por sus siglas en inglés, Computer-Aided Design) en mecatrónica es una herramienta esencial y una metodología que combina la informática y la ingeniería para crear y analizar diseños de sistemas, componentes y productos mecatrónicos de manera eficiente y precisa. El CAD se utiliza para modelar virtualmente sistemas electromecánicos, permitiendo a los ingenieros y diseñadores crear, visualizar y analizar prototipos digitales antes de fabricar productos físicos. Aquí se amplía el concepto de CAD en mecatrónica:

Modelado Tridimensional: El CAD en mecatrónica permite la creación de modelos tridimensionales (3D) detallados y precisos de componentes, conjuntos y sistemas mecatrónicos. Estos modelos capturan la geometría, las dimensiones, las propiedades materiales y las relaciones entre las partes. El modelado tridimensional (3D) es uno de los aspectos fundamentales del Diseño Asistido por Ordenador (CAD) en mecatrónica y representa la capacidad de crear representaciones digitales realistas y detalladas de sistemas, componentes y ensamblajes en tres dimensiones, es decir, en longitud, ancho y profundidad. Aquí se amplía la importancia y las características clave del modelado 3D en el contexto de la mecatrónica:

Precisión y Realismo: El modelado tridimensional en CAD permite crear representaciones digitales que son precisas y realistas. Esto significa que los modelos capturan con gran fidelidad la geometría y las dimensiones de los componentes y sistemas mecatrónicos tal como existirían en el mundo real.

Detalle y Complejidad: Los modelos 3D pueden incluir un alto nivel de detalle y complejidad, lo que permite a los diseñadores representar con precisión características microscópicas o elementos macroscópicos de un sistema. Esto es esencial para la mecatrónica, donde incluso pequeñas tolerancias o detalles pueden afectar significativamente el rendimiento.

Visualización Clara: La representación tridimensional permite una visualización clara y completa del diseño. Los diseñadores pueden explorar el modelo desde diferentes ángulos y secciones para evaluar su forma, función y ensamblaje.

Facilita la Comunicación: Los modelos 3D son una herramienta efectiva para comunicar ideas de diseño y conceptos a colegas, clientes y colaboradores. La representación visual facilita la comprensión y la discusión de un diseño en comparación con planos bidimensionales.

Diseño de Conjuntos: En mecatrónica, es común trabajar con ensamblajes complejos de múltiples componentes. El modelado 3D permite crear y simular conjuntos de manera precisa, identificando posibles interferencias, problemas de ensamblaje o áreas de mejora.

Análisis de Movimiento: Los modelos 3D pueden utilizarse para simular y analizar el movimiento de sistemas mecatrónicos. Esto es esencial para comprender cómo funcionará un sistema, identificar áreas de fricción o interferencia y optimizar el rendimiento.

Prototipado Virtual: Antes de la fabricación física, los modelos 3D pueden utilizarse para crear prototipos virtuales de sistemas mecatrónicos. Esto permite probar y validar el diseño en un entorno digital, lo que ahorra tiempo y costos en la etapa de desarrollo.

Documentación Técnica: Los modelos 3D generan automáticamente documentación técnica detallada, como planos y vistas de secciones transversales, que son esenciales para la fabricación, el ensamblaje y el mantenimiento de sistemas mecatrónicos.

Iteración de Diseño: La flexibilidad del modelado 3D permite realizar fácilmente cambios y mejoras en el diseño a medida que se identifican problemas o se requieren modificaciones. Esto acelera el proceso de diseño y mejora la calidad del producto final.

El modelado tridimensional desempeña un papel fundamental en la mecatrónica al permitir a los diseñadores y ingenieros crear representaciones digitales precisas y detalladas de sistemas electromecánicos. Esta herramienta es esencial para la visualización, análisis, comunicación y optimización de diseños, lo que contribuye a la eficiencia y la calidad en el desarrollo de sistemas mecatrónicos avanzados.

Diseño y Prototipado Virtual: Los ingenieros y diseñadores pueden utilizar el CAD para diseñar y crear prototipos virtuales de sistemas mecatrónicos antes de la producción física. Esto ahorra tiempo y costos al identificar problemas y realizar mejoras en una etapa temprana del proceso de diseño.El proceso de "Diseño y Prototipado Virtual" en el contexto del Diseño Asistido por Ordenador (CAD) es una etapa crucial en el desarrollo de sistemas mecatrónicos. Esta fase implica la creación y evaluación de prototipos digitales de sistemas electromecánicos antes de que se produzcan físicamente. A continuación, se amplía este concepto y se destacan sus ventajas y aplicaciones clave:

Creación de Prototipos Digitales: El CAD permite a los ingenieros y diseñadores crear modelos 3D precisos de sistemas mecatrónicos, incluidos componentes individuales y conjuntos completos. Estos modelos representan digitalmente cómo se verá y funcionará el sistema en el mundo real.

Simulación de Comportamiento: Los prototipos virtuales no son solo representaciones visuales; también incluyen información sobre el comportamiento del sistema. Los diseñadores pueden simular cómo se moverá, operará y responderá el sistema en diferentes condiciones y escenarios.

Identificación de Problemas Tempranos: Uno de los principales beneficios del prototipado virtual es la capacidad de identificar problemas y desafíos en una etapa temprana del proceso de diseño. Esto incluye posibles interferencias entre componentes, áreas de alta fricción, desajustes en el ensamblaje y otros problemas de diseño.

Optimización del Diseño: Al simular el comportamiento del sistema, los ingenieros pueden probar diferentes configuraciones y realizar ajustes para mejorar el rendimiento, la eficiencia y la seguridad. Esto lleva a una optimización del diseño antes de la fabricación física.

Ahorro de Tiempo y Costos: El prototipado virtual ahorra tiempo y costos significativos en el desarrollo de sistemas mecatrónicos. Los errores y problemas se abordan en una etapa en la que son más fáciles y económicos de solucionar, evitando costosas modificaciones en el producto final.

Iteración Rápida: La facilidad con la que se pueden realizar cambios en un modelo digital permite una iteración rápida del diseño. Los ingenieros pueden probar múltiples configuraciones y mejoras de manera eficiente.

Documentación Detallada: Los prototipos virtuales generan documentación técnica detallada, como planos y listas de materiales, que son esenciales para la fabricación y el ensamblaje de los sistemas mecatrónicos.

Validación de Diseño: Los prototipos virtuales también permiten la validación del diseño mediante simulaciones y pruebas virtuales. Esto es especialmente útil en aplicaciones críticas donde la precisión y la confiabilidad son fundamentales, como en la industria automotriz o aeroespacial.

Comunicación Efectiva: Los prototipos virtuales facilitan la comunicación y la colaboración entre equipos de diseño, fabricantes y clientes. Los modelos 3D son más comprensibles que los planos bidimensionales y ayudan a alinear las expectativas de todas las partes interesadas.

Preparación para la Fabricación: Una vez que el prototipo virtual se ha validado y optimizado, el diseño se encuentra en una etapa avanzada y está listo para la fase de fabricación. Esto reduce los riesgos y asegura que la producción física sea más eficiente y precisa.

El Diseño y Prototipado Virtual mediante CAD es una etapa crítica en el desarrollo de sistemas mecatrónicos. Permite a los ingenieros y diseñadores crear prototipos digitales precisos, simular su comportamiento, identificar problemas tempranos y optimizar el diseño antes de la fabricación física. Esta metodología aporta eficiencia, calidad y costos reducidos a proyectos de mecatrónica, mejorando significativamente la capacidad de desarrollar productos avanzados y confiables.

Simulación y Análisis: El CAD permite realizar simulaciones y análisis de comportamiento y rendimiento de sistemas mecatrónicos. Esto incluye pruebas de estrés, análisis de tolerancias, simulación de movimientos y análisis de dinámica de fluidos, entre otros. Estos análisis ayudan a optimizar el diseño y a predecir el comportamiento del sistema en diversas condiciones.La capacidad de realizar "Simulación y Análisis" es uno de los aspectos más poderosos del Diseño Asistido por Ordenador (CAD) en el campo de la mecatrónica. Este enfoque permite a los ingenieros y diseñadores evaluar en detalle el comportamiento y el rendimiento de sistemas mecatrónicos antes de que se construyan físicamente. A continuación, se amplía este concepto y se destacan algunas de las formas clave en que el CAD se utiliza para la simulación y el análisis en mecatrónica:

Pruebas de Estrés: La simulación de estrés implica someter un modelo digital a cargas y condiciones extremas para evaluar cómo responderá en situaciones límite. Esto es fundamental para garantizar que un sistema mecatrónico pueda soportar las condiciones de funcionamiento previstas sin fallos catastróficos.

Análisis de Tolerancias: El CAD permite realizar análisis de tolerancias para evaluar cómo las variaciones dimensionales afectan al funcionamiento del sistema. Esto es crítico en aplicaciones de alta precisión, donde pequeñas desviaciones pueden tener un impacto significativo.

Simulación de Movimiento: En mecatrónica, la simulación de movimiento es esencial para comprender cómo se comportarán los sistemas en movimiento. Esto incluye la cinemática (estudio de la geometría del movimiento) y la dinámica (estudio de las fuerzas y momentos involucrados) de sistemas como robots y maquinaria.

Análisis de Dinámica de Fluidos: En sistemas mecatrónicos que involucran fluidos, como sistemas de refrigeración, análisis de bombas o sistemas hidráulicos, el CAD puede usarse para realizar análisis de dinámica de fluidos. Esto ayuda a predecir cómo los fluidos se comportarán en el sistema y cómo afectarán al rendimiento.

Simulación de Impacto y Colisiones: Para sistemas mecatrónicos que pueden estar sujetos a impactos o colisiones, como vehículos autónomos o robots móviles, se pueden realizar simulaciones para evaluar cómo responderán y cómo se verá afectada su integridad estructural.

Análisis de Cargas y Esfuerzos: Se pueden llevar a cabo análisis de cargas y esfuerzos en componentes mecánicos para evaluar cómo se distribuyen las fuerzas y tensiones a lo largo de una estructura. Esto es fundamental para el diseño de piezas resistentes y seguras.

Optimización de Diseño: La simulación y el análisis permiten realizar iteraciones en el diseño para optimizar el rendimiento. Por ejemplo, se pueden ajustar geometrías, materiales o parámetros de control para lograr un mejor rendimiento o eficiencia.

Reducción de Costos y Riesgos: Al identificar problemas de diseño y evaluar el comportamiento en un entorno virtual, las empresas pueden evitar costosos errores de diseño y minimizar riesgos asociados con sistemas mecatrónicos complejos.

Validación de Diseño: La simulación y el análisis son herramientas esenciales para validar el diseño de sistemas mecatrónicos antes de pasar a la producción física. Esto garantiza que los sistemas cumplan con los requisitos de rendimiento y seguridad.

Documentación de Resultados: Los resultados de las simulaciones y análisis se documentan y utilizan para tomar decisiones de diseño informadas. Estos datos también pueden ser compartidos con colegas y partes interesadas para facilitar la toma de decisiones.

La simulación y el análisis en el contexto del CAD en mecatrónica son herramientas cruciales para evaluar el rendimiento y el comportamiento de sistemas electromecánicos en un entorno virtual. Estas herramientas ayudan a los ingenieros a tomar decisiones informadas, a optimizar el diseño y a garantizar que los sistemas mecatrónicos sean seguros y eficientes antes de entrar en producción física.

Colaboración y Comunicación: El CAD facilita la colaboración entre equipos de diseño y fabricación al proporcionar un entorno de diseño centralizado y la capacidad de compartir modelos y datos de diseño de manera efectiva. Los diseños pueden ser compartidos con clientes y colaboradores de manera más clara y comprensible que los planos tradicionales. La capacidad de "Colaboración y Comunicación" que ofrece el Diseño Asistido por Ordenador (CAD) es esencial para el éxito de los proyectos mecatrónicos y para la coordinación efectiva entre los equipos de diseño y fabricación. Aquí se amplían los aspectos clave de cómo el CAD facilita la colaboración y la comunicación en el contexto de la mecatrónica:

Entorno Centralizado: El CAD proporciona un entorno centralizado donde los archivos de diseño, modelos 3D y documentación técnica se almacenan de manera organizada y accesible para los miembros del equipo. Esto asegura que todos los colaboradores tengan acceso a la información más actualizada y a las últimas versiones de los diseños.

Acceso Remoto: La naturaleza digital de los diseños en CAD permite que los equipos trabajen de forma remota y colaboren desde diferentes ubicaciones geográficas. Esto es especialmente relevante en proyectos mecatrónicos globales o cuando se trabaja con equipos distribuidos.

Seguridad de Datos: El CAD proporciona herramientas para garantizar la seguridad de los datos de diseño. Se pueden establecer permisos y restricciones de acceso para proteger la propiedad intelectual y evitar modificaciones no autorizadas en los diseños.

Integración de Versiones: Los sistemas de CAD suelen incluir funcionalidades que facilitan la gestión de versiones. Esto permite llevar un registro de las modificaciones realizadas en el diseño a lo largo del tiempo, lo que es esencial para el seguimiento y la auditoría de cambios.

Compartir Diseños y Colaboración en Tiempo Real: Los equipos pueden compartir modelos y datos de diseño en tiempo real, lo que facilita la colaboración simultánea. Esto significa que varios miembros del equipo pueden trabajar en el mismo diseño, ver las actualizaciones en tiempo real y proporcionar comentarios instantáneos.

Comentarios y Anotaciones: Las herramientas de CAD permiten a los colaboradores agregar comentarios y anotaciones directamente en los diseños. Esto es útil para discutir aspectos específicos del diseño o proporcionar instrucciones claras para modificaciones.

Comunicación Visual: Los modelos 3D generados por CAD ofrecen una forma altamente efectiva de comunicación visual. Los diseños son más comprensibles para todos los miembros del equipo y para las partes interesadas que los planos técnicos tradicionales.

Revisión de Diseño: Los equipos pueden realizar revisiones de diseño de manera colaborativa, lo que implica que varias personas puedan participar en la evaluación y validación de un diseño antes de que avance a la etapa de producción. Esto reduce la probabilidad de errores costosos.

Reducción de Malentendidos: Al utilizar modelos 3D y visualizaciones, se reducen los malentendidos y las interpretaciones erróneas, ya que todos los involucrados pueden ver y comprender claramente el diseño en su contexto.

Documentación Compartida: Además de los modelos 3D, el CAD permite generar documentación técnica detallada de manera automatizada. Esta documentación es esencial para la fabricación, el ensamblaje y el mantenimiento, y se comparte de manera efectiva entre equipos.

La capacidad de colaboración y comunicación en el CAD es esencial en la mecatrónica, donde la integración de sistemas electromecánicos requiere una estrecha cooperación entre diferentes disciplinas y equipos de diseño y fabricación. Facilita la coordinación eficaz, la toma de decisiones informadas y la reducción de errores en proyectos mecatrónicos, lo que contribuye al éxito y la eficiencia en el desarrollo de sistemas complejos.

Diseño Paramétrico: El CAD permite la creación de modelos paramétricos, lo que significa que los cambios en una variable (como dimensiones o materiales) se propagan automáticamente a través del diseño. Esto facilita la iteración y la adaptación del diseño a medida que se realizan modificaciones.El "Diseño Paramétrico" es una característica clave del Diseño Asistido por Ordenador (CAD) que revoluciona la forma en que se crean y modifican los modelos 3D en el campo de la mecatrónica. Este enfoque se basa en el uso de parámetros y relaciones entre elementos del diseño para crear modelos que respondan automáticamente a cambios en las variables de diseño. Aquí se amplían los aspectos clave del diseño paramétrico y su importancia en la mecatrónica:

Parámetros y Variables: En el diseño paramétrico, se definen parámetros que representan variables específicas del diseño, como dimensiones, longitudes, ángulos, radios, materiales, tolerancias, entre otros. Estos parámetros se convierten en variables que pueden ser ajustadas fácilmente.

Relaciones Geométricas: Se establecen relaciones geométricas entre los diferentes elementos del modelo. Por ejemplo, se puede definir que la distancia entre dos agujeros debe ser igual a la mitad de la longitud de una pieza. Esto crea una dependencia entre los parámetros.

Automatización de Cambios: La característica más destacada del diseño paramétrico es que los cambios en los parámetros se propagan automáticamente a través del modelo. Si se modifica un parámetro, como el diámetro de un agujero, todos los elementos relacionados se ajustarán en consecuencia.

Iteración Rápida: El diseño paramétrico permite una iteración rápida en el proceso de diseño. Los ingenieros pueden probar diferentes valores de parámetros y ver cómo afectan al diseño sin necesidad de realizar modificaciones manuales en cada componente.

Optimización de Diseño: Al utilizar el diseño paramétrico, es posible realizar análisis de optimización. Por ejemplo, se pueden definir parámetros de rendimiento (como peso o resistencia) como funciones de los parámetros de diseño y luego optimizar automáticamente el diseño para cumplir con ciertos criterios.

Diseño Personalizado: El diseño paramétrico facilita la creación de diseños personalizados o configurables. Por ejemplo, en la industria automotriz, permite generar diferentes modelos de vehículos a partir de un diseño base, ajustando parámetros como el tamaño del chasis o el tipo de motor.

Reutilización de Diseños: Los modelos paramétricos son fácilmente adaptables y pueden reutilizarse en diferentes proyectos. Esto ahorra tiempo y esfuerzo en la creación de nuevos diseños, ya que se pueden basar en modelos existentes y realizar ajustes paramétricos.

Gestión de Cambios: En proyectos mecatrónicos grandes y complejos, el diseño paramétrico facilita la gestión de cambios. Cuando se requiere una modificación en el diseño, solo es necesario ajustar los parámetros afectados, y el cambio se propaga de manera coherente en todo el modelo.

Documentación Actualizada: La documentación generada a partir de un modelo paramétrico se mantiene actualizada automáticamente. Esto es fundamental para garantizar que los planos y listas de materiales reflejen con precisión el diseño en su estado más reciente.

El diseño paramétrico en CAD es una metodología poderosa que ofrece flexibilidad, eficiencia y precisión en el desarrollo de sistemas mecatrónicos. Permite a los ingenieros realizar cambios rápidos y controlados en los diseños, optimizar el rendimiento y mantener la documentación actualizada de manera automática, lo que contribuye a la agilidad y la calidad en el proceso de diseño en la mecatrónica.

Documentación de Diseño: El CAD genera automáticamente documentación de diseño detallada, incluidos planos técnicos, listas de materiales (BOM, por sus siglas en inglés), y otra documentación necesaria para la fabricación y el montaje de sistemas mecatrónicos. La "Documentación de Diseño" generada automáticamente por el CAD es una parte esencial del proceso de desarrollo de sistemas mecatrónicos. Esta documentación consiste en una variedad de archivos y documentos que describen y especifican los detalles técnicos de un diseño, y se utiliza como guía durante la fabricación, el montaje, el mantenimiento y la documentación legal del sistema. Aquí se amplían los aspectos clave de la documentación de diseño en el contexto del CAD:

Planos Técnicos: Los planos técnicos son representaciones bidimensionales de los componentes y ensamblajes mecatrónicos. Estos planos incluyen vistas ortogonales, secciones transversales y detalles dimensionales que describen cómo se construyen y ensamblan las partes. Los planos técnicos son esenciales para la fabricación y el montaje, ya que proporcionan instrucciones claras para los técnicos y operadores.

Listas de Materiales (BOM): Las listas de materiales enumeran todos los componentes y piezas necesarios para construir un sistema mecatrónico. Cada elemento se describe en detalle, incluyendo su nombre, número de parte, cantidad requerida y, a menudo, su costo. Las BOM son cruciales para gestionar inventarios y realizar pedidos de componentes.

Diagramas de Cableado y Esquemas: Para sistemas mecatrónicos que involucran componentes eléctricos y electrónicos, se generan diagramas de cableado y esquemas que detallan cómo se conectan y se interconectan los cables y componentes. Estos diagramas son fundamentales para el ensamblaje y la solución de problemas eléctricos.

Manuales de Ensamblaje: En proyectos mecatrónicos complejos, se pueden crear manuales de ensamblaje que proporcionan instrucciones paso a paso para la construcción del sistema. Estos manuales son especialmente útiles en la fabricación de equipos industriales o sistemas robóticos.

Documentación de Mantenimiento: La documentación de diseño también puede incluir información sobre el mantenimiento y la reparación del sistema mecatrónico. Esto puede abarcar desde pautas de mantenimiento preventivo hasta procedimientos de solución de problemas y reparación.

Especificaciones de Materiales y Componentes: La documentación de diseño a menudo incluye especificaciones detalladas de los materiales y componentes utilizados en el sistema mecatrónico. Esto es importante para garantizar la calidad y la compatibilidad de los componentes seleccionados.

Documentación Regulatoria y de Cumplimiento: En ciertas industrias, como la aeroespacial o la médica, es fundamental documentar el cumplimiento con regulaciones y estándares específicos. Esto puede incluir certificaciones de seguridad, pruebas de calidad y otros documentos regulatorios.

Historial de Cambios: La documentación de diseño a menudo incluye un historial de cambios que rastrea todas las modificaciones realizadas en el diseño a lo largo del tiempo. Esto es fundamental para llevar un registro de todas las revisiones y asegurar la trazabilidad.

Archivos 3D: Los archivos 3D generados por el CAD también se consideran parte de la documentación de diseño, ya que proporcionan una representación digital completa del sistema mecatrónico.

Comunicación Externa: Además de su uso interno, la documentación de diseño se comparte con proveedores, fabricantes, clientes y otros interesados para asegurar una comprensión clara del diseño y su implementación.

La generación automática de esta documentación a partir del modelo 3D en CAD ahorra tiempo y reduce errores al eliminar la necesidad de crear manualmente planos y listas de materiales. Además, garantiza que la documentación sea coherente y siempre esté sincronizada con la versión más reciente del diseño, lo que es esencial en proyectos mecatrónicos donde la precisión y la trazabilidad son fundamentales.

Optimización del Diseño: Con el CAD, los ingenieros pueden explorar múltiples alternativas de diseño y evaluar su viabilidad y eficiencia antes de tomar decisiones finales. Esto permite la optimización de diseños en función de criterios como costo, rendimiento y recursos disponibles.La "Optimización del Diseño" es un proceso crucial en el desarrollo de sistemas mecatrónicos, y el CAD (Diseño Asistido por Ordenador) desempeña un papel fundamental en esta área. A continuación, se amplían los conceptos relacionados con cómo el CAD facilita la optimización del diseño en la mecatrónica:

Exploración de Alternativas: Con el CAD, los ingenieros pueden crear fácilmente múltiples alternativas de diseño para un sistema mecatrónico. Pueden variar parámetros como dimensiones, materiales, formas y configuraciones para explorar diferentes enfoques de diseño.

Análisis de Rendimiento: Una vez que se generan las alternativas de diseño, el CAD permite realizar análisis detallados de rendimiento. Esto incluye simulaciones de estrés, análisis de dinámica de fluidos, evaluación térmica y análisis de vibraciones, entre otros. Estos análisis ayudan a determinar cómo se comportaría cada diseño en condiciones de funcionamiento.

Optimización de Objetivos: Los ingenieros pueden establecer objetivos de optimización, como minimizar el peso, maximizar la eficiencia energética o mejorar la resistencia estructural. El CAD puede utilizar algoritmos de optimización para ajustar automáticamente los parámetros del diseño y lograr estos objetivos.

Iteración Rápida: El diseño en CAD permite una iteración rápida. Los ingenieros pueden realizar cambios en el diseño y ejecutar análisis de rendimiento en cuestión de minutos u horas en lugar de días o semanas, como ocurriría con prototipos físicos.

Ahorro de Costos: La optimización del diseño en CAD ahorra costos al identificar y resolver problemas de diseño antes de la producción física. Esto evita la necesidad de retrabajo costoso en etapas posteriores del proyecto.

Optimización Multidisciplinaria: En proyectos mecatrónicos, es común que múltiples disciplinas estén involucradas, como mecánica, electrónica y control. El CAD facilita la optimización multidisciplinaria al permitir la simulación y análisis de todos estos aspectos en un entorno unificado.

Diseño Basado en Datos: El CAD puede utilizar datos recopilados de pruebas y mediciones en el mundo real para mejorar aún más el diseño. Los datos reales pueden informar ajustes y refinamientos en el modelo digital.

Validación del Diseño: La optimización del diseño ayuda a validar que el sistema mecatrónico cumple con los requisitos de rendimiento y seguridad. Esto es fundamental antes de avanzar hacia la producción.

Diseño Sostenible: La optimización del diseño en CAD también puede tener en cuenta consideraciones de sostenibilidad, como la reducción de residuos, la eficiencia energética y la selección de materiales respetuosos con el medio ambiente.

Documentación de Resultados: Los resultados de la optimización, incluidos los cambios realizados en el diseño y los análisis de rendimiento, se documentan para mantener un registro de las decisiones tomadas y los resultados obtenidos.

El CAD es una herramienta esencial para la optimización del diseño en la mecatrónica. Facilita la exploración de alternativas, el análisis de rendimiento, la iteración rápida y la toma de decisiones basadas en datos, lo que contribuye a la creación de sistemas mecatrónicos más eficientes, seguros y rentables.

Integración con Software de Control: El CAD puede integrarse con software de control y simulación de sistemas mecatrónicos, lo que permite realizar pruebas virtuales del comportamiento del sistema, incluida la programación y el análisis de controladores electrónicos.La "Integración con Software de Control" es un aspecto crucial del Diseño Asistido por Ordenador (CAD) en el contexto de la mecatrónica. Esta integración permite una colaboración efectiva entre el diseño mecánico y el control electrónico en el desarrollo de sistemas mecatrónicos. A continuación, se amplían los conceptos relacionados con la integración del CAD con software de control:

Simulación y Análisis de Control: Uno de los beneficios más importantes de la integración del CAD con software de control es la capacidad de simular y analizar el comportamiento del sistema mecatrónico en un entorno virtual. Esto incluye la simulación de la respuesta de los componentes mecánicos y eléctricos ante las señales de control, lo que permite evaluar y ajustar los controladores electrónicos.

Pruebas Virtuales: Con la integración del CAD y el software de control, los ingenieros pueden realizar pruebas virtuales exhaustivas antes de construir el sistema físico. Esto reduce significativamente el tiempo y los costos asociados con la construcción de prototipos físicos y facilita la identificación temprana de problemas de diseño y control.

Programación de Controladores: Los sistemas mecatrónicos suelen incluir controladores electrónicos, como microcontroladores o PLC (Controladores Lógicos Programables). La integración del CAD permite programar y validar el código de control antes de su implementación física, lo que mejora la eficiencia y reduce el riesgo de errores.

Modelado de Sensores y Actuadores: El CAD integrado con software de control permite modelar con precisión los sensores y actuadores utilizados en el sistema mecatrónico. Esto incluye la representación de sus características físicas y eléctricas, lo que es esencial para la simulación y el diseño de control.

Interacción en Tiempo Real: Algunas herramientas de CAD y software de control ofrecen capacidades de interacción en tiempo real, lo que significa que los diseñadores pueden ajustar los parámetros de control y ver instantáneamente cómo afectan al sistema mecatrónico en la simulación.

Validación del Diseño de Control: La integración permite una validación más completa del diseño de control. Los ingenieros pueden verificar si los controladores pueden mantener el sistema dentro de los límites de operación deseables y cumplir con los objetivos de rendimiento.

Colaboración Efectiva: La integración fomenta una colaboración efectiva entre los equipos de diseño mecánico y de control. Ambos equipos pueden trabajar en el mismo entorno de diseño y compartir información de manera más fluida, lo que mejora la coherencia del sistema final.

Optimización Conjunta: La integración del CAD y el software de control permite la optimización conjunta del sistema mecatrónico. Los ingenieros pueden ajustar tanto el diseño mecánico como el control electrónico para lograr un rendimiento óptimo.

Documentación Integral: Los resultados de la simulación y el análisis de control se documentan y se utilizan para respaldar las decisiones de diseño y para crear una documentación integral del sistema mecatrónico.

La integración del CAD con software de control es esencial para el desarrollo eficiente y preciso de sistemas mecatrónicos. Permite la simulación, el análisis y la validación exhaustiva del comportamiento del sistema, así como la programación y optimización de controladores electrónicos. Esto conduce a la creación de sistemas mecatrónicos más robustos y eficientes desde el punto de vista de la ingeniería.

Fabricación Digital: La información de diseño generada en CAD puede utilizarse para fabricación digital, como la fabricación aditiva (impresión 3D) y la fabricación CNC (control numérico por computadora), lo que garantiza la precisión y la coherencia entre el diseño y la fabricación.La "Fabricación Digital" es una fase crítica en el proceso de desarrollo de sistemas mecatrónicos, y el CAD (Diseño Asistido por Ordenador) desempeña un papel esencial en esta área. Aquí se amplían los conceptos relacionados con cómo el CAD facilita la fabricación digital en la mecatrónica:

Generación de Datos de Fabricación: La información de diseño creada en el CAD se utiliza para generar los datos necesarios para la fabricación digital. Esto incluye no solo los modelos 3D de los componentes y ensamblajes, sino también datos como las dimensiones, tolerancias, ubicaciones de orificios y características específicas necesarias para la fabricación.

Fabricación Aditiva (Impresión 3D): La fabricación aditiva, también conocida como impresión 3D, utiliza modelos 3D generados por CAD para crear objetos tridimensionales capa por capa. Esto permite la producción de componentes mecatrónicos complejos y personalizados con alta precisión y eficiencia. El CAD asegura que los diseños se adapten perfectamente a la tecnología de impresión 3D.

Fabricación CNC (Control Numérico por Computadora): Los sistemas mecatrónicos a menudo incluyen componentes mecanizados de alta precisión, como piezas metálicas. La fabricación CNC utiliza máquinas controladas por ordenador para mecanizar estas piezas según las especificaciones del diseño CAD. Los archivos CAD se traducen en instrucciones de código numérico (G-code) que guían las máquinas CNC.

Coherencia de Diseño y Fabricación: La fabricación digital garantiza que el diseño y la fabricación estén altamente alineados. Los errores humanos y las discrepancias entre el diseño y la fabricación son minimizados, lo que mejora la calidad del producto final.

Prototipado Rápido: La fabricación digital, especialmente la impresión 3D, es ideal para la creación rápida de prototipos funcionales. Los ingenieros pueden iterar y probar diseños de manera eficiente antes de avanzar a la producción en masa.

Reducción de Desperdicio de Material: La fabricación digital puede reducir el desperdicio de material en comparación con métodos de fabricación tradicionales. Esto es importante tanto desde una perspectiva económica como ambiental.

Personalización: La fabricación digital permite la personalización de componentes mecatrónicos para satisfacer necesidades específicas o adaptarse a aplicaciones individuales. Esto es particularmente relevante en sectores como la atención médica y la industria aeroespacial.

Fabricación Distribuida: La fabricación digital también facilita la fabricación distribuida, donde los componentes pueden producirse en ubicaciones geográficamente dispersas según sea necesario. Esto es ventajoso en proyectos globales y puede acelerar los tiempos de entrega.

Documentación de Fabricación: Los datos generados a partir del CAD también se utilizan para crear documentación de fabricación, que incluye instrucciones detalladas para los operadores de las máquinas de fabricación. Esto es esencial para garantizar que los componentes se produzcan de acuerdo con las especificaciones de diseño.

Trayectoria de Herramientas CNC: En el caso de la fabricación CNC, el CAD genera la trayectoria de herramientas para las máquinas, lo que determina cómo se mecanizarán las piezas. Esto incluye información sobre herramientas, velocidades de corte y avances.

El CAD es una herramienta fundamental para la fabricación digital en la mecatrónica. Permite la creación precisa y coherente de componentes mecatrónicos utilizando tecnologías como la impresión 3D y la fabricación CNC. Esto mejora la eficiencia, la calidad y la capacidad de personalización en el proceso de fabricación de sistemas mecatrónicos.

9.Prototipado y fabricación rápida en mecatrónica.

El prototipado y fabricación rápida en mecatrónica es un proceso esencial en la ingeniería y el desarrollo de productos mecatrónicos, que combina la mecánica, la electrónica y la informática. Esta disciplina se centra en la creación rápida de prototipos y productos finales para proyectos que involucran sistemas mecatrónicos, como robots, sistemas de automatización, dispositivos médicos, vehículos autónomos y más. A continuación, ampliaremos esta idea:

Definición de mecatrónica: La mecatrónica es un campo interdisciplinario que integra la mecánica, la electrónica, la informática y el control para diseñar sistemas complejos que involucran movimiento y automatización. Estos sistemas suelen ser utilizados en una amplia gama de aplicaciones industriales, médicas, de consumo y más.La mecatrónica es un campo de ingeniería altamente interdisciplinario que se dedica a la integración y sinergia de diversas disciplinas tecnológicas, principalmente la mecánica, la electrónica, la informática y el control, con el objetivo de diseñar, construir y operar sistemas complejos que implican movimiento y automatización. Esta disciplina busca aprovechar la combinación de conocimientos y tecnologías de estas áreas para crear sistemas más avanzados y efectivos que no podrían lograrse si se trataran como entidades separadas.

Mecánica: La mecánica en la mecatrónica se refiere a la comprensión y el diseño de componentes físicos y sistemas mecánicos, como estructuras, motores, actuadores, ruedas, engranajes y otros elementos que se utilizan para el movimiento o la transmisión de fuerza. La mecatrónica aborda cómo estas partes interactúan y se integran con los aspectos electrónicos y de control.

Electrónica: La electrónica se ocupa de los componentes eléctricos y electrónicos, como sensores, transductores, circuitos, microcontroladores y actuadores electrónicos. Estos componentes permiten la captura de datos, el procesamiento de información y la generación de señales eléctricas para controlar y supervisar los sistemas mecatrónicos.

Informática: La informática o la computación son esenciales en la mecatrónica para el procesamiento de datos, el almacenamiento de información y el control de sistemas. Las técnicas de programación y el software especializado son fundamentales para el funcionamiento de muchos sistemas mecatrónicos, especialmente aquellos que requieren decisiones automatizadas o interacción con usuarios.

Control: El control se refiere a la capacidad de gestionar y regular el comportamiento de un sistema mecatrónico. Esto implica la utilización de algoritmos, técnicas de retroalimentación y sistemas de control que permiten que el sistema responda de manera precisa y predecible a las condiciones cambiantes.

Sistemas complejos: La mecatrónica se aplica principalmente a sistemas complejos, que pueden abarcar desde robots industriales y vehículos autónomos hasta dispositivos médicos avanzados y sistemas de automatización en la industria manufacturera. Estos sistemas suelen tener múltiples componentes y deben funcionar de manera coordinada y eficiente.

La mecatrónica es un campo que se encuentra en la intersección de varias disciplinas tecnológicas y se enfoca en el diseño y desarrollo de sistemas multifacéticos que involucran movimiento y automatización. Su enfoque interdisciplinario permite crear soluciones innovadoras y avanzadas en una amplia variedad de aplicaciones industriales, médicas y de consumo.

Importancia del prototipado rápido: En el desarrollo de sistemas mecatrónicos, la capacidad de crear prototipos de manera rápida es crucial. Los prototipos permiten a los ingenieros probar conceptos, validar diseños y realizar mejoras antes de invertir en la producción a gran escala. Esto ahorra tiempo y recursos al evitar costosos errores de diseño.La importancia del prototipado rápido en el desarrollo de sistemas mecatrónicos es fundamental y se extiende a varios aspectos clave del proceso de diseño y desarrollo. A continuación, se amplían los puntos clave sobre la importancia del prototipado rápido:

Validación de conceptos: El prototipado rápido permite a los ingenieros y diseñadores validar rápidamente conceptos y ideas. Antes de comprometer recursos significativos en el desarrollo de un producto o sistema mecatrónico, es esencial comprender cómo funcionará en la práctica. Los prototipos proporcionan una representación tangible que permite a los equipos evaluar la viabilidad de un concepto y realizar ajustes tempranos si es necesario.

Identificación de problemas tempranos: A menudo, los problemas de diseño o funcionamiento no son evidentes en la etapa de planificación o diseño teórico. Al crear prototipos, se pueden descubrir problemas inesperados o desafíos técnicos antes de avanzar hacia la producción completa. Esto ahorra tiempo y recursos al evitar correcciones costosas más adelante en el proceso.

Iteración y mejora continua: Los prototipos permiten la iteración y la mejora continua del diseño. Los ingenieros pueden realizar ajustes, mejoras y refinamientos en el prototipo en función de las pruebas y la retroalimentación. Esta iteración constante conduce a productos y sistemas finales más eficientes, confiables y adecuados para su propósito.

Comunicación y colaboración: Los prototipos son herramientas valiosas para la comunicación y la colaboración entre equipos multidisciplinarios. Permiten a los diseñadores, ingenieros y partes interesadas visualizar y comprender el concepto de manera más efectiva que a través de documentos o representaciones abstractas. Esto facilita la toma de decisiones y la alineación de objetivos en todo el proceso de desarrollo.

Reducción de riesgos financieros: La inversión en la producción a gran escala de sistemas mecatrónicos puede ser costosa. Al crear prototipos antes de la producción, se reducen los riesgos financieros. Si un prototipo revela problemas insuperables o falta de interés del mercado, las pérdidas son mucho menores que si se hubiera invertido en la producción completa.

Optimización del diseño y los recursos: Los prototipos permiten evaluar la eficiencia de diseño y el uso de recursos. Se pueden realizar pruebas de rendimiento y eficiencia en un prototipo para optimizar componentes, materiales y procesos de fabricación antes de su implementación a gran escala.

Aceleración del tiempo de comercialización: El prototipado rápido acelera el tiempo de comercialización, lo que significa que los productos o sistemas pueden llegar más rápido al mercado. Esto es especialmente importante en industrias competitivas y en la introducción de tecnologías innovadoras que deben ser aprovechadas rápidamente.

La capacidad de crear prototipos rápidamente es esencial en el desarrollo de sistemas mecatrónicos, ya que contribuye a la validación temprana, la resolución de problemas, la mejora continua y la reducción de riesgos, lo que a su vez impulsa la eficiencia y la innovación en el desarrollo de productos y sistemas mecatrónicos.

Herramientas de prototipado rápido: El proceso de prototipado rápido en mecatrónica se beneficia enormemente de las tecnologías modernas. Se utilizan herramientas como la impresión 3D, el corte láser, la fresadora CNC y el modelado por computadora para crear prototipos de piezas mecánicas y electrónicas de manera rápida y precisa. El proceso de prototipado rápido en mecatrónica se ha transformado significativamente gracias a las tecnologías modernas. Estas herramientas y tecnologías permiten a los ingenieros y diseñadores crear prototipos de manera más eficiente y precisa que nunca. A continuación, ampliaremos sobre las herramientas de prototipado rápido en mecatrónica y su importancia:

Impresión 3D: La impresión 3D es una de las tecnologías más destacadas en el campo del prototipado rápido. Permite la creación de modelos tridimensionales sólidos a partir de datos digitales. Los ingenieros pueden imprimir piezas mecánicas, componentes electrónicos y carcasas de manera rápida y precisa. La ventaja de la impresión 3D es que puede producir piezas complejas con geometrías intrincadas que serían difíciles o imposibles de lograr mediante métodos tradicionales.

Corte láser y grabado CNC: Estas tecnologías son ideales para la creación de partes de precisión, especialmente piezas planas y cortes específicos. El corte láser permite cortar y grabar materiales como plástico, madera y metal con una gran precisión. Las máquinas CNC (Control Numérico por Computadora) pueden realizar operaciones de fresado y perforación con alta precisión en diversos materiales.

Modelado por computadora (CAD): El modelado por computadora es fundamental en el proceso de diseño y prototipado. Los programas CAD permiten a los diseñadores crear modelos digitales detallados de componentes y sistemas. Estos modelos pueden luego utilizarse para generar archivos para la impresión 3D o para controlar máquinas CNC.

Prototipado electrónico: Para sistemas mecatrónicos que incluyen componentes electrónicos, existen herramientas de prototipado electrónico como placas de circuito impreso (PCB) y kits de desarrollo de hardware. Estas herramientas permiten a los ingenieros construir y probar prototipos de circuitos electrónicos de manera rápida y eficiente.

Simulación y software de diseño asistido por computadora (CAD/CAE): Además de crear prototipos físicos, los ingenieros pueden utilizar software de simulación y análisis para evaluar el rendimiento y la eficiencia de sus diseños mecatrónicos. Estas herramientas permiten identificar problemas y optimizar el diseño antes de la fabricación del prototipo.

Robótica y kits de desarrollo: Para sistemas mecatrónicos que involucran robots y automatización, existen kits de desarrollo de hardware y software que permiten a los diseñadores y desarrolladores construir y programar prototipos de robots de manera rápida y efectiva.

Tecnologías de escaneo 3D: En algunos casos, es necesario replicar componentes existentes o capturar geometrías físicas para su integración en un sistema mecatrónico. Las tecnologías de escaneo 3D permiten convertir objetos físicos en modelos digitales, lo que facilita la incorporación de componentes a los prototipos.

Las herramientas de prototipado rápido en mecatrónica son esenciales para acelerar el proceso de desarrollo, reducir costos y permitir la iteración continua en el diseño. Estas tecnologías modernas brindan a los ingenieros la capacidad de convertir rápidamente conceptos en prototipos funcionales y, finalmente, en productos finales de alta calidad.

Iteración y optimización: El prototipado rápido permite a los ingenieros realizar iteraciones frecuentes en el diseño. Esto significa que pueden identificar y solucionar problemas de manera temprana en el proceso de desarrollo, lo que resulta en productos finales más eficientes y confiables.El proceso de iteración y optimización es una parte crucial del desarrollo de sistemas mecatrónicos, y el prototipado rápido desempeña un papel fundamental en esta fase. Aquí ampliaremos sobre la importancia de la iteración y optimización en el contexto del prototipado rápido:

Identificación y corrección de problemas: Los prototipos iniciales suelen revelar problemas que no se pueden prever en las etapas de diseño teórico o simulación. Estos problemas pueden estar relacionados con el rendimiento mecánico, la interacción de componentes electrónicos, la durabilidad o cualquier otro aspecto del sistema mecatrónico. El prototipado rápido permite a los ingenieros identificar estos problemas de manera temprana y abordarlos de manera efectiva.

Mejora de la funcionalidad: A medida que se prueban prototipos, se pueden identificar oportunidades para mejorar la funcionalidad del sistema. Esto puede implicar ajustar los algoritmos de control, modificar la disposición de los componentes o agregar características adicionales que mejoren el rendimiento o la usabilidad.

Optimización de recursos: El prototipado rápido también ayuda a optimizar el uso de recursos. Esto incluye la selección de materiales, la reducción de costos de producción y la eficiencia en el consumo de energía. La iteración permite encontrar soluciones más eficientes y económicas sin sacrificar el rendimiento.

Adaptación a requisitos cambiantes: En muchos proyectos mecatrónicos, los requisitos del cliente o las condiciones del mercado pueden cambiar a lo largo del tiempo. La capacidad de realizar iteraciones rápidas permite a los equipos de desarrollo ajustar el diseño del sistema para adaptarse a estas condiciones cambiantes y asegurar que el producto final siga siendo relevante y competitivo.

Validación de soluciones incrementales: En lugar de tratar de desarrollar un diseño perfecto desde el principio, el enfoque de iteración permite a los ingenieros validar soluciones incrementales. Esto significa que pueden construir sobre el conocimiento y los éxitos anteriores, en lugar de intentar abordar todos los aspectos del sistema simultáneamente. Esto puede acelerar significativamente el tiempo de desarrollo.

Reducción de riesgos: La iteración y optimización reducen los riesgos asociados con el desarrollo de sistemas mecatrónicos. Al abordar y resolver problemas de manera incremental, se reducen las posibilidades de que surjan problemas significativos en las etapas posteriores del desarrollo, lo que podría retrasar o incluso detener por completo un proyecto.

Aumento de la calidad y confiabilidad: A medida que se realizan iteraciones y se perfecciona el diseño, la calidad y la confiabilidad del sistema mejoran. Esto es esencial en aplicaciones críticas donde la seguridad y la confiabilidad son prioritarias, como la industria médica o la automoción.

El prototipado rápido permite a los ingenieros realizar iteraciones frecuentes en el diseño de sistemas mecatrónicos, lo que conduce a productos más sólidos, eficientes y adaptados a las necesidades cambiantes del mercado. Esta capacidad de mejora continua es esencial para el éxito en el desarrollo de sistemas mecatrónicos y para la entrega de soluciones de alta calidad y rendimiento.

Reducción de costos y tiempos de desarrollo: La fabricación rápida de prototipos también ayuda a reducir los costos y los tiempos de desarrollo. Al eliminar la necesidad de crear moldes costosos o herramientas de producción antes de la fabricación, las empresas pueden llevar productos al mercado de manera más rápida y económica.La reducción de costos y tiempos de desarrollo es uno de los beneficios más destacados de la fabricación rápida de prototipos en el campo de la mecatrónica. Aquí ampliamos sobre la importancia de esta reducción:

Identificación temprana de problemas de diseño: Cuando se fabrican prototipos de manera rápida, es más probable que se identifiquen y resuelvan problemas de diseño en las etapas iniciales del proceso de desarrollo. Esto es crucial para evitar costosos retrabajos y correcciones más adelante en el proyecto. Además, al abordar los problemas de manera temprana, se reduce la necesidad de hacer cambios significativos en diseños y componentes, lo que ahorra tiempo y recursos.

Ahorro de costos de producción: Los prototipos rápidos generalmente se producen con métodos y materiales más accesibles y económicos que los utilizados en la producción a gran escala. Esto permite a las empresas ahorrar costos durante las etapas de desarrollo y pruebas. Además, al evitar la producción de piezas costosas antes de que se haya validado el diseño, se evitan inversiones innecesarias.

Reducción de tiempos de comercialización: La capacidad de crear prototipos rápidamente acelera el tiempo de comercialización. Los productos y sistemas mecatrónicos pueden llegar al mercado más rápido, lo que es especialmente importante en industrias competitivas donde el tiempo de lanzamiento al mercado es crítico para el éxito comercial. Esto también permite a las empresas aprovechar oportunidades y responder a las demandas del mercado de manera más eficaz.

Optimización de recursos: La fabricación rápida de prototipos permite a los equipos de desarrollo optimizar el uso de recursos. Pueden probar múltiples enfoques y soluciones con prototipos antes de seleccionar la mejor opción para la producción a gran escala. Esto reduce el desperdicio de recursos en enfoques menos efectivos.

Facilita la toma de decisiones: La disponibilidad de prototipos funcionales permite a las partes interesadas tomar decisiones informadas sobre el diseño y las características del sistema mecatrónico. Esto acelera el proceso de toma de decisiones y evita retrasos relacionados con la incertidumbre o la falta de información.

Reducción de riesgos financieros: El desarrollo de sistemas mecatrónicos puede ser costoso, y la inversión en producción a gran escala sin validación adecuada aumenta los riesgos financieros. Los prototipos rápidos reducen estos riesgos al proporcionar evidencia tangible de que un diseño es viable y efectivo antes de comprometer grandes inversiones en producción.

La fabricación rápida de prototipos en mecatrónica es una estrategia efectiva para reducir costos y tiempos de desarrollo, lo que resulta en una mayor eficiencia y competitividad en el mercado. Permite una validación temprana, la identificación de problemas y la optimización de recursos, lo que a su vez contribuye a la entrega oportuna y rentable de sistemas mecatrónicos de alta calidad.

Personalización y adaptabilidad: La mecatrónica a menudo se utiliza en aplicaciones que requieren personalización o adaptabilidad. El prototipado rápido facilita la creación de soluciones específicas para las necesidades de los clientes, lo que es esencial en campos como la atención médica y la fabricación personalizada. La mecatrónica es una disciplina altamente versátil y adaptable que se utiliza con frecuencia en aplicaciones que requieren personalización y adaptabilidad. A continuación, ampliaremos sobre la importancia de la personalización y adaptabilidad en el contexto de la mecatrónica:

Diversidad de aplicaciones: La mecatrónica se encuentra en una amplia variedad de aplicaciones, desde la fabricación industrial hasta la atención médica y la robótica de consumo. Cada una de estas aplicaciones tiene requisitos específicos y desafíos únicos. La personalización y la adaptabilidad son esenciales para abordar estos requisitos de manera efectiva.

Atención médica personalizada: En el campo de la atención médica, la mecatrónica se utiliza para desarrollar dispositivos y equipos médicos que pueden adaptarse a las necesidades de pacientes individuales. Por ejemplo, los dispositivos de rehabilitación robótica pueden ajustarse para adaptarse al nivel de capacidad y progreso de un paciente en particular.

Automatización industrial adaptable: En la fabricación y la automatización industrial, la mecatrónica es esencial para sistemas que deben adaptarse a diferentes tamaños de productos, velocidades de producción y configuraciones de línea. Los sistemas mecatrónicos pueden reconfigurarse rápidamente para cumplir con los requisitos cambiantes de producción.

Robótica de consumo y entretenimiento personalizado: En la robótica de consumo y el entretenimiento, la personalización es clave. Los robots y dispositivos mecatrónicos diseñados para el entretenimiento en el hogar, como drones y juguetes robóticos, pueden ofrecer experiencias personalizadas a través de la programación y la adaptabilidad a las preferencias del usuario.

Vehículos autónomos y adaptativos: En la industria automotriz y en el desarrollo de vehículos autónomos, la mecatrónica permite la adaptación a una variedad de condiciones de conducción y preferencias del conductor. Los sistemas de control avanzados pueden ajustar la suspensión, la dirección y otros aspectos del vehículo para brindar una experiencia de conducción personalizada y segura.

Producción bajo demanda: La mecatrónica también se utiliza en la producción bajo demanda, donde se fabrican productos personalizados según los pedidos individuales de los clientes. Esto es especialmente relevante en la impresión 3D y la fabricación aditiva, donde los diseños pueden ser personalizados para cada cliente sin costos adicionales significativos.

Economía circular y sostenibilidad: La adaptabilidad y personalización también pueden contribuir a la sostenibilidad al reducir el desperdicio y la sobreproducción. Los sistemas mecatrónicos pueden diseñarse para desmontarse y reconfigurarse fácilmente, lo que facilita la reutilización y la recuperación de componentes valiosos.

La mecatrónica se destaca en aplicaciones que requieren personalización y adaptabilidad debido a su capacidad para integrar componentes mecánicos, electrónicos y de control de manera eficiente. Esta versatilidad permite a los sistemas mecatrónicos satisfacer una amplia gama de necesidades y condiciones cambiantes en diversos campos, desde la atención médica hasta la manufactura y el entretenimiento, brindando soluciones personalizadas y adaptables que impulsan la eficiencia y la satisfacción del cliente.

Innovación continua: La capacidad de realizar prototipos rápidos fomenta la innovación continua en el campo de la mecatrónica. Los ingenieros pueden probar nuevas ideas y conceptos de manera rápida y experimentar con soluciones que podrían no ser factibles con enfoques tradicionales de desarrollo.

El prototipado y la fabricación rápida desempeñan un papel fundamental en el campo de la mecatrónica al acelerar el proceso de desarrollo, reducir costos y fomentar la innovación. Esta práctica es esencial para la creación exitosa de sistemas mecatrónicos avanzados que impulsan la automatización y la eficiencia en una amplia variedad de industrias.

10. Análisis de sistemas dinámicos.

Los sistemas dinámicos son un campo de estudio interdisciplinario que se enfoca en comprender y modelar el comportamiento de sistemas que cambian con el tiempo. Estos sistemas pueden ser físicos, biológicos, económicos, sociales o cualquier otro tipo de sistema que exhiba un comportamiento dinámico. El análisis de sistemas dinámicos implica el estudio de cómo evolucionan estas entidades a lo largo del tiempo, así como la identificación de patrones, tendencias y comportamientos emergentes. Aquí hay algunas ideas clave sobre el análisis de sistemas dinámicos:

Modelado matemático: El análisis de sistemas dinámicos comienza con la creación de modelos matemáticos que describen las relaciones entre las variables del sistema y cómo cambian con el tiempo. Estos modelos pueden ser ecuaciones diferenciales, ecuaciones en diferencias, sistemas de ecuaciones, o incluso modelos basados en agentes, dependiendo del sistema que se esté estudiando.

Formulación de ecuaciones: El primer paso en el análisis de sistemas dinámicos implica formular ecuaciones matemáticas que describan cómo las variables del sistema evolucionan con respecto al tiempo. Estas ecuaciones pueden ser ecuaciones diferenciales, ecuaciones en diferencias o incluso modelos basados en agentes, según la naturaleza del sistema.

Variables de estado: En el modelado, se identifican las variables de estado del sistema. Estas son las cantidades que caracterizan completamente el estado del sistema en un momento dado. Por ejemplo, en el caso de un sistema mecánico, las variables de estado podrían ser la posición y la velocidad de un objeto.

Parámetros del sistema: Además de las variables de estado, se identifican los parámetros del sistema, que son valores constantes o coeficientes en las ecuaciones que determinan cómo se comporta el sistema. Estos parámetros pueden representar características físicas, tasas de cambio, tasas de interacción, etc.

Condiciones iniciales: Para resolver las ecuaciones del sistema y predecir su comportamiento futuro, se deben especificar las condiciones iniciales, es decir, los valores de las variables de estado en el momento inicial del análisis.

Validación del modelo: Una vez que se ha formulado un modelo matemático, se verifica su validez utilizando datos experimentales si están disponibles. Esto implica ajustar los parámetros del modelo para que coincidan con los datos observados en la realidad.

Simplificación y aproximación: En algunos casos, los modelos matemáticos pueden ser muy complejos. Para facilitar el análisis, a menudo se simplifican o se desarrollan aproximaciones que retienen las características esenciales del sistema sin la complejidad total de las ecuaciones originales.

Simulación y análisis numérico: Una vez que se ha formulado el modelo, se puede utilizar software de simulación y técnicas de análisis numérico para resolver las ecuaciones y explorar cómo cambian las variables del sistema a lo largo del tiempo bajo diversas condiciones.

El modelado matemático es una herramienta poderosa para comprender y predecir el comportamiento de sistemas dinámicos. Permite a los científicos y los ingenieros estudiar cómo interactúan las variables, cómo responden a cambios en las condiciones iniciales o parámetros, y cómo evolucionan en el tiempo, lo que es esencial en una amplia gama de disciplinas científicas y de ingeniería.

Puntos de equilibrio: Uno de los conceptos fundamentales en el análisis de sistemas dinámicos es el punto de equilibrio, que es un estado en el que las variables del sistema no cambian con el tiempo. Estos puntos de equilibrio son esenciales para comprender el comportamiento a largo plazo del sistema.

Definición de punto de equilibrio: Un punto de equilibrio, a menudo llamado también punto crítico o punto estacionario, es un estado en el cual las variables del sistema no cambian con el tiempo. En otras palabras, en un punto de equilibrio, las derivadas de las variables con respecto al tiempo son iguales a cero.

Estabilidad: La estabilidad de un punto de equilibrio es una característica importante. Un punto de equilibrio puede ser clasificado como estable, inestable o semiestable. Un punto de equilibrio estable significa que, si el sistema se perturba ligeramente desde ese punto, eventualmente volverá al punto de equilibrio. Un punto de equilibrio inestable significa que las perturbaciones lo alejarán aún más del equilibrio. Un punto de equilibrio semiestable tiene características de ambos.

Análisis lineal: En muchos casos, el análisis de estabilidad de los puntos de equilibrio se realiza utilizando el análisis lineal, que implica calcular las derivadas parciales de las ecuaciones del sistema en torno al punto de equilibrio y examinar los valores propios de la matriz jacobiana resultante. Los valores propios indican la estabilidad del punto de equilibrio.

Significado físico: Los puntos de equilibrio tienen un significado físico importante. Por ejemplo, en un sistema físico, un punto de equilibrio puede representar un estado de reposo o un estado en el que todas las fuerzas se equilibran. En un contexto biológico, un punto de equilibrio puede representar una población constante en ausencia de perturbaciones.

Bifurcaciones: Los puntos de equilibrio pueden desempeñar un papel crucial en la aparición de bifurcaciones en el sistema. Las bifurcaciones son cambios abruptos en el comportamiento del sistema que pueden ocurrir a medida que se ajustan los parámetros del sistema y se cruzan umbrales críticos. La estabilidad de los puntos de equilibrio puede cambiar en bifurcaciones, lo que lleva a cambios drásticos en el comportamiento del sistema.

Los puntos de equilibrio son conceptos clave en el análisis de sistemas dinámicos y proporcionan información esencial sobre cómo se comporta un sistema en el tiempo y cómo responde a las perturbaciones. El estudio de la estabilidad de estos puntos es fundamental para comprender la dinámica subyacente de un sistema.

Dinámica temporal: El análisis de sistemas dinámicos se centra en cómo cambian las variables del sistema con el tiempo. Esto puede involucrar el estudio de oscilaciones, ciclos, atracciones hacia puntos de equilibrio, caos, y otros patrones temporales.

Evolución a lo largo del tiempo: El análisis de sistemas dinámicos se centra en comprender cómo evolucionan las variables de un sistema a medida que el tiempo avanza. Esto implica el estudio de las trayectorias y los patrones temporales que pueden surgir a partir de las ecuaciones que describen el sistema.

Oscilaciones y ciclos: Muchos sistemas dinámicos exhiben oscilaciones periódicas o ciclos, donde las variables del sistema siguen patrones repetitivos a lo largo del tiempo. Estos ciclos pueden ser simples, como un péndulo oscilante, o más complejos, como las fluctuaciones económicas.

Atracción hacia puntos de equilibrio: La dinámica temporal también incluye el estudio de cómo el sistema puede evolucionar hacia los puntos de equilibrio, especialmente cuando se perturba desde su estado inicial. Los sistemas pueden ser atraídos hacia un punto de equilibrio estable a lo largo del tiempo.

Caos: En algunos sistemas dinámicos, se observa el caos, que es un comportamiento aparentemente aleatorio y altamente sensible a las condiciones iniciales. La dinámica temporal en sistemas caóticos puede ser extremadamente compleja y no predecible a largo plazo.

Sensibilidad a condiciones iniciales: Un concepto fundamental en sistemas caóticos es la sensibilidad a las condiciones iniciales, también conocido como el "efecto mariposa". Esto significa que pequeñas diferencias en las condiciones iniciales pueden llevar a resultados drásticamente diferentes a medida que el sistema evoluciona en el tiempo.

Análisis de series temporales: Para comprender la dinámica temporal de un sistema, a menudo se analizan series temporales de datos que muestran cómo las variables cambian con el tiempo. Se pueden utilizar herramientas como la transformada de Fourier para descomponer las series temporales en sus componentes periódicas.

Predicción y control: El análisis de la dinámica temporal es esencial para predecir el comportamiento futuro de un sistema y para el control de sistemas dinámicos en aplicaciones prácticas, como la predicción del clima o el diseño de sistemas de control automático.

El análisis de sistemas dinámicos se centra en comprender cómo cambian las variables de un sistema a lo largo del tiempo, lo que puede implicar desde oscilaciones periódicas predecibles hasta comportamientos caóticos altamente sensibles a las condiciones iniciales. Este enfoque es fundamental para el estudio y la aplicación de sistemas que evolucionan en el tiempo en una amplia variedad de disciplinas.

Diagramas de fase: Una herramienta común en el análisis de sistemas dinámicos es el diagrama de fase, que representa gráficamente las trayectorias que sigue el sistema en su espacio de estado. Estos diagramas son útiles para visualizar patrones de comportamiento, puntos de equilibrio y la evolución temporal del sistema.
Espacio de estado: El espacio de estado es un espacio abstracto en el que cada dimensión representa una variable de estado del sistema. Por ejemplo, si estás estudiando un sistema de dos variables, el espacio de estado será bidimensional.

Trayectorias: Las trayectorias en el diagrama de fase representan las evoluciones del sistema a lo largo del tiempo. Cada punto en el diagrama de fase corresponde a un estado del sistema en un momento dado, y las trayectorias conectan estos puntos para mostrar cómo el sistema cambia con el tiempo.

Puntos de equilibrio: Los puntos de equilibrio se representan como puntos en el diagrama de fase en los que las trayectorias convergen o alrededor de los cuales giran. Los puntos de equilibrio son estados en los que las variables del sistema no cambian con el tiempo.

Estabilidad: La estabilidad de los puntos de equilibrio se puede determinar visualmente en el diagrama de fase. Si las trayectorias tienden a acercarse a un punto de equilibrio y permanecer cerca de él, ese punto se considera estable. Si las trayectorias se alejan del punto de equilibrio, es inestable. La dirección de las trayectorias cerca de un punto de equilibrio también puede proporcionar información sobre su estabilidad.

Ciclos y oscilaciones: En el diagrama de fase, los ciclos y las oscilaciones se representan como trayectorias cerradas que indican que el sistema sigue patrones recurrentes a lo largo del tiempo. Estos patrones pueden ser periódicos o caóticos, dependiendo de la naturaleza del sistema.

Bifurcaciones: Las bifurcaciones, que son cambios en el comportamiento del sistema, también se pueden identificar en el diagrama de fase. Cuando se ajustan los parámetros del sistema y las trayectorias cambian significativamente, esto puede indicar la presencia de bifurcaciones.

Predicción de comportamiento: Los diagramas de fase son útiles para predecir el comportamiento futuro del sistema. Al observar cómo las trayectorias se mueven en el espacio de estado, es posible anticipar tendencias y patrones futuros.

Aplicaciones: Los diagramas de fase se utilizan en una amplia variedad de disciplinas, como la física, la biología, la química, la ingeniería, la economía y la ecología, entre otras. Son especialmente útiles para analizar sistemas complejos y no lineales.

Los diagramas de fase son herramientas gráficas esenciales en el análisis de sistemas dinámicos, que permiten visualizar y comprender cómo evolucionan los sistemas en su espacio de estado. Estos diagramas ayudan a identificar patrones, puntos de equilibrio, ciclos y otras características fundamentales del comportamiento de sistemas en el tiempo.

Estabilidad y bifurcaciones: Se investiga la estabilidad de los puntos de equilibrio y cómo cambia esta estabilidad a medida que se modifican los parámetros del sistema. Las bifurcaciones son cambios abruptos en el comportamiento del sistema que a menudo ocurren cuando se cruzan ciertos umbrales en los parámetros.
Estabilidad de puntos de equilibrio: Los puntos de equilibrio pueden ser estables, inestables o semiestables en función de cómo responden las variables del sistema cuando se perturban desde esos puntos. La estabilidad se refiere a la capacidad del sistema para regresar o permanecer cerca de un punto de equilibrio después de una perturbación. En el análisis lineal, la estabilidad se determina mediante el cálculo de los valores propios de la matriz jacobiana en el punto de equilibrio.

Cambio de estabilidad: A medida que se modifican los parámetros del sistema, los puntos de equilibrio pueden cambiar su estabilidad. Esto puede dar lugar a bifurcaciones, que son transiciones abruptas en el comportamiento del sistema. Por ejemplo, un punto de equilibrio estable puede volverse inestable, lo que lleva a un comportamiento caótico o a la aparición de ciclos límite.

Tipos de bifurcaciones: Existen varios tipos de bifurcaciones, cada uno con sus propias características. Algunos ejemplos incluyen la bifurcación de silla-nodo, la bifurcación de transcritical, la bifurcación de Hopf y la bifurcación de codimensión mayor, entre otros. Cada tipo de bifurcación está asociado con patrones específicos de cambio en la estabilidad de los puntos de equilibrio.

Diagramas de bifurcación: Los diagramas de bifurcación son herramientas gráficas que muestran cómo cambian los puntos de equilibrio y su estabilidad a medida que se varían los parámetros del sistema. Estos diagramas son útiles para visualizar y comprender cómo se comporta el sistema en respuesta a cambios en sus condiciones iniciales o en los valores de sus parámetros.

Aplicaciones: El estudio de la estabilidad y las bifurcaciones es fundamental en muchas áreas, como la física, la biología, la economía y la ingeniería. Por ejemplo, en la climatología, el análisis de bifurcaciones puede ayudar a comprender cómo pequeños cambios en las condiciones atmosféricas pueden llevar a cambios drásticos en el clima.

En resumen, el análisis de la estabilidad y las bifurcaciones en sistemas dinámicos es esencial para comprender cómo los sistemas evolucionan y responden a cambios en sus parámetros o condiciones iniciales. Proporciona una comprensión más profunda de la dinámica de sistemas complejos y no lineales, lo que es crucial en una variedad de aplicaciones científicas y tecnológicas.

Caos: En algunos sistemas dinámicos, se observa el caos, que es un comportamiento aparentemente aleatorio y altamente sensible a las condiciones iniciales. El análisis de sistemas caóticos es un campo especializado en el análisis de sistemas dinámicos.

Definición de caos: El caos es un tipo de comportamiento en sistemas dinámicos caracterizado por ser altamente sensible a las condiciones iniciales. Esto significa que pequeñas diferencias en las condiciones iniciales pueden llevar a resultados radicalmente diferentes a medida que el sistema evoluciona en el tiempo.

Determinismo y aleatoriedad: Aunque el caos puede parecer aleatorio en el sentido de que es difícil de predecir a largo plazo, es un fenómeno determinista. Esto significa que las ecuaciones que describen el sistema son deterministas y completamente conocidas, pero debido a la sensibilidad a las condiciones iniciales, las predicciones a largo plazo pueden ser impredecibles.

Efecto mariposa: El "efecto mariposa" es una metáfora comúnmente utilizada para ilustrar la sensibilidad a las condiciones iniciales en sistemas caóticos. Sugiere que el aleteo de una mariposa en un lugar puede desencadenar un tornado en otro lugar en el futuro si las condiciones iniciales son lo suficientemente sensibles.

Atractores extraños: En los sistemas caóticos, en lugar de converger hacia puntos de equilibrio, las trayectorias pueden converger hacia atractores extraños. Estos atractores son conjuntos en el espacio de estado que tienen una estructura fractal y muestran comportamientos caóticos y no periódicos.

Predicción limitada: Debido a la sensibilidad a las condiciones iniciales, la predicción a largo plazo en sistemas caóticos es limitada en la práctica. Esto hace que la predicción del tiempo sea un desafío, ya que la atmósfera de la Tierra es un sistema caótico y pequeñas perturbaciones pueden dar lugar a cambios climáticos significativos.

Aplicaciones y control: A pesar de su aparente aleatoriedad, el caos se ha estudiado y aplicado en diversas áreas, como la criptografía, la comunicación segura y el diseño de generadores de números pseudoaleatorios. Además, se han desarrollado técnicas de control caótico para estabilizar sistemas caóticos o guiarlos hacia comportamientos específicos.

En resumen, el caos es un fenómeno interesante y complejo que se encuentra en sistemas dinámicos en los que las pequeñas perturbaciones pueden tener efectos significativos y aparentemente impredecibles a largo plazo. A pesar de su naturaleza caótica, el caos se ha estudiado y aplicado en diversas áreas, lo que ha llevado a una comprensión más profunda de la dinámica no lineal de los sistemas.

Aplicaciones: Los sistemas dinámicos se aplican en una amplia gama de campos, desde la física y la biología hasta la economía y la meteorología. Se utilizan para modelar y comprender sistemas complejos que cambian con el tiempo.

Física: Los sistemas dinámicos se utilizan para modelar una amplia gama de fenómenos físicos, desde el movimiento de partículas subatómicas hasta el comportamiento de galaxias en el universo. Por ejemplo, en la mecánica clásica, las ecuaciones de movimiento de un sistema de partículas son un ejemplo de sistema dinámico.

Biología: Los sistemas dinámicos se aplican en biología para modelar y entender fenómenos biológicos como la dinámica de poblaciones, la propagación de enfermedades infecciosas, la regulación de genes y la dinámica de redes neuronales en el cerebro.

Economía: Los modelos económicos utilizan sistemas dinámicos para representar la evolución de variables económicas a lo largo del tiempo. Estos modelos pueden ayudar a analizar el crecimiento económico, la inflación, el comportamiento del mercado de valores y otros aspectos económicos.

Meteorología: El clima y la atmósfera de la Tierra son sistemas dinámicos complejos. Los modelos meteorológicos utilizan ecuaciones dinámicas para predecir el clima a corto y largo plazo, lo que es esencial para la predicción del tiempo y la comprensión del cambio climático.

Ingeniería: Los ingenieros utilizan sistemas dinámicos para diseñar sistemas de control automático en una amplia variedad de aplicaciones, como sistemas de control de tráfico aéreo, automóviles autónomos, robots industriales y sistemas de navegación.

Ecología: Los ecólogos emplean sistemas dinámicos para estudiar la dinámica de poblaciones, las interacciones entre especies, la sucesión ecológica y la conservación de la biodiversidad.

Química: La cinética química, que estudia las tasas de reacción química, a menudo se modela utilizando sistemas dinámicos para comprender cómo las concentraciones de reactantes y productos cambian con el tiempo.

Ciencias sociales: En sociología y psicología, los sistemas dinámicos se utilizan para modelar el comportamiento humano, la difusión de información, la dinámica de redes sociales y otros fenómenos sociales.

Astronomía: Los sistemas celestiales, como órbitas planetarias y la evolución de estrellas y galaxias, se modelan utilizando sistemas dinámicos para comprender su comportamiento a lo largo del tiempo.

En resumen, los sistemas dinámicos son una herramienta poderosa para modelar y comprender una amplia gama de fenómenos complejos que cambian con el tiempo en diversas disciplinas científicas y aplicaciones prácticas. Su capacidad para capturar la evolución temporal de sistemas hace que sean esenciales en la investigación y la resolución de problemas en estos campos.

El análisis de sistemas dinámicos es una herramienta poderosa para comprender y predecir el comportamiento de sistemas que evolucionan en el tiempo. Permite a los investigadores y científicos estudiar una variedad de fenómenos naturales y sociales.

11-Análisis de señales y sistemas

El análisis de señales y sistemas es una rama fundamental de la teoría de la señal y la teoría de sistemas que se utiliza para estudiar y comprender el comportamiento de señales y sistemas en diversas aplicaciones, incluyendo la electrónica, las telecomunicaciones, la ingeniería de control, la procesamiento de señales, la música, la acústica y muchas otras áreas. Aquí se presentan conceptos clave en el análisis de señales y sistemas:

Señales: En este contexto, una señal es una función matemática que describe cómo una magnitud física o información varía con respecto al tiempo o a otra variable independiente. Las señales pueden ser analógicas o digitales y pueden representar datos como voz, música, imágenes, voltajes eléctricos, entre otros. en el contexto de la teoría de señales y sistemas, una señal se define como una función matemática que describe cómo una magnitud física o información varía en función del tiempo o de otra variable independiente. Estas señales pueden representar una amplia gama de fenómenos y datos, y son fundamentales en disciplinas como la ingeniería, la física, la electrónica, la comunicación, la música y muchas otras áreas.

Las señales se pueden clasificar de diversas maneras, pero dos de las categorías más comunes son:

Señales Continuas: Estas señales son funciones matemáticas que están definidas en un rango continuo de tiempo o de otra variable independiente. Por ejemplo, una señal que representa la temperatura en un lugar a lo largo del día sería una señal continua, ya que la temperatura puede variar en cualquier momento durante el día.

Señales Discretas: Estas señales representan datos o magnitudes que se toman en intervalos discretos de tiempo o de la variable independiente. Por ejemplo, una señal que representa la cantidad de mensajes de correo electrónico recibidos por hora sería una señal discreta, ya que solo se mide en intervalos específicos de tiempo.

Las señales se utilizan para analizar, procesar y transmitir información. Además, la teoría de señales y sistemas proporciona herramientas matemáticas y conceptos importantes para comprender cómo las señales se comportan bajo diferentes condiciones y cómo se pueden manipular para lograr objetivos específicos, como la filtración de ruido, la modulación de señales para la transmisión de datos, la compresión de datos, entre otros.

En resumen, las señales son fundamentales en el estudio y la aplicación de una amplia variedad de campos y desempeñan un papel esencial en la representación y el procesamiento de información en forma de funciones matemáticas que varían con el tiempo o con respecto a otra variable independiente.

Sistemas: Un sistema es una entidad que toma una o más señales de entrada y produce una o más señales de salida. Los sistemas pueden ser lineales o no lineales, tiempo-invariantes o variantes en el tiempo, y causales o no causales. El análisis de sistemas implica estudiar cómo un sistema procesa o modifica las señales de entrada para producir las salidas correspondientes. en el contexto de la teoría de señales y sistemas, un sistema se define como una entidad o conjunto de componentes que toma una o más señales de entrada y produce una o más señales de salida. Estos sistemas pueden ser físicos o abstractos y se utilizan para procesar, modificar o transformar las señales de entrada de alguna manera específica.

A continuación, se presentan algunos conceptos clave relacionados con los sistemas:

Entrada y Salida: Un sistema se caracteriza por sus entradas y salidas. Las señales de entrada representan la información o magnitudes que ingresan al sistema, mientras que las señales de salida son el resultado de la operación o procesamiento del sistema sobre las señales de entrada.

Linealidad: Un sistema se considera lineal si satisface el principio de superposición. Esto significa que si se aplican dos señales de entrada A y B al sistema y se obtienen respuestas correspondientes Y_A y Y_B, entonces si se aplica una combinación lineal de A y B (por ejemplo, $\alpha A + \beta B$, donde α y β son constantes), la respuesta será igual a $\alpha Y\_A + \beta Y\_B$. En otras palabras, el sistema responde de manera proporcional a la combinación de sus entradas.

Invariancia en el Tiempo: Un sistema se considera invariante en el tiempo si su comportamiento no cambia con el tiempo. Esto significa que si se aplica una señal de entrada en un momento dado o en un momento posterior, el sistema dará la misma respuesta si las condiciones externas no cambian.

Causalidad: Un sistema causal es aquel en el que la salida en un momento dado depende solo de las entradas y las condiciones iniciales en o antes de ese momento. En otras palabras, el sistema no puede predecir el futuro y su respuesta no depende de eventos futuros.

Tiempo Continuo vs. Tiempo Discreto: Los sistemas pueden ser sistemas de tiempo continuo (cuando las señales de entrada y salida son funciones continuas en el tiempo) o sistemas de tiempo discreto (cuando las señales son secuencias discretas en el tiempo).

La teoría de señales y sistemas es fundamental en la ingeniería, la electrónica, la comunicación, el procesamiento de señales, la teoría de control y muchas otras disciplinas. Permite modelar y analizar el comportamiento de sistemas en una amplia variedad de aplicaciones y es esencial para el diseño y la optimización de sistemas que procesan información o magnitudes físicas.

Dominios de representación: Las señales y sistemas se pueden representar en diferentes dominios, como el dominio del tiempo (señales temporales), el dominio de la frecuencia (mediante transformadas de Fourier), el dominio de la Laplace (para sistemas lineales), el dominio Z (para sistemas discretos), entre otros. Cada dominio ofrece una perspectiva diferente y útil para el análisis.en el estudio de señales y sistemas, es común representar y analizar las señales y sistemas en diferentes dominios, cada uno de los cuales proporciona una perspectiva única y útil. Algunos de los dominios de representación más importantes son:

Dominio del Tiempo (Señales Temporales): En este dominio, las señales se representan en función del tiempo o de la variable independiente. Es la forma más intuitiva de representar señales, ya que muestra cómo una señal varía en el tiempo.

Dominio de la Frecuencia (Transformadas de Fourier): Las transformadas de Fourier, como la Transformada de Fourier Continua (TFC) para señales continuas y la Transformada de Fourier Discreta (TFD) para señales discretas, permiten representar señales en términos de sus componentes de frecuencia. Esto es útil para analizar la composición espectral de una señal y es fundamental en campos como la comunicación, la teoría de la señal y el procesamiento de señales.

Dominio de la Laplace: Este dominio se utiliza principalmente en sistemas lineales y continuos en el tiempo. La Transformada de Laplace se aplica a ecuaciones diferenciales lineales y permite analizar la respuesta en frecuencia y el comportamiento transitorio de sistemas lineales.

Dominio Z: Este dominio se utiliza para representar señales discretas y sistemas discretos en el tiempo. La Transformada Z es análoga a la Transformada de Laplace pero para sistemas discretos. Se utiliza en el análisis y diseño de sistemas de tiempo discreto, como sistemas digitales y sistemas de control digital.

Dominio de la Escala (Wavelets): Las wavelets son funciones matemáticas que permiten analizar señales tanto en términos de tiempo como de frecuencia al mismo tiempo. Son especialmente útiles para el análisis de señales no estacionarias, como señales de audio y video.

Dominio Espacial (en procesamiento de imágenes): En el procesamiento de imágenes, se utiliza el dominio espacial para representar imágenes como matrices de píxeles. Las operaciones de filtrado y procesamiento de imágenes se realizan en este dominio.

Dominio de la Amplitud y la Fase (para señales armónicas): Algunas señales, como las sinusoides, se pueden representar en términos de su amplitud y fase. Esto es útil en aplicaciones como la modulación de señales.

Cada dominio de representación tiene sus propias ventajas y aplicaciones específicas. La elección del dominio adecuado depende del tipo de señal o sistema que se esté analizando y de los objetivos del análisis. La habilidad para cambiar entre estos dominios y comprender cómo se relacionan entre sí es una habilidad importante en el estudio de señales y sistemas.

Transformada de Fourier: La transformada de Fourier es una herramienta fundamental para analizar señales en el dominio de la frecuencia. Permite descomponer una señal en sus componentes sinusoidales, lo que facilita el estudio de la energía en diferentes frecuencias. la Transformada de Fourier es una herramienta fundamental en el análisis de señales y sistemas, especialmente en el dominio de la frecuencia. Esta transformada permite descomponer una señal en sus componentes de frecuencia, lo que facilita el estudio de su contenido espectral y proporciona información valiosa sobre cómo las diferentes frecuencias contribuyen a la señal.

Aquí hay algunas características clave de la Transformada de Fourier:

Descomposición Espectral: La Transformada de Fourier descompone una señal en términos de sinusoides y cosinusoides de diferentes frecuencias. Esto significa que una señal compleja puede ser representada como una suma de componentes armónicas simples. Esta representación es útil para comprender qué frecuencias están presentes en una señal y con qué amplitud.

Dominio de Frecuencia: La Transformada de Fourier produce una representación en el dominio de la frecuencia, donde las componentes de frecuencia se muestran en un espectro de amplitud y fase. Esto permite el análisis de las características espectrales de una señal, como picos de frecuencia, anchos de banda, contenido armónico, etc.

Transformada de Fourier Continua (TFC) y Discreta (TFD): La TFC se aplica a señales continuas en el tiempo, mientras que la TFD se utiliza para señales discretas. La TFD es ampliamente utilizada en el procesamiento de señales digitales y se calcula mediante algoritmos como la Transformada Rápida de Fourier (FFT).

Teorema de Muestreo (Nyquist-Shannon): El teorema de muestreo establece que para representar con precisión una señal en el dominio de la frecuencia, es necesario muestrear la señal a una frecuencia al menos el doble de su frecuencia más alta. Esto es fundamental en la conversión analógico-digital y en la reconstrucción de señales.

Aplicaciones: La Transformada de Fourier tiene una amplia gama de aplicaciones en campos como la comunicación, el procesamiento de señales, la música, la imagenología médica, la física, la ingeniería y muchas otras disciplinas. Se utiliza para el diseño de filtros, la modulación de señales, la detección de frecuencias, la compresión de datos y más.

En resumen, la Transformada de Fourier es una herramienta poderosa que permite analizar y comprender las señales en términos de sus componentes de frecuencia. Su aplicación es esencial en el procesamiento y análisis de señales en una variedad de campos científicos y tecnológicos.

Respuesta en frecuencia: La respuesta en frecuencia de un sistema describe cómo el sistema responde a diferentes frecuencias de entrada. Es particularmente importante en aplicaciones de filtrado y en el diseño de sistemas de comunicación y control.la respuesta en frecuencia de un sistema es una descripción fundamental de cómo dicho sistema responde a diferentes frecuencias de entrada. Proporciona información sobre cómo el sistema atenúa o amplifica diferentes componentes de frecuencia en una señal de entrada y cómo puede introducir cambios en la fase de estas componentes.

Algunos puntos importantes sobre la respuesta en frecuencia de un sistema incluyen:

Amplitud de la Respuesta en Frecuencia: La amplitud de la respuesta en frecuencia indica cómo el sistema afecta la amplitud de las componentes de frecuencia en la señal de entrada en función de su frecuencia. Puede mostrar si el sistema amplifica o atenúa ciertas frecuencias.

Fase de la Respuesta en Frecuencia: La fase de la respuesta en frecuencia indica cómo el sistema introduce cambios de fase en las componentes de frecuencia de la señal de entrada en función de su frecuencia. La fase es importante en aplicaciones como la modulación de señales.

Diagrama de Bode: El diagrama de Bode es una representación gráfica común de la respuesta en frecuencia de un sistema. Muestra cómo varía la amplitud y la fase en función de la frecuencia. El diagrama de Bode suele dividirse en dos gráficos: uno para la amplitud y otro para la fase.

Ancho de Banda: La respuesta en frecuencia puede proporcionar información sobre el ancho de banda del sistema, es decir, el rango de frecuencias en el que el sistema responde de manera significativa. El ancho de banda es importante en la transmisión de señales y en la capacidad de un sistema para pasar ciertas frecuencias.

Filtros: Los filtros son sistemas diseñados específicamente para afectar la respuesta en frecuencia de una señal. Pueden ser utilizados para atenuar o eliminar ciertas frecuencias (filtros pasa bajos, pasa altos, pasa banda, rechaza banda, etc.).

Aplicaciones: La respuesta en frecuencia es fundamental en áreas como la electrónica, la comunicación, el procesamiento de señales, el diseño de sistemas de audio, el control de sistemas, entre otros. Ayuda a comprender cómo un sistema se comporta con respecto a diferentes componentes de frecuencia, lo que es esencial para el diseño y la optimización de sistemas y circuitos.

En resumen, la respuesta en frecuencia de un sistema es una característica crítica para entender cómo dicho sistema interactúa con diferentes componentes de frecuencia en una señal de entrada. Proporciona información valiosa para el análisis y el diseño de sistemas y es ampliamente utilizada en la ingeniería y la tecnología.

Convolución: La convolución es una operación matemática que se utiliza para calcular la salida de un sistema en respuesta a una señal de entrada dada. Es fundamental en el análisis de sistemas lineales y variantes en el tiempo. La convolución es una operación matemática fundamental en el análisis y procesamiento de señales y sistemas. Se utiliza para calcular la respuesta de un sistema a una señal de entrada dada y es especialmente importante en el contexto de sistemas lineales e invariantes en el tiempo (LTI). Aquí hay una explicación más detallada:

La convolución se denota generalmente como "$*$", y se define como sigue:

Dada una señal de entrada x(t) (o x[n] en el caso de señales discretas) y una respuesta al impulso del sistema h(t) (o h[n] para señales discretas), la convolución entre estas dos señales, denotada como y(t) (o y[n] para señales discretas), se calcula de la siguiente manera:

Para señales continuas: $\int_{-\infty}^{\infty} x(\tau)h(t-\tau)d\tau$

Para señales discretas: $\sum_{k=-\infty}^{\infty} x[k]h[n-k]$

La convolución en esencia representa cómo una señal de entrada es "filtrada" o "procesada" por un sistema a lo largo del tiempo (o en el caso discreto, en un índice a otro). La señal de salida y(t) (o y[n]) es el resultado de la superposición de versiones desplazadas y escaladas de la respuesta al impulso h(t) (o h[n]) ponderadas por los valores de la señal de entrada x(t) (o x[n]) en diferentes momentos.

La convolución es especialmente útil en sistemas lineales, ya que obedece al principio de superposición, lo que significa que la respuesta del sistema a una combinación lineal de señales de entrada es igual a la combinación lineal de las respuestas del sistema a cada señal de entrada individual.

La convolución se aplica ampliamente en el procesamiento de señales, como la filtración, la modulación y la respuesta de sistemas LTI a señales de entrada. También es un concepto importante en la teoría de sistemas y se utiliza para analizar y diseñar sistemas lineales.

Estabilidad: La estabilidad de un sistema es una propiedad importante que se analiza para determinar si la salida del sistema permanece acotada cuando la entrada es acotada. La estabilidad es esencial en el diseño de sistemas de control y sistemas de comunicación. la estabilidad de un sistema es una propiedad fundamental que se evalúa para determinar su comportamiento en respuesta a señales de entrada. En esencia, la estabilidad se refiere a la capacidad de un sistema para mantenerse bajo control y producir salidas limitadas o acotadas cuando se le aplica una señal de entrada limitada. Esta propiedad es crítica en una variedad de campos, incluyendo la ingeniería, el control de sistemas, el procesamiento de señales y otros.

Hay dos tipos principales de estabilidad que se evalúan en sistemas:

Estabilidad BIBO (Bounded-Input, Bounded-Output): La estabilidad BIBO se refiere a la capacidad de un sistema para producir salidas acotadas (limitadas) cuando se le aplica una entrada que también está acotada. En otras palabras, un sistema es BIBO-estable si, cuando la entrada está limitada en magnitud, la salida también está limitada y no crece indefinidamente con el tiempo. La estabilidad BIBO es esencial para garantizar que un sistema sea predecible y no cause respuestas incontrolables.

Estabilidad Interna: La estabilidad interna se relaciona con la estabilidad de las soluciones internas o estados de un sistema dinámico. En sistemas de control y sistemas dinámicos, la estabilidad interna se refiere a la capacidad del sistema para mantener sus estados internos dentro de ciertos límites, incluso si la entrada varía o cambia con el tiempo. La estabilidad interna es fundamental para asegurar que el sistema no entre en estados inestables o caóticos.

Para determinar la estabilidad de un sistema, se pueden utilizar diferentes enfoques y herramientas, como el análisis de la respuesta en frecuencia, el análisis en el dominio del tiempo, el cálculo de polos y ceros, y técnicas específicas dependiendo del tipo de sistema (por ejemplo, sistemas lineales, sistemas no lineales, sistemas discretos, etc.).

La estabilidad es una propiedad crítica en el diseño y control de sistemas, ya que sistemas inestables pueden llevar a resultados indeseables, como oscilaciones incontrolables, divergencia, o incluso daños físicos en sistemas mecánicos o electrónicos. Por lo tanto, la evaluación y garantía de la estabilidad son consideraciones clave en la ingeniería y otras disciplinas relacionadas con sistemas dinámicos y señales.

Filtros: Los filtros son sistemas que se utilizan para seleccionar o eliminar ciertas frecuencias de una señal. Se utilizan ampliamente en aplicaciones de procesamiento de señales, como la eliminación de ruido o la mejora de la calidad de una señal. Los filtros son sistemas diseñados específicamente para seleccionar o eliminar ciertas frecuencias de una señal. Se utilizan en una amplia variedad de aplicaciones en el procesamiento de señales y en sistemas de comunicación, electrónica, audio, y más. Los filtros se emplean para modificar el contenido espectral de una señal, lo que puede tener varios propósitos, entre ellos:

Selección de Frecuencias: Los filtros pueden utilizarse para seleccionar un rango específico de frecuencias de una señal, permitiendo que solo esas frecuencias pasen y bloqueando las demás. Esto se conoce como filtrado pasa banda y es útil en aplicaciones como la sintonización de radios, la separación de canales en sistemas de comunicación, y la extracción de componentes de interés en el procesamiento de señales.

Eliminación de Frecuencias: En ocasiones, es necesario eliminar o atenuar ciertas frecuencias no deseadas de una señal. Los filtros que realizan esta tarea se llaman filtros pasa bajo (para eliminar altas frecuencias), filtros pasa alto (para eliminar bajas frecuencias), o filtros rechaza banda (para eliminar una banda de frecuencias específica). Estos filtros son comunes en aplicaciones de eliminación de ruido, supresión de interferencias y filtrado de señales no deseadas.

Amplificación de Frecuencias: Algunos filtros pueden amplificar ciertas frecuencias mientras atenúan otras. Estos se utilizan en aplicaciones donde se necesita realizar ciertas componentes espectrales de una señal. Por ejemplo, en la ecualización de audio, se utilizan filtros para ajustar la respuesta en frecuencia de un sistema de audio.

Diseño de Respuesta de Frecuencia: Los filtros también se emplean en el diseño de sistemas con respuestas de frecuencia específicas. Esto es importante en el diseño de altavoces, micrófonos, amplificadores y otros componentes electrónicos donde se necesita controlar la respuesta en frecuencia.

Filtrado en el Dominio del Tiempo y en el Dominio de la Frecuencia: Los filtros pueden implementarse en el dominio del tiempo (mediante la convolución de la señal de entrada con la respuesta al impulso del filtro) o en el dominio de la frecuencia (mediante el uso de la Transformada de Fourier y la multiplicación en el dominio de la frecuencia). Cada enfoque tiene sus ventajas y desventajas en función de la aplicación.

Los filtros se pueden clasificar en filtros analógicos (utilizados en sistemas continuos) y filtros digitales (utilizados en sistemas discretos y digitales). También se pueden describir mediante sus funciones de transferencia, que especifican cómo responden a diferentes frecuencias. La elección del tipo de filtro y su diseño dependen de los requisitos específicos de la aplicación.

Transformada de Laplace: La transformada de Laplace es una herramienta matemática que se utiliza principalmente para analizar sistemas lineales en el dominio de la frecuencia compleja. Facilita el análisis de sistemas de control y sistemas con respuesta transitoria. La Transformada de Laplace es una herramienta matemática poderosa utilizada principalmente para analizar sistemas lineales en el dominio de la frecuencia compleja. A diferencia de la Transformada de Fourier, que se enfoca en el dominio de la frecuencia real, la Transformada de Laplace opera en el dominio complejo y es especialmente adecuada para el análisis y diseño de sistemas lineales y sistemas con componentes exponenciales complejas.

Algunos aspectos clave de la Transformada de Laplace son:

Dominio de Laplace: La Transformada de Laplace transforma una señal de dominio del tiempo (generalmente señales continuas) en un dominio complejo conocido como el dominio de Laplace. En este dominio, las señales se representan en términos de números complejos y, por lo tanto, pueden describir componentes exponenciales complejas, lo que facilita el análisis de sistemas lineales.

Respuesta en Frecuencia: La Transformada de Laplace permite analizar la respuesta en frecuencia de sistemas lineales y la relación entre la entrada y la salida en el dominio de la frecuencia compleja. Esto es crucial para el análisis de la estabilidad y la respuesta transitoria de sistemas lineales.

Sistemas Lineales e Invariantes en el Tiempo (LTI): La Transformada de Laplace se utiliza principalmente para el análisis de sistemas LTI, ya que simplifica las ecuaciones diferenciales lineales en el dominio del tiempo a ecuaciones algebraicas en el dominio de Laplace, lo que facilita la resolución y el estudio de estos sistemas.

Transformada de Laplace Inversa: Para recuperar la señal en el dominio del tiempo a partir de su transformada de Laplace, se utiliza la Transformada de Laplace inversa. Esto permite volver al dominio del tiempo después de realizar el análisis en el dominio de Laplace.

Teoría de Control y Circuitos Eléctricos: La Transformada de Laplace es esencial en campos como la teoría de control de sistemas, donde se utiliza para analizar la estabilidad y la respuesta de sistemas de control. También es ampliamente utilizada en el análisis de circuitos eléctricos y electrónicos.

En resumen, la Transformada de Laplace es una herramienta matemática valiosa para el análisis de sistemas lineales y sistemas que involucran componentes exponenciales complejas. Facilita el estudio de sistemas en el dominio de la frecuencia compleja y es esencial en campos como la ingeniería eléctrica, la teoría de control, la teoría de sistemas y otras disciplinas relacionadas con sistemas lineales.

Teorema de muestreo (Nyquist-Shannon): Este teorema establece las condiciones bajo las cuales una señal continua puede ser muestreada y luego recuperada sin pérdida de información. Es fundamental en la digitalización de señales. El Teorema de Muestreo, a menudo conocido como el Teorema de Nyquist-Shannon, es un principio fundamental en el procesamiento de señales y la teoría de la información que establece las condiciones bajo las cuales una señal continua puede ser muestreada y posteriormente recuperada sin pérdida de información. Fue desarrollado por Claude Shannon y Harry Nyquist en la primera mitad del siglo XX y es esencial en la conversión analógico-digital (ADC) y la teoría de la comunicación.

El Teorema de Muestreo establece las siguientes condiciones:

Tasa de Muestreo Adecuada: Para recuperar una señal continua de manera precisa, la tasa de muestreo debe ser al menos el doble de la frecuencia más alta presente en la señal. En otras palabras, la frecuencia de muestreo (denominada frecuencia de Nyquist) debe ser mayor que el doble de la frecuencia máxima de la señal.

Ancho de Banda Limitado: La señal debe tener un ancho de banda limitado, es decir, no debe contener componentes de frecuencia por encima de cierto límite. Esta limitación se conoce como el teorema de la banda limitada.

El teorema establece que si se cumplen estas condiciones, es posible reconstruir la señal continua original de manera precisa a partir de sus muestras discretas mediante técnicas de interpolación adecuadas. Esto es lo que sucede en la conversión analógico-digital (ADC), donde una señal analógica continua se muestrea a una tasa adecuada y se convierte en una señal digital.

El Teorema de Muestreo tiene una amplia aplicación en la teoría de la comunicación y en la tecnología digital, ya que establece las bases para el muestreo y la reconstrucción de señales analógicas en sistemas digitales. También es importante en el diseño de sistemas de adquisición de datos, sistemas de telecomunicaciones y muchas otras áreas donde se trabaja con señales analógicas y digitales.

12.Procesamiento de señales.

El procesamiento de señales se refiere a una amplia área de la ingeniería y la ciencia que se centra en la adquisición, análisis, manipulación y transformación de señales. Una señal es una representación matemática de un fenómeno físico que varía con respecto al tiempo, el espacio u otra variable independiente. Estas señales pueden ser eléctricas, acústicas, ópticas, entre otras. El procesamiento de señales se utiliza en una variedad de aplicaciones, como telecomunicaciones, procesamiento de imágenes, procesamiento de audio, procesamiento de video, radar, sonar, medicina y muchas otras áreas.

Aquí hay algunos conceptos clave relacionados con el procesamiento de señales:

Adquisición de señales: Este paso implica la captura de señales de fuentes físicas utilizando sensores o dispositivos de medición adecuados. Las señales pueden ser analógicas (continuas en el tiempo) o digitales (muestras discretas en el tiempo).La adquisición de señales es un paso fundamental en muchas aplicaciones que involucran el procesamiento de información proveniente del mundo físico. Este proceso implica la captura de señales de diversas fuentes utilizando sensores o dispositivos de medición adecuados. Aquí hay algunos conceptos clave relacionados con la adquisición de señales:

Fuentes de señales: Las señales provienen de fuentes físicas que pueden ser de naturaleza muy diversa, como sensores ambientales, dispositivos médicos, sistemas de control industrial, sistemas de comunicación, entre otros.

Tipo de señales: Las señales pueden ser de dos tipos principales:

Señales analógicas: Son continuas en el tiempo y pueden tomar cualquier valor dentro de un rango. Un ejemplo es la señal de voltaje en un sensor de temperatura que varía suavemente con el cambio de temperatura.

Señales digitales: Son muestras discretas en el tiempo y toman valores específicos en intervalos regulares. Estas señales se utilizan comúnmente en la electrónica digital y las comunicaciones, donde los valores se representan en forma de bits (0 y 1).

Sensores: Los sensores son dispositivos diseñados para convertir una magnitud física en una señal eléctrica que pueda ser adquirida y procesada por sistemas electrónicos. Ejemplos de sensores incluyen termopares para medir temperatura, micrófonos para capturar sonido y cámaras para capturar imágenes visuales.

Dispositivos de medición: Además de los sensores, se utilizan dispositivos de medición para acondicionar y procesar las señales capturadas. Estos dispositivos pueden incluir amplificadores, filtros, convertidores analógico-digitales (ADC), y otros componentes electrónicos.

Muestreo: En el caso de señales analógicas, se utiliza un proceso de muestreo para convertir la señal continua en una secuencia de valores discretos. Esto se logra utilizando un ADC que toma muestras de la señal a intervalos regulares. La frecuencia de muestreo es un parámetro crítico, ya que determina la resolución temporal de la señal digitalizada.

Procesamiento de señales: Una vez que las señales se han adquirido y convertido en formato digital (si es necesario), pueden someterse a diversas operaciones de procesamiento, como filtrado, análisis espectral, detección de eventos, entre otros.

La adquisición de señales es esencial en campos como la ingeniería, la ciencia de datos, la medicina y muchas otras disciplinas donde se requiere monitorear y analizar datos del mundo real. La elección adecuada de sensores y técnicas de adquisición de señales es crucial para garantizar la precisión y la utilidad de la información obtenida.

Filtrado de señales: El filtrado se utiliza para eliminar el ruido o las componentes no deseadas de una señal. Pueden emplearse filtros analógicos o digitales para este propósito. El filtrado de señales es un proceso fundamental en el procesamiento de señales para eliminar el ruido o las componentes no deseadas de una señal. Este proceso se utiliza ampliamente en una variedad de aplicaciones, desde la comunicación hasta el procesamiento de imágenes y el control de sistemas. Los filtros pueden ser analógicos o digitales, y su elección depende de las características de la señal y de los requisitos del sistema. Aquí tienes más información sobre el filtrado de señales:

Filtros analógicos: Estos filtros operan directamente en señales analógicas, es decir, señales que varían continuamente en el tiempo. Los filtros analógicos pueden ser pasivos (como filtros RC) o activos (como filtros Butterworth o Chebyshev implementados con amplificadores operacionales). Eliminan o atenúan selectivamente ciertas frecuencias de la señal.Los filtros analógicos son componentes electrónicos que operan directamente en señales analógicas, que son señales que varían de manera continua en el tiempo. Estos filtros se utilizan para procesar y modificar las características de las señales analógicas, como la atenuación o amplificación de ciertas frecuencias, con el objetivo de obtener una señal de salida que cumpla con los requisitos específicos de una aplicación dada. Aquí hay algunas características clave de los filtros analógicos:

Operación en tiempo continuo: Los filtros analógicos trabajan con señales que no están discretizadas en el tiempo, lo que significa que la señal de entrada se considera continua. Estas señales pueden ser representadas por voltajes o corrientes que varían suavemente en función del tiempo.

Tipos de filtros: Los filtros analógicos pueden ser de varios tipos, incluyendo:

Filtros pasa-bajas: Permiten pasar las frecuencias por debajo de una cierta frecuencia de corte mientras atenúan las frecuencias por encima de esa frecuencia.

Filtros pasa-altas: Permiten pasar las frecuencias por encima de una cierta frecuencia de corte mientras atenúan las frecuencias por debajo de esa frecuencia.

Filtros pasa-banda: Permiten pasar un rango específico de frecuencias mientras atenúan las demás.

Filtros rechaza-banda: Atenúan un rango específico de frecuencias mientras permiten que las demás pasen.

Componentes pasivos y activos: Los filtros analógicos pueden estar compuestos por componentes pasivos como resistencias, condensadores e inductores, o componentes activos como amplificadores operacionales. Los componentes pasivos se utilizan en filtros de primer orden, mientras que los componentes activos se utilizan en filtros de orden superior para obtener una mayor selectividad y respuesta.

Respuesta de frecuencia: La respuesta de frecuencia de un filtro analógico describe cómo el filtro afecta a las diferentes frecuencias en la señal de entrada. Esta respuesta se muestra típicamente en un gráfico de ganancia frente a la frecuencia, lo que indica cómo el filtro amplifica o atenúa las diferentes frecuencias.

Diseño y ajuste: El diseño de filtros analógicos implica seleccionar componentes y configuraciones que produzcan la respuesta deseada. Los parámetros de diseño incluyen la frecuencia de corte, la ganancia, la atenuación y otros factores. El ajuste fino se realiza mediante la selección de valores específicos de componentes.

Los filtros analógicos son utilizados en una amplia variedad de aplicaciones, desde la electrónica de audio, donde se utilizan para controlar las características del sonido, hasta la electrónica de comunicaciones, donde se utilizan para filtrar señales de radio y de datos. A pesar de la creciente popularidad de los filtros digitales, los filtros analógicos siguen siendo importantes en muchas aplicaciones.

Filtros digitales: Estos filtros operan en señales digitales, que son representadas como secuencias de valores discretos en el tiempo. Los filtros digitales utilizan algoritmos matemáticos para procesar la señal digital y eliminar las frecuencias no deseadas. Los filtros digitales se pueden implementar en software (por ejemplo, utilizando un software de procesamiento de señales) o en hardware (utilizando circuitos digitales dedicados, como un DSP - Procesador Digital de Señales).Los filtros digitales son componentes electrónicos o algoritmos que operan en señales digitales, que son representadas como secuencias de valores discretos en el tiempo. Estos filtros se utilizan para procesar y modificar las características de las señales digitales, como la atenuación o amplificación de ciertas frecuencias, con el objetivo de obtener una señal de salida que cumpla con los requisitos específicos de una aplicación dada. Aquí hay algunas características clave de los filtros digitales:

Operación en tiempo discreto: Los filtros digitales trabajan con señales que están discretizadas en el tiempo, lo que significa que la señal de entrada se muestrea en intervalos regulares y se representa como una secuencia de valores numéricos. Estas secuencias de valores discretos se procesan mediante algoritmos matemáticos.

Tipos de filtros digitales: Los filtros digitales pueden ser de varios tipos, al igual que los filtros analógicos, incluyendo:

Filtros pasa-bajas: Permiten pasar las frecuencias por debajo de una cierta frecuencia de corte mientras atenúan las frecuencias por encima de esa frecuencia.

Filtros pasa-altas: Permiten pasar las frecuencias por encima de una cierta frecuencia de corte mientras atenúan las frecuencias por debajo de esa frecuencia.

Filtros pasa-banda: Permiten pasar un rango específico de frecuencias mientras atenúan las demás.

Filtros rechaza-banda: Atenuan un rango específico de frecuencias mientras permiten que las demás pasen.

Implementación: Los filtros digitales se pueden implementar en software o en hardware digital. En el ámbito del software, se utilizan algoritmos matemáticos para procesar las señales digitales. En el hardware digital, se utilizan circuitos digitales dedicados, como procesadores digitales de señales (DSP) o dispositivos lógicos programables (FPGAs), para realizar el filtrado.

Ventajas de los filtros digitales: Los filtros digitales ofrecen varias ventajas sobre los filtros analógicos, incluyendo una mayor precisión y flexibilidad en el diseño, la posibilidad de realizar filtrado en tiempo real y la capacidad de almacenar y procesar señales digitalmente, lo que facilita su integración con sistemas de cómputo.

Respuesta de frecuencia: Al igual que los filtros analógicos, los filtros digitales tienen una respuesta de frecuencia que describe cómo afectan a las diferentes frecuencias en la señal de entrada. Esta respuesta se muestra típicamente en un gráfico de ganancia frente a la frecuencia.

Diseño y ajuste: El diseño de filtros digitales implica la elección y ajuste de parámetros, como la frecuencia de corte y la respuesta de ganancia, utilizando herramientas de diseño y software especializado. Los filtros digitales se pueden adaptar fácilmente a diferentes aplicaciones mediante la modificación de los algoritmos de filtrado.

Los filtros digitales son ampliamente utilizados en una variedad de aplicaciones, como el procesamiento de señales de audio, el filtrado de imágenes, la eliminación de ruido en señales de comunicación y la corrección de señales en sistemas de control digital, entre otros. Su versatilidad y capacidad para procesar señales digitales hacen que sean esenciales en la mayoría de los sistemas electrónicos modernos.

Tipos de filtros: Los filtros pueden ser de varios tipos, incluyendo:

Filtros pasa-bajas: Permiten pasar las frecuencias por debajo de una cierta frecuencia de corte mientras atenúan las frecuencias por encima de esa frecuencia.

Filtros pasa-altas: Permiten pasar las frecuencias por encima de una cierta frecuencia de corte mientras atenúan las frecuencias por debajo de esa frecuencia.

Filtros pasa-banda: Permiten pasar un rango específico de frecuencias mientras atenúan las demás.

Filtros rechaza-banda: Atenúan un rango específico de frecuencias mientras permiten que las demás pasen.

Aplicaciones: El filtrado de señales es esencial en aplicaciones como la telefonía para eliminar el ruido en las llamadas, en el procesamiento de imágenes para mejorar la calidad de las imágenes, en la detección de señales débiles en la radio y la comunicación, y en el control de sistemas para eliminar fluctuaciones no deseadas en las señales de control.El filtrado de señales es una técnica fundamental en una amplia gama de aplicaciones donde se busca mejorar la calidad y la utilidad de las señales. Aquí hay algunas aplicaciones importantes en las que el filtrado de señales juega un papel esencial:

Telefonía y Comunicaciones: En la telefonía y las comunicaciones, los filtros se utilizan para eliminar el ruido y las interferencias de las señales de voz y datos. Esto mejora la calidad de las llamadas telefónicas y la transmisión de datos en redes de comunicación, como las redes móviles y de Internet.

Procesamiento de Imágenes: En el procesamiento de imágenes y visión por computadora, los filtros se utilizan para mejorar la calidad de las imágenes y extraer características de interés. Los filtros pueden eliminar el ruido de fondo, realzar bordes y contornos, y aplicar efectos artísticos a las imágenes.

Electrónica de Audio: En sistemas de audio, como radios, reproductores de música y sistemas de sonido, los filtros se utilizan para ajustar la respuesta de frecuencia y eliminar el ruido no deseado, proporcionando una experiencia auditiva de mayor calidad.

Medicina y Procesamiento de Señales Biomédicas: En aplicaciones médicas, los filtros se utilizan para limpiar las señales biomédicas, como los electrocardiogramas (ECG), los electroencefalogramas (EEG) y las imágenes de resonancia magnética (IRM), para facilitar el diagnóstico y la investigación médica.

Control Automático: En sistemas de control automático, los filtros se utilizan para eliminar oscilaciones no deseadas y mantener la estabilidad del sistema. Esto es esencial en aplicaciones industriales, aeroespaciales y de vehículos autónomos.

Radiodifusión y Telecomunicaciones: En la radiodifusión, los filtros se utilizan para seleccionar las frecuencias específicas de las señales de radio y televisión. También se utilizan en equipos de telecomunicaciones para filtrar y amplificar señales antes de la transmisión.

Procesamiento de Señales de Instrumentación: En aplicaciones de instrumentación y control de procesos, los filtros se utilizan para eliminar el ruido de las señales de sensores y medidores, asegurando mediciones precisas y confiables.

Procesamiento de Señales de Audio y Video: En aplicaciones de entretenimiento y multimedia, como la música y el cine, los filtros se utilizan para ajustar el sonido y la imagen para adaptarse a las preferencias del usuario y mejorar la experiencia.

Detección de Anomalías: En seguridad y vigilancia, los filtros se utilizan para detectar anomalías en señales, como intrusiones en sistemas de seguridad o fallas en maquinaria industrial.

Estas son solo algunas de las muchas aplicaciones en las que el filtrado de señales es esencial para mejorar la calidad, la confiabilidad y la utilidad de la información obtenida de las señales en el mundo real. El filtrado de señales desempeña un papel crucial en una amplia variedad de campos, desde la tecnología de la información hasta la electrónica y la medicina.

Diseño y ajuste: El diseño y ajuste de filtros dependen de los requisitos específicos de la aplicación, como la frecuencia de corte, la atenuación deseada y la fase de la respuesta del filtro. Se utilizan herramientas de diseño y análisis para lograr las características de filtrado deseadas.El diseño y ajuste de filtros son procesos críticos que dependen en gran medida de los requisitos específicos de la aplicación en la que se utilizarán los filtros. Aquí hay una descripción más detallada de estos procesos:

Diseño de Filtros:

Especificaciones de diseño: El primer paso en el diseño de un filtro es comprender las especificaciones de diseño. Esto incluye determinar qué tipo de filtro se necesita (pasa-bajas, pasa-altas, pasa-banda, rechaza-banda), la frecuencia de corte deseada, la ganancia o atenuación necesaria en ciertas frecuencias, la anchura de banda, la distorsión admisible, y otros requisitos específicos.

Elección del tipo de filtro: Basándose en las especificaciones, se selecciona el tipo de filtro más adecuado para la aplicación. Los filtros Butterworth, Chebyshev, Bessel y otros tienen características de respuesta diferentes y son apropiados para diferentes situaciones.

Cálculos y modelado: Se utilizan fórmulas matemáticas y software de diseño para calcular los valores de los componentes necesarios para el filtro, como resistencias, condensadores e inductores en el caso de filtros analógicos, o coeficientes de filtro en el caso de filtros digitales.

Simulación y análisis: Antes de la implementación, es común realizar simulaciones para evaluar el rendimiento del filtro. Esto ayuda a asegurarse de que el filtro cumpla con las especificaciones y puede revelar posibles problemas antes de la construcción física.

Optimización: En algunos casos, es necesario ajustar los valores de los componentes o los coeficientes del filtro para mejorar el rendimiento o cumplir con requisitos más estrictos. Esto puede requerir un proceso iterativo de optimización.

Ajuste de Filtros:

Mediciones y pruebas: Una vez que el filtro se ha construido o implementado, se realizan mediciones y pruebas en condiciones reales para verificar su rendimiento. Esto puede incluir la medición de la respuesta en frecuencia, la atenuación del ruido y otros parámetros relevantes.

Ajuste fino: Si las mediciones revelan desviaciones con respecto a las especificaciones de diseño, se realizan ajustes finos en el filtro para corregir estas desviaciones. Esto puede implicar cambios en los valores de los componentes o ajustes en los coeficientes del filtro en el caso de filtros digitales.

Verificación y validación: Se verifica nuevamente el rendimiento del filtro después de los ajustes para asegurarse de que cumple con todas las especificaciones. Esto puede requerir iteraciones adicionales de ajuste fino.

Documentación: Es importante documentar todos los aspectos del diseño y ajuste del filtro, incluyendo los valores de los componentes, las simulaciones, las mediciones y los ajustes realizados. Esto facilita la replicación y la solución de problemas en el futuro.

El diseño y ajuste de filtros son procesos interdependientes que requieren una comprensión profunda de las características de las señales y los requisitos de la aplicación. La elección de los componentes adecuados y la atención a los detalles en cada etapa son fundamentales para lograr un filtro que funcione de manera efectiva y cumpla con las especificaciones deseadas.

El filtrado de señales es un proceso esencial para mejorar la calidad de las señales y eliminar el ruido o las interferencias no deseadas. Ya sea utilizando filtros analógicos o digitales, se pueden adaptar a una amplia gama de aplicaciones para garantizar la calidad y la integridad de la información de las señales.

Transformada de señales: Las transformadas matemáticas como la transformada de Fourier o la transformada de Laplace se utilizan para representar una señal en un dominio diferente, lo que facilita el análisis y la manipulación de la señal.las transformadas matemáticas, como la Transformada de Fourier y la Transformada de Laplace, son herramientas fundamentales en el procesamiento de señales y la ingeniería. Estas transformadas permiten representar una señal en un dominio diferente, lo que facilita el análisis y la manipulación de la señal en cuestiones relacionadas con el dominio de la frecuencia o el dominio complejo. Aquí tienes una breve descripción de ambas transformadas:

Transformada de Fourier:

Definición: La Transformada de Fourier es una técnica matemática que convierte una señal en el dominio del tiempo en una representación en el dominio de la frecuencia. Es especialmente útil para analizar señales periódicas o no periódicas y descomponerlas en sus componentes de frecuencia.

Aplicaciones: La Transformada de Fourier se utiliza en una amplia gama de aplicaciones, como análisis espectral de señales, compresión de datos, procesamiento de imágenes, y en campos como la comunicación y la electrónica.

Tipos: Hay varias variantes de la Transformada de Fourier, incluyendo la Transformada de Fourier continua (CFT), que se aplica a señales continuas, y la Transformada de Fourier discreta (DFT), que se utiliza con señales muestreadas digitalmente, como las señales de audio.

Transformada de Laplace:

Definición: La Transformada de Laplace es una transformación matemática utilizada para representar una señal en el dominio complejo. Esta transformada se utiliza principalmente en sistemas lineales e invariantes en el tiempo y es útil para el análisis de sistemas dinámicos y la resolución de ecuaciones diferenciales lineales.

Aplicaciones: La Transformada de Laplace se utiliza en control automático, teoría de sistemas, análisis de circuitos eléctricos y mecánicos, y en la resolución de problemas de valores iniciales y de contorno.

Dominio complejo: La principal ventaja de la Transformada de Laplace es que permite trabajar con sistemas dinámicos en el dominio complejo, lo que facilita el análisis de estabilidad y respuesta en frecuencia.

Ambas transformadas son herramientas poderosas en el procesamiento de señales y la ingeniería, y su elección depende de la naturaleza de la señal y de los objetivos del análisis. La Transformada de Fourier se utiliza comúnmente para el análisis de frecuencia, mientras que la Transformada de Laplace es fundamental en el análisis de sistemas dinámicos y la resolución de ecuaciones diferenciales. Estas transformadas desempeñan un papel esencial en la comprensión y la manipulación de señales en una variedad de campos científicos y tecnológicos.

Procesamiento digital de señales (DSP): Este es un aspecto importante del procesamiento de señales que se centra en el uso de algoritmos y técnicas computacionales para manipular señales digitales. Incluye operaciones como la convolución, la correlación, la modulación, la demodulación, etc. El Procesamiento Digital de Señales (DSP, por sus siglas en inglés, Digital Signal Processing) es un campo fundamental en la ingeniería y la ciencia de la computación que se centra en el uso de algoritmos y técnicas computacionales para manipular señales digitales. Estas señales digitales son representaciones discretas de señales analógicas que varían en el tiempo. El DSP abarca una amplia variedad de aplicaciones y desempeña un papel crucial en diversas áreas. Aquí hay una descripción más detallada del Procesamiento Digital de Señales:

Representación de señales: En el DSP, las señales analógicas se muestrean y cuantizan para convertirlas en señales digitales. Esto implica tomar muestras de la señal a intervalos regulares en el tiempo y asignar valores discretos a esas muestras. Esta representación digital permite el procesamiento en sistemas computacionales.

Algoritmos de procesamiento: El DSP se basa en una variedad de algoritmos y técnicas diseñados para realizar operaciones específicas en las señales digitales. Estos algoritmos pueden incluir filtrado, transformadas (como la Transformada de Fourier), convolución, detección de patrones, compresión de datos, y muchos otros.

Aplicaciones: El DSP se utiliza en una amplia gama de aplicaciones, algunas de las cuales incluyen:

Comunicaciones: En la codificación, modulación, demodulación y procesamiento de señales de comunicación, como señales de voz y datos.

Procesamiento de imágenes y video: En la mejora de la calidad de imágenes, reconocimiento de patrones, compresión de imágenes y video, y visión por computadora.

Procesamiento de audio: En la grabación, edición y mejora del audio, así como en la síntesis de sonido.

Medicina y biología: En el procesamiento de señales biomédicas, como señales de ECG, EEG, imágenes médicas y análisis genómico.

Automatización y control: En sistemas de control digital, como el control de robots industriales y sistemas de control de procesos industriales.

Radar y sonar: En la detección y localización de objetos, como en sistemas de radar y sonar.

Hardware y software: Para implementar algoritmos de DSP, se utilizan tanto hardware especializado, como procesadores digitales de señales (DSPs), como software en sistemas de propósito general, como computadoras personales o microcontroladores.

Desafíos: El DSP involucra desafíos en términos de precisión numérica, velocidad de procesamiento, diseño de algoritmos eficientes y manejo de datos en tiempo real. También es importante considerar la sobrecarga computacional y los recursos disponibles.

El Procesamiento Digital de Señales es un campo esencial que permite el análisis y la manipulación de señales digitales en una amplia variedad de aplicaciones. La capacidad de procesar señales digitales ha revolucionado muchas industrias y ha permitido avances significativos en áreas como las comunicaciones, la medicina, la electrónica y la automatización.

Extracción de características: En muchas aplicaciones, es importante extraer características relevantes de las señales para su posterior análisis o clasificación. Por ejemplo, en el reconocimiento de voz, se pueden extraer características como el espectro de frecuencia para identificar palabras o patrones de voz. La extracción de características es un proceso fundamental en muchas aplicaciones de procesamiento de señales y aprendizaje automático. Consiste en identificar y seleccionar las características más relevantes o representativas de una señal o conjunto de datos con el objetivo de simplificar la información y prepararla para análisis, clasificación o toma de decisiones. Aquí hay más información sobre la extracción de características:

Importancia de la extracción de características: Las señales y los datos brutos a menudo contienen una gran cantidad de información redundante o irrelevante. La extracción de características permite reducir la dimensionalidad de los datos y resaltar las características que son más informativas para una tarea específica.

Tipos de características: Las características pueden ser de diferentes tipos, dependiendo de la naturaleza de los datos y la aplicación. Algunos ejemplos comunes de características incluyen:

Características estadísticas: como la media, la desviación estándar y la curtosis.

Características en el dominio de la frecuencia: obtenidas mediante transformadas como la Transformada de Fourier.

Características temporales: como la duración de eventos o patrones de tiempo.

Características geométricas: en el caso de imágenes y objetos.

Características de texto: en análisis de texto y procesamiento del lenguaje natural.

Características específicas del dominio: diseñadas para una aplicación particular, como características de voz en el reconocimiento de voz o características de imagen en el reconocimiento de objetos.

Métodos de extracción de características: Hay varios enfoques para extraer características de señales y datos, que van desde métodos simples basados en estadísticas hasta técnicas más avanzadas de aprendizaje automático, como el aprendizaje profundo (deep learning). Algunos métodos comunes incluyen el cálculo de estadísticas, la selección de características basada en información mutua, el análisis de componentes principales (PCA), y la extracción de características a través de redes neuronales convolucionales (CNN) en el caso de datos de imágenes.

Selección de características vs. extracción de características: Además de la extracción de características, existe la selección de características, que implica elegir un subconjunto de características relevantes en lugar de crear nuevas características. La selección de características es útil cuando se desea mantener la interpretabilidad de los datos y reducir el costo computacional.

Aplicaciones: La extracción de características se aplica en una amplia variedad de campos, como reconocimiento de patrones, procesamiento de imágenes y señales, análisis de texto, procesamiento de audio, visión por computadora, diagnóstico médico, detección de fraudes, clasificación de documentos y muchas otras áreas.

Evaluación: La calidad de las características extraídas es crucial para el rendimiento de cualquier algoritmo de análisis o clasificación posterior. Por lo tanto, es importante evaluar cómo las características seleccionadas o extraídas contribuyen al éxito de la tarea en cuestión.

La extracción de características es una etapa esencial en el preprocesamiento de datos en muchas aplicaciones. Al elegir y diseñar características adecuadas, se puede mejorar la eficiencia y la precisión de los algoritmos de análisis y clasificación, lo que permite obtener información valiosa a partir de datos complejos y ruidosos.

Reconocimiento de patrones: El procesamiento de señales se utiliza a menudo en aplicaciones de reconocimiento de patrones, como el reconocimiento de voz, el reconocimiento de caracteres escritos a mano o la detección de objetos en imágenes.

Aplicaciones específicas: El procesamiento de señales se aplica en una amplia gama dEl procesamiento de señales se utiliza frecuentemente en aplicaciones de reconocimiento de patrones para identificar y clasificar objetos, fenómenos o datos en función de características específicas. El reconocimiento de patrones es un campo interdisciplinario que se centra en el desarrollo de algoritmos y técnicas para la extracción y el análisis de patrones en datos, y puede aplicarse a una amplia variedad de dominios. Aquí tienes una descripción más detallada del reconocimiento de patrones y su relación con el procesamiento de señales:

Definición de reconocimiento de patrones: El reconocimiento de patrones se refiere al proceso de identificar, analizar y clasificar patrones o estructuras en datos. Estos patrones pueden manifestarse en diferentes formas, como imágenes, señales de audio, datos biomédicos, texto, y más.

Procesamiento de señales en el reconocimiento de patrones: El procesamiento de señales desempeña un papel importante en el reconocimiento de patrones cuando se trata de datos que se representan como señales. Por ejemplo:

Reconocimiento de voz: Se utiliza procesamiento de señales para convertir señales de audio en características que se pueden utilizar para identificar palabras o frases en aplicaciones de reconocimiento de voz.

Procesamiento de imágenes: El procesamiento de señales se aplica a imágenes para extraer características relevantes, como bordes, texturas y características de color, que permiten la clasificación de objetos en imágenes.

Procesamiento de señales biomédicas: En el análisis de señales biomédicas, como señales de ECG o EEG, se utilizan técnicas de procesamiento de señales para detectar patrones anormales que puedan indicar condiciones médicas.

Extracción de características: En el reconocimiento de patrones, el proceso de extracción de características es esencial. Las características se derivan de los datos originales (incluidas las señales) para representar las propiedades clave que permiten la clasificación o identificación de patrones. Las técnicas de procesamiento de señales, como la Transformada de Fourier o la extracción de características basadas en el dominio del tiempo, a menudo se utilizan en este proceso.

Algoritmos de aprendizaje automático: En muchas aplicaciones de reconocimiento de patrones, después de extraer características, se aplican algoritmos de aprendizaje automático, como clasificadores y redes neuronales, para entrenar modelos que pueden identificar y clasificar patrones de manera automática. Estos modelos aprenden a partir de conjuntos de datos de entrenamiento y luego se utilizan para la clasificación de nuevos datos.

Aplicaciones del reconocimiento de patrones: El reconocimiento de patrones se utiliza en una variedad de aplicaciones, que incluyen:

Reconocimiento facial: Identificación de rostros en imágenes o videos.

Reconocimiento de caracteres ópticos (OCR): Conversión de texto impreso o manuscrito en texto digital.

Detección de fraudes: Identificación de transacciones financieras sospechosas.

Diagnóstico médico: Identificación de enfermedades o patologías a partir de datos biomédicos.

Clasificación de documentos: Categorización automática de documentos basada en su contenido.

Reconocimiento de objetos: Identificación y seguimiento de objetos en aplicaciones de visión por computadora.

El reconocimiento de patrones es una disciplina que se beneficia enormemente del procesamiento de señales, ya que muchas aplicaciones implican datos representados como señales. El procesamiento de señales proporciona herramientas y técnicas fundamentales para extraer características y preprocesar datos antes de aplicar algoritmos de aprendizaje automático para la identificación y clasificación de patrones en una amplia variedad de dominios.

El procesamiento de señales es una disciplina esencial en la tecnología moderna que juega un papel clave en una variedad de aplicaciones. Permite extraer información valiosa de señales y datos, lo que tiene un impacto significativo en campos como las comunicaciones, la medicina, la ingeniería y la ciencia en general.

13.Control automático y retroalimentación.

El control automático y la retroalimentación son conceptos fundamentales en la ingeniería y la automatización, y se utilizan en una amplia variedad de aplicaciones para mantener y regular sistemas y procesos de manera eficiente. Aquí te proporcionaré una descripción general de estos conceptos:

Control Automático:

El control automático se refiere al uso de sistemas y dispositivos diseñados para regular automáticamente un proceso o sistema en función de una referencia o un conjunto de condiciones predefinidas. El objetivo principal del control automático es mantener ciertas variables dentro de los límites deseados o llevarlas a un valor objetivo.

Los sistemas de control automático generalmente constan de tres componentes principales:

Sensor: Un sensor mide las variables relevantes del proceso o sistema, como la temperatura, la presión, la velocidad, etc. Estos sensores proporcionan datos en tiempo real sobre el estado actual del sistema. Los sensores son dispositivos diseñados para detectar y medir diversas variables físicas o químicas, como la temperatura, la presión, la velocidad, la humedad, la luz, y muchas otras. Estos sensores convierten las magnitudes físicas en señales eléctricas o digitales que pueden ser procesadas y utilizadas por el controlador del sistema.

Al proporcionar datos en tiempo real sobre el estado actual del sistema, los sensores permiten que el controlador tome decisiones informadas y ajuste las acciones de control según sea necesario. Por ejemplo, en un sistema de control de temperatura de un horno, un sensor de temperatura monitorea constantemente la temperatura en el interior del horno y envía esa información al controlador. Si la temperatura se desvía de la temperatura deseada, el controlador puede activar o desactivar el calentador para corregir la desviación y mantener la temperatura dentro de los límites establecidos.

Los sensores son componentes esenciales en una amplia variedad de aplicaciones industriales y de automatización, ya que proporcionan la información crítica necesaria para el funcionamiento preciso y eficiente de los sistemas de control automático.

Controlador: El controlador es una unidad que procesa la información del sensor y toma decisiones en función de esa información. Puede ajustar las acciones de control para mantener las variables del proceso dentro de los límites deseados. Los controladores pueden ser programados para utilizar diferentes algoritmos de control, como el control proporcional-integral-derivativo (PID). El controlador es una parte fundamental de un sistema de control automático y desempeña un papel crucial en el procesamiento de la información del sensor y la toma de decisiones para mantener o regular un sistema o proceso.

Las principales funciones de un controlador incluyen:

Procesamiento de datos: El controlador recibe la información proporcionada por los sensores, que incluye mediciones en tiempo real de las variables relevantes del sistema. Luego, procesa y analiza estos datos para determinar si el sistema se encuentra dentro de los límites deseados o si requiere ajustes.

Comparación y referencia: El controlador compara las mediciones actuales con los valores de referencia o los límites predefinidos. Esto le permite determinar si el sistema está operando de acuerdo con las especificaciones deseadas.

Toma de decisiones: Basándose en la información recibida y el análisis realizado, el controlador toma decisiones sobre las acciones de control que deben realizarse para corregir cualquier desviación del sistema con respecto al estado deseado. Estas acciones pueden incluir activar o desactivar dispositivos de control, ajustar configuraciones o cambiar parámetros.

Generación de señales de control: Una vez que se han tomado las decisiones, el controlador genera señales de control adecuadas que se envían a los actuadores del sistema. Estas señales indican a los actuadores qué acciones específicas deben llevar a cabo para ajustar el sistema.

Es importante destacar que los controladores pueden implementarse de varias formas, y el tipo de controlador utilizado depende de la aplicación y los requisitos específicos del sistema. Uno de los tipos más comunes de controladores es el Controlador Proporcional-Integral-Derivativo (PID), que utiliza algoritmos para ajustar las acciones de control en función de errores pasados, presentes y futuros.

El controlador es una unidad esencial en un sistema de control automático que procesa la información del sensor y toma decisiones informadas para mantener o regular un sistema o proceso de acuerdo con los objetivos establecidos.

Actuador: El actuador es el componente que ejecuta las acciones de control necesarias para influir en el proceso o sistema. Puede ser una válvula, un motor, una bomba, etc. Su función es realizar los cambios necesarios en el sistema para mantener o ajustar las variables controladas. El actuador es un componente esencial que lleva a cabo las acciones físicas necesarias para influir en el proceso o sistema en función de las decisiones tomadas por el controlador.

Las funciones principales de un actuador incluyen:

Ejecución de acciones de control: El actuador es responsable de ejecutar las acciones de control específicas que se requieren para modificar el sistema o proceso de acuerdo con las decisiones tomadas por el controlador. Estas acciones pueden ser variadas, como abrir o cerrar una válvula, ajustar la posición de una compuerta, encender o apagar un motor, modificar la velocidad de una bomba, entre otras.

Transformación de señales de control: El actuador recibe las señales de control generadas por el controlador y las convierte en movimientos físicos, cambios en la posición o ajustes necesarios para modificar las variables controladas del sistema. Esto implica transformar la información eléctrica o digital en una acción mecánica o física real.

Mantenimiento de la respuesta del sistema: Los actuadores juegan un papel crucial en la ejecución de las acciones de control con precisión y rapidez para mantener el sistema dentro de los límites deseados y lograr la respuesta deseada del sistema en tiempo real.

La elección del tipo de actuador depende de la naturaleza de la aplicación y los requisitos específicos del sistema. Algunos ejemplos de actuadores comunes incluyen motores eléctricos, motores neumáticos, motores hidráulicos, válvulas solenoides, servomotores, entre otros. Cada tipo de actuador tiene sus propias características y capacidades que se adaptan a diferentes aplicaciones y necesidades de control.

El actuador es un componente crítico en un sistema de control automático que transforma señales de control en acciones físicas con el propósito de influir en un sistema o proceso, asegurando así que las variables controladas se mantengan dentro de los límites deseados y que el sistema funcione de acuerdo con los objetivos establecidos.

Retroalimentación:

La retroalimentación es un concepto esencial en el control automático. Implica el proceso de tomar información del sistema en tiempo real y utilizar esa información para ajustar el sistema o el proceso. En otras palabras, la retroalimentación implica "retroalimentar" la información del sensor al controlador para que este pueda tomar decisiones informadas.

La retroalimentación es crucial para el funcionamiento efectivo de los sistemas de control automático porque permite corregir desviaciones del valor deseado y mantener el sistema en un estado deseado. Sin retroalimentación, el control automático sería incapaz de adaptarse a cambios en el entorno o en las condiciones del proceso.

El control con retroalimentación puede ser de lazo abierto o de lazo cerrado:

Lazo Abierto: En un sistema de lazo abierto, el controlador toma decisiones sin recibir información de retroalimentación del proceso. Esto significa que no se corrigen automáticamente las desviaciones del valor deseado. Los sistemas de lazo abierto son menos comunes en aplicaciones críticas, ya que son menos robustos ante cambios y perturbaciones en el sistema. en un sistema de lazo abierto, el controlador opera sin recibir información de retroalimentación del proceso en tiempo real. Esto significa que el controlador toma decisiones basadas únicamente en las configuraciones y referencias predefinidas sin considerar cómo el sistema responde realmente a esas decisiones.

Las principales características de un sistema de lazo abierto son:

Dependencia de configuración previa: En un sistema de lazo abierto, el controlador se configura inicialmente con valores de referencia y parámetros de control, pero no se ajusta automáticamente en función de las condiciones reales del proceso. Esto significa que cualquier desviación del sistema con respecto a la referencia deseada no se corrige automáticamente.

Falta de adaptación a perturbaciones: Los sistemas de lazo abierto son menos robustos ante cambios no planificados o perturbaciones en el sistema. Si ocurren variaciones en las condiciones del proceso o factores externos afectan al sistema, el controlador de lazo abierto no puede ajustarse automáticamente para contrarrestar estos cambios.

Uso en aplicaciones simples y predecibles: Los sistemas de lazo abierto son adecuados para aplicaciones donde las condiciones son estables y predecibles, y donde no se requiere una alta precisión en la regulación del sistema. Por ejemplo, un temporizador que enciende una luz a una hora específica es un ejemplo de un sistema de lazo abierto simple.

Un sistema de lazo abierto es un enfoque de control donde el controlador no recibe retroalimentación en tiempo real del proceso y, en cambio, opera en función de configuraciones predefinidas. Este enfoque se utiliza en situaciones donde las condiciones son estables y predecibles, y no se requiere una regulación precisa o una adaptación a perturbaciones. Por otro lado, en aplicaciones donde se necesita una regulación más precisa y una adaptación a cambios imprevistos, se utiliza el control de lazo cerrado, que se basa en la retroalimentación del proceso para tomar decisiones de control.

Lazo Cerrado: En un sistema de lazo cerrado, el controlador utiliza información de retroalimentación del proceso para ajustar continuamente las acciones de control y mantener las variables controladas dentro de los límites deseados. Este enfoque es mucho más común y efectivo en una amplia gama de aplicaciones. En un sistema de lazo cerrado, el controlador utiliza información de retroalimentación del proceso de manera continua para ajustar las acciones de control y mantener las variables controladas dentro de los límites deseados o en un valor objetivo. Este enfoque es fundamental para lograr un control preciso y adaptativo en una amplia variedad de aplicaciones.

Las características clave de un sistema de lazo cerrado son:

Retroalimentación continua: En un sistema de lazo cerrado, se utiliza un sensor o conjunto de sensores para medir las variables relevantes del proceso en tiempo real. La información obtenida de estos sensores se envía de vuelta al controlador.

Ajuste automático: El controlador compara constantemente las mediciones en tiempo real con los valores de referencia o los objetivos establecidos. Si se detecta una desviación, el controlador toma acciones automáticas para corregirla. Estas acciones pueden incluir cambios en las salidas de control, como ajustar la velocidad de un motor, abrir o cerrar una válvula, o modificar la potencia de un calentador.

Adaptabilidad a cambios y perturbaciones: Los sistemas de lazo cerrado son altamente adaptables y pueden responder a cambios imprevistos en las condiciones del proceso o en perturbaciones externas. La retroalimentación constante permite al controlador tomar medidas correctivas en tiempo real para mantener el sistema en estado deseado.

Mayor precisión y estabilidad: Debido a su capacidad de corrección continua, los sistemas de lazo cerrado son capaces de mantener las variables controladas de manera más precisa y estable en comparación con los sistemas de lazo abierto.

Los sistemas de lazo cerrado son ampliamente utilizados en aplicaciones donde se requiere un control preciso y robusto, como la regulación de la temperatura en hornos industriales, el control de velocidad en motores eléctricos, la gestión de nivel en tanques, y muchas otras áreas de la automatización y la ingeniería.

Un sistema de lazo cerrado es un enfoque de control en el cual el controlador utiliza información de retroalimentación del proceso de manera continua para ajustar las acciones de control y mantener las variables controladas dentro de los límites deseados o en un valor objetivo, lo que proporciona un control más preciso y adaptable.

El control automático con retroalimentación es una técnica fundamental para mantener y regular sistemas y procesos de manera automática, utilizando información en tiempo real para tomar decisiones informadas y mantener las variables controladas dentro de los límites deseados.

14.Sistemas de instrumentación.

Los sistemas de instrumentación son componentes fundamentales en una amplia variedad de aplicaciones, desde la industria manufacturera hasta la investigación científica. Estos sistemas se utilizan para medir, controlar, monitorear y adquirir datos sobre diversas variables físicas, químicas y eléctricas en procesos y sistemas. Aquí hay una descripción general de los sistemas de instrumentación:

Sensores e Instrumentos:

Sensores: Los sensores son dispositivos que detectan y convierten variables físicas o químicas en señales eléctricas o digitales. Pueden medir una amplia gama de variables, como temperatura, presión, humedad, nivel, velocidad, luz, y muchas otras. Los sensores son la parte esencial de un sistema de instrumentación y proporcionan la información básica sobre el estado del sistema o proceso. Los sensores son dispositivos diseñados para detectar y medir variables físicas o químicas en su entorno y convertir esas mediciones en señales eléctricas o digitales que pueden ser procesadas y utilizadas para diversas aplicaciones. Aquí hay algunos puntos clave sobre los sensores:

Detección de Variables: Los sensores pueden detectar una amplia gama de variables, incluyendo, pero no limitado a:

Temperatura

Presión

Humedad

Luz

Velocidad

Posición

Fuerza

Nivel

Concentración de gases o sustancias químicas

Movimiento

Sonido

Magnetismo

Conversión de Señales: Una vez que un sensor detecta una variable específica, convierte esta información en una señal eléctrica o digital que representa la medición. Esto puede implicar cambios en la resistencia eléctrica, la generación de voltaje, la variación de la capacitancia, la emisión de señales de radiofrecuencia, entre otros métodos de conversión.

Salida del Sensor: La señal generada por el sensor se considera su salida. La salida del sensor puede ser analógica (por ejemplo, un voltaje que varía proporcionalmente con la medición) o digital (por ejemplo, una serie de pulsos que codifican la medición).

Aplicaciones: Los sensores se utilizan en una amplia variedad de aplicaciones en campos como la automatización industrial, la electrónica de consumo, la medicina, la meteorología, la robótica, la automoción, la aeronáutica, la seguridad, la monitorización ambiental y muchas otras áreas.

Calibración y Precisión: Los sensores a menudo requieren calibración para garantizar su precisión. La calibración implica ajustar el sensor para que proporcione mediciones precisas dentro de los límites de error especificados por el fabricante.

Tecnologías de Sensor: Existen numerosas tecnologías de sensores, cada una adecuada para detectar una variable específica. Algunos ejemplos incluyen sensores de termopar para temperatura, sensores de presión piezoeléctricos para presión, sensores fotoeléctricos para detectar objetos, y muchos más.

Comunicación: En sistemas más avanzados, los sensores pueden estar conectados a sistemas de adquisición de datos o sistemas de control a través de cableado o comunicación inalámbrica para transmitir datos en tiempo real.

Los sensores desempeñan un papel crucial en la recopilación de datos sobre el entorno y las condiciones, lo que permite una amplia gama de aplicaciones en la industria, la ciencia y la vida cotidiana. Estos dispositivos son fundamentales para la toma de decisiones informadas y el control de sistemas en muchas disciplinas y campos de aplicación.

Instrumentos de Medición: Los instrumentos de medición son dispositivos que se utilizan para leer y mostrar las mediciones de los sensores de manera comprensible para los operadores humanos. Estos instrumentos pueden incluir medidores analógicos, medidores digitales, pantallas de visualización y registradores de datos. los instrumentos de medición son dispositivos diseñados específicamente para leer, mostrar y comunicar las mediciones realizadas por los sensores de manera comprensible para los operadores humanos. Estos instrumentos son esenciales para que las personas puedan interpretar y utilizar la información obtenida a partir de los sensores de una manera práctica y significativa. Aquí hay algunos aspectos clave sobre los instrumentos de medición:

Visualización de Datos: Los instrumentos de medición están diseñados para mostrar los valores medidos de manera que sean fácilmente legibles por los seres humanos. Esto a menudo implica la presentación de datos en una pantalla digital o analógica, donde los valores se muestran en unidades apropiadas (por ejemplo, grados Celsius para la temperatura o PSI para la presión).

Indicadores Analógicos: Algunos instrumentos de medición utilizan indicadores analógicos, como agujas en un medidor o escalas graduadas, para representar las mediciones. Estos instrumentos son comunes en aplicaciones como medidores de nivel de combustible en automóviles.

Instrumentos Digitales: Los instrumentos de medición digitales muestran los valores medidos en formato numérico en una pantalla digital. Esto proporciona una lectura precisa y generalmente se prefiere en aplicaciones donde la precisión es esencial.

Escalas y Unidades de Medida: Los instrumentos de medición a menudo tienen escalas o rangos ajustables que permiten a los usuarios configurar el instrumento para medir en unidades específicas o dentro de un rango deseado. Esto es importante para adaptar el instrumento a las necesidades de la aplicación.

Alarma y Avisos: Algunos instrumentos de medición pueden estar equipados con funciones de alarma que alertan a los operadores cuando las mediciones exceden ciertos límites predefinidos. Esto es útil para aplicaciones críticas en las que se requiere una acción inmediata en caso de desviaciones significativas.

Registro de Datos: En aplicaciones avanzadas, los instrumentos de medición pueden tener la capacidad de registrar y almacenar datos a lo largo del tiempo. Esto es útil para el seguimiento y el análisis a largo plazo de las tendencias de las mediciones.

Interfaces de Comunicación: Algunos instrumentos modernos pueden estar equipados con interfaces de comunicación, como puertos USB o Ethernet, que permiten la transferencia de datos a sistemas de control o computadoras para un análisis adicional.

Los instrumentos de medición son componentes clave en sistemas de control, monitoreo y medición que facilitan la comprensión y la interpretación de las mediciones realizadas por sensores, lo que permite a los operadores humanos tomar decisiones informadas y llevar a cabo acciones necesarias en diversas aplicaciones industriales, científicas y de otro tipo.

Transmisión de Señales:

Transductores: Los transductores son dispositivos que convierten las señales eléctricas generadas por los sensores en señales adecuadas para la transmisión y procesamiento. Esto puede implicar amplificar, modular o acondicionar las señales para que sean adecuadas para su procesamiento en otros componentes del sistema.Los transductores son dispositivos esenciales en sistemas de medición y control que cumplen la función de convertir las señales eléctricas generadas por los sensores en señales adecuadas para su posterior transmisión, procesamiento o almacenamiento. Aquí hay algunos puntos clave sobre los transductores:

Conversión de Señales: Los transductores convierten una señal de entrada, que proviene típicamente de un sensor, en una señal de salida con características eléctricas o de otro tipo que sean apropiadas para la aplicación específica.

Amplificación y Acondicionamiento: En algunos casos, los transductores pueden amplificar la señal de entrada para aumentar su amplitud y, al mismo tiempo, acondicionarla para eliminar ruido o interferencias no deseadas.

Adaptación de Impedancia: Los transductores también pueden adaptar la impedancia de la señal, lo que significa que ajustan las características eléctricas de la señal para que sea compatible con los dispositivos o sistemas a los que se conectará a continuación.

Ejemplos de Transductores:

Amplificadores de Instrumentación: Estos transductores se utilizan para amplificar señales de sensores de baja amplitud, como las generadas por termopares o células de carga, a niveles más manejables.

Transductores de Corriente y Voltaje: Convierten señales de corriente en señales de voltaje y viceversa, lo que es común en aplicaciones eléctricas.

Acondicionadores de Señales: Estos dispositivos pueden acondicionar señales de sensores para eliminar ruido, filtrar frecuencias no deseadas o realizar otras operaciones de procesamiento.

Transmisores de Señales: Convierten las señales eléctricas en señales adecuadas para la transmisión a larga distancia, como las señales de 4-20 mA utilizadas en la industria.

Importancia: Los transductores son esenciales para garantizar que las señales medidas por los sensores se transmitan de manera precisa y confiable a través de sistemas de control, adquisición de datos o procesamiento posterior. También son fundamentales para adaptar las señales a las necesidades de los dispositivos o sistemas a los que se conectan.

Los transductores son dispositivos intermedios que desempeñan un papel crucial en la conversión y acondicionamiento de señales eléctricas generadas por sensores, lo que facilita su procesamiento, transmisión y uso en una amplia gama de aplicaciones de medición y control.

Cableado y Comunicación: Las señales de los sensores se transmiten a menudo a través de cables o de forma inalámbrica a dispositivos de procesamiento y control. La elección del método de transmisión depende de la aplicación y de la distancia entre los sensores y el equipo de procesamiento. el cableado y la comunicación son aspectos críticos en los sistemas de instrumentación y control, ya que permiten la transmisión de las señales de los sensores desde el punto de medición hasta los dispositivos de procesamiento y control. Estos sistemas de transmisión pueden ser tanto cableados como inalámbricos, y la elección depende de la aplicación específica y las condiciones del entorno. Aquí tienes más información sobre el cableado y la comunicación en los sistemas de instrumentación:

Cableado:

Cableado Tradicional: En muchos sistemas de control e instrumentación, las señales de los sensores se transmiten a través de cables conductores. Esto es común en aplicaciones donde se requiere una alta confiabilidad y precisión en la transmisión de datos. Los cables pueden ser de diversos tipos, como cables coaxiales, cables de par trenzado, cables de fibra óptica, etc., según los requisitos de la aplicación.

Ventajas del Cableado: El cableado ofrece una comunicación estable y confiable, es adecuado para distancias largas, es inmune a interferencias electromagnéticas y puede transmitir múltiples señales simultáneamente utilizando cables multipares.

Desafíos del Cableado: La instalación de cables puede ser costosa y complicada, especialmente en entornos donde es necesario atravesar obstáculos o distancias largas. Además, los cables pueden desgastarse con el tiempo y requerir mantenimiento.

Comunicación Inalámbrica:

Transmisión Inalámbrica: En muchas aplicaciones modernas, se utilizan tecnologías de comunicación inalámbrica, como Wi-Fi, Bluetooth, Zigbee, LoRa, o tecnologías específicas para la industria, para transmitir señales de sensores de manera inalámbrica.

Ventajas de la Comunicación Inalámbrica: La comunicación inalámbrica elimina la necesidad de cables físicos, lo que facilita la instalación y la flexibilidad en la ubicación de los sensores. Es ideal para aplicaciones móviles o donde el cableado es difícil o costoso.

Consideraciones de Seguridad y Fiabilidad: La comunicación inalámbrica puede estar sujeta a interferencias y problemas de seguridad, por lo que se deben tomar medidas para garantizar la integridad de las señales y la protección de datos sensibles.

Protocolos de Comunicación:

En sistemas de control e instrumentación, se utilizan diversos protocolos de comunicación para transmitir y recibir datos. Algunos ejemplos incluyen MODBUS, OPC,

Ethernet/IP, MQTT, entre otros. La elección del protocolo depende de los requisitos específicos de la aplicación y de la compatibilidad con los dispositivos y sistemas utilizados.

En resumen, la transmisión de señales desde los sensores hasta los dispositivos de procesamiento y control es una parte fundamental de los sistemas de instrumentación y control. Ya sea a través de cableado tradicional o comunicación inalámbrica, la elección del método de transmisión depende de factores como la distancia, la confiabilidad, el costo y las necesidades específicas de la aplicación. La elección de protocolos de comunicación adecuados también es importante para garantizar la interoperabilidad y la transferencia de datos eficiente.

Unidad de Procesamiento y Control:

Controladores y PLC: En muchos sistemas de instrumentación, se utilizan controladores o controladores lógicos programables (PLC) para procesar y analizar los datos de los sensores. Estos dispositivos toman decisiones en función de las mediciones y pueden controlar actuadores para ajustar el sistema.los controladores y los controladores lógicos programables (PLC) son componentes esenciales en muchos sistemas de instrumentación y control. Estos dispositivos desempeñan un papel crucial en el procesamiento y análisis de los datos provenientes de los sensores, así como en la toma de decisiones y el control de los sistemas y procesos. Aquí tienes más información sobre los controladores y los PLC:

Controladores:

Los controladores son dispositivos que procesan y controlan un sistema en función de la información proporcionada por los sensores y otros dispositivos de entrada. Utilizan algoritmos y lógica para tomar decisiones sobre las acciones que deben llevarse a cabo para mantener el sistema dentro de los límites deseados.

Los controladores pueden ser hardware dedicado, como controladores de temperatura en un horno industrial, o software en una computadora que realiza control de procesos complejos.

Los controladores a menudo incluyen interfaces de usuario que permiten a los operadores humanos configurar parámetros, establecer consignas y supervisar el estado del sistema.

Un tipo común de controlador es el Controlador Proporcional-Integral-Derivativo (PID), que utiliza algoritmos para ajustar las acciones de control en función de los errores pasados, presentes y futuros.

Controladores Lógicos Programables (PLC):

Los PLC son dispositivos especialmente diseñados para el control de procesos industriales y de fabricación. Son ampliamente utilizados en la automatización industrial y la instrumentación.

Los PLC ejecutan programas personalizados que contienen lógica de control para gestionar una variedad de entradas y salidas. Pueden manejar múltiples tareas simultáneamente y responder a cambios en tiempo real.

Los PLC se utilizan comúnmente en aplicaciones donde se requiere control de máquinas, secuencias de producción, sistemas de seguridad y otros sistemas de control industrial.

Los PLC ofrecen una alta confiabilidad y robustez en entornos industriales adversos, como fábricas y plantas de producción.

Programación de Controladores y PLC:

Tanto los controladores como los PLC requieren programación para definir la lógica de control. Los programadores escriben código que especifica cómo el dispositivo debe responder a diferentes situaciones y entradas.

La programación puede realizarse utilizando lenguajes específicos de programación, como ladder logic para PLC, o mediante software de control que utiliza lenguajes de programación estándar.

Aplicaciones:

Los controladores y los PLC se utilizan en una amplia gama de aplicaciones, desde el control de temperatura en hornos industriales hasta la automatización de líneas de ensamblaje y sistemas de control de tráfico.

También se utilizan en sistemas de control de edificios, sistemas de gestión de energía, control de robots, sistemas de control de tráfico y muchas otras aplicaciones.

Los controladores y los PLC son componentes esenciales en sistemas de instrumentación y control que procesan y analizan los datos de los sensores para tomar decisiones y controlar sistemas y procesos de manera eficiente y precisa. Su aplicación abarca una amplia variedad de industrias y campos.

Software de Control y Adquisición de Datos: En aplicaciones más avanzadas, se utiliza software especializado para el control y la adquisición de datos. Este software puede ejecutar algoritmos complejos, almacenar datos y proporcionar interfaces de usuario avanzadas. en aplicaciones más avanzadas de instrumentación y control, se emplea software especializado para realizar funciones de control y adquisición de datos de manera eficiente y flexible. Este software proporciona una interfaz entre los sensores, los controladores y los operadores humanos, permitiendo la configuración, supervisión y control de sistemas y procesos. Aquí tienes más información sobre el software de control y adquisición de datos:

Funciones del Software:

Adquisición de Datos: El software de adquisición de datos (DAQ) permite recopilar información de los sensores y otros dispositivos de medición. Puede incluir funciones para muestreo de datos, filtrado, procesamiento y almacenamiento.

Control en Tiempo Real: En sistemas de control en tiempo real, el software se utiliza para implementar algoritmos de control que toman decisiones en función de las mediciones de los sensores y envían señales de control a los actuadores.

Supervisión y Visualización: El software proporciona interfaces gráficas de usuario (GUI) que permiten a los operadores humanos supervisar el estado del sistema, ver datos en tiempo real y ajustar parámetros de control.

Historial y Registro de Datos: El software puede registrar y almacenar datos históricos para su análisis posterior y para cumplir con requisitos de documentación.

Alarma y Notificación: En sistemas críticos, el software puede configurar alarmas para notificar a los operadores o tomar acciones específicas cuando se detecten condiciones anormales o fuera de los límites predefinidos.

Análisis de Datos: Algunos paquetes de software ofrecen capacidades avanzadas de análisis de datos, lo que permite a los usuarios realizar análisis estadísticos y generar informes.

Plataformas y Lenguajes de Programación:

El software de control y adquisición de datos se desarrolla a menudo utilizando lenguajes de programación específicos o plataformas de desarrollo. Ejemplos comunes incluyen LabVIEW, MATLAB/Simulink, Python y software de automatización industrial como SCADA (Supervisory Control and Data Acquisition).

Integración con Hardware:

El software debe ser compatible con el hardware utilizado en el sistema de instrumentación y control. Esto puede incluir controladores, PLC, tarjetas de adquisición de datos (DAQ), interfaces de comunicación y otros dispositivos.

Interfaz de Usuario:

Una interfaz de usuario intuitiva y bien diseñada es esencial para facilitar la configuración y el monitoreo del sistema. Las pantallas gráficas permiten a los operadores comprender el estado del sistema de un vistazo.

Seguridad y Fiabilidad:

El software debe cumplir con estándares de seguridad y fiabilidad, especialmente en aplicaciones críticas como la industria nuclear o la atención médica, donde se requiere un alto grado de integridad y disponibilidad del sistema.

El software de control y adquisición de datos desempeña un papel vital en la instrumentación y el control modernos. Facilita la configuración, operación y supervisión de sistemas y procesos, lo que permite un control eficiente y la toma de decisiones informadas basadas en datos en una amplia variedad de aplicaciones, desde la automatización industrial hasta la investigación científica y más allá.

Actuadores: Los actuadores son componentes que realizan acciones físicas en respuesta a las decisiones tomadas por el sistema de control. Pueden incluir motores eléctricos, válvulas, bombas, compuertas, etc. Los actuadores son responsables de llevar a cabo las acciones necesarias para mantener el sistema dentro de los límites deseados o lograr los objetivos específicos.Los actuadores son componentes esenciales en sistemas de control e instrumentación que realizan acciones físicas en respuesta a las decisiones tomadas por el sistema de control. Estas acciones físicas pueden ser muy diversas y dependen de la aplicación específica. Aquí tienes más información sobre los actuadores:

Función de los Actuadores:

Los actuadores son responsables de llevar a cabo las acciones necesarias para controlar o influir en un sistema o proceso en función de las decisiones tomadas por el sistema de control.

Tipos de Actuadores:

Actuadores Eléctricos: Estos actuadores utilizan energía eléctrica para generar movimiento o fuerza. Ejemplos incluyen motores eléctricos que pueden girar o mover objetos, y solenoides que pueden generar fuerza lineal.

Actuadores Hidráulicos: Los actuadores hidráulicos utilizan fluidos presurizados, como aceite, para generar movimiento. Son comunes en aplicaciones que requieren fuerzas muy grandes o movimientos precisos, como grúas y equipos de construcción.

Actuadores Neumáticos: Los actuadores neumáticos utilizan aire comprimido para generar movimiento. Son comunes en aplicaciones industriales, como la automatización de fábricas y sistemas de transporte.

Actuadores Piezoeléctricos: Estos actuadores utilizan materiales piezoeléctricos para generar movimientos muy precisos y rápidos. Son comunes en aplicaciones de microscopía y posicionamiento de precisión.

Actuadores Térmicos: Los actuadores térmicos, como los calentadores y los enfriadores, controlan la temperatura en sistemas y procesos.

Válvulas y Compuertas: En aplicaciones de control de flujo, las válvulas y las compuertas se utilizan como actuadores para regular la cantidad de líquido o gas que fluye a través de un sistema.

Aplicaciones de los Actuadores:

Los actuadores se utilizan en una amplia variedad de aplicaciones, desde abrir y cerrar válvulas en sistemas de tuberías hasta ajustar la posición de las superficies de control en aeronaves y regular la velocidad de motores en vehículos.

Control y Retroalimentación:

Los actuadores a menudo están conectados al sistema de control a través de una retroalimentación (feedback) para asegurar que se realicen las acciones necesarias de acuerdo con las decisiones tomadas. La retroalimentación permite ajustar y corregir el movimiento o la fuerza del actuador según sea necesario para mantener el sistema en un estado deseado.

Los actuadores son componentes esenciales en sistemas de instrumentación y control que ejecutan acciones físicas en respuesta a las decisiones tomadas por el sistema de control. Estos dispositivos son fundamentales para regular y mantener sistemas y procesos en una amplia gama de aplicaciones industriales, científicas y tecnológicas.

Los sistemas de instrumentación se utilizan en una amplia variedad de aplicaciones, desde el control de procesos industriales, la automatización de fábricas y la supervisión de infraestructuras hasta la investigación científica, la monitorización ambiental y la atención médica. La elección de los componentes y la configuración de un sistema de instrumentación dependen de los requisitos específicos de la aplicación y de las variables que se deben medir y controlar.

El control y la retroalimentación trabajan en conjunto para permitir que los sistemas sean autónomos, adaptables y precisos. Los sensores proporcionan información crítica sobre el estado del sistema, y los algoritmos de control utilizan esta información para tomar decisiones y ajustar los actuadores. Esto es esencial para una amplia gama de aplicaciones, desde la fabricación automatizada hasta la robótica y la automatización de procesos.

15. Diseño de circuitos impresos (PCB)

El diseño de circuitos impresos (PCB, por sus siglas en inglés) es una parte fundamental en el desarrollo de productos electrónicos. Aquí te proporciono una guía general sobre cómo diseñar PCBs:

Requisitos iniciales:

Define claramente los requisitos de tu circuito, como las especificaciones eléctricas, el tamaño de la PCB, los componentes necesarios y las restricciones de espacio. Definir claramente los requisitos iniciales es el primer y fundamental paso en el diseño de circuitos impresos (PCB). Aquí hay una expansión de cómo puedes abordar este proceso:

Especificaciones eléctricas:

Define las especificaciones eléctricas de tu circuito. Esto incluye voltajes de alimentación, corrientes máximas, frecuencias de operación, niveles de señal, impedancias de transmisión, etc.

Especifica tolerancias y márgenes de error permitidos para garantizar un rendimiento confiable.

Tamaño de la PCB:

Determina las dimensiones físicas de la PCB. Esto incluye el largo, el ancho y, en algunos casos, el espesor de la placa.

Considere las restricciones de espacio dentro del dispositivo o la carcasa en la que se alojará la PCB.

Componentes necesarios:

Enumera todos los componentes necesarios para tu circuito. Esto incluye microcontroladores, resistencias, condensadores, transistores, conectores, etc.

Especifica las características técnicas de estos componentes, como valores de resistencia o capacitancia, tipo de encapsulado, tolerancias, etc.

Restricciones de espacio:

Identifica cualquier restricción de espacio específica que deba cumplirse en la PCB. Esto podría incluir áreas de montaje restringidas, ubicaciones específicas para conectores o componentes, o limitaciones en la disposición de las capas de la PCB.

Consideraciones de disipación de calor:

Si tu circuito genera calor significativo, debes considerar cómo gestionar y disipar ese calor de manera efectiva. Esto puede afectar el diseño de la PCB y la selección de componentes.

Requisitos de seguridad y regulación:

Asegúrate de cumplir con las normativas y estándares de seguridad y regulación aplicables a tu producto, como las directivas de la Unión Europea (CE) o las regulaciones de la Comisión Federal de Comunicaciones (FCC) en los Estados Unidos.

Expectativas de vida útil y mantenimiento:

Si tu producto tiene una expectativa de vida útil prolongada, considera la durabilidad de los componentes y las opciones de mantenimiento a largo plazo.

Presupuesto y recursos:

Determina el presupuesto disponible para el diseño de la PCB y los recursos disponibles, como tiempo y personal. Esto puede influir en las decisiones de diseño y la elección de componentes.

Objetivos de rendimiento:

Define los objetivos de rendimiento de tu circuito, como la velocidad de procesamiento, la eficiencia energética, la estabilidad y la confiabilidad.

Compatibilidad y conectividad:

Si tu PCB se conectará a otros dispositivos, considera los requisitos de compatibilidad y conectividad, como los protocolos de comunicación y los tipos de conectores.

Una vez que hayas definido claramente estos requisitos iniciales, estarás mejor preparado para comenzar el diseño de tu PCB y tomar decisiones informadas durante todo el proceso de diseño.

Esquemático:

Crea un esquemático de tu circuito utilizando software de diseño electrónico como KiCad, Eagle, Altium Designer, OrCAD, o cualquier otro de tu elección.

Conecta los componentes de acuerdo a las conexiones eléctricas requeridas.El paso siguiente después de definir los requisitos iniciales en el diseño de circuitos impresos (PCB) es crear un esquemático. Aquí te indico cómo hacerlo:

1. Selecciona el software de diseño:

Elije un software de diseño electrónico adecuado para tu proyecto. Algunas opciones populares incluyen KiCad, Eagle, Altium Designer, OrCAD, Proteus, y muchas más. Puedes optar por software gratuito o comercial según tus necesidades y presupuesto.

2. Crear un nuevo proyecto:

Inicia un nuevo proyecto en el software y asigna un nombre apropiado.

3. Bibliotecas de componentes:

Asegúrate de tener acceso a las bibliotecas de componentes necesarias para tu proyecto. Esto puede implicar utilizar las bibliotecas predeterminadas del software o crear tus propias huellas (footprints) si es necesario.

4. Agregar componentes:

Coloca los componentes en el esquemático arrastrándolos desde la biblioteca de componentes hacia el área de trabajo.

Asigna un valor y una referencia para cada componente.

5. Conectar componentes:

Conecta los componentes de acuerdo a las conexiones eléctricas requeridas. Utiliza cables (conexiones) para establecer las conexiones entre los pines de los componentes.

Sigue una convención de nomenclatura adecuada para los cables, como usar etiquetas de red para las señales.

6. Etiquetas y valores:

Añade etiquetas y valores a los componentes y conexiones en el esquemático para que sea más legible y comprensible.

Es importante que los valores de componentes, como resistencias y capacitores, sean precisos y coincidan con las especificaciones de tu diseño.

7. Anotación:

Utiliza la función de anotación del software para asignar números de referencia únicos a los componentes en el esquemático.

8. Revisión y verificación:

Realiza una revisión exhaustiva del esquemático para detectar errores o problemas de conexión.

Asegúrate de que las conexiones eléctricas sean correctas y que todos los componentes necesarios estén incluidos.

9. Documentación:

Agrega notas y comentarios relevantes en el esquemático para proporcionar información adicional sobre el diseño, como notas de diseño, aclaraciones o consideraciones específicas.

10. Guardar y respaldar: - Guarda el proyecto de manera regular y realiza copias de seguridad para evitar la pérdida de datos.

Una vez que hayas completado el esquemático y estés seguro de que refleja con precisión el diseño eléctrico de tu circuito, estarás listo para proceder al siguiente paso, que es el diseño de la PCB en sí. El esquemático servirá como referencia durante todo el proceso de diseño y fabricación de la PCB.

Librerías de componentes:

Asegúrate de tener librerías de componentes actualizadas y precisas para tus componentes electrónicos. Puedes crear tus propias huellas (footprints) o utilizar las predeterminadas del software. Las librerías de componentes son esenciales en el diseño de circuitos impresos (PCB) ya que contienen las representaciones físicas y las conexiones eléctricas de los componentes que se utilizan en tu diseño. Aquí hay algunos pasos para asegurarte de tener librerías de componentes actualizadas y precisas:

1. Bibliotecas predeterminadas:

La mayoría de los software de diseño de PCBs vienen con bibliotecas de componentes predeterminadas. Estas bibliotecas a menudo incluyen una amplia variedad de componentes estándar. Verifica si las bibliotecas predeterminadas contienen los componentes que necesitas para tu diseño.

2. Búsqueda en línea:

En caso de que tu software de diseño no incluya un componente específico que necesitas, puedes buscar en línea. Muchas comunidades de diseño comparten bibliotecas de componentes en línea que puedes descargar y utilizar.

3. Creación de huellas personalizadas:

Si no puedes encontrar una huella (footprint) adecuada para un componente en particular en las bibliotecas existentes, puedes crear tu propia huella personalizada. Esto es especialmente común para componentes no estándar o para componentes específicos de tu diseño.

Utiliza las herramientas de creación de huellas en tu software de diseño para definir las dimensiones y las conexiones de la huella.

4. Verificación de precisión:

Es crucial verificar la precisión de las huellas y símbolos de los componentes en las bibliotecas. Asegúrate de que las dimensiones físicas sean correctas y de que las conexiones eléctricas estén en el lugar correcto.

Comprueba las especificaciones de los componentes en las hojas de datos y compáralas con las representaciones en las bibliotecas.

5. Mantenimiento de bibliotecas personalizadas:

Si creas huellas personalizadas o símbolos, asegúrate de mantener una biblioteca organizada y bien documentada para que puedas reutilizarlas en futuros proyectos.

Actualiza las bibliotecas según sea necesario para reflejar cualquier cambio en las especificaciones de los componentes.

6. Bibliotecas de terceros:

Algunos fabricantes de componentes proporcionan bibliotecas de componentes específicos de sus productos. Puedes buscar y utilizar estas bibliotecas si estás utilizando componentes de ese fabricante.

7. Comparte tus bibliotecas:

Si creas bibliotecas de componentes personalizadas de alta calidad, considera compartirlas con la comunidad de diseño en línea. Esto puede ser útil para otros diseñadores y también puede aumentar la disponibilidad de bibliotecas de alta calidad en línea.

Tener librerías de componentes actualizadas y precisas es crucial para un diseño de PCB exitoso, ya que asegura que los componentes se coloquen y conecten correctamente en la placa. Además, ayuda a evitar errores costosos y retrabajos en etapas posteriores del diseño y fabricación.

El diseño de la PCB es una etapa crucial en el proceso de desarrollo de un circuito impreso. Aquí te indico cómo realizar esta fase:

1. Importar el esquemático:

Abre tu software de diseño de PCB.

Importa el esquemático que creaste anteriormente. La mayoría de las herramientas de diseño de PCB permiten la importación directa del esquemático para simplificar el proceso.

2. Colocar componentes:

Después de importar el esquemático, el software debería mostrar los componentes en su posición original.

Arrastra y coloca físicamente los componentes en la PCB, teniendo en cuenta las restricciones de espacio y las conexiones eléctricas.

3. Enrutar pistas (traces):

Enruta las pistas para conectar los pines de los componentes según las conexiones eléctricas definidas en el esquemático.

Sigue las reglas de diseño, como evitar pistas muy largas, mantener distancias adecuadas entre pistas y evitar cruces innecesarios.

Utiliza herramientas de enrutamiento automático si es necesario, pero revísalas y ajusta manualmente según sea necesario.

4. Asignar capas:

Asigna capas de acuerdo a las pistas de señal, alimentación, tierra y otras conexiones necesarias. Las capas permiten un enrutamiento más eficiente y organizado.

Por ejemplo, las capas internas suelen utilizarse para conexiones de alimentación y tierra, mientras que las capas externas son para pistas de señal.

5. Zonas de alimentación y tierra:

Crea zonas de alimentación (power planes) y zonas de tierra (ground planes) en las capas adecuadas para garantizar una distribución de energía y una referencia de tierra eficiente.

Utiliza vias para conectar estas zonas a las capas correspondientes.

6. Componentes adicionales:

Agrega componentes adicionales según sea necesario para mejorar la funcionalidad y la confiabilidad del diseño. Esto puede incluir:

Resistencias de pull-up/pull-down para señales lógicas.

Condensadores de desacoplamiento cerca de los componentes de alta velocidad para reducir el ruido.

Conectores para la interconexión con otros dispositivos.

7. Distancias de seguridad:

Asegúrate de mantener distancias de seguridad adecuadas entre pistas, componentes y capas de acuerdo con las especificaciones de tu diseño y las normativas aplicables.

8. Verificación y revisión:

Realiza una verificación exhaustiva de tu diseño de PCB para detectar errores, como pistas no conectadas, pistas cortocircuitadas o problemas de enrutamiento.

Utiliza herramientas de revisión y comprobación de reglas (Design Rule Check, DRC) para garantizar que tu diseño cumple con las reglas de diseño establecidas.

9. Documentación:

Añade documentación adecuada a tu PCB, como identificación de componentes, marcadores de referencia, texto de anotación y cualquier otra información relevante.

10. Generación de archivos para fabricación: - Una vez que estés satisfecho con el diseño, genera los archivos necesarios para la fabricación de la PCB, como los archivos Gerber y los archivos de perforación (Drill files).

El diseño de PCB es un proceso iterativo, y es importante realizar pruebas y revisiones exhaustivas para garantizar que el diseño cumpla con los requisitos eléctricos y mecánicos. Además, colabora con el fabricante de PCB para asegurarte de que los archivos generados sean compatibles con sus capacidades de fabricación y cumplan con sus estándares.

Las reglas de diseño y la gestión de la tierra (ground plane) son aspectos críticos en el diseño de PCB para garantizar un rendimiento confiable y minimizar problemas como interferencias electromagnéticas (EMI), ruido y degradación de señal. Aquí se detallan estos dos aspectos:

5. Reglas de diseño:

Las reglas de diseño son directrices y prácticas recomendadas que debes seguir para garantizar que tu PCB funcione correctamente y sea confiable. Algunas reglas importantes incluyen:

Distancia entre pistas (clearance): Define la distancia mínima entre pistas y componentes para evitar cortocircuitos.

Ancho de pista: Asegúrate de que las pistas tengan el ancho adecuado para llevar la corriente requerida sin calentarse en exceso.

Longitud de pistas: Minimiza la longitud de las pistas para reducir la resistencia y la inductancia.

Distancia entre pistas: Mantén distancias adecuadas entre pistas de señal y pistas de alimentación para evitar interferencias.

Apantallamiento: Utiliza planos de tierra y planos de alimentación para reducir la interferencia electromagnética.

Tiempos de subida y bajada: Asegúrate de que las señales de alta velocidad cumplan con los tiempos de subida y bajada especificados.

Reducción de ruido: Coloca condensadores de desacoplamiento cerca de componentes de alta velocidad para reducir el ruido.

Ubicación de componentes: Coloca componentes sensibles lejos de fuentes de ruido electromagnético y de fuentes de calor.

6. Plan de tierra (ground plane):

El plan de tierra es una capa de cobre en la PCB que se utiliza como referencia de tierra para todas las señales. Aquí hay pautas para su diseño:

Capa de tierra sólida: Diseña una capa de tierra sólida en una de las capas internas de la PCB. Esto proporciona un camino eficiente para el retorno de corriente y ayuda a reducir el ruido y las interferencias.

Separación de áreas: Separa áreas de alta corriente y alta frecuencia de áreas sensibles en la capa de tierra. Esto puede lograrse mediante particiones físicas o zonas de tierra separadas.

Utiliza vias de conexión: Utiliza vias para conectar la capa de tierra a las capas de señal y alimentación en puntos estratégicos, asegurándote de que haya una conexión adecuada.

Minimiza las divisiones en el plano de tierra: Evita dividir la capa de tierra en múltiples fragmentos, ya que esto puede causar problemas de retorno de corriente.

Evita discontinuidades en el plano de tierra: Evita cortes en el plano de tierra que puedan interrumpir el flujo de corriente.

Agujeros de alivio: Agrega agujeros de alivio (via stitching) para unir diferentes partes del plano de tierra y reducir la impedancia de la conexión.

Dissipación de calor: Si es necesario, utiliza áreas del plano de tierra como disipadores de calor para componentes que generen calor.

El diseño del plano de tierra es esencial para mantener una buena integridad de señal y reducir el ruido en tu PCB. Debes considerar cuidadosamente la disposición de la capa de tierra en función de las necesidades específicas de tu diseño y seguir las reglas de diseño estándar para asegurarte de que se implemente de manera efectiva.

El enrutamiento de pistas es una parte crítica del diseño de circuitos impresos (PCB) que afecta directamente la funcionalidad y la confiabilidad del circuito. Aquí tienes algunas recomendaciones adicionales para llevar a cabo un enrutamiento de pistas eficiente y efectivo:

Evita cruces de pistas:

Evitar cruces de pistas es fundamental para evitar cortocircuitos y garantizar la funcionalidad del circuito. Utiliza el enrutamiento de pistas para evitar que las pistas se crucen unas sobre otras siempre que sea posible.

Utiliza capas internas para enrutamiento cruzado si es necesario, pero sigue las reglas de diseño para evitar problemas de interferencia electromagnética (EMI).

Utiliza pistas de ancho adecuado:

El ancho de las pistas debe ser suficiente para llevar la corriente requerida sin calentarse en exceso. Consulta las especificaciones de corriente admisible del material de la PCB y ajusta el ancho de las pistas en consecuencia.

También considera el ancho de las pistas en función de las restricciones de espacio en tu PCB.

Minimiza las longitudes de pistas:

Las pistas largas pueden introducir inductancias y resistencias no deseadas, lo que puede afectar la integridad de la señal. Trata de minimizar las longitudes de pistas siempre que sea posible.

Coloca componentes relacionados cerca uno del otro para reducir las longitudes de pistas.

Utiliza capas internas para pistas críticas de alta velocidad para reducir la longitud total.

Utiliza capas internas si es necesario:

Las capas internas de la PCB son útiles para enrutamiento de pistas complejas o para reducir las longitudes de pistas en diseños de alta densidad.

Considera capas internas para pistas de alimentación, tierra y señales de alta velocidad. Sin embargo, asegúrate de que las capas estén correctamente conectadas mediante vias.

Tiempos de propagación y emparejamiento de longitud:

En aplicaciones de alta velocidad, como buses de datos, es importante tener en cuenta los tiempos de propagación y mantener pistas de igual longitud para garantizar una sincronización adecuada de las señales.

Utiliza técnicas como el enrutamiento en zigzag para emparejar las longitudes de las pistas.

Aislamiento entre pistas:

Asegúrate de mantener suficiente espacio entre pistas, especialmente si transportan señales de alta velocidad o alta tensión, para evitar problemas de interferencia y corrientes parásitas.

Revisión y verificación:

Realiza una revisión cuidadosa de tu diseño para verificar que no haya problemas de enrutamiento, como pistas cortocircuitadas o cruces inadvertidos.

Utiliza las herramientas de verificación y análisis de diseño de tu software de PCB para ayudarte en esta tarea.

Un enrutamiento de pistas bien planificado y ejecutado es fundamental para lograr un diseño de PCB exitoso. Sigue las mejores prácticas de diseño y asegúrate de que el enrutamiento se ajuste a las especificaciones eléctricas y mecánicas de tu proyecto.

La verificación y la simulación son etapas críticas en el diseño de circuitos impresos (PCB) para garantizar que el diseño cumpla con las especificaciones eléctricas y funcionales antes de la fabricación. Aquí te explico cómo llevar a cabo esta importante fase:

1. Herramientas de simulación:

Utiliza herramientas de simulación electrónica, como SPICE (Simulation Program with Integrated Circuit Emphasis), para simular el comportamiento de tu circuito. SPICE es una de las herramientas más utilizadas para la simulación de circuitos eléctricos y electrónicos.

2. Creación de modelos:

Define modelos precisos para todos los componentes utilizados en tu diseño, incluyendo resistencias, capacitores, inductores, transistores, amplificadores operacionales, etc. Los modelos deben reflejar con precisión las características eléctricas de los componentes.

3. Configuración de la simulación:

Configura la simulación según tus necesidades. Esto incluye la definición de condiciones iniciales, señales de entrada y condiciones de prueba relevantes para tu diseño.

4. Simulación de señales:

Simula las señales clave en tu diseño para verificar que cumplen con las especificaciones eléctricas y funcionales. Esto puede incluir la amplitud, la frecuencia, la forma de onda y la respuesta a diferentes condiciones de entrada.

5. Análisis de tolerancias:

Realiza simulaciones con valores de componentes que varíen dentro de las tolerancias especificadas para asegurarte de que el diseño sea robusto ante variaciones en los componentes.

6. Simulación de señales de temporización:

Si tu diseño incluye señales de temporización, verifica que los tiempos de subida y bajada, los retardos y las transiciones cumplan con los requisitos de tiempo.

7. Simulación de análisis de ruido y EMI:

Si es necesario, realiza simulaciones de análisis de ruido y EMI (Interferencia Electromagnética) para identificar y mitigar problemas de ruido y asegurarte de que el diseño cumpla con las regulaciones aplicables.

8. Análisis de estabilidad y margen de fase:

En diseños de alta frecuencia o sistemas de control, realiza análisis de estabilidad y margen de fase para garantizar que el sistema no sea propenso a oscilaciones no deseadas.

9. Optimización y corrección:

Utiliza los resultados de la simulación para optimizar tu diseño. Si se identifican problemas, realiza las correcciones necesarias en el esquemático y en la disposición de componentes.

10. Pruebas funcionales: - Después de la simulación, realiza pruebas funcionales en un prototipo real si es posible. Esto ayuda a verificar que el diseño simulado se traduzca correctamente en el mundo real.

11. Documentación de resultados: - Documenta los resultados de la simulación, incluyendo las capturas de pantalla de las formas de onda, los valores medidos y cualquier conclusión relevante.

La verificación y la simulación son esenciales para detectar problemas potenciales en el diseño antes de pasar a la fase de fabricación, lo que ahorra tiempo y costos. A medida que se encuentren problemas o áreas de mejora durante las simulaciones, es importante realizar ajustes en el diseño y volver a simular hasta que se alcance un diseño óptimo y confiable.

Generación de archivos de producción:

Genera archivos Gerber y archivos de perforación (Drill files) para que el fabricante de PCB pueda producir tu diseño. La generación de archivos de producción es un paso crucial en el diseño de circuitos impresos (PCB) que permite que el fabricante de PCB produzca tu diseño con precisión. Los archivos Gerber y los archivos de perforación (Drill files) son los formatos estándar utilizados para este propósito. Aquí te explico cómo generar estos archivos:

1. Archivos Gerber:

Los archivos Gerber contienen la información sobre las capas de diseño de tu PCB, incluyendo pistas, pads, vias, y cualquier otro elemento de la placa. Estos archivos son esenciales para la fabricación de la PCB.

La mayoría de los software de diseño de PCB permiten generar archivos Gerber. Sigue estos pasos generales:

a. Abre tu proyecto de PCB en tu software de diseño.

b. Ve a la opción de "Generar archivos Gerber" o similar, generalmente ubicada en el menú de fabricación o producción.

c. Selecciona las capas que deseas incluir en los archivos Gerber. Esto puede incluir capas de pistas, componentes, máscaras de soldadura, serigrafía y más, según tus necesidades y el diseño de tu PCB.

d. Configura las opciones de generación, como la resolución, el formato de archivo y las unidades (generalmente mils o milímetros).

e. Genera los archivos Gerber y guárdalos en una carpeta específica en tu computadora.

2. Archivos de perforación (Drill files):

Los archivos de perforación contienen la información sobre la ubicación y el tamaño de los agujeros que se perforarán en la PCB, como agujeros para componentes y vias.

Para generar archivos de perforación:

a. Abre tu proyecto de PCB en tu software de diseño.

b. Ve a la opción de "Generar archivos de perforación" o similar, generalmente ubicada en el menú de fabricación o producción.

c. Configura las opciones de generación, como el formato de archivo (generalmente Excellon) y la unidad de medida.

d. El software generará automáticamente los archivos de perforación basados en la ubicación y el tamaño de los agujeros en tu diseño.

3. Comprobar y verificar:

Antes de enviar los archivos Gerber y de perforación al fabricante de PCB, realiza una verificación minuciosa para asegurarte de que estén completos y precisos.

Utiliza herramientas de verificación de PCB o servicios en línea para comprobar la integridad de los archivos Gerber.

4. Documentación:

Prepara un archivo de documentación que incluya información adicional sobre tu diseño, como las especificaciones técnicas, notas de diseño, indicaciones de montaje, e instrucciones especiales si las hubiera.

5. Enviar los archivos al fabricante de PCB:

Una vez que estés seguro de que los archivos Gerber y de perforación son correctos, envíalos al fabricante de PCB de tu elección.

Utiliza su plataforma de carga en línea o el método de envío que prefieran.

6. Comunicación con el fabricante:

Mantén una comunicación abierta con el fabricante de PCB para aclarar cualquier pregunta o inquietud que puedan tener con respecto a tus archivos de producción.

Una vez que el fabricante tenga los archivos Gerber y de perforación, podrán utilizarlos para la fabricación de tu PCB de acuerdo con tus especificaciones. Es importante proporcionar documentación clara y precisa para garantizar que el proceso de fabricación se realice sin problemas.

Revisión y prototipado:

Antes de enviar tu diseño para la producción en masa, verifica su funcionalidad mediante un prototipo.

Realiza pruebas y soluciona cualquier problema que encuentres.La revisión y el prototipado son etapas esenciales en el proceso de desarrollo de circuitos impresos (PCB) antes de la producción en masa. Estas etapas permiten verificar la funcionalidad del diseño y solucionar cualquier problema que pueda surgir. Aquí hay un enfoque paso a paso para llevar a cabo esta fase de manera efectiva:

1. Creación de un prototipo:

Antes de enviar el diseño a la producción en masa, crea un prototipo de tu PCB. Esto implica la fabricación de una pequeña cantidad de placas para pruebas y verificación.

2. Fabricación del prototipo:

Utiliza un fabricante de PCB que ofrezca servicios de prototipado. Proporciona los archivos Gerber y de perforación para la fabricación del prototipo.

3. Ensamblaje:

Si tu diseño incluye componentes montados en superficie (SMD), considera la posibilidad de realizar el ensamblaje de los componentes en el prototipo o hazlo manualmente si es factible.

4. Pruebas iniciales:

Realiza pruebas eléctricas para verificar la funcionalidad del prototipo. Esto puede incluir pruebas de continuidad, medición de tensiones y corrientes, y verificación de señales en puntos clave.

5. Depuración de problemas:

Si encuentras problemas o errores de diseño en el prototipo, como componentes mal conectados o funcionamiento incorrecto, trabaja en la depuración del prototipo para identificar y solucionar estos problemas.

6. Pruebas funcionales:

Realiza pruebas funcionales exhaustivas para asegurarte de que el prototipo cumple con todas las especificaciones y requisitos del diseño.

7. Medición de señales:

Utiliza equipos de medición, como osciloscopios y multímetros, para verificar que las señales de entrada y salida estén dentro de los márgenes esperados.

8. Pruebas de estabilidad:

Si tu diseño es crítico en términos de estabilidad o control, realiza pruebas de largo plazo para verificar su confiabilidad y rendimiento bajo diversas condiciones.

9. Ajustes y correcciones:

Si se encuentran problemas durante las pruebas del prototipo, realiza ajustes en el diseño y en las conexiones según sea necesario. Esto puede implicar modificar el esquemático o el diseño de la PCB.

10. Segunda iteración del prototipo (si es necesario):

Si realizaste cambios significativos en el diseño, considera la posibilidad de fabricar una segunda iteración del prototipo para verificar que los ajustes hayan resuelto los problemas.

11. Documentación:

Mantén un registro detallado de todas las pruebas, cambios y ajustes realizados durante la fase de prototipado. Esto será valioso para futuras referencias y mejoras de diseño.

12. Aprobación del prototipo:

Una vez que el prototipo funcione correctamente y cumpla con las especificaciones, obtén la aprobación para pasar a la producción en masa.

El prototipado y la revisión son pasos críticos para garantizar que tu diseño de PCB funcione según lo previsto antes de invertir en la producción en masa. Aunque esta fase puede agregar tiempo y costos adicionales al proyecto, ayuda a identificar y solucionar problemas de manera temprana, lo que ahorra tiempo y dinero a largo plazo.

Producción y ensamblaje:

Envía los archivos de producción a una empresa de fabricación de PCB o produce las PCBs por tu cuenta si tienes los recursos necesarios.

Luego, ensambla los componentes en las PCB, ya sea manualmente o mediante un servicio de ensamblaje. La producción y el ensamblaje son las etapas finales en el proceso de desarrollo de circuitos impresos (PCB) una vez que has completado la verificación del diseño y el prototipado. Aquí se describen los pasos para llevar a cabo esta fase:

Producción de PCB:

Selección del fabricante de PCB:

Decide si vas a producir las PCB por tu cuenta o si vas a subcontratar la fabricación a un fabricante de PCB. La elección depende de tus recursos y de la cantidad de PCB que necesites.

Preparación de archivos de producción:

Si subcontratas la fabricación, proporciona los archivos Gerber y de perforación al fabricante de PCB según sus especificaciones y requisitos.

Selección de materiales y opciones de fabricación:

Trabaja con el fabricante de PCB para seleccionar el material de la PCB, el grosor, el acabado de superficie y otras opciones de fabricación según las necesidades de tu proyecto.

Revisión de diseño con el fabricante:

Comunica cualquier detalle específico o requerimiento especial con el fabricante de PCB. Asegúrate de que comprendan tus necesidades y expectativas.

Pedido y fabricación:

Realiza el pedido de la cantidad requerida de PCB al fabricante y coordina el proceso de fabricación. El fabricante producirá las PCB según tus especificaciones y te proporcionará un plazo de entrega estimado.

Ensamblaje de componentes:

Preparación de componentes:

Asegúrate de que todos los componentes necesarios estén disponibles y preparados para el ensamblaje. Esto incluye componentes montados en superficie (SMD) y componentes a través de agujeros (TH).

Selección del método de ensamblaje:

Decide si vas a ensamblar los componentes manualmente o si vas a utilizar un servicio de ensamblaje de PCB. La elección depende del volumen de producción y de tus capacidades y recursos.

Ensamblaje manual:

Si decides ensamblar manualmente, sigue el esquemático y la disposición de componentes de tu diseño. Utiliza herramientas adecuadas, como soldadores y estaciones de soldadura, para realizar el ensamblaje con cuidado y precisión.

Ensamblaje a través de servicios:

Si optas por un servicio de ensamblaje, proporciona los componentes y las PCB al proveedor de servicios. Ellos se encargarán del ensamblaje utilizando máquinas automatizadas.

Control de calidad:

Lleva a cabo un control de calidad riguroso después del ensamblaje para verificar que todos los componentes estén correctamente soldados, que no haya cortocircuitos y que la PCB funcione según lo esperado.

Pruebas funcionales:

Realiza pruebas funcionales en las PCB ensambladas para verificar que funcionen correctamente y cumplan con las especificaciones.

Empaque y etiquetado:

Empaqueta las PCB ensambladas de manera adecuada para su protección durante el envío y agrega etiquetas con información importante, como números de serie o códigos de barras, si es necesario.

Almacenamiento o envío:

Almacena las PCB ensambladas de manera segura si no se utilizan de inmediato o coordina su envío según tus necesidades.

La producción y el ensamblaje son etapas críticas que requieren atención a los detalles para garantizar que tus PCB se fabriquen y ensamblen correctamente. Trabaja en colaboración con tu fabricante de PCB y, si es necesario, con un servicio de ensamblaje de confianza para garantizar la calidad y la confiabilidad de tus PCB finales.

Pruebas finales:

Realiza pruebas finales en las PCB ensambladas para asegurarte de que funcionan correctamente. Las pruebas finales en las PCB ensambladas son un paso crítico para garantizar que los circuitos impresos funcionen correctamente antes de su implementación en productos finales o sistemas. Aquí se detallan los pasos que debes seguir para realizar estas pruebas de manera efectiva:

1. Planificación de las pruebas:

Antes de comenzar las pruebas finales, elabora un plan de pruebas que incluya los procedimientos específicos, las condiciones de prueba y los resultados esperados.

2. Configuración de prueba:

Prepara un banco de pruebas o estación de pruebas adecuada con las herramientas y equipos necesarios para realizar las pruebas. Esto puede incluir fuentes de alimentación, osciloscopios, multímetros, generadores de señales, cargas electrónicas y otros instrumentos de medición.

3. Verificación visual:

Realiza una verificación visual de las PCB ensambladas para asegurarte de que no haya problemas evidentes, como componentes sueltos, soldaduras defectuosas o cortocircuitos visibles.

4. Pruebas eléctricas:

Realiza pruebas eléctricas para verificar que las tensiones, corrientes y señales en la PCB estén dentro de los rangos especificados en el diseño. Esto puede incluir mediciones de continuidad, mediciones de resistencia, mediciones de voltaje y mediciones de corriente.

5. Pruebas de funcionamiento:

Verifica que todas las funciones del circuito funcionen según lo previsto. Esto puede incluir pruebas de entrada/salida, pruebas de temporización, pruebas de comunicación y cualquier otra prueba específica del sistema.

6. Pruebas de carga y estabilidad:

Si tu diseño está destinado a funcionar en condiciones de carga o estabilidad específicas, realiza pruebas bajo estas condiciones para asegurarte de que el diseño cumpla con los requisitos.

7. Pruebas de temperatura y ambiente:

Si es relevante para tu aplicación, realiza pruebas de temperatura y ambiente para verificar el rendimiento de la PCB en diferentes condiciones de operación. Esto puede incluir pruebas de alta y baja temperatura, pruebas de vibración, pruebas de humedad, etc.

8. Registros y documentación:

Documenta cuidadosamente los resultados de todas las pruebas, incluyendo cualquier problema encontrado y las medidas correctivas tomadas. Esto es esencial para rastrear y resolver problemas, si los hay.

9. Evaluación de cumplimiento:

Verifica si las PCB ensambladas cumplen con todas las especificaciones y requisitos de diseño definidos previamente. Asegúrate de que el rendimiento sea coherente con las expectativas.

10. Resolución de problemas:

Si se encuentran problemas durante las pruebas, realiza un análisis detallado para identificar la causa raíz y tomar las medidas correctivas necesarias, que pueden incluir reparaciones, ajustes o rediseño si es necesario.

11. Pruebas de aceptación del cliente:

Si estás produciendo las PCB para un cliente o una aplicación específica, realiza pruebas de aceptación con el cliente para garantizar que las PCB cumplan con sus requisitos y expectativas.

12. Aprobación final:

Una vez que las pruebas finales hayan sido satisfactorias y todas las correcciones hayan sido realizadas, obtén la aprobación final para proceder con la implementación de las PCB en productos finales o sistemas.

Las pruebas finales son fundamentales para garantizar la calidad y el rendimiento de las PCB ensambladas. La exhaustividad y la precisión en las pruebas son esenciales para minimizar problemas en la implementación y para garantizar la satisfacción del cliente.

Recuerda que el diseño de PCBs es un proceso que requiere experiencia y atención meticulosa a los detalles. Además, las reglas y los procedimientos pueden variar según el software de diseño y los requisitos específicos del proyecto. Si eres nuevo en el diseño de PCBs, es recomendable aprender a través de tutoriales y, si es posible, buscar la orientación de un experto en electrónica.

16. Sensores de proximidad y detección.

Los sensores de proximidad y detección son dispositivos diseñados para detectar la presencia o la proximidad de objetos, personas u otras entidades físicas en su entorno. Estos sensores se utilizan en una amplia variedad de aplicaciones industriales, comerciales y de consumo para automatizar procesos, mejorar la seguridad, ahorrar energía y brindar interacciones más intuitivas. A continuación, se presentan algunos tipos comunes de sensores de proximidad y detección:

Sensores de proximidad capacitivos:

Estos sensores detectan la proximidad de un objeto midiendo los cambios en la capacitancia eléctrica. Son eficaces para detectar materiales conductores y no conductores, como metales y plásticos. Los sensores de proximidad capacitivos son dispositivos utilizados para detectar la presencia o proximidad de objetos en su entorno. Funcionan midiendo los cambios en la capacitancia eléctrica, que es la capacidad de un objeto para almacenar carga eléctrica. Estos sensores son particularmente útiles para detectar materiales conductores y no conductores, como metales y plásticos, debido a su principio de funcionamiento.

La capacitancia eléctrica de un sensor capacitivo cambia cuando un objeto se acerca a él, lo que altera el campo eléctrico del sensor. Estos cambios en la capacitancia se convierten en señales eléctricas detectables que indican la presencia o ausencia del objeto.

Algunas de las aplicaciones comunes de los sensores de proximidad capacitivos incluyen:

Detección de objetos en líneas de ensamblaje industrial: Se utilizan para detectar la presencia de piezas en una línea de producción y controlar la automatización de maquinaria.

Pantallas táctiles: En las pantallas táctiles capacitivas de dispositivos como smartphones y tabletas, estos sensores detectan la proximidad de los dedos o stylus para permitir la interacción táctil.

Sistemas de seguridad: Pueden utilizarse en sistemas de seguridad para detectar la presencia de intrusos o personas en áreas restringidas.

Lavadoras y secadoras: Los sensores capacitivos se utilizan a menudo en electrodomésticos para detectar la cantidad de ropa en un tambor y ajustar el ciclo de lavado en consecuencia.

Control de iluminación: Pueden utilizarse en aplicaciones de control de iluminación para encender o apagar las luces cuando se detecta la presencia de personas.

Dispensadores automáticos: Los sensores capacitivos se utilizan para detectar la presencia de manos o recipientes en máquinas dispensadoras de productos como jabón o comida.

Los sensores de proximidad capacitivos son una tecnología versátil que se utiliza en una amplia variedad de aplicaciones para detectar objetos basándose en cambios en la capacitancia eléctrica. Su capacidad para detectar tanto materiales conductores como no conductores los hace valiosos en diversas industrias y aplicaciones.

Sensores de proximidad inductivos:

Utilizan campos magnéticos para detectar objetos metálicos. Cuando un objeto metálico se acerca al sensor, induce una corriente eléctrica en una bobina, lo que activa la detección.Los sensores de proximidad inductivos son dispositivos utilizados para detectar la presencia de objetos metálicos en su entorno. Utilizan campos magnéticos para llevar a cabo esta detección y se basan en el principio de la inducción electromagnética. Cuando un objeto metálico se acerca al sensor, induce una corriente eléctrica en una bobina dentro del sensor, lo que activa la detección de la presencia del objeto.

Características:

Detección de materiales metálicos: Estos sensores son altamente efectivos para detectar objetos de metal, ya que la mayoría de los metales son conductores y pueden inducir corrientes eléctricas en la bobina del sensor.

Sin contacto físico: Los sensores inductivos funcionan sin necesidad de contacto físico directo con el objeto que se está detectando, lo que los hace adecuados para aplicaciones donde se requiere evitar el desgaste o el contacto físico con el objeto.

Robustez y durabilidad: Son resistentes al polvo, la suciedad y la humedad, lo que los hace adecuados para entornos industriales adversos.

Aplicaciones comunes:

Automatización industrial: Se utilizan en líneas de producción y maquinaria industrial para detectar la presencia de piezas metálicas en la línea y controlar procesos de ensamblaje y fabricación.

Control de acceso: Los sensores inductivos se utilizan en sistemas de control de acceso para detectar tarjetas de acceso o llaves metálicas.

Elevadores y escaleras mecánicas: Se utilizan para detectar la presencia de personas o objetos en las puertas de elevadores y escaleras mecánicas, evitando cierres accidentales.

Control de inventario: En almacenes y entornos de logística, estos sensores pueden utilizarse para rastrear la presencia y el movimiento de objetos metálicos, como paletas y contenedores.

Detección de vehículos: Los sensores inductivos se emplean en sistemas de detección de vehículos en carreteras y estacionamientos para controlar el tráfico y el estacionamiento.

Los sensores de proximidad inductivos son una herramienta valiosa en aplicaciones industriales y de control que requieren la detección confiable de objetos metálicos sin necesidad de contacto físico. Su capacidad para trabajar en entornos difíciles y su eficacia en la detección de materiales metálicos los hace esenciales en diversas aplicaciones.

Sensores de proximidad ultrasónicos:

Emplean ondas ultrasónicas para medir la distancia a un objeto. Emiten un pulso ultrasónico y miden el tiempo que tarda en reflejarse en el objeto y volver al sensor. Son útiles para detectar objetos a distancias variables y en aplicaciones de medición de distancia. Los sensores de proximidad ultrasónicos son dispositivos que utilizan ondas ultrasónicas para medir la distancia entre el sensor y un objeto. Estos sensores emiten pulsos de sonido ultrasónico de alta frecuencia y miden el tiempo que tarda en regresar el eco de ese pulso después de haber rebotado en el objeto. A partir del tiempo de vuelo del eco, el sensor calcula la distancia al objeto con gran precisión.

Características:

Medición precisa de la distancia: Los sensores ultrasónicos son capaces de medir distancias con alta precisión, generalmente en el rango de unos pocos centímetros a varios metros, dependiendo del modelo y la configuración.

No dependen del material del objeto: A diferencia de los sensores de proximidad capacitivos o inductivos, los sensores ultrasónicos pueden detectar objetos de cualquier material, ya que la detección se basa en la reflexión de las ondas ultrasónicas.

Versatilidad: Son adecuados para una amplia gama de aplicaciones, desde la detección de objetos en la robótica y la automatización industrial hasta la medición de niveles de líquidos en tanques.

Aplicaciones comunes:

Robótica y automatización: Los sensores ultrasónicos se utilizan para la detección de obstáculos en robots móviles y en sistemas de control de maquinaria industrial.

Estacionamiento automático de vehículos: Estos sensores se utilizan en sistemas de estacionamiento automático para medir la distancia entre el vehículo y obstáculos, permitiendo un estacionamiento preciso y seguro.

Seguridad y alarmas: Los sensores ultrasónicos pueden utilizarse en sistemas de seguridad y alarmas para detectar la presencia de intrusos o movimientos no deseados en áreas protegidas.

Medición de nivel: Se utilizan en aplicaciones industriales y de control de procesos para medir el nivel de líquidos en tanques y recipientes.

Detección de objetos móviles: Son útiles para detectar la presencia de objetos en movimiento, como la detección de personas que se acercan a puertas automáticas.

Los sensores de proximidad ultrasónicos son herramientas versátiles que utilizan ondas ultrasónicas para medir la distancia a objetos con precisión. Sus aplicaciones son diversas y van desde la robótica hasta la automatización industrial y la seguridad, donde la detección precisa de la distancia es esencial.

Sensores de proximidad infrarrojos (IR):

Utilizan luz infrarroja para detectar objetos. Pueden ser activos (emisores y receptores separados) o pasivos (detectan la luz infrarroja reflejada). Se utilizan en aplicaciones como controles remotos y sistemas de seguridad. Los sensores de proximidad infrarrojos (IR) son dispositivos que utilizan luz infrarroja (IR) para detectar la presencia o proximidad de objetos en su entorno. Estos sensores emiten luz infrarroja y luego detectan la luz reflejada o la cantidad de luz recibida para determinar la distancia o la presencia de un objeto.

Aquí hay algunas características y aplicaciones comunes de los sensores de proximidad infrarrojos:

Características:

Funcionamiento sin contacto: Al igual que otros sensores de proximidad, los sensores IR operan sin necesidad de contacto físico directo con el objeto que se está detectando, lo que evita el desgaste y el contacto físico no deseado.

Detección de objetos: Estos sensores son efectivos para detectar objetos sólidos que reflejan la luz infrarroja, como personas, paredes u otros objetos sólidos.

Variedad de rangos de detección: Los sensores IR están disponibles en una variedad de rangos de detección, desde corta distancia (sensores de infrarrojos cercanos o NIR) hasta larga distancia (sensores de infrarrojos lejanos o FIR).

Aplicaciones comunes:

Control remoto: Los controles remotos utilizan sensores IR para enviar señales a dispositivos como televisores, reproductores de DVD y acondicionadores de aire.

Sensores de presencia: Se utilizan en sistemas de iluminación y calefacción automatizados para detectar la presencia de personas en una habitación y ajustar la iluminación o la temperatura en consecuencia.

Fotocélulas: Los sensores de proximidad infrarrojos se utilizan en fotocélulas para detectar obstáculos o interrupciones en un haz de luz IR, lo que se utiliza en sistemas de seguridad, como puertas automáticas y sistemas de alarma.

Sensores de movimiento: Los sensores IR también se utilizan en sistemas de seguridad y detección de movimiento para activar alarmas o cámaras cuando se detecta movimiento en un área vigilada.

Dispositivos de detección de límite: Se emplean en impresoras, escáneres y otros dispositivos para detectar los límites de movimiento de un componente, como el cabezal de impresión.

En resumen, los sensores de proximidad infrarrojos son dispositivos versátiles que utilizan luz infrarroja para detectar objetos y la presencia de personas en diversas aplicaciones, desde el control remoto hasta sistemas de seguridad y automatización. Su capacidad para operar sin contacto directo los hace ideales para muchas aplicaciones.

Sensores de proximidad láser:

Emplean un haz láser para medir distancias y detectar objetos. Son precisos y se utilizan en aplicaciones de alta precisión, como sistemas de medición de distancia y posicionamiento. Los sensores de proximidad láser son dispositivos que utilizan un haz láser para medir distancias y detectar objetos en su entorno. Estos sensores emiten un rayo láser y miden el tiempo que tarda en regresar el eco del rayo después de haber chocado con un objeto. A partir del tiempo de vuelo del rayo láser, el sensor calcula con precisión la distancia al objeto.

Características:

Alta precisión y velocidad: Los sensores láser ofrecen mediciones de distancia extremadamente precisas y rápidas, lo que los hace ideales para aplicaciones que requieren alta precisión y velocidad.

Rango ajustable: La mayoría de los sensores láser permiten ajustar su rango de detección, lo que les permite adaptarse a una variedad de aplicaciones y distancias.

Detección de objetos de cualquier material: A diferencia de algunos sensores que dependen de la conductividad o la reflexión de la luz, los sensores láser pueden detectar objetos de cualquier material siempre que sean lo suficientemente reflectantes para el láser.

Aplicaciones comunes:

Automatización industrial: Los sensores láser se utilizan en líneas de producción y sistemas de automatización industrial para medir distancias con precisión y controlar procesos.

Robótica: En la robótica, los sensores láser se utilizan para la navegación, la detección de obstáculos y la localización precisa de objetos.

Detección de objetos móviles: Los sensores láser se emplean en aplicaciones como la detección de personas o vehículos en sistemas de seguridad, puertas automáticas y sistemas de control de tráfico.

Topografía y cartografía: En aplicaciones de topografía y cartografía, los sensores láser se utilizan para medir distancias y generar mapas tridimensionales precisos de áreas geográficas.

Detección de nivel en líquidos y sólidos a granel: Los sensores láser pueden utilizarse para medir el nivel de líquidos en tanques y silos, así como para controlar el llenado de contenedores en aplicaciones industriales.

Escaneo 3D: Los sensores láser 3D permiten crear modelos tridimensionales detallados de objetos y entornos, lo que es útil en aplicaciones como la inspección de calidad y la ingeniería inversa.

Los sensores de proximidad láser son dispositivos de alta precisión que utilizan haces láser para medir distancias y detectar objetos en una amplia variedad de aplicaciones, desde la industria manufacturera hasta la robótica y la topografía. Su capacidad para proporcionar mediciones precisas a alta velocidad los hace esenciales en muchas aplicaciones modernas.

Sensores de proximidad por efecto Hall:

Detectan la presencia de campos magnéticos. Se utilizan para detectar objetos metálicos y para medir corrientes eléctricas en aplicaciones industriales. Los sensores de proximidad basados en el efecto Hall son dispositivos que detectan la presencia de campos magnéticos. El principio de funcionamiento se basa en el efecto Hall, que es un fenómeno físico en el cual una corriente eléctrica en un conductor se ve afectada por la presencia de un campo magnético perpendicular a la corriente. Cuando un campo magnético interactúa con un sensor de efecto Hall, se genera una señal eléctrica proporcional a la intensidad y dirección del campo magnético, lo que permite detectar objetos metálicos y medir corrientes eléctricas en diversas aplicaciones.

Características:

Detección de campos magnéticos: Los sensores de efecto Hall son altamente sensibles a los campos magnéticos y pueden detectar la presencia y la intensidad de los campos magnéticos en su entorno.

Sin contacto mecánico: A diferencia de algunos otros sensores de proximidad que requieren contacto físico o reflexión de luz, los sensores de efecto Hall funcionan sin contacto mecánico.

Amplio rango de aplicaciones: Pueden utilizarse para detectar objetos metálicos, medir corrientes eléctricas y controlar sistemas magnéticos, entre otras aplicaciones.

Aplicaciones comunes:

Detección de objetos metálicos: Los sensores de efecto Hall se utilizan en aplicaciones de detección de objetos metálicos, como interruptores de proximidad en la industria y sistemas de seguridad para detectar la apertura de puertas y ventanas.

Control de motores: En aplicaciones industriales, los sensores de efecto Hall se utilizan para medir la posición de los rotores en motores eléctricos y para controlar la velocidad y la dirección del motor.

Medición de corriente eléctrica: En aplicaciones industriales y de control, se emplean para medir corrientes eléctricas en circuitos, lo que permite el monitoreo y la protección de sistemas eléctricos.

Control de frenos y dirección en vehículos: En la industria automotriz, los sensores de efecto Hall se utilizan en sistemas de control de frenos y dirección para detectar la posición y el movimiento de componentes metálicos.

Control de sistemas magnéticos: También se utilizan en aplicaciones que involucran control de sistemas magnéticos, como elevadores magnéticos y sistemas de separación de materiales ferrosos.

Los sensores de proximidad por efecto Hall son dispositivos versátiles que detectan la presencia de campos magnéticos y tienen una amplia gama de aplicaciones en la detección de objetos metálicos, la medición de corrientes eléctricas y el control de sistemas magnéticos en diversos entornos industriales y tecnológicos.

Sensores de proximidad de microondas:

Emplean microondas para detectar objetos y medir distancias. Son adecuados para entornos en los que las condiciones ambientales pueden afectar la detección, como cambios de temperatura o humedad.Los sensores de proximidad de microondas son dispositivos que utilizan microondas para detectar objetos y medir distancias. Estos sensores emiten ondas de microondas y luego miden el tiempo que tarda en regresar el eco de esas ondas después de haber chocado con un objeto. A partir del tiempo de vuelo de las microondas, el sensor calcula con precisión la distancia al objeto.

Aquí hay algunas características y aplicaciones comunes de los sensores de proximidad de microondas:

Características:

Alta precisión y velocidad: Los sensores de microondas ofrecen mediciones de distancia extremadamente precisas y rápidas, lo que los hace adecuados para aplicaciones que requieren alta precisión y velocidad.

Tolerancia a condiciones ambientales: Son adecuados para entornos en los que las condiciones ambientales pueden afectar la detección, como cambios de temperatura, humedad, polvo y luz ambiental.

Detección a larga distancia: Los sensores de microondas pueden detectar objetos a distancias más largas en comparación con algunos otros sensores de proximidad.

Aplicaciones comunes:

Automatización industrial: Los sensores de proximidad de microondas se utilizan en líneas de producción y sistemas de automatización industrial para medir distancias con precisión y controlar procesos.

Detección de movimiento: Se utilizan en sistemas de seguridad y sistemas de iluminación para detectar la presencia de personas o vehículos en un área y activar las luces o las alarmas.

Control de acceso: En aplicaciones de control de acceso, los sensores de microondas pueden utilizarse para detectar la presencia de personas y permitir o denegar el acceso a áreas restringidas.

Sistemas de estacionamiento: Se utilizan en sistemas de estacionamiento para detectar la presencia de vehículos y guiarlos hacia espacios de estacionamiento disponibles.

Control de tráfico: En aplicaciones de control de tráfico, como semáforos y sistemas de detección de vehículos en intersecciones, los sensores de microondas se utilizan para medir la velocidad y detectar la presencia de vehículos.

Detección de objetos en movimiento: Son útiles para detectar la presencia y el movimiento de objetos en aplicaciones como la logística y la gestión de almacenes.

Los sensores de proximidad de microondas son dispositivos altamente precisos y versátiles que utilizan microondas para medir distancias y detectar objetos en una amplia gama de aplicaciones. Su capacidad para funcionar en entornos con condiciones ambientales variables los hace adecuados para aplicaciones donde otros sensores podrían no ser tan efectivos.

Sensores de proximidad de tipo capacitivo: Estos sensores detectan cambios en la capacitancia eléctrica causados por la presencia de un objeto cercano. Son comunes en aplicaciones de pantalla táctil y detección de objetos no metálicos. Los sensores de proximidad de tipo capacitivo son dispositivos que detectan cambios en la capacitancia eléctrica causados por la presencia de un objeto cercano. La capacitancia eléctrica es la capacidad de un objeto para almacenar carga eléctrica, y varía dependiendo de la distancia y las propiedades dieléctricas de los objetos cercanos.

El principio de funcionamiento de estos sensores se basa en la variación de la capacitancia entre dos placas o electrodos cuando un objeto se acerca a ellas. Cuando no hay ningún objeto cerca del sensor, la capacitancia es constante y se encuentra en un nivel base. Sin embargo, cuando un objeto se aproxima al sensor, este afecta el campo eléctrico entre las placas y provoca un cambio en la capacitancia. Este cambio es detectado por el sensor y se convierte en una señal eléctrica que indica la presencia del objeto.

Características:

Detección de objetos diversos: Los sensores capacitivos pueden detectar una amplia variedad de objetos, ya que su capacidad de detección no depende del material del objeto. Pueden detectar tanto materiales conductores como no conductores, como metales, plásticos, líquidos y otros.

Detección sin contacto: Estos sensores funcionan sin necesidad de contacto físico directo con el objeto que se está detectando, lo que evita el desgaste y el daño a los objetos.

Sensibilidad ajustable: Muchos sensores capacitivos permiten ajustar la sensibilidad para adaptarse a diferentes aplicaciones y distancias de detección.

Aplicaciones comunes:

Control de nivel de líquidos: Los sensores capacitivos se utilizan en aplicaciones industriales y domésticas para medir y controlar el nivel de líquidos en tanques y recipientes.

Detección de objetos en líneas de ensamblaje: Se utilizan en líneas de producción para detectar la presencia de piezas o productos en movimiento y controlar la automatización de la maquinaria.

Pantallas táctiles: En algunas pantallas táctiles capacitivas, se utilizan sensores capacitivos para detectar la presión de los dedos o stylus en la pantalla.

Sistemas de seguridad: Los sensores capacitivos se pueden utilizar en sistemas de seguridad para detectar la presencia de objetos o intrusos en áreas restringidas.

Detección de objetos en máquinas expendedoras: En máquinas expendedoras de productos como bebidas o snacks, los sensores capacitivos se utilizan para detectar la entrega exitosa del producto al usuario.

Los sensores de proximidad de tipo capacitivo son dispositivos versátiles que detectan cambios en la capacitancia eléctrica causados por la presencia de objetos cercanos, y son adecuados para una variedad de aplicaciones en la industria y la tecnología, donde se requiere la detección precisa de objetos sin contacto físico directo.

Sensores de proximidad ópticos: Utilizan luz visible o infrarroja para detectar objetos. Pueden ser de reflexión difusa (detectan la luz reflejada por un objeto) o de barrera (detectan la interrupción de un haz de luz entre un emisor y un receptor). Se utilizan en aplicaciones como sistemas de conteo y puertas automáticas. Los sensores de proximidad ópticos son dispositivos que utilizan luz visible o infrarroja para detectar objetos en su entorno. Estos sensores emiten luz y luego detectan los cambios en la luz reflejada o la cantidad de luz recibida para determinar la presencia o ausencia de un objeto y, en algunos casos, para medir la distancia al objeto. Dependiendo de su diseño y aplicación, estos sensores pueden funcionar utilizando varios principios y tecnologías ópticas.

Características:

Funcionamiento sin contacto: Al igual que otros sensores de proximidad, los sensores ópticos operan sin necesidad de contacto físico directo con el objeto que se está detectando, lo que evita el desgaste y el contacto no deseado.

Versatilidad en la detección: Los sensores ópticos pueden detectar una amplia variedad de objetos, desde superficies reflectantes hasta objetos no reflectantes, dependiendo de la tecnología y la configuración utilizadas.

Rango de detección ajustable: Muchos sensores ópticos permiten ajustar su rango de detección para adaptarse a diferentes aplicaciones y distancias.

Aplicaciones comunes:

Fotocélulas y sensores de barrera: Se utilizan en aplicaciones como sistemas de control de iluminación, sistemas de alarma, puertas automáticas y sistemas de detección de objetos en movimiento.

Fotointerruptores: Son útiles en aplicaciones donde se necesita detectar objetos que interrumpen un haz de luz, como en impresoras y dispositivos de conteo.

Fotodetectores de proximidad: Se utilizan en dispositivos electrónicos, como pantallas táctiles, para detectar la presencia de un dedo o un stylus y permitir la interacción con la pantalla.

Sensores de contraste: En aplicaciones industriales, los sensores ópticos de contraste detectan diferencias en la reflectividad de las superficies para verificar la calidad y la posición de productos en una línea de producción.

Detección de marcas y códigos de barras: Los sensores ópticos se utilizan en sistemas de lectura de códigos de barras y en aplicaciones de detección de marcas para identificar y rastrear productos y materiales.

Detección de nivel de líquidos: En aplicaciones de control de nivel, los sensores ópticos pueden utilizarse para detectar el nivel de líquidos en tanques y recipientes.

Los sensores de proximidad ópticos utilizan la luz visible o infrarroja para detectar objetos y pueden aplicarse en una amplia gama de industrias y aplicaciones, desde la automatización industrial hasta la electrónica de consumo y la detección de objetos en movimiento. Su versatilidad y capacidad para detectar diferentes tipos de objetos los hacen valiosos en muchas aplicaciones.

Sensores de proximidad de imagen: Utilizan cámaras y procesamiento de imágenes para detectar objetos y su posición. Son comunes en sistemas de visión artificial y robótica. Los sensores de proximidad de imagen son dispositivos que utilizan cámaras y procesamiento de imágenes para detectar objetos y su posición en el entorno. Estos sensores capturan imágenes de su entorno y luego procesan esas imágenes para identificar y rastrear objetos, medir distancias y determinar la posición de los objetos con respecto al sensor. Este enfoque permite una detección más avanzada y versátil en comparación con otros sensores de proximidad más simples.

Características:

Detección y seguimiento de objetos: Los sensores de proximidad de imagen pueden detectar y seguir objetos en tiempo real, lo que les permite identificar y rastrear la posición y el movimiento de los objetos.

Alta precisión: Estos sensores pueden proporcionar mediciones precisas de distancia y posición, lo que los hace adecuados para aplicaciones donde la precisión es crítica.

Capacidad para detectar múltiples objetos: Pueden detectar y seguir múltiples objetos simultáneamente, lo que los hace útiles en aplicaciones con múltiples elementos móviles.

Aplicaciones comunes:

Automatización industrial: Los sensores de proximidad de imagen se utilizan en la robótica y la automatización industrial para detectar objetos en líneas de producción, guiar robots y sistemas de manipulación, y realizar inspecciones de calidad visual.

Vehículos autónomos: En vehículos autónomos, como automóviles autónomos y drones, los sensores de proximidad de imagen se utilizan para la detección de obstáculos y para navegar de manera segura en entornos dinámicos.

Realidad aumentada y virtual: En aplicaciones de realidad aumentada y virtual, los sensores de proximidad de imagen se utilizan para rastrear la posición y el movimiento de los usuarios y los objetos del entorno.

Seguridad y vigilancia: Se utilizan en sistemas de seguridad y vigilancia para detectar la presencia de personas u objetos en áreas protegidas y realizar un seguimiento de eventos sospechosos.

Sistemas de seguimiento ocular: En la investigación médica y en la industria de la tecnología, se utilizan para el seguimiento ocular y la detección de movimientos oculares en dispositivos de asistencia visual y sistemas de interfaz hombre-máquina.

Juegos y entretenimiento: Los sensores de proximidad de imagen se utilizan en aplicaciones de juegos y entretenimiento para detectar los movimientos de los jugadores y permitir la interacción con el juego o la aplicación.

Los sensores de proximidad de imagen aprovechan la tecnología de cámaras y el procesamiento de imágenes para detectar objetos, medir distancias y rastrear la posición de los objetos en una amplia gama de aplicaciones, desde la automatización industrial hasta la realidad aumentada y la seguridad. Su capacidad para proporcionar información visual detallada los hace ideales para aplicaciones avanzadas de detección y seguimiento.

17. Sensores de temperatura y presión.

Los sensores de temperatura y presión son dispositivos utilizados para medir y monitorear la temperatura y la presión en diversas aplicaciones. Estos sensores son fundamentales en una amplia variedad de industrias, desde la automatización industrial hasta la meteorología y la instrumentación médica. Aquí te proporciono una breve descripción de ambos tipos de sensores:

Sensores de temperatura:

Termopares: Los termopares son sensores de temperatura que funcionan midiendo la diferencia de voltaje generada cuando dos metales diferentes se unen en un extremo y se exponen a una temperatura. La relación entre la diferencia de voltaje y la temperatura se utiliza para calcular la temperatura. . Los termopares son sensores de temperatura que se basan en el principio de efecto Seebeck, que establece que cuando dos metales diferentes se unen en un extremo y se exponen a una diferencia de temperatura, se genera una diferencia de voltaje (una fuerza electromotriz o FEM) en el otro extremo del termopar. Esta FEM es proporcional a la diferencia de temperatura entre los dos extremos del termopar.

Los termopares son ampliamente utilizados en aplicaciones industriales y científicas debido a su simplicidad, durabilidad y capacidad para medir temperaturas en un rango amplio, desde temperaturas extremadamente bajas hasta temperaturas extremadamente altas. Además, pueden ser muy sensibles a las variaciones de temperatura, lo que los hace útiles en aplicaciones donde se requiere una respuesta rápida a los cambios de temperatura.

Es importante destacar que diferentes tipos de metales o aleaciones se utilizan en termopares, y cada tipo tiene sus propias características de rendimiento y rango de temperatura. Los tipos de termopares más comunes incluyen el tipo K (cromel-alumel), el tipo J (hierro-constantán), el tipo T (cobre-constantán) y muchos otros. La elección del tipo de termopar dependerá de los requisitos específicos de la aplicación y del rango de temperatura que se necesita medir.

Termorresistencias (RTD): Las termorresistencias, como la PT100, son sensores que utilizan un material con una resistencia eléctrica conocida que cambia de manera predecible con la temperatura. La resistencia eléctrica se mide y se convierte en una lectura de temperatura. Las RTD son sensores de temperatura que utilizan un material conductor cuya resistencia eléctrica cambia de manera predecible con la temperatura. La RTD más comúnmente utilizada es la PT100, que se basa en el platino (Pt) como material conductor.

El principio básico de funcionamiento de una RTD es que la resistencia eléctrica del platino (u otro material conductor utilizado en RTD) aumenta de manera lineal con el aumento de la temperatura. Esto se conoce como coeficiente de temperatura positivo. A medida que la temperatura aumenta, la resistencia eléctrica de la RTD también aumenta de acuerdo con una relación conocida.

La relación entre la resistencia eléctrica y la temperatura en una RTD se describe mediante una ecuación de calibración específica, que se basa en la variación predecible de la resistencia con la temperatura. La PT100, por ejemplo, tiene una resistencia de 100 ohmios a 0 grados Celsius y cambia aproximadamente 0.385 ohmios por grado Celsius.

Las RTD son conocidas por su precisión y estabilidad en una amplia gama de temperaturas. Son especialmente adecuadas para aplicaciones que requieren mediciones de temperatura precisas y en entornos donde se necesita un alto nivel de exactitud. Sin embargo, suelen ser más costosas que otros tipos de sensores de temperatura como los termopares, pero ofrecen ventajas en términos de precisión y linealidad. Las RTD se utilizan en laboratorios, aplicaciones industriales, sistemas de control de procesos y en muchas otras áreas donde la precisión en la medición de temperatura es esencial.

Termistores: Los termistores son dispositivos que tienen una resistencia que varía drásticamente con la temperatura. Vienen en dos tipos principales: PTC (coeficiente de temperatura positivo) y NTC (coeficiente de temperatura negativo). Se utilizan en aplicaciones que requieren una alta sensibilidad a los cambios de temperatura. Los termistores son dispositivos electrónicos que tienen una resistencia eléctrica que cambia de manera significativa y no lineal con la temperatura. A diferencia de las termorresistencias (RTD), que tienen un coeficiente de temperatura positivo y cambian su resistencia de manera lineal con la temperatura, los termistores tienen un coeficiente de temperatura negativo (NTC) o un coeficiente de temperatura positivo (PTC), dependiendo de su diseño y aplicación.

Termistores NTC (Coeficiente de Temperatura Negativo):

Los termistores NTC tienen una resistencia eléctrica que disminuye a medida que la temperatura aumenta. Esto significa que son más sensibles a los cambios de temperatura en la parte inferior de su rango de operación y menos sensibles en la parte superior.

Se utilizan comúnmente en aplicaciones donde se necesita una respuesta rápida a cambios de temperatura, como en termostatos y sistemas de control de temperatura.

Termistores PTC (Coeficiente de Temperatura Positivo):

Los termistores PTC, por otro lado, tienen una resistencia eléctrica que aumenta drásticamente cuando la temperatura supera un cierto punto crítico. Esto los hace útiles en aplicaciones de protección contra sobrecalentamiento.

Se utilizan en dispositivos de protección, como los limitadores de corriente de entrada (ICL) en cargadores de batería y en sistemas de protección contra sobrecalentamiento en electrodomésticos.

Debido a su comportamiento no lineal, los termistores son especialmente adecuados para aplicaciones en las que se necesita una detección rápida de cambios de temperatura en un rango específico. Sin embargo, la calibración y el uso de termistores pueden ser más complicados que con otros tipos de sensores de temperatura, como las termorresistencias o los termopares, debido a su respuesta no lineal.

Sensores de presión:

Sensores de presión piezorresistivos: Estos sensores utilizan un material piezorresistivo que cambia su resistencia eléctrica cuando se aplica presión sobre él. La magnitud de la resistencia cambia en respuesta a la presión, lo que permite medirla.Los sensores de presión piezorresistivos son dispositivos utilizados para medir la presión y se basan en el principio de que la resistencia eléctrica de ciertos materiales cambia en respuesta a la deformación mecánica causada por la presión aplicada. Estos sensores son muy comunes en una amplia variedad de aplicaciones industriales y de consumo debido a su precisión, sensibilidad y durabilidad. Aquí tienes una descripción más detallada de cómo funcionan:

Material piezorresistivo: En el corazón de un sensor de presión piezorresistivo se encuentra un material piezorresistivo, que es un material semiconductor, como el silicio, que exhibe cambios en su resistencia eléctrica cuando se somete a tensiones mecánicas. Este material se coloca de manera que esté expuesto a la presión que se desea medir.

Deformación bajo presión: Cuando la presión se aplica al sensor, este experimenta una deformación mecánica. La deformación hace que el material piezorresistivo se estire o comprima, lo que a su vez provoca un cambio en su resistencia eléctrica.

Medición de la resistencia: La resistencia eléctrica del material piezorresistivo se mide utilizando un circuito electrónico incorporado en el sensor. Este circuito convierte el cambio en la resistencia en una señal eléctrica, que puede ser amplificada y procesada para obtener una lectura de la presión aplicada.

Salida proporcional a la presión: La magnitud de la resistencia eléctrica del material piezorresistivo cambia de manera proporcional a la presión aplicada. Por lo tanto, la señal eléctrica generada por el sensor es directamente proporcional a la presión, lo que permite medir y registrar con precisión la presión en la aplicación.

Estos sensores son utilizados en una amplia gama de aplicaciones, como la industria automotriz, la industria aeroespacial, la monitorización de procesos industriales, la medicina (por ejemplo, en la medición de la presión arterial), y en aplicaciones de automatización y control. Debido a su sensibilidad y capacidad para medir presiones con precisión, son fundamentales en muchas tecnologías y sistemas modernos.

Sensores capacitivos de presión: Estos sensores miden la presión al evaluar la variación en la capacitancia de un condensador que cambia con la presión aplicada. El cambio en la capacitancia se convierte en una lectura de presión.Los sensores capacitivos de presión son dispositivos utilizados para medir la presión mediante cambios en la capacitancia eléctrica de un condensador que varía en función de la presión aplicada. Estos sensores son especialmente útiles en aplicaciones en las que se requiere alta precisión y estabilidad en las mediciones de presión. Aquí se describe cómo funcionan los sensores capacitivos de presión:

Estructura del sensor: Un sensor capacitivo de presión consta de dos placas conductoras, una de las cuales es flexible y puede deformarse bajo la presión aplicada. Estas placas forman un condensador, con el espacio entre ellas lleno de un dieléctrico.

Cambios en la distancia entre placas: Cuando se aplica presión sobre el sensor, la placa flexible se deforma, lo que cambia la distancia entre las placas del condensador. A medida que esta distancia varía, la capacitancia del condensador también cambia.

Medición de la capacitancia: Un circuito electrónico incorporado en el sensor mide la capacitancia del condensador de manera continua. La capacitancia es inversamente proporcional a la distancia entre las placas: a menor distancia, mayor capacitancia; a mayor distancia, menor capacitancia.

Conversión en lectura de presión: La variación de la capacitancia se convierte en una lectura de presión utilizando una relación conocida entre la presión y la capacitancia. Esta relación se establece durante la calibración del sensor y puede ser lineal o no lineal, dependiendo del diseño del sensor y la aplicación.

Salida de datos: La lectura de presión se muestra o se envía a un sistema de control o registro de datos para su procesamiento y visualización.

Los sensores capacitivos de presión ofrecen varias ventajas, como alta precisión, respuesta rápida, alta estabilidad a largo plazo y resistencia a sobrecargas de presión. Son adecuados para aplicaciones en las que se requieren mediciones precisas de presión, como sistemas de medición de nivel de líquidos, sistemas de monitorización médica, sistemas de control de procesos industriales y sistemas de seguridad en vehículos.

Es importante destacar que la calibración y la compensación de temperatura son factores críticos para garantizar la precisión y la estabilidad de los sensores capacitivos de presión, ya que la capacitancia puede verse afectada por cambios en la temperatura ambiente.

Sensores de presión piezoeléctricos: Los sensores piezoeléctricos utilizan cristales piezoeléctricos que generan una carga eléctrica cuando se aplica presión. La carga eléctrica generada se convierte en una lectura de presión. Los sensores de presión piezoeléctricos son dispositivos que utilizan materiales piezoeléctricos para medir la presión mediante la generación de una carga eléctrica cuando se aplica presión mecánica sobre ellos. Estos sensores son ampliamente utilizados en una variedad de aplicaciones debido a su alta sensibilidad, respuesta rápida y capacidad para medir presiones en una amplia gama de condiciones. Aquí se explica cómo funcionan los sensores de presión piezoeléctricos:

Material piezoeléctrico: El componente clave de un sensor de presión piezoeléctrico es un material piezoeléctrico, como el cuarzo o ciertas cerámicas, que tiene la propiedad de generar una carga eléctrica cuando se deforma mecánicamente.

Montaje del material piezoeléctrico: El material piezoeléctrico se coloca en una estructura que permite la aplicación de presión mecánica. La presión se ejerce sobre el material mediante una membrana o diafragma que se flexiona cuando se aplica la presión.

Generación de carga eléctrica: Cuando la membrana o el diafragma se deforma debido a la presión aplicada, el material piezoeléctrico en su interior se estira o comprime, lo que genera una carga eléctrica en sus superficies. Esta carga eléctrica es proporcional a la magnitud de la presión aplicada.

Medición de la carga eléctrica: La carga eléctrica generada se mide utilizando electrodos colocados en el material piezoeléctrico. Un circuito electrónico incorporado en el sensor amplifica y procesa la señal eléctrica resultante.

Conversión en lectura de presión: La carga eléctrica medida se convierte en una lectura de presión utilizando una relación conocida entre la carga y la presión. Esta relación se establece durante la calibración del sensor y puede ser lineal o no lineal, según el diseño del sensor y la aplicación.

Salida de datos: La lectura de presión se muestra o se envía a un sistema de control o registro de datos para su procesamiento y visualización.

Los sensores de presión piezoeléctricos son apreciados por su alta sensibilidad y capacidad para medir presiones dinámicas y rápidos cambios de presión. Se utilizan en una amplia variedad de aplicaciones, como la monitorización de procesos industriales, sistemas de seguridad en vehículos, pruebas de impacto, control de calidad, monitorización médica (por ejemplo, en catéteres intravasculares) y en instrumentación científica para medir fuerzas y presiones precisas.

Sensores de presión de membrana: Estos sensores emplean una membrana flexible que se deforma bajo la presión aplicada. La deformación se mide generalmente mediante un transductor, como una resistencia, que convierte el cambio en una señal eléctrica. Los sensores de presión de membrana son dispositivos utilizados para medir la presión en una amplia variedad de aplicaciones. Estos sensores se basan en el principio de que una membrana flexible se deforma cuando se aplica presión sobre ella, y esta deformación se traduce en una señal eléctrica que se utiliza para medir la presión. Aquí se explica cómo funcionan los sensores de presión de membrana:

Membrana flexible: El componente principal de un sensor de presión de membrana es una membrana delgada y flexible, generalmente hecha de materiales como silicona, silicio, acero inoxidable o materiales poliméricos. Esta membrana está diseñada para deformarse bajo la presión aplicada.

Celda de presión: La membrana flexible se coloca en una celda de presión que sella un espacio de aire o un fluido. Cuando se aplica presión sobre la membrana, esta se deforma, causando un cambio en el volumen del espacio sellado.

Transductor de presión: Dentro de la celda de presión, hay un transductor que mide el cambio de volumen causado por la deformación de la membrana. Esto puede hacerse mediante diferentes tecnologías, como piezoresistores, sensores capacitivos o piezoeléctricos.

Generación de señal eléctrica: El transductor convierte la deformación de la membrana en una señal eléctrica, como una variación de resistencia, capacitancia o voltaje, que es proporcional a la presión aplicada.

Acondicionamiento de la señal: La señal eléctrica generada se acondiciona electrónicamente para eliminar el ruido, amplificarla y convertirla en una lectura de presión que pueda ser interpretada por un sistema de visualización o control.

Salida de datos: La lectura de presión se muestra o se envía a un sistema de control, registro de datos o visualización para su procesamiento y uso.

Los sensores de presión de membrana son ampliamente utilizados en una variedad de aplicaciones, como la monitorización de procesos industriales, sistemas de control de presión en sistemas hidráulicos y neumáticos, aplicaciones médicas (como monitores de presión arterial y catéteres de presión), sistemas de automatización, control de nivel en tanques, sistemas de seguridad en vehículos y en muchas otras aplicaciones donde se requiere una medición precisa de la presión. La elección del tipo de sensor de membrana y su tecnología de transducción depende de los requisitos específicos de la aplicación y del rango de presión a medir.

Ambos tipos de sensores, los de temperatura y los de presión, son esenciales en una amplia gama de aplicaciones industriales, científicas y de consumo para controlar y monitorear condiciones ambientales y procesos. La elección del sensor adecuado depende de la aplicación específica y de los requisitos de precisión y rango de medición.

18. Sensores de luz y visión artificial

Los sensores de luz y la visión artificial son tecnologías que desempeñan un papel crucial en una amplia gama de aplicaciones, desde la detección de luz en cámaras y cámaras de teléfonos inteligentes hasta sistemas avanzados de control industrial y vehículos autónomos. A continuación, se describen ambos conceptos:

Sensores de Luz:

Fotodetectores: Los fotodetectores son dispositivos que convierten la luz incidente en una señal eléctrica. Ejemplos comunes incluyen fotodiodos y fototransistores. Se utilizan en aplicaciones como fotoceldas para detectar la presencia de luz o para medir la intensidad de la luz en una escena.

Fotocélulas: Las fotocélulas son sensores de luz que se utilizan para detectar cambios en la intensidad de la luz. Se utilizan en sistemas de iluminación automática, como farolas que se encienden al anochecer y se apagan al amanecer.

Fotodiodos de Silicio (Fotodiodos PIN): Estos fotodetectores de silicio son sensibles a la luz visible y a otras longitudes de onda. Se utilizan en cámaras digitales y sistemas de detección de luz en aplicaciones electrónicas.

Fotomultiplicadores: Los fotomultiplicadores son dispositivos altamente sensibles que amplifican la señal de luz incidente. Se utilizan en aplicaciones de detección de luz débil, como espectroscopía y detección de partículas subatómico. Los sensores de luz, también conocidos como fotodetectores o fotosensores, son dispositivos electrónicos que detectan la presencia o la intensidad de la luz en su entorno y convierten esta información en una señal eléctrica. Estos sensores son ampliamente utilizados en una variedad de aplicaciones para medir y controlar la luz ambiental. A continuación, se describen algunos tipos comunes de sensores de luz:

Fotodiodo: El fotodiodo es uno de los sensores de luz más simples y comunes. Cuando la luz incide sobre él, genera una corriente eléctrica. La intensidad de la corriente está relacionada con la intensidad de la luz incidente. Los fotodiodos se utilizan en aplicaciones como fotoceldas, sistemas de control de iluminación y en cámaras para medir la exposición de la luz.

Fototransistor: El fototransistor es una variante del fotodiodo con amplificación interna. Cuando la luz golpea el fototransistor, se produce una corriente que puede amplificarse para un mayor control. Se utiliza en aplicaciones donde se necesita una detección más sensible, como en sensores de proximidad y sistemas de alarma.

Fotorresistor (LDR - Light-Dependent Resistor): Los fotorresistores son componentes cuya resistencia eléctrica cambia en función de la cantidad de luz incidente. Su resistencia disminuye a medida que aumenta la intensidad de la luz. Se utilizan en sistemas de control de iluminación, como lámparas que se encienden automáticamente al anochecer.

Fotodiodo de Avalancha (APD - Avalanche Photodiode): Los APD son fotodiodos que aprovechan el efecto de avalancha para proporcionar una mayor amplificación de la señal. Son utilizados en aplicaciones que requieren detección de luz débil, como sistemas de comunicación óptica de alta velocidad.

Fotocapacitor: Los fotocapacitores se basan en cambios en la capacitancia en función de la luz incidente. La cantidad de luz afecta la capacidad de almacenamiento de carga del fotocapacitor. Se utilizan en aplicaciones de medición de luz precisa y en cámaras de alta gama.

Fotodiodo de Silicio de Avalancha (SiPM - Silicon Photomultiplier): SiPM es un detector altamente sensible utilizado en aplicaciones que requieren una detección precisa de fotones individuales, como en la espectroscopía de imágenes médicas y física de partículas.

Fotodetectores de Estado Sólido: Estos dispositivos utilizan semiconductores como material fotosensible y son ampliamente utilizados en electrónica de consumo, como cámaras digitales y sensores de luz en dispositivos móviles.

Las aplicaciones de los sensores de luz abarcan diversas áreas, desde la automatización industrial y la electrónica de consumo hasta la seguridad y la medicina. Estos dispositivos son fundamentales en sistemas de control de iluminación, sistemas de seguridad, dispositivos de imagen y una amplia variedad de tecnologías que dependen de la detección y medición de la luz ambiental.

Visión Artificial:

Cámaras y Sensores de Imagen: La visión artificial implica el uso de cámaras y sensores de imagen para adquirir datos visuales de un entorno. Estos datos se utilizan para análisis y procesamiento posterior.las cámaras y sensores de imagen son componentes fundamentales en la visión artificial, ya que permiten la adquisición de datos visuales que posteriormente se procesan y analizan para diversas aplicaciones. Aquí se destacan algunos aspectos clave relacionados con el uso de cámaras y sensores de imagen en la visión artificial:

Tipos de Cámaras:

Cámaras RGB: Estas cámaras capturan imágenes en color utilizando sensores de imagen que registran la intensidad de la luz en las tres bandas de color primarias: rojo, verde y azul. Son ampliamente utilizadas en aplicaciones de visión artificial.

Cámaras Multiespectrales e Hiperespectrales: Estas cámaras capturan información en múltiples bandas espectrales, lo que permite analizar la reflectancia de diferentes materiales en la escena. Se utilizan en agricultura, detección de vegetación y aplicaciones ambientales.

Cámaras Térmicas (Infrarrojas): Estas cámaras detectan la radiación térmica en lugar de la luz visible, lo que les permite capturar imágenes basadas en la temperatura. Se utilizan en aplicaciones como la inspección termográfica y la detección de calor corporal.

Cámaras 3D y Lidar: Estos sensores capturan información tridimensional sobre la escena mediante la emisión de luz láser o la proyección de patrones de luz estructurada. Son esenciales para la percepción y navegación de vehículos autónomos y la creación de mapas 3D.

Sensores de Imagen: Además de las cámaras tradicionales, existen sensores de imagen que se utilizan en aplicaciones específicas. Por ejemplo, los sensores CMOS (complementary metal-oxide-semiconductor) y CCD (charge-coupled device) se encuentran entre los más comunes para la captura de imágenes.

Resolución: La resolución de la cámara se refiere a la cantidad de píxeles en una imagen. Una mayor resolución permite capturar detalles más finos, pero también puede requerir más capacidad de procesamiento. En aplicaciones de visión artificial, la elección de la resolución es crítica.

Velocidad de Captura: En algunas aplicaciones, como el seguimiento de objetos en tiempo real o la inspección de productos en línea, la velocidad de captura de imágenes es fundamental. Las cámaras de alta velocidad son esenciales en tales casos.

Calibración de Cámaras: Para lograr mediciones precisas y una percepción 3D precisa, es importante calibrar las cámaras y los sensores de imagen para corregir distorsiones y errores geométricos.

Sensores de Profundidad: Estos sensores, como el sensor Kinect de Microsoft o los sensores LiDAR, miden la distancia entre la cámara y los objetos en la escena. Son cruciales en aplicaciones de realidad aumentada, detección de obstáculos y navegación de robots.

Sincronización de Múltiples Cámaras: En algunas aplicaciones, se utilizan múltiples cámaras para capturar una vista más completa de la escena. La sincronización precisa de estas cámaras es importante para un análisis coherente.

En resumen, las cámaras y sensores de imagen son componentes esenciales en la visión artificial, ya que proporcionan los datos visuales necesarios para el análisis y procesamiento de información. La elección de la cámara o el sensor adecuado depende de la aplicación específica y los requisitos de resolución, velocidad y precisión.

Procesamiento de Imagen: Los sistemas de visión artificial utilizan algoritmos y software para procesar y analizar imágenes y videos. Esto puede incluir la detección de objetos, reconocimiento de patrones, seguimiento de movimiento y más.el procesamiento de imágenes es una parte fundamental de los sistemas de visión artificial. Implica el uso de algoritmos y software para analizar y modificar imágenes y videos capturados por cámaras y sensores de imagen. A continuación, se detallan los aspectos clave del procesamiento de imágenes en la visión artificial:

Mejora de Imágenes:

Corrección de Color y Contraste: Los algoritmos de procesamiento de imágenes pueden ajustar el color y el contraste de una imagen para mejorar la visibilidad de detalles.

Filtrado de Ruido: Se aplican filtros para reducir el ruido en las imágenes, mejorando así la calidad de la imagen.

Reducción de Artefactos: Los artefactos como el efecto de ojo de pez o la distorsión se pueden corregir para obtener imágenes más precisas.

Detección de Características:

Detección de Bordes: Los algoritmos identifican cambios abruptos en la intensidad de los píxeles para detectar bordes y contornos.

Detección de Esquinas: Se buscan esquinas y puntos de interés en la imagen que pueden ser útiles para el seguimiento y el reconocimiento de patrones.

Extracción de Descriptores: Se extraen características descriptivas de las regiones de interés para su posterior análisis y comparación.

Segmentación de Imágenes:

Segmentación de Objetos: Se divide la imagen en regiones que representan objetos individuales. Esto es útil para la detección y seguimiento de objetos.

Segmentación de Color: Se identifican regiones con colores específicos en la imagen.

Segmentación de Texturas: Se detectan regiones con texturas similares.

Reconocimiento de Patrones:

Clasificación de Objetos: Se utiliza el aprendizaje automático y las redes neuronales para clasificar objetos en la imagen en categorías predefinidas.

Reconocimiento de Características: Se identifican patrones específicos, como rostros, letras o números, en la imagen.

Coincidencia de Plantillas: Se comparan regiones de la imagen con plantillas predefinidas para identificar objetos.

Filtrado y Mejora de Datos:

Filtrado Espacial: Se aplican filtros espaciales, como el filtro de mediana o el filtro Gaussiano, para suavizar o realzar características.

Filtrado de Frecuencia: Se pueden eliminar componentes de alta frecuencia en la imagen para reducir el ruido o destacar detalles.

Transformaciones de Imagen:

Transformación Geométrica: Se realizan transformaciones como rotaciones, escalas y traslaciones para alinear objetos o corregir distorsiones.

Transformación de Color: Se pueden cambiar los espacios de color de una imagen.

Análisis de Movimiento:

Seguimiento de Objetos: Se sigue el movimiento de objetos en secuencias de video.

Flujo Óptico: Se calcula el flujo de movimiento de los píxeles en la imagen.

Análisis de Texto e OCR: Se detecta y reconoce texto en imágenes, lo que es útil para aplicaciones como la lectura de matrículas de automóviles.

Reconstrucción 3D: Se utiliza la información de múltiples imágenes o sensores para crear representaciones tridimensionales de objetos o escenas.

Generación de Información Visual: Se pueden generar imágenes sintéticas o realistas mediante técnicas de síntesis de imágenes.

El procesamiento de imágenes en la visión artificial permite extraer información significativa de datos visuales y se utiliza en una amplia variedad de aplicaciones, como la detección de objetos, la navegación de vehículos autónomos, la seguridad, la medicina y la industria. Los algoritmos y técnicas de procesamiento de imágenes son una parte esencial de la inteligencia artificial y continúan evolucionando con el tiempo.

Reconocimiento de Objetos: La visión artificial se utiliza para identificar y clasificar objetos en imágenes o videos. Esto es esencial en aplicaciones como la detección de rostros, reconocimiento de placas de matrícula, inspección de productos y seguridad.

Navegación de Vehículos Autónomos: Los vehículos autónomos utilizan sistemas avanzados de visión artificial, como cámaras y sensores LiDAR, para detectar y responder al entorno circundante y navegar de manera segura.

Robótica: Los robots utilizan la visión artificial para interactuar con su entorno y llevar a cabo tareas como el ensamblaje, la clasificación de objetos y la navegación en entornos no estructurados.

Control de Calidad Industrial: En la fabricación, la visión artificial se utiliza para inspeccionar productos y garantizar la calidad, detectando defectos y desviaciones de las especificaciones.

Medicina y Diagnóstico: La visión artificial se utiliza en aplicaciones médicas para el diagnóstico, como la detección temprana de enfermedades a través de imágenes médicas.

Realidad Aumentada (AR) y Realidad Virtual (VR): La visión artificial se combina con AR y VR para superponer información digital en el mundo real o crear entornos virtuales inmersivos.la combinación de visión artificial con Realidad Aumentada (AR) y Realidad Virtual (VR) ha dado lugar a experiencias interactivas y aplicaciones emocionantes en una variedad de campos.

Realidad Aumentada (AR):

Superposición de Información: La visión artificial se utiliza para identificar y rastrear objetos en el mundo real, como marcadores visuales o características únicas en una escena. Luego, la AR superpone información digital, como imágenes, videos, texto o gráficos, en tiempo real sobre la vista del usuario a través de un dispositivo, como un smartphone, unas gafas o un casco AR.

Reconocimiento de Objetos y Marcadores: La visión artificial se encarga de identificar y reconocer objetos, marcadores o superficies donde se proyectará la información digital. Esto permite que la AR interactúe de manera precisa con el entorno físico del usuario.

Seguimiento de Movimiento: Los algoritmos de seguimiento de movimiento se utilizan para que los objetos digitales se mantengan en su lugar y se muevan de manera coherente con la perspectiva del usuario mientras este se mueve en el espacio físico.

Ejemplos de Aplicación: La AR se aplica en juegos, aplicaciones educativas, asistencia en el trabajo, navegación, publicidad interactiva, diseño y presentación de productos, y en aplicaciones médicas para la visualización de datos y procedimientos quirúrgicos.

Realidad Virtual (VR):

Recreación de Entornos Virtuales: La visión artificial se utiliza para rastrear los movimientos de la cabeza y el cuerpo del usuario dentro de un entorno virtual creado digitalmente. Esto permite que el usuario explore y se mueva por entornos virtuales de manera natural.

Interacción con Objetos Virtuales: Los sensores de visión y los controladores de mano con capacidad de seguimiento permiten que los usuarios interactúen con objetos virtuales en el mundo virtual.

Simulación de Experiencias Inmersivas: La VR se utiliza en juegos, simulación de entrenamiento, terapia virtual, diseño y arquitectura, medicina, turismo virtual y otras aplicaciones donde la inmersión completa en un entorno digital es esencial.

Ejemplos de Sensores en VR: Sensores de seguimiento de cabeza (para el seguimiento de la orientación y posición de la cabeza), sensores de movimiento (para el seguimiento de movimientos corporales), sensores de proximidad (para detectar objetos cercanos), y cámaras de seguimiento (para el seguimiento de controladores y objetos).

La combinación de visión artificial con AR y VR ha abierto nuevas posibilidades en la forma en que interactuamos con el mundo digital y el mundo físico. Estas tecnologías se utilizan en una amplia gama de aplicaciones, desde entretenimiento y educación hasta entrenamiento industrial y medicina, y continúan avanzando para brindar experiencias más inmersivas y valiosas.

La visión artificial, también conocida como visión por computadora, es un campo de la inteligencia artificial (IA) que se centra en el desarrollo de sistemas y algoritmos que permiten a las máquinas "ver" y entender imágenes y videos de la misma manera que lo hacen los seres humanos. La visión artificial se basa en el procesamiento y análisis de datos visuales capturados por cámaras y sensores de imagen. Aquí hay algunos conceptos clave relacionados con la visión artificial:

Adquisición de Imágenes y Videos: La visión artificial comienza con la adquisición de datos visuales a través de cámaras y sensores de imagen. Estos dispositivos capturan imágenes estáticas o secuencias de video que luego se utilizan para el análisis.

Preprocesamiento de Imágenes: Antes de que las imágenes puedan ser analizadas, a menudo se someten a una serie de pasos de preprocesamiento. Esto puede incluir la corrección de la exposición, el ajuste del contraste y la eliminación de ruido para mejorar la calidad de las imágenes.

Detección de Características: Uno de los aspectos fundamentales de la visión artificial es la detección de características en las imágenes. Esto implica identificar objetos, bordes, formas, colores y otros elementos clave en las imágenes.

Reconocimiento de Patrones: La visión artificial utiliza algoritmos de reconocimiento de patrones para identificar objetos y patrones específicos en las imágenes. Esto se utiliza en aplicaciones como el reconocimiento de rostros, reconocimiento de escritura a mano, clasificación de objetos y más.

Seguimiento de Movimiento: La visión artificial permite el seguimiento de objetos en secuencias de video. Esto es útil en aplicaciones como la vigilancia, la navegación de vehículos autónomos y el seguimiento de objetos en tiempo real.

Segmentación de Imágenes: La segmentación implica dividir una imagen en regiones o elementos más pequeños. Esto se utiliza en aplicaciones como la detección de contornos, la segmentación de objetos y la extracción de características.

Reconstrucción 3D: La visión artificial también se utiliza para crear representaciones tridimensionales de objetos y escenas a partir de imágenes bidimensionales. Esto es útil en aplicaciones como la realidad aumentada y la inspección de objetos en 3D.

Aplicaciones de Visión Artificial: La visión artificial se aplica en una amplia variedad de campos, como la medicina (diagnóstico por imagen), la automatización industrial (inspección de calidad), la robótica (navegación de robots), la seguridad (reconocimiento facial), el transporte (vehículos autónomos) y más.

Aprendizaje Profundo: El aprendizaje profundo (deep learning) ha revolucionado la visión artificial al permitir el entrenamiento de redes neuronales profundas para tareas de reconocimiento de patrones y análisis de imágenes. Las redes neuronales convolucionales (CNN) son especialmente efectivas en esta área.

Ética y Privacidad: La visión artificial plantea cuestiones éticas y de privacidad, especialmente en lo que respecta al uso de la tecnología para la vigilancia y el reconocimiento facial. El debate sobre la regulación y la ética en la visión artificial está en curso.

La visión artificial ha avanzado significativamente en las últimas décadas y se ha convertido en una herramienta poderosa para una amplia gama de aplicaciones. Su capacidad para extraer información útil de imágenes y videos ha revolucionado industrias enteras y continúa siendo una área de investigación y desarrollo activa en el campo de la inteligencia artificial.

La combinación de sensores de luz y visión artificial permite una amplia gama de aplicaciones que van desde la automatización industrial y la medicina hasta la tecnología de consumo y el transporte autónomo. Estas tecnologías continúan evolucionando y desempeñan un papel cada vez más importante en la sociedad actual.

19. Sensores de movimiento y posición.

Los sensores de movimiento y posición son dispositivos electrónicos diseñados para detectar y medir el movimiento, la posición o la orientación de objetos, personas o vehículos. Estos sensores son ampliamente utilizados en una variedad de aplicaciones, desde la automatización industrial hasta dispositivos de consumo y sistemas de seguridad. Aquí hay una descripción general de algunos tipos comunes de sensores de movimiento y posición:

Sensores de movimiento por infrarrojos (PIR): Estos sensores detectan cambios en la radiación infrarroja emitida por objetos en movimiento. Son comunes en sistemas de seguridad, iluminación automática y sistemas de control de climatización. Los sensores de movimiento por infrarrojos (PIR) son dispositivos electrónicos que detectan cambios en la radiación infrarroja emitida por objetos en movimiento. Estos sensores se basan en el principio de que los objetos emiten calor en forma de radiación infrarroja, y cuando un objeto se mueve dentro del campo de visión del sensor, altera el patrón de radiación infrarroja detectada por el sensor. Esto permite que el sensor detecte el movimiento y active una respuesta, como encender una luz, activar una alarma o realizar alguna otra acción.

Aquí hay algunas características y aplicaciones comunes de los sensores PIR:

Características:

Detección de movimiento pasiva: Los sensores PIR no emiten radiación infrarroja, sino que simplemente detectan cambios en la radiación infrarroja existente en su entorno.

Campo de visión: Tienen un campo de visión típicamente en forma de cono, lo que significa que pueden detectar movimiento en un área específica dentro de su rango.

Sensibilidad ajustable: Muchos sensores PIR permiten ajustar la sensibilidad para evitar falsas alarmas causadas por cambios menores en la temperatura ambiente.

Tiempo de retardo: Pueden tener un tiempo de retardo ajustable para determinar cuánto tiempo debe permanecer activada la respuesta después de que se haya detectado el movimiento.

Aplicaciones:

Sistemas de seguridad: Los sensores PIR se utilizan comúnmente en sistemas de seguridad para detectar intrusos o actividad no deseada en propiedades residenciales y comerciales. Pueden activar alarmas, cámaras de seguridad o luces de seguridad.

Iluminación automática: Se utilizan en sistemas de iluminación automática para encender las luces cuando una persona entra en una habitación y apagarlas cuando la habitación está vacía, lo que ayuda a ahorrar energía.

Control de climatización: Los sensores PIR se utilizan para controlar sistemas de climatización en edificios comerciales y oficinas, ajustando la temperatura en función de la ocupación de las habitaciones.

Automatización del hogar: En sistemas de domótica, los sensores PIR pueden desencadenar una variedad de acciones, como encender dispositivos, ajustar la iluminación o activar escenarios predefinidos en función de la presencia de personas en una habitación.

Control de tráfico: Se utilizan en sistemas de control de tráfico y semáforos para detectar la presencia de vehículos y peatones en intersecciones y pasos de cebra.

Los sensores de movimiento por infrarrojos son una herramienta versátil y ampliamente utilizada en una variedad de aplicaciones, especialmente en seguridad, iluminación y automatización. Ayudan a mejorar la eficiencia energética y la comodidad en edificios y espacios residenciales y comerciales.

Sensores ultrasónicos: Utilizan ondas sonoras de alta frecuencia para medir la distancia entre el sensor y un objeto. Se utilizan en sistemas de estacionamiento automático, sistemas de alarma y control de acceso. Los sensores ultrasónicos son dispositivos que utilizan ondas sonoras de alta frecuencia, por encima del rango de audición humana, para detectar la distancia entre el sensor y un objeto o superficie. Estos sensores emiten un pulso ultrasónico y miden el tiempo que tarda en reflejarse el sonido de vuelta hacia el sensor. A partir de este tiempo de vuelo y la velocidad del sonido en el aire, el sensor puede calcular la distancia al objeto con alta precisión. Aquí hay algunas características y aplicaciones comunes de los sensores ultrasónicos:

Características:

Medición de distancia: Los sensores ultrasónicos son ampliamente utilizados para medir la distancia entre el sensor y un objeto. Pueden proporcionar mediciones precisas en una variedad de condiciones.

Rango de medición: El rango de medición de los sensores ultrasónicos puede variar desde unos pocos centímetros hasta varios metros, dependiendo del modelo y la aplicación.

No contacto: Estos sensores no requieren contacto físico con el objeto que se está midiendo, lo que los hace ideales para aplicaciones en las que se desea evitar el desgaste o la contaminación.

Resistencia a condiciones ambientales: Son adecuados para su uso en entornos con polvo, humedad, temperatura y condiciones de iluminación variables.

Aplicaciones:

Estacionamiento automático: Los sensores ultrasónicos se utilizan en sistemas de asistencia al estacionamiento para ayudar a los conductores a estacionar de manera segura, detectando obstáculos en la parte delantera y trasera del vehículo.

Detección de obstáculos: Se utilizan en robots, drones y vehículos autónomos para evitar colisiones y navegar de manera segura en entornos desconocidos.

Control de nivel: En aplicaciones industriales y agrícolas, los sensores ultrasónicos se utilizan para medir el nivel de líquidos en tanques y contenedores.

Detección de presencia: Son útiles en sistemas de automatización y control de accesos para detectar la presencia de objetos o personas en áreas específicas.

Monitoreo de fluidos: Se utilizan en aplicaciones de monitorización de caudal y nivel en sistemas de gestión de agua y alcantarillado.

Medición de nivel en vehículos: En vehículos como barcos y caravanas, los sensores ultrasónicos pueden medir el nivel de líquidos en tanques de agua o combustible.

Robótica: Los robots utilizan sensores ultrasónicos para evitar obstáculos y realizar mapeo de entornos.

Posicionamiento de objetos: Se utilizan en máquinas de producción y montaje para posicionar objetos con precisión.

Los sensores ultrasónicos son herramientas versátiles para la medición de distancia y la detección de objetos en una variedad de aplicaciones, desde la automoción hasta la automatización industrial y la robótica. Su capacidad para proporcionar mediciones precisas y sin contacto los hace valiosos en muchas aplicaciones diferentes.

Sensores de proximidad capacitivos: Detectan la presencia de objetos cercanos midiendo cambios en la capacitancia eléctrica. Se utilizan en pantallas táctiles, sistemas de detección de nivel y control de máquinas.Los sensores de proximidad capacitivos son dispositivos que detectan la presencia o proximidad de objetos sin necesidad de contacto físico. Estos sensores funcionan midiendo la capacitancia eléctrica entre el sensor y el objeto cercano. La capacitancia es la capacidad de un objeto para almacenar carga eléctrica, y cuando un objeto se acerca al sensor capacitivo, afecta la capacitancia y desencadena una respuesta del sensor. Aquí hay algunas características y aplicaciones comunes de los sensores de proximidad capacitivos:

Características:

Detección sin contacto: Los sensores capacitivos no requieren contacto físico con el objeto que se está detectando, lo que los hace ideales para aplicaciones en las que se debe evitar la fricción, el desgaste o la contaminación.

Sensibilidad ajustable: La sensibilidad de estos sensores se puede ajustar para detectar objetos a diferentes distancias o con diferentes propiedades dieléctricas (capacidad para almacenar carga eléctrica).

Detección de materiales: Los sensores capacitivos pueden detectar una variedad de materiales, incluyendo metal, plástico, líquidos y materiales orgánicos, en función de sus propiedades dieléctricas.

Rango de detección: El rango de detección de los sensores capacitivos varía según el modelo y las condiciones de la aplicación, pero puede ir desde unos pocos milímetros hasta varios centímetros o más.

Aplicaciones:

Pantallas táctiles: Los sensores capacitivos se utilizan en pantallas táctiles de dispositivos electrónicos, como smartphones y tabletas, para detectar la posición de los dedos o de un lápiz capacitivo.

Detección de objetos: Se utilizan en máquinas de embalaje y ensamblaje para detectar la presencia o ausencia de componentes o productos en una línea de producción.

Control de acceso: Los sensores capacitivos se utilizan en sistemas de control de acceso para detectar la presencia de tarjetas o llaves capacitivas, lo que permite la apertura de puertas o el encendido de equipos.

Control de nivel: En aplicaciones industriales y de procesamiento de líquidos, se utilizan para medir el nivel de líquidos en tanques y recipientes.

Detección de líquidos y sólidos granulares: Pueden utilizarse para detectar la presencia de líquidos, sólidos granulares (como polvo o grano) o materiales envasados en contenedores.

Control de iluminación: En iluminación inteligente y sistemas de automatización del hogar, los sensores capacitivos pueden detectar la presencia de personas en una habitación y ajustar la iluminación en consecuencia.

Detección de proximidad en dispositivos electrónicos: Se utilizan en dispositivos como interruptores de pantalla táctil en electrodomésticos, como lavavajillas o hornos.

Los sensores de proximidad capacitivos son versátiles y encuentran aplicaciones en una amplia variedad de industrias y dispositivos debido a su capacidad para detectar objetos y materiales sin contacto físico directo. Su sensibilidad ajustable y su capacidad para detectar una variedad de materiales hacen que sean herramientas valiosas en la automatización industrial, la electrónica de consumo y otros campos.

Sensores de proximidad inductivos: Funcionan detectando cambios en la inductancia eléctrica cuando un objeto metálico se acerca al sensor. Se utilizan en aplicaciones de detección de metales y control de procesos industriales.Los sensores de proximidad inductivos son dispositivos electrónicos que detectan la presencia o proximidad de objetos metálicos sin necesidad de contacto físico directo. Estos sensores se basan en el principio de la inducción electromagnética, que se produce cuando un objeto metálico se acerca al sensor y altera el campo electromagnético generado por el sensor. Aquí hay algunas características y aplicaciones comunes de los sensores de proximidad inductivos:

Características:

Detección sin contacto: Los sensores inductivos no requieren contacto físico con el objeto que se está detectando, lo que los hace ideales para aplicaciones en las que se debe evitar la fricción, el desgaste o la contaminación.

Detección de objetos metálicos: Estos sensores están diseñados para detectar objetos metálicos, como piezas de maquinaria, herramientas, componentes metálicos, etc.

Rango de detección: El rango de detección de los sensores inductivos varía según el modelo y las condiciones de la aplicación, pero generalmente es limitado a unos pocos milímetros o centímetros.

Velocidad de respuesta rápida: Los sensores inductivos pueden detectar cambios en la presencia de objetos metálicos de manera casi instantánea, lo que los hace adecuados para aplicaciones de alta velocidad.

Aplicaciones:

Automatización industrial: Los sensores de proximidad inductivos se utilizan comúnmente en la automatización industrial para detectar la posición de piezas en una línea de ensamblaje, controlar el movimiento de componentes y garantizar la seguridad en maquinaria.

Control de nivel de líquidos en tanques: Se utilizan en aplicaciones industriales para detectar el nivel de líquidos en tanques o recipientes metálicos.

Detección de herramientas: En máquinas CNC y sistemas de producción, los sensores inductivos pueden detectar la presencia o ausencia de herramientas metálicas en portaherramientas.

Control de acceso: Se utilizan en sistemas de control de acceso para detectar tarjetas o llaves metálicas y permitir el acceso a áreas seguras.

Detección de obstáculos en robótica: Los sensores inductivos se utilizan en robots industriales y vehículos autónomos para evitar colisiones con obstáculos metálicos.

Control de velocidad en motores: Pueden utilizarse para medir la velocidad de un motor o una pieza móvil metálica.

Detección de metales en la industria alimentaria: En la industria alimentaria, los sensores inductivos pueden utilizarse para detectar la presencia de fragmentos metálicos no deseados en los alimentos.

En resumen, los sensores de proximidad inductivos son valiosos en la automatización industrial y otras aplicaciones donde se necesita detectar la presencia de objetos metálicos sin contacto físico. Su capacidad para detectar objetos metálicos de manera rápida y confiable los hace esenciales en una variedad de industrias y procesos de fabricación.

Encoders rotativos: Estos sensores se utilizan para medir la posición angular de un eje o una rueda. Se encuentran comúnmente en sistemas de control de movimiento y robótica.Los encoders rotativos, también conocidos como codificadores rotativos, son dispositivos electromecánicos o electrónicos que se utilizan para medir la posición angular, la velocidad y la dirección de rotación de un eje. Estos dispositivos convierten el movimiento angular en señales eléctricas que pueden ser interpretadas por equipos electrónicos, como controladores de motores o sistemas de control de posición. Hay dos tipos principales de encoders rotativos: encoders absolutos y encoders incrementales.

Encoders absolutos: Los encoders absolutos proporcionan información sobre la posición angular exacta del eje en cualquier momento dado. Cada posición en el giro del eje corresponde a un valor único en el código de salida. Los encoders absolutos son muy precisos y no pierden la posición cuando se apagan. Vienen en dos tipos comunes:

Encoder absoluto de eje único: Proporciona información sobre la posición angular en un solo eje.

Encoder absoluto multivuelta: Proporciona información sobre la posición angular en múltiples vueltas del eje, lo que permite un seguimiento preciso de la posición incluso durante varias vueltas completas.

Encoders incrementales: Los encoders incrementales generan una serie de pulsos eléctricos a medida que el eje gira, lo que permite determinar la velocidad y la dirección del movimiento, así como contar el número de vueltas completas. Los encoders incrementales requieren una referencia inicial o una posición de inicio conocida, ya que no proporcionan información absoluta sobre la posición. Para calcular la posición absoluta, se necesita un sistema adicional para realizar un seguimiento de las vueltas completas.

Aplicaciones de los encoders rotativos:

Control de motores: Los encoders rotativos se utilizan en aplicaciones de control de motores para proporcionar retroalimentación de la posición y velocidad, permitiendo un control preciso de la velocidad y la posición del motor.

Robótica: Los encoders se utilizan en robots industriales y móviles para controlar y monitorear el movimiento de las articulaciones y las ruedas.

Control de máquinas CNC: En máquinas de control numérico por computadora (CNC), los encoders rotativos se utilizan para controlar la posición y el movimiento de la herramienta de corte con gran precisión.

Sistemas de posicionamiento: Se emplean en sistemas de posicionamiento y control de movimiento en aplicaciones que requieren alta precisión, como la fabricación de semiconductores y la impresión de alta resolución.

Navegación y sistemas de dirección: En aplicaciones de navegación, como GPS y sistemas de dirección de vehículos, se utilizan encoders para medir la dirección del movimiento y la velocidad de rotación.

Equipos médicos: Los encoders rotativos se utilizan en dispositivos médicos, como máquinas de resonancia magnética (MRI) y sistemas de radioterapia, para controlar la posición y la orientación precisa de los componentes móviles.

Automatización industrial: En aplicaciones de automatización, los encoders rotativos se utilizan para el control de robots industriales, transportadores y otros equipos de fabricación.

Los encoders rotativos son componentes esenciales en una variedad de aplicaciones donde se necesita medir y controlar la posición angular, la velocidad y la dirección del movimiento con alta precisión. Su capacidad para proporcionar retroalimentación en tiempo real es crucial en campos como la automatización industrial, la robótica, la electrónica de control de movimiento y muchas otras industrias.

Sensores de inclinación: Detectan la inclinación de un objeto en relación con la gravedad. Se utilizan en aplicaciones como vehículos recreativos y equipos de construcción para evitar vuelcos. Los sensores de inclinación, también conocidos como sensores de ángulo o sensores de inclinación angular, son dispositivos que se utilizan para medir la inclinación o el ángulo de un objeto en relación con la gravedad o un punto de referencia específico. Estos sensores pueden detectar cambios en la orientación de un objeto en uno o más ejes y proporcionar información sobre su posición angular. Aquí hay algunas características y aplicaciones comunes de los sensores de inclinación:

Características:

Medición de inclinación: Los sensores de inclinación miden el ángulo de inclinación o la orientación de un objeto con respecto a la gravedad o a un plano de referencia definido.

Ejes de medición: Pueden estar diseñados para medir la inclinación en uno, dos o tres ejes, lo que permite la detección de inclinación en múltiples direcciones.

Tecnología de detección: Los sensores de inclinación utilizan diferentes tecnologías, como la aceleración gravitatoria, la resistencia variable, la capacitancia, el giroscopio o la tecnología MEMS (Sistemas Microelectromecánicos).

Aplicaciones:

Nivelación y alineación: Los sensores de inclinación se utilizan en aplicaciones de nivelación y alineación, como niveles de burbuja electrónicos y herramientas de construcción para garantizar superficies y objetos nivelados o alineados correctamente.

Automoción: En vehículos, estos sensores se utilizan en sistemas de estabilidad y control de tracción para medir la inclinación del vehículo y detectar condiciones de deslizamiento y vuelco potencial.

Maquinaria y equipo industrial: Se utilizan en maquinaria industrial y equipo pesado para supervisar y controlar la inclinación de componentes críticos y garantizar la seguridad.

Navegación: Los sensores de inclinación se utilizan en sistemas de navegación y control de vehículos autónomos para determinar la inclinación y la orientación del vehículo.

Agricultura de precisión: En la agricultura, estos sensores se utilizan en equipos de maquinaria agrícola y sistemas de guía para controlar la inclinación y la orientación de las herramientas de cultivo.

Electrónica de consumo: Se encuentran en dispositivos como teléfonos inteligentes y tabletas para habilitar la orientación de la pantalla y la detección de movimiento.

Astronomía: Los sensores de inclinación se utilizan en telescopios y sistemas de observación astronómica para mantener objetos celestes en el campo de visión.

Construcción de drones: En drones y vehículos aéreos no tripulados, estos sensores ayudan a controlar la orientación y estabilidad del vehículo durante el vuelo.

Equipos médicos: Se utilizan en equipos médicos, como sillas de ruedas eléctricas, para permitir el control basado en la inclinación del usuario.

En resumen, los sensores de inclinación son componentes esenciales en una variedad de aplicaciones donde es necesario medir y controlar la inclinación o la orientación de objetos o dispositivos. Su capacidad para proporcionar información precisa sobre la inclinación es fundamental en campos que van desde la construcción y la automoción hasta la electrónica de consumo y la agricultura de precisión.

Acelerómetros: Estos sensores miden la aceleración lineal y pueden utilizarse para determinar la orientación y la posición relativa de un objeto. Se utilizan en dispositivos móviles, como smartphones y controladores de videojuegos.Los acelerómetros son sensores que se utilizan para medir la aceleración lineal de un objeto en una o más direcciones. La aceleración lineal se refiere al cambio en la velocidad de un objeto por unidad de tiempo, y puede ser causada por movimiento, vibración o fuerzas externas. Los acelerómetros son ampliamente utilizados en una variedad de aplicaciones para medir la aceleración y la inclinación en diferentes ejes. Aquí hay algunas características y aplicaciones comunes de los acelerómetros:

Características:

Medición de aceleración: Los acelerómetros miden la aceleración en unidades como "g" (gravedad estándar, donde 1 g es aproximadamente igual a 9.81 metros por segundo al cuadrado) o en metros por segundo al cuadrado (m/s^2).

Ejes de medición: Los acelerómetros pueden ser de un solo eje (unidireccionales), dos ejes (bidireccionales) o tres ejes (tridireccionales), lo que permite la medición de la aceleración en múltiples direcciones.

Tecnología de detección: Los acelerómetros pueden utilizar diferentes tecnologías, como la piezorresistencia, la capacitancia, la piezoelectricidad o los sensores MEMS (Sistemas Microelectromecánicos).

Rango de medición: Los acelerómetros pueden tener diferentes rangos de medición para adaptarse a diferentes aplicaciones. Por ejemplo, algunos acelerómetros están diseñados para medir aceleraciones pequeñas, mientras que otros son capaces de medir aceleraciones extremadamente altas.

Aplicaciones:

Dispositivos móviles: Los acelerómetros se utilizan en teléfonos inteligentes y tabletas para detectar la orientación del dispositivo, cambiar automáticamente entre los modos vertical y horizontal y para funciones de detección de movimiento, como juegos y seguimiento de actividad.

Automoción: En vehículos, los acelerómetros se utilizan en sistemas de control de estabilidad, airbags, sistemas de navegación inercial (INS) y sistemas de detección de colisiones.

Control de juegos y realidad virtual: Los acelerómetros se utilizan en controladores de juegos y dispositivos de realidad virtual para detectar el movimiento y la orientación del usuario.

Monitorización de la salud: En dispositivos de seguimiento de la salud, como relojes inteligentes y dispositivos de fitness, los acelerómetros se utilizan para medir la actividad física, contar pasos y monitorizar el sueño.

Industria aeroespacial y militar: Los acelerómetros se utilizan en sistemas de navegación, sistemas de control de vuelo, vehículos aéreos no tripulados (drones) y aplicaciones de defensa.

Robótica: En robots y sistemas robóticos, los acelerómetros se utilizan para medir la inclinación y la aceleración del robot, lo que permite un control más preciso del movimiento.

Industria manufacturera: Los acelerómetros se utilizan en máquinas y equipos industriales para monitorizar y controlar la vibración y el movimiento de las máquinas.

Geología y geofísica: En estudios geológicos y geofísicos, los acelerómetros se utilizan para medir la aceleración sísmica y la vibración de la tierra.

Los acelerómetros son sensores versátiles y ampliamente utilizados en una variedad de aplicaciones donde se necesita medir y controlar la aceleración y la orientación de objetos y dispositivos. Su capacidad para proporcionar mediciones precisas de la aceleración en diferentes direcciones los hace esenciales en campos que van desde la electrónica de consumo hasta la industria aeroespacial y militar.

Sensores GPS (Sistema de Posicionamiento Global): Utilizan señales de satélites para determinar la ubicación precisa de un objeto o persona en la Tierra. Se utilizan en sistemas de navegación, seguimiento de vehículos y aplicaciones de geolocalización.

Los sensores GPS (Sistema de Posicionamiento Global) son dispositivos que utilizan una red de satélites en órbita alrededor de la Tierra para determinar la ubicación precisa de un receptor GPS en términos de latitud, longitud, altitud y velocidad. Estos sensores funcionan mediante la recepción de señales de múltiples satélites GPS y el cálculo de la posición del receptor en función de la información recibida. Aquí hay algunas características y aplicaciones comunes de los sensores GPS:

Características:

Recepción de señales satelitales: Los sensores GPS reciben señales de múltiples satélites en órbita alrededor de la Tierra. Cuantas más señales se reciban de diferentes satélites, mayor será la precisión de la posición calculada.

Cálculo de posición: Utilizan la información de tiempo y las señales recibidas de los satélites para calcular la posición exacta del receptor en coordenadas de latitud, longitud y altitud.

Precisión: La precisión de los sensores GPS puede variar dependiendo de las condiciones atmosféricas, la topografía y el número de satélites visibles, pero en condiciones ideales, pueden proporcionar ubicaciones precisas dentro de unos pocos metros.

Velocidad y dirección: Además de la posición, los sensores GPS también pueden calcular la velocidad y la dirección de movimiento del receptor.

Aplicaciones:

Navegación: Los sensores GPS se utilizan en sistemas de navegación para automóviles, barcos y aeronaves, proporcionando indicaciones de dirección y orientación para llegar a destinos específicos.

Mapeo y cartografía: En la cartografía y la topografía, los sensores GPS se utilizan para crear mapas precisos y realizar levantamientos geodésicos.

Agricultura de precisión: Los agricultores utilizan sensores GPS en maquinaria agrícola para controlar la siembra, la cosecha y otros procesos agrícolas con gran precisión.

Geocaching: Los entusiastas del geocaching utilizan sensores GPS para buscar y encontrar "tesoros" ocultos en ubicaciones específicas.

Deporte y fitness: Los relojes y dispositivos de seguimiento de la actividad utilizan sensores GPS para rastrear la distancia recorrida, la velocidad y la ruta en actividades como correr, andar en bicicleta y senderismo.

Sistemas de gestión de flotas: Las empresas utilizan sensores GPS para rastrear la ubicación de vehículos y activos en tiempo real, lo que permite una gestión eficiente de flotas y logística.

Seguridad y búsqueda y rescate: En aplicaciones de seguridad pública y búsqueda y rescate, los sensores GPS ayudan a localizar personas y recursos en áreas remotas o en situaciones de emergencia.

Monitorización ambiental: Los científicos y ecologistas utilizan sensores GPS para rastrear la migración de animales, estudiar patrones climáticos y monitorizar el cambio en la topografía de la Tierra.

En resumen, los sensores GPS son componentes esenciales en una amplia gama de aplicaciones donde se necesita determinar la ubicación y el movimiento con alta precisión. Su capacidad para proporcionar datos de posicionamiento en tiempo real ha revolucionado muchas industrias y ha mejorado significativamente la precisión y la eficiencia en una variedad de campos.

Sensores de posición lineal: Miden la posición lineal de un objeto en relación con un punto de referencia. Se utilizan en sistemas de medición de longitud, máquinas CNC y sistemas de control de movimiento. Los sensores de posición lineal son dispositivos diseñados para medir y reportar la posición de un objeto en una línea recta o un eje lineal en relación con una referencia específica. Estos sensores son utilizados en una amplia variedad de aplicaciones industriales, automotrices, aeroespaciales, electrónicas y de automatización, donde se necesita un control preciso de la posición. Aquí hay algunas características y tipos comunes de sensores de posición lineal:

Características:

Medición de posición: Los sensores de posición lineal miden y registran la posición en una sola dimensión a lo largo de una línea recta o eje específico.

Salida de señal: Pueden proporcionar una variedad de tipos de señales de salida, como analógicas (voltaje o corriente proporcional a la posición), digitales (valores discretos que indican la posición) o comunicación inalámbrica.

Precisión: La precisión de los sensores de posición lineal varía según el tipo y el modelo, pero en aplicaciones industriales y de alta precisión, pueden proporcionar mediciones muy precisas.

Tecnologías de detección: Utilizan diversas tecnologías de detección, como potenciómetros, sensores inductivos, sensores de efecto Hall, sensores de ultrasonido, sensores de capacitancia y sensores de láser.

Tipos comunes de sensores de posición lineal:

Potenciómetros lineales: Utilizan un potenciómetro resistivo para medir la posición lineal. La posición se determina midiendo la resistencia eléctrica en función de la posición del deslizador.

Sensores de efecto Hall lineales: Utilizan el efecto Hall para medir la posición de un imán o campo magnético en relación con el sensor. Son comunes en aplicaciones automotrices y de control de motores.

Sensores inductivos lineales: Detectan la posición mediante la medición de la inductancia de una bobina en función de la posición de un núcleo de metal o imán.

Sensores de ultrasonido lineales: Emplean ondas ultrasónicas para medir la distancia entre el sensor y un objeto, lo que permite determinar la posición.

Sensores de capacitancia lineales: Se basan en cambios en la capacitancia eléctrica entre dos placas paralelas cuando un objeto se acerca o se aleja del sensor.

Sensores de posición láser: Utilizan un haz láser para medir la distancia entre el sensor y un objeto, lo que permite determinar la posición con gran precisión.

Aplicaciones de los sensores de posición lineal:

Control de maquinaria y robótica: Se utilizan en máquinas CNC, impresoras 3D, robots industriales y otros sistemas de automatización para controlar y monitorear la posición de componentes móviles.

Automoción: Los sensores de posición lineal se utilizan en sistemas de control del motor, cajas de cambios automáticas y suspensión, así como en sistemas de control de nivel de combustible.

Electrónica de consumo: En dispositivos como teléfonos móviles y cámaras, se utilizan para detectar la posición de los componentes deslizantes o móviles, como las cámaras.

Industria aeroespacial: En aeronaves y satélites, estos sensores se utilizan para controlar y monitorear la posición de componentes críticos y sistemas de control de vuelo.

Equipos médicos: Los sensores de posición lineal se utilizan en dispositivos médicos como escáneres de resonancia magnética (MRI) y máquinas de rayos X para controlar la posición y el movimiento de componentes.

Control de nivel y flujo: En aplicaciones industriales y de procesamiento de líquidos, se utilizan para medir el nivel de líquidos en tanques y controlar el flujo en tuberías.

Los sensores de posición lineal son componentes esenciales en una amplia gama de aplicaciones donde se necesita medir y controlar la posición en una línea recta o un eje específico. Su capacidad para proporcionar retroalimentación precisa de la posición es fundamental en muchas industrias y aplicaciones de control de movimiento.

Sensores de imagen: Capturan imágenes o video y pueden utilizarse para detectar movimiento y posición. Se utilizan en cámaras de seguridad, vehículos autónomos y sistemas de visión por computadora.Los sensores de imagen, también conocidos como cámaras o sensores de imagen electrónica, son dispositivos utilizados para capturar y convertir imágenes visuales en datos digitales que pueden ser procesados, almacenados o transmitidos electrónicamente. Estos sensores son ampliamente utilizados en aplicaciones de fotografía, videovigilancia, visión por computadora, medicina, automoción, y muchas otras áreas donde se requiere la captura y análisis de imágenes. Aquí hay algunas características y tipos comunes de sensores de imagen:

Características:

Captura de imágenes: Los sensores de imagen capturan imágenes visuales y las convierten en datos digitales compuestos por píxeles que representan los valores de color y luminosidad de cada punto en la imagen.

Resolución: La resolución de un sensor de imagen se refiere a la cantidad de píxeles que puede capturar y se expresa en megapíxeles (MP). Una mayor resolución proporciona imágenes más detalladas.

Sensibilidad a la luz: La sensibilidad a la luz de un sensor de imagen afecta su capacidad para capturar imágenes en condiciones de poca luz. Los sensores más sensibles pueden capturar imágenes claras en entornos oscuros.

Tamaño del sensor: El tamaño del sensor de imagen influye en la calidad de la imagen y su capacidad para capturar detalles en condiciones de poca luz. Los sensores más grandes generalmente tienen un mejor rendimiento en estas áreas.

Tipos comunes de sensores de imagen:

CCD (Dispositivo de Carga Acoplada): Los sensores CCD se utilizan en cámaras digitales de alta calidad y cámaras de video. Ofrecen una alta calidad de imagen y una respuesta a la luz uniforme.

CMOS (Semiconductor Complementario de Metal-Óxido): Los sensores CMOS son ampliamente utilizados en cámaras digitales, teléfonos inteligentes y webcams debido a su bajo consumo de energía y capacidad de procesamiento en el chip.

Sensores BSI (Iluminación Trasera): Los sensores BSI son una variante de los sensores CMOS y están diseñados para mejorar la sensibilidad a la luz al reubicar los componentes de detección de luz en la parte trasera del sensor.

Sensores de imagen CCD en blanco y negro: Estos sensores capturan imágenes en blanco y negro y se utilizan en aplicaciones donde la precisión y la sensibilidad son más importantes que el color.

Sensores de imagen CCD de escaneo: Se utilizan en aplicaciones de escaneo de alta resolución, como escáneres de documentos y máquinas de impresión digital.

Aplicaciones de los sensores de imagen:

Fotografía digital: Los sensores de imagen son la base de las cámaras digitales y se utilizan en una amplia variedad de dispositivos de captura de imágenes, desde cámaras profesionales hasta teléfonos inteligentes.

Videovigilancia: Los sistemas de seguridad y vigilancia utilizan cámaras con sensores de imagen para grabar y monitorear áreas en tiempo real.

Visión por computadora: En aplicaciones de visión artificial y robótica, los sensores de imagen se utilizan para detectar y reconocer objetos, realizar seguimiento de objetos y navegar en entornos.

Medicina: En la medicina, se utilizan cámaras con sensores de imagen para capturar imágenes médicas, como radiografías, imágenes de resonancia magnética (MRI) y endoscopias.

Automoción: Los sensores de imagen se utilizan en vehículos para aplicaciones de asistencia al conductor, como sistemas de visión trasera, detección de obstáculos y asistencia al estacionamiento.

Microscopía: En la investigación científica y la industria, los sensores de imagen se utilizan en microscopios para capturar imágenes y analizar muestras a nivel microscópico.

En resumen, los sensores de imagen son componentes clave en una amplia gama de aplicaciones donde se requiere la captura y procesamiento de imágenes. Su capacidad para convertir el mundo visual en datos digitales ha revolucionado la fotografía, la videovigilancia, la medicina, la robótica y muchas otras áreas, permitiendo una mayor automatización y precisión en la adquisición de imágenes.

La elección del sensor adecuado depende de la aplicación específica y de los parámetros que se deben medir, como la distancia, la velocidad, la orientación o la posición.

20. Sensores de fuerza y torque

Los sensores de fuerza y torque son dispositivos diseñados para medir la magnitud de las fuerzas y los momentos (fuerzas de torsión o torque) que actúan sobre un objeto. Estos sensores son esenciales en una amplia variedad de aplicaciones, desde la industria manufacturera hasta la investigación científica. A continuación, se describen algunos aspectos importantes sobre los sensores de fuerza y torque:

Sensores de fuerza:

Los sensores de fuerza miden la fuerza aplicada a un objeto en una dirección específica. Pueden utilizarse para medir tanto fuerzas estáticas como dinámicas.

Están compuestos por elementos sensibles a la fuerza, como galgas extensiométricas, piezoelementos o sensores de carga, que responden a la deformación causada por la fuerza aplicada.

Los sensores de fuerza pueden utilizarse en aplicaciones como pruebas de materiales, control de calidad en la fabricación, ensayos de tensión y compresión, y en sistemas de control de robots y maquinaria industrial. Los sensores de fuerza son dispositivos diseñados para medir la magnitud de las fuerzas aplicadas a ellos en una o más direcciones. Estos sensores son utilizados en una amplia gama de aplicaciones, desde la industria manufacturera hasta la investigación científica. Aquí hay algunas características y tipos comunes de sensores de fuerza:

Características clave de los sensores de fuerza:

Medición de fuerza: Los sensores de fuerza miden la fuerza aplicada a ellos en una o más direcciones. Pueden medir tanto fuerzas estáticas como fuerzas dinámicas.

Precisión: Los sensores de fuerza pueden ser altamente precisos, lo que los hace adecuados para aplicaciones que requieren mediciones precisas de fuerza.

Sensibilidad direccional: Algunos sensores de fuerza están diseñados para medir la fuerza en una dirección específica, mientras que otros pueden medir fuerzas en múltiples direcciones.

Tipo de señal de salida: Los sensores de fuerza pueden generar una variedad de tipos de señales de salida, incluyendo señales eléctricas analógicas (por ejemplo, voltaje o corriente), señales digitales o señales de comunicación como USB o Ethernet.

Tipos comunes de sensores de fuerza:

Galgas extensiométricas: Estos sensores utilizan alambres extensiométricos que cambian su resistencia eléctrica cuando se deforman bajo la influencia de la fuerza. La medición de la resistencia se convierte en una señal eléctrica que representa la fuerza aplicada.

Sensores piezoeléctricos: Los sensores piezoeléctricos utilizan materiales piezoeléctricos que generan una señal eléctrica cuando se les aplica presión o fuerza mecánica. Son ampliamente utilizados en aplicaciones dinámicas debido a su alta frecuencia de respuesta.

Sensores de carga: Estos sensores son similares a las galgas extensiométricas pero están diseñados específicamente para medir cargas aplicadas en una dirección específica. Son comunes en aplicaciones industriales y de carga.

Sensores de fuerza capacitivos: Utilizan cambios en la capacitancia eléctrica entre placas cuando se aplica una fuerza. Estos sensores son adecuados para aplicaciones que requieren alta precisión.

Sensores de fuerza de fibra óptica: Utilizan fibras ópticas que se deforman bajo la influencia de la fuerza. La intensidad de la luz que pasa a través de la fibra se modifica en función de la fuerza aplicada.

Sensores de fuerza de membrana: Estos sensores consisten en una membrana flexible que se deforma bajo la fuerza aplicada. La deformación se mide a través de galgas extensiométricas u otros métodos.

Sensores de efecto Hall: Estos sensores miden campos magnéticos y se utilizan en aplicaciones donde la fuerza es convertida en una fuerza magnética que se puede medir mediante el efecto Hall.

Los sensores de fuerza se utilizan en una variedad de aplicaciones, como pruebas de materiales, control de calidad en la fabricación, ensayos de tensión y compresión, robótica, aplicaciones médicas, control de procesos industriales y más. Su elección depende de la aplicación específica y los requisitos de medición de fuerza.

Sensores de torque:

Los sensores de torque miden la fuerza de torsión o el momento aplicado a un objeto. Estos momentos pueden ser estáticos o dinámicos.

Los sensores de torque pueden ser de tipo rotativo o no rotativo. Los sensores rotativos se utilizan para medir el torque en ejes giratorios, como los motores, mientras que los sensores no rotativos se utilizan en aplicaciones estáticas, como la medición de torque en una llave de torsión.

Los sensores de torque se utilizan en aplicaciones como pruebas de motores, calibración de herramientas de torsión, control de calidad en la fabricación de componentes, y en la investigación en biomecánica para medir la fuerza aplicada por los músculos. Los sensores de torque, también conocidos como sensores de torsión o medidores de torsión, son dispositivos diseñados para medir la magnitud del momento o fuerza de torsión aplicada a un objeto en una aplicación específica. Estos sensores son esenciales en una variedad de industrias y aplicaciones donde se necesita medir y controlar el torque de manera precisa. Aquí hay información importante sobre los sensores de torque:

Características clave de los sensores de torque:

Medición de torque: Los sensores de torque miden la fuerza de torsión aplicada a un objeto en unidades de medida como Newton-metros (Nm) o libra-pulgada (lb-in). Pueden medir tanto momentos estáticos como dinámicos.

Precisión: Los sensores de torque suelen ser altamente precisos y pueden medir con gran precisión el torque aplicado.

Sensibilidad direccional: Los sensores de torque pueden estar diseñados para medir el torque en un solo eje o en múltiples ejes, dependiendo de las necesidades de la aplicación.

Tipo de señal de salida: Los sensores de torque pueden generar una variedad de tipos de señales de salida, incluyendo señales eléctricas analógicas (por ejemplo, voltaje o corriente), señales digitales o señales de comunicación como USB, Ethernet o CAN.

Tipos comunes de sensores de torque:

Sensores de torsión rotativos: Estos sensores se utilizan para medir el torque en ejes giratorios. Suelen estar compuestos por un eje de torsión conectado a un elemento sensor que mide la deformación producida por el torque aplicado.

Sensores de torsión no rotativos: También conocidos como sensores de torsión estática, se utilizan para medir el torque en aplicaciones estáticas o cuando no es necesario medir el torque en un eje giratorio. Pueden tener una construcción similar a los sensores rotativos pero están diseñados para aplicaciones diferentes.

Sensores de efecto Hall: Estos sensores miden el campo magnético generado por el torque aplicado y convierten esta información en una señal eléctrica que puede ser utilizada para calcular el torque.

Sensores piezoeléctricos: Utilizan materiales piezoeléctricos que generan una señal eléctrica cuando se les aplica torque. Estos sensores son especialmente útiles en aplicaciones dinámicas debido a su rápida respuesta.

Aplicaciones de los sensores de torque:

Los sensores de torque se utilizan en una variedad de aplicaciones, incluyendo:

Pruebas de motores y transmisiones en la industria automotriz.

Control de calidad en la fabricación de componentes mecánicos.

Calibración de herramientas de torsión, como llaves dinamométricas.

Investigación biomecánica para medir la fuerza muscular y la ergonomía.

Control de procesos industriales en la producción de alimentos, productos químicos y farmacéuticos.

Aplicaciones aeroespaciales, como pruebas de estructuras y sistemas.

Control de maquinaria y robótica industrial.

La elección del tipo de sensor de torque depende de la aplicación específica y los requisitos de medición, como la precisión, la velocidad de respuesta y la capacidad de medir en ejes giratorios o estáticos.

Tipos de sensores de fuerza y torque:

Galgas extensiométricas: Son sensores que cambian su resistencia eléctrica en respuesta a la deformación causada por la fuerza o el torque.

Sensores piezoeléctricos: Utilizan cristales piezoeléctricos que generan una señal eléctrica en respuesta a la presión o el estrés mecánico.

Sensores de carga: Están diseñados para medir cargas aplicadas en una dirección específica y pueden utilizarse para medir fuerzas estáticas y dinámicas.

Sensores de efecto Hall: Se utilizan para medir campos magnéticos y pueden emplearse en aplicaciones de detección de torque en motores eléctricos. Existen varios tipos de sensores de fuerza y torque, cada uno diseñado para aplicaciones específicas. Los sensores de efecto Hall son dispositivos que aprovechan el "efecto Hall" para medir campos magnéticos, detectar la presencia de imanes o convertir cambios en campos magnéticos en señales eléctricas. Estos sensores se utilizan en una amplia gama de aplicaciones y desempeñan un papel crucial en la detección y medición de campos magnéticos. Aquí hay información más detallada sobre los sensores de efecto Hall:

Efecto Hall:

El efecto Hall es un fenómeno físico en el cual una diferencia de potencial eléctrico (voltaje) se genera en un conductor cuando una corriente eléctrica fluye a través de él en presencia de un campo magnético perpendicular a la corriente.

Esta diferencia de potencial es proporcional a la intensidad del campo magnético y a la corriente eléctrica que fluye a través del conductor.

Principio de funcionamiento:

Los sensores de efecto Hall consisten en un semiconductor montado en una base. Cuando se aplica una corriente eléctrica a través del semiconductor y se introduce un campo magnético perpendicular a él, se genera una diferencia de potencial a lo largo del semiconductor en una dirección perpendicular tanto al flujo de corriente como al campo magnético.

Esta diferencia de potencial (voltaje Hall) se mide y se utiliza para determinar la intensidad y la polaridad del campo magnético.

Aplicaciones:

Los sensores de efecto Hall se utilizan en una variedad de aplicaciones, que incluyen:

Detección de posición y velocidad en sistemas de control, como encoders rotativos y sensores de posición lineal.

Detección de la presencia y polaridad de campos magnéticos, como interruptores de proximidad magnéticos.

Medición de corriente eléctrica en aplicaciones de control y monitoreo de corriente.

Control de motores, como la detección de la posición del rotor en motores de corriente continua (DC) y motores paso a paso.

Detección de velocidad en vehículos para sistemas de control de velocidad y sistemas de frenado antibloqueo (ABS).

Ventajas:

Los sensores de efecto Hall son robustos y fiables.

Tienen una respuesta rápida a cambios en los campos magnéticos.

Pueden funcionar en una amplia gama de temperaturas.

Son sensibles tanto a campos magnéticos estáticos como a campos magnéticos en movimiento.

Tipos:

Existen diferentes tipos de sensores de efecto Hall, incluyendo sensores lineales y rotativos que se utilizan para medir posición y velocidad, así como sensores de conmutación que detectan la presencia o la ausencia de un campo magnético.

En resumen, los sensores de efecto Hall son dispositivos versátiles que aprovechan el efecto Hall para detectar y medir campos magnéticos en una variedad de aplicaciones. Su capacidad para proporcionar información precisa sobre la intensidad y la dirección de los campos magnéticos los hace esenciales en muchas industrias y tecnologías modernas.

Sensores de Fuerza:

Galgas Extensiométricas: Estos sensores utilizan alambres extensiométricos que cambian su resistencia eléctrica cuando se someten a deformación debido a una fuerza aplicada. Son ampliamente utilizados y ofrecen una buena precisión.

Sensores Piezoeléctricos: Utilizan cristales piezoeléctricos que generan una señal eléctrica en respuesta a la presión o la fuerza mecánica aplicada. Son adecuados para aplicaciones de alta frecuencia debido a su respuesta rápida.

Sensores de Carga: Están diseñados para medir cargas en una dirección específica y pueden ser utilizados para medir fuerzas tanto estáticas como dinámicas.

Sensores de Fuerza Capacitivos: Estos sensores miden cambios en la capacitancia eléctrica cuando se aplica una fuerza a través de placas paralelas. Son conocidos por su alta precisión.

Sensores de Fuerza de Fibra Óptica: Utilizan fibras ópticas que se deforman bajo la influencia de una fuerza. La intensidad de la luz que pasa a través de la fibra cambia con la fuerza aplicada.

Sensores de Fuerza de Membrana: Estos sensores están compuestos por una membrana flexible que se deforma bajo la fuerza. La deformación se mide mediante sensores de galgas extensiométricas o similares.

Sensores de Efecto Hall: Se utilizan para medir campos magnéticos y pueden convertir fuerzas mecánicas en fuerzas magnéticas que se pueden medir a través del efecto Hall.

Sensores de Torque:

Sensores de Torque Rotativos: Estos sensores se utilizan para medir el torque en ejes giratorios, como motores. Suelen utilizar elementos de torsión que se deforman bajo la influencia del torque y están conectados a un sistema de medición.

Sensores de Torque No Rotativos: También llamados sensores de torsión estática, miden el torque en aplicaciones estáticas o cuando no es necesario medir el torque en un eje giratorio. Pueden tener una construcción similar a los sensores rotativos pero están diseñados para aplicaciones diferentes.

Sensores de Efecto Hall para Torque: Al igual que en los sensores de fuerza, los sensores de efecto Hall pueden utilizarse para medir el torque convirtiendo la fuerza mecánica en fuerza magnética que se mide mediante el efecto Hall.

La elección del tipo de sensor de fuerza o torque depende de la aplicación específica, la precisión requerida, la velocidad de respuesta y otros factores. Cada tipo de sensor tiene sus ventajas y desventajas, y es importante seleccionar el adecuado para la aplicación particular.

Estos sensores son esenciales en una variedad de industrias, incluyendo la automotriz, aeroespacial, electrónica, médica y de investigación, donde la medición precisa de fuerzas y momentos es crítica para el rendimiento y la seguridad de los productos y procesos.

21. Sensores de humedad y calidad del aire

Los sensores de humedad y calidad del aire son dispositivos diseñados para medir y monitorear los niveles de humedad y diversos parámetros relacionados con la calidad del aire en el entorno. Estos sensores son utilizados en una variedad de aplicaciones, desde la meteorología y la agricultura hasta la monitorización de la calidad del aire en interiores y exteriores. Aquí te proporciono información sobre ambos tipos de sensores:

Sensores de Humedad:

Los sensores de humedad, también conocidos como higrómetros, son dispositivos que miden la cantidad de humedad presente en el aire o en un material en particular, como el suelo.

Se utilizan en aplicaciones como la agricultura, donde la medición de la humedad del suelo es esencial para el riego eficiente de cultivos.

En la industria alimentaria y farmacéutica, se emplean para controlar y mantener condiciones de humedad adecuadas en el almacenamiento y procesamiento de productos.

En aplicaciones meteorológicas, los sensores de humedad son cruciales para medir la humedad relativa del aire y predecir el clima.

Los sensores de humedad pueden utilizar diferentes tecnologías, como capacitiva, resistiva o termoeléctrica, para realizar sus mediciones. Los sensores de humedad, también conocidos como higrómetros, se utilizan para medir la cantidad de humedad presente en el aire o en un material en particular. Existen varios tipos de sensores de humedad, cada uno con sus propias características y aplicaciones. A continuación, se describen algunos de los tipos más comunes de sensores de humedad:

Sensores de Humedad Relativa (HR):

Los sensores de humedad relativa miden la humedad en el aire en relación con la cantidad máxima de humedad que el aire podría contener a una temperatura y presión específicas.

Utilizan diferentes tecnologías, como capacitiva, resistiva o termoeléctrica, para medir la humedad relativa.

Se encuentran en aplicaciones como sistemas de climatización, incubadoras, invernaderos y meteorología.

Sensores de Punto de Rocío:

Estos sensores miden la temperatura a la cual el aire se satura con humedad y comienza a condensarse en forma de rocío.

Son útiles en aplicaciones donde es importante conocer cuándo la humedad en el aire alcanza niveles críticos, como en la prevención de la formación de condensación en sistemas de refrigeración.

Sensores de Humedad en el Suelo:

Estos sensores se utilizan para medir la humedad del suelo en diferentes profundidades.

Son esenciales en la agricultura y la jardinería para determinar cuándo y cuánto regar los cultivos o las plantas.

Sensores de Humedad en Materiales:

Se emplean para medir la humedad en materiales sólidos, como madera, papel, yeso o productos farmacéuticos.

Ayudan a prevenir daños causados por la humedad y a garantizar la calidad de los productos.

Sensores de Humedad en Gases:

Estos sensores miden la concentración de vapor de agua en una mezcla de gases.

Son utilizados en aplicaciones industriales como la secado de gases o el monitoreo de la humedad en procesos químicos.

La elección del tipo de sensor de humedad adecuado dependerá de la aplicación específica y de los requisitos de precisión y rango de medición. Además, es importante recalibrar periódicamente estos sensores para asegurar mediciones precisas a lo largo del tiempo, ya que pueden verse afectados por factores como la contaminación o el envejecimiento de los componentes.

Sensores de Calidad del Aire:

Los sensores de calidad del aire se utilizan para medir diferentes parámetros relacionados con la contaminación y la calidad del aire, incluyendo la concentración de contaminantes como el dióxido de carbono (CO_2), monóxido de carbono (CO), partículas suspendidas, compuestos orgánicos volátiles (COVs) y otros gases tóxicos.

Estos sensores se emplean en aplicaciones de control de la calidad del aire en interiores, como en edificios, escuelas y sistemas de ventilación.

También se utilizan en estaciones de monitoreo ambiental para medir la calidad del aire en exteriores y evaluar la contaminación atmosférica.

Los sensores de calidad del aire pueden funcionar utilizando diferentes tecnologías, como sensores electroquímicos, ópticos, de infrarrojos y de dispersión de luz láser. Los sensores de calidad del aire son dispositivos diseñados para medir y monitorear diversos parámetros relacionados con la contaminación y la calidad del aire en un entorno específico. Estos sensores son fundamentales para evaluar la seguridad y salud ambiental en áreas urbanas e industriales. A continuación, se describen algunos de los parámetros que los sensores de calidad del aire pueden medir:

Partículas en Suspensión (PM):

Los sensores de PM miden la concentración de partículas finas en el aire, conocidas como PM2.5 (partículas de menos de 2.5 micrómetros) y PM10 (partículas de menos de 10 micrómetros).

Estas partículas pueden incluir polvo, hollín, cenizas y contaminantes químicos adheridos a partículas.

La medición de PM es importante para evaluar la calidad del aire y sus efectos en la salud humana.

Dióxido de Azufre (SO_2):

Este sensor mide la concentración de dióxido de azufre en el aire, un gas producido principalmente por la combustión de combustibles fósiles como el carbón y el petróleo.

El SO2 puede causar problemas respiratorios y contribuir a la formación de lluvia ácida.

Dióxido de Nitrógeno (NO2):

Los sensores de NO2 miden la concentración de dióxido de nitrógeno, un gas emitido por vehículos y procesos industriales.

El NO2 está relacionado con problemas respiratorios y contribuye a la formación de smog.

Monóxido de Carbono (CO):

Estos sensores miden la concentración de monóxido de carbono, un gas incoloro e inodoro producido por la combustión incompleta de combustibles.

El CO es tóxico y puede ser mortal en concentraciones elevadas.

Compuestos Orgánicos Volátiles (COVs):

Los sensores de COVs detectan la presencia de compuestos orgánicos volátiles en el aire, que pueden provenir de fuentes como disolventes, productos químicos y emisiones de vehículos.

Algunos COVs son peligrosos para la salud y pueden contribuir a la contaminación del aire interior.

Dióxido de Carbono (CO2):

Los sensores de CO2 miden la concentración de dióxido de carbono en el aire.

Son comunes en aplicaciones de control de calidad del aire en interiores, como edificios y sistemas de climatización.

Ozono (O3):

Los sensores de ozono miden la concentración de ozono en el aire.

El ozono puede ser dañino en concentraciones elevadas cerca de la superficie de la Tierra, pero también es beneficioso en la atmósfera superior, donde protege contra la radiación ultravioleta.

Compuestos de Metales Pesados:

Algunos sensores especializados pueden medir la concentración de metales pesados como plomo, mercurio y cadmio en el aire.

Estos sensores son esenciales para evaluar la calidad del aire en áreas urbanas, industriales y en interiores, y para tomar medidas adecuadas para reducir la contaminación atmosférica y proteger la salud pública. Es importante recalibrar y mantener regularmente estos sensores para garantizar mediciones precisas y confiables. Además, los datos recopilados por estos sensores pueden utilizarse para informar a las autoridades y al público sobre la calidad del aire y la necesidad de tomar medidas correctivas.

Es importante destacar que la elección del sensor adecuado depende de la aplicación específica y de los parámetros que se deseen medir. Además, la calibración y el mantenimiento regular son esenciales para garantizar mediciones precisas y confiables en ambas categorías de sensores. La monitorización de la humedad y la calidad del aire es fundamental en diversas áreas para garantizar un entorno seguro y saludable.

22. Sensores de sonido y vibración.

Los sensores de sonido y vibración son dispositivos que se utilizan para medir y registrar niveles de sonido y vibración en un entorno específico. Estos sensores son fundamentales en una variedad de aplicaciones, desde la industria y la ingeniería hasta la monitorización ambiental y la investigación. Aquí te proporciono información sobre estos dos tipos de sensores:

Sensores de Sonido:

Micrófonos:

Los micrófonos son los sensores de sonido más comunes. Convierten las variaciones de presión acústica en señales eléctricas que representan el sonido.

Se utilizan en aplicaciones como grabación de audio, telefonía, control de calidad del sonido en entornos industriales, y sistemas de cancelación de ruido.

Existen varios tipos de micrófonos, incluyendo condensador, dinámico y de carbono, cada uno con sus propias características y aplicaciones. Los micrófonos son dispositivos diseñados para convertir las vibraciones de presión sonora en señales eléctricas que representan el sonido. Son ampliamente utilizados en una variedad de aplicaciones, desde grabación de audio y comunicaciones hasta aplicaciones industriales y científicas. Existen varios tipos de micrófonos, cada uno con sus propias características y aplicaciones. Aquí te proporciono información sobre algunos de los tipos más comunes de micrófonos:

Micrófonos de Condensador:

Estos micrófonos son conocidos por su alta sensibilidad y respuesta de frecuencia amplia, lo que los hace ideales para grabaciones de alta calidad.

Contienen un diafragma y una placa posterior, separados por un espacio lleno de aire o un dieléctrico. Cuando el diafragma vibra debido a las ondas sonoras, cambia la capacitancia y genera una señal eléctrica.

Se utilizan en estudios de grabación, aplicaciones de radiodifusión, grabación de voz y música en vivo.

Micrófonos Dinámicos:

Los micrófonos dinámicos son robustos y duraderos. Son menos sensibles que los condensadores, pero son ideales para aplicaciones en vivo y de alto nivel de presión sonora.

Utilizan un diafragma conectado a una bobina móvil dentro de un campo magnético. Cuando el diafragma se mueve debido a las vibraciones del sonido, la bobina genera una corriente eléctrica.

Son comunes en escenarios, conciertos en vivo, aplicaciones de grabación en exteriores y micrófonos de mano.

Micrófonos de Cinta:

Estos micrófonos utilizan una delgada cinta de aluminio suspendida en un campo magnético. La cinta vibra en respuesta al sonido y genera una señal eléctrica.

Son conocidos por su calidez y suave respuesta de frecuencia, adecuados para grabaciones de voz e instrumentos.

Son sensibles y frágiles, por lo que requieren un manejo cuidadoso.

Micrófonos de Solapa (Lavalier):

Estos micrófonos son pequeños y discretos, diseñados para ser sujetados a la ropa o escondidos fácilmente.

Se utilizan en presentaciones en vivo, entrevistas en televisión, producciones teatrales y aplicaciones de video en las que la movilidad del usuario es esencial.

Micrófonos USB:

Estos micrófonos están diseñados para la grabación directa en computadoras a través de una conexión USB.

Son populares para podcasting, streaming de video, videoconferencias y grabación de voz en el hogar debido a su facilidad de uso.

Micrófonos de Medición (para análisis acústico):

Estos micrófonos están diseñados específicamente para medir niveles de sonido y realizar análisis acústicos en aplicaciones como control de ruido ambiental, acústica arquitectónica y pruebas de sonido.

La elección del micrófono adecuado depende de la aplicación, el entorno y las necesidades de calidad de sonido. Cada tipo de micrófono tiene sus ventajas y desventajas, y es importante seleccionar el adecuado para obtener los resultados deseados.

Sensores de Sonido Piezoeléctricos:

Estos sensores generan una señal eléctrica en respuesta a la presión acústica y las vibraciones.

Se utilizan en aplicaciones de ultrasonido, como la medición de distancias, la detección de fugas, y la inspección no destructiva.Los sensores de sonido piezoeléctricos son dispositivos que utilizan el principio de la piezoelectricidad para convertir las vibraciones mecánicas, como las ondas sonoras, en señales eléctricas. La piezoelectricidad es un fenómeno en el que ciertos materiales generan una carga eléctrica cuando se someten a tensiones mecánicas, como la compresión o la vibración. Aquí te proporciono más información sobre los sensores de sonido piezoeléctricos:

Principio de funcionamiento:

Los sensores de sonido piezoeléctricos utilizan materiales piezoeléctricos, como el cuarzo o el polivinilideno difluoruro (PVDF), que tienen la propiedad de generar una carga eléctrica cuando se deforman mecánicamente.

Cuando una onda sonora incide sobre el material piezoeléctrico y lo hace vibrar, el material se deforma y genera una señal eléctrica en respuesta a esa vibración.

Esta señal eléctrica se puede medir y amplificar para representar la amplitud y la frecuencia del sonido detectado.

Características clave:

Alta sensibilidad: Los sensores piezoeléctricos son conocidos por su alta sensibilidad a las vibraciones y sonidos.

Amplio rango de frecuencia: Pueden detectar una amplia gama de frecuencias, desde sonidos de baja frecuencia hasta ultrasonidos, dependiendo del material y el diseño del sensor.

Respuesta rápida: Tienen una respuesta rápida a las vibraciones y cambios en el sonido.

Robustez: Son robustos y pueden soportar condiciones ambientales adversas, lo que los hace adecuados para aplicaciones industriales y científicas.

Aplicaciones:

Los sensores de sonido piezoeléctricos se utilizan en una variedad de aplicaciones, que incluyen:

Detección de sonido en equipos de control de calidad de audio.

Detección de vibraciones en maquinaria industrial para el monitoreo de la salud de los equipos.

Sensores de ultrasonido en aplicaciones médicas, como imágenes por ultrasonido y diagnóstico médico.

Detección de golpes y choques en dispositivos de seguridad y alarma.

Monitoreo de nivel de sonido ambiental y control de ruido.

Sensores de vibración en aplicaciones aeroespaciales y de defensa.

Amplificación y procesamiento de señales:

Las señales generadas por los sensores de sonido piezoeléctricos suelen ser de bajo voltaje y deben amplificarse y procesarse antes de su uso. Los amplificadores y circuitos de procesamiento de señales se utilizan comúnmente para este propósito.

Calibración y mantenimiento:

Es importante calibrar y mantener regularmente los sensores de sonido piezoeléctricos para garantizar mediciones precisas a lo largo del tiempo.

En resumen, los sensores de sonido piezoeléctricos son herramientas versátiles y sensibles que encuentran aplicación en una amplia variedad de campos, desde la ingeniería y la industria hasta la medicina y la investigación científica. Su capacidad para detectar vibraciones y sonidos los hace esenciales en muchas aplicaciones donde se requiere monitoreo de condiciones acústicas y de vibración.

Sensores de Sonido MEMS:

Los sensores de sonido MEMS (Sistemas Microelectromecánicos) son pequeños dispositivos que utilizan estructuras microscópicas para detectar sonido.

Son comunes en teléfonos móviles y otros dispositivos electrónicos portátiles.Los sensores de sonido MEMS (Sistemas Microelectromecánicos) son dispositivos que utilizan tecnología MEMS para medir vibraciones y convertirlas en señales eléctricas que representan el sonido. La tecnología MEMS combina componentes microelectrónicos y mecánicos en un solo chip, lo que permite la fabricación de sensores pequeños y eficientes en términos de energía. Aquí te proporciono más información sobre los sensores de sonido MEMS:

Principio de funcionamiento:

Los sensores de sonido MEMS generalmente utilizan un elemento microelectromecánico, como un micrófono capacitivo o un micrófono piezoeléctrico, para detectar vibraciones.

En un micrófono capacitivo MEMS, por ejemplo, un diafragma suspendido mecánicamente actúa como una de las placas de un condensador, mientras que la otra placa está fija. Cuando las ondas sonoras hacen vibrar el diafragma, la distancia entre las placas cambia, lo que modifica la capacitancia del condensador y genera una señal eléctrica proporcional al sonido detectado.

Características clave:

Tamaño pequeño: Los sensores de sonido MEMS son muy pequeños y pueden integrarse fácilmente en dispositivos portátiles, como teléfonos móviles y auriculares inalámbricos.

Bajo consumo de energía: Son eficientes en términos de energía y pueden funcionar con baterías pequeñas durante períodos prolongados.

Respuesta rápida: Tienen una respuesta rápida a las vibraciones y cambios en el sonido.

Amplio rango de frecuencia: Pueden detectar una amplia gama de frecuencias, desde sonidos de baja frecuencia hasta ultrasonidos, dependiendo del diseño y la aplicación.

Robustez: Son robustos y resistentes a las condiciones ambientales adversas.

Aplicaciones:

Los sensores de sonido MEMS se utilizan en una variedad de aplicaciones, que incluyen:

Micrófonos en teléfonos móviles, tabletas y dispositivos de audio.

Detección de voz en sistemas de reconocimiento de voz y asistentes virtuales.

Sensores de vibración en dispositivos de seguimiento de actividad física y monitores de salud.

Detección de ruido y control de calidad del sonido en equipos de grabación y comunicaciones.

Monitoreo de nivel de sonido ambiental en dispositivos de seguridad y aplicaciones industriales.

Amplificación y procesamiento de señales:

Al igual que con otros sensores de sonido, las señales generadas por los sensores de sonido MEMS suelen ser de bajo voltaje y pueden requerir amplificación y procesamiento antes de su uso. Esto se logra mediante circuitos electrónicos asociados al sensor.

Calibración y mantenimiento:

La calibración y el mantenimiento adecuados son importantes para garantizar mediciones precisas y confiables a lo largo del tiempo.

Los sensores de sonido MEMS son esenciales en la tecnología moderna, ya que permiten una detección de sonido y vibración precisa y eficiente en una variedad de dispositivos y aplicaciones. Su tamaño compacto y bajo consumo de energía los hacen ideales para dispositivos portátiles y sistemas embebidos.

Sensores de Vibración:

Acelerómetros:

Los acelerómetros miden la aceleración lineal experimentada por un objeto o una superficie.

Se utilizan para detectar y medir vibraciones en maquinaria, vehículos, estructuras de construcción y dispositivos electrónicos.

Son esenciales en aplicaciones de monitoreo de la salud estructural, como puentes y edificios, así como en la detección de impactos y vibraciones en la industria automotriz y aeroespacial.

Sensores de Vibración Piezoeléctricos:

Estos sensores convierten las vibraciones mecánicas en señales eléctricas debido a las propiedades piezoeléctricas de ciertos materiales.

Se utilizan en aplicaciones de monitoreo de vibraciones en máquinas rotativas, motores, y equipos industriales.

Sensores de Vibración MEMS:

Los sensores de vibración MEMS son pequeños y eficientes en términos de energía, lo que los hace adecuados para aplicaciones portátiles y dispositivos móviles.

Se emplean en dispositivos como smartphones y relojes inteligentes para funciones como la detección de movimiento y la gestión de la estabilización de imagen. Los sensores de vibración son dispositivos diseñados para medir y detectar vibraciones en objetos, estructuras o máquinas. Estos sensores son fundamentales en una variedad de aplicaciones, desde el monitoreo de la salud de maquinaria industrial hasta la detección de movimientos sísmicos. Aquí tienes información sobre los sensores de vibración:

Principio de funcionamiento:

Los sensores de vibración detectan y cuantifican las vibraciones midiendo el desplazamiento, velocidad o aceleración de un objeto o estructura en respuesta a las fuerzas vibratorias.

El principio básico de funcionamiento se basa en la ley de Newton, donde la fuerza (vibración) se relaciona con la aceleración, y esta información se convierte en una señal eléctrica que se puede medir y registrar.

Tipos de sensores de vibración:

Acelerómetros:

Los acelerómetros miden la aceleración en una o más direcciones.

Son comunes en aplicaciones industriales y automotrices para el monitoreo de la vibración en maquinaria y vehículos.

Se utilizan en dispositivos de seguridad, como airbags, para detectar colisiones.

Sensores de Velocidad de Vibración:

Estos sensores miden la velocidad de cambio de la posición de un objeto debido a las vibraciones.

Son útiles en aplicaciones de diagnóstico de maquinaria y control de calidad.

Sensores de Desplazamiento de Vibración:

Estos sensores miden el desplazamiento físico de un objeto en respuesta a las vibraciones.

Se utilizan en aplicaciones de monitoreo de estructuras, como puentes y edificios, para detectar movimientos.

Sensores de Vibración de Fibra Óptica:

Estos sensores utilizan fibras ópticas para medir cambios en la longitud de la fibra debido a las vibraciones.

Son útiles en aplicaciones en las que se requiere resistencia a la interferencia electromagnética y se necesita una transmisión de señal segura.

Aplicaciones:

Los sensores de vibración tienen una amplia gama de aplicaciones, que incluyen:

Monitoreo de la salud de maquinaria industrial para prevenir fallas y optimizar el mantenimiento.

Detección de movimientos sísmicos y temblores en aplicaciones de geofísica y sismología.

Evaluación de la calidad de la vibración en productos electrónicos, como teléfonos móviles y cámaras.

Control de vibración en aplicaciones de ingeniería civil y aeroespacial.

Detección de impactos y vibraciones en dispositivos de seguridad y sistemas de frenado de vehículos.

Calibración y mantenimiento:

Para garantizar mediciones precisas, es importante calibrar y mantener regularmente los sensores de vibración, especialmente en aplicaciones críticas como el monitoreo de maquinaria industrial y la evaluación de estructuras.

En resumen, los sensores de vibración son esenciales para el monitoreo de vibraciones y movimientos en una variedad de aplicaciones, lo que ayuda a prevenir fallas, mejorar la seguridad y garantizar un rendimiento óptimo en una amplia gama de sistemas y estructuras.

Los sensores de sonido y vibración desempeñan un papel crucial en la detección temprana de problemas en maquinaria y estructuras, así como en la monitorización del entorno acústico y la investigación científica. La elección del tipo de sensor depende de la aplicación específica y los requisitos de medición.

23. Técnicas de calibración de sensores

La calibración de sensores es un proceso fundamental para garantizar la precisión y la confiabilidad de las mediciones realizadas por estos dispositivos. A través de la calibración, se establece una relación conocida entre la señal generada por el sensor y el valor real de la magnitud que se está midiendo. A continuación, se describen algunas técnicas comunes de calibración de sensores:

Calibración en un laboratorio de calibración certificado:

Esta es una de las formas más precisas de calibrar sensores y es esencial en aplicaciones críticas en las que la precisión es fundamental.

Los laboratorios de calibración certificados siguen estándares internacionales y tienen equipos de referencia precisos.

Los sensores se envían al laboratorio de calibración, donde se someten a pruebas y se comparan con patrones de referencia conocidos. La calibración en un laboratorio de calibración certificado es un proceso en el cual los sensores y equipos de medición se someten a pruebas y ajustes bajo condiciones controladas y según estándares reconocidos para garantizar su precisión y confiabilidad. Este tipo de calibración es esencial en aplicaciones donde la precisión de las mediciones es crítica y debe cumplir con estándares o regulaciones específicas. A continuación, se describe el proceso típico de calibración en un laboratorio certificado:

Selección del laboratorio de calibración:

Elige un laboratorio de calibración certificado y acreditado que cumpla con las normas y regulaciones pertinentes para tu industria o aplicación.

Asegúrate de que el laboratorio tenga la capacidad y la experiencia para calibrar los tipos de sensores y equipos que necesitas.

Preparación del equipo a calibrar:

Antes de enviar el equipo al laboratorio, asegúrate de que esté limpio y en condiciones adecuadas para la calibración.

Documenta cualquier información relevante sobre el equipo, como especificaciones técnicas, rangos de medición y condiciones de operación típicas.

Envío del equipo al laboratorio:

Envía el equipo al laboratorio de calibración junto con la documentación necesaria, como certificados de calibración anteriores y manuales del equipo.

Recepción y verificación del equipo:

El laboratorio recibirá el equipo y realizará una verificación inicial para asegurarse de que esté en condiciones adecuadas para la calibración.

Calibración:

El equipo se someterá a pruebas específicas de acuerdo con los estándares y procedimientos de calibración aplicables.

Las pruebas pueden incluir la aplicación de valores de referencia conocidos y la comparación de las lecturas del equipo con los valores de referencia para determinar cualquier desviación.

Ajuste (si es necesario):

Si el equipo muestra desviaciones significativas durante la calibración, se realizarán ajustes para corregir las mediciones y llevarlas a la precisión requerida.

Los ajustes pueden implicar la corrección de offset, ganancia u otros parámetros según sea necesario.

Generación del certificado de calibración:

Una vez completada la calibración, el laboratorio emitirá un certificado de calibración que documenta los resultados de las pruebas y ajustes.

El certificado incluirá información detallada sobre las mediciones, los valores de referencia utilizados y cualquier corrección aplicada.

Devolución del equipo calibrado:

Una vez que el equipo ha sido calibrado y se ha emitido el certificado, se devolverá al propietario o cliente junto con el certificado de calibración.

Mantenimiento de registros:

Es importante mantener registros adecuados de todas las calibraciones realizadas, incluidos los certificados de calibración, para cumplir con los requisitos de calidad y regulaciones aplicables.

La calibración en un laboratorio de calibración certificado es esencial para garantizar mediciones precisas y confiables, y es especialmente importante en industrias reguladas como la medicina, la aeronáutica, la automoción y la industria química, donde la precisión es crítica para la seguridad y la calidad del producto.

Calibración en campo:

En algunas aplicaciones, es necesario calibrar el sensor en su ubicación real, ya que el transporte al laboratorio no es práctico.

Esto se hace utilizando un equipo de referencia portátil que se coloca junto al sensor en el lugar de operación.

Se registran mediciones simultáneas del sensor y del equipo de referencia, y se ajustan las lecturas del sensor según sea necesario.La calibración en campo es un proceso en el cual se ajustan y verifican sensores y equipos de medición directamente en su lugar de uso o instalación, en lugar de llevarlos a un laboratorio de calibración. Esta técnica se utiliza cuando el transporte de los sensores al laboratorio no es práctico o cuando es necesario garantizar mediciones precisas en el entorno real de operación. A continuación, se describen los pasos típicos involucrados en el proceso de calibración en campo:

Preparación y planificación:

Antes de realizar la calibración en campo, es importante realizar una planificación adecuada. Esto incluye determinar qué sensores se calibrarán, los puntos de calibración necesarios y los estándares o instrumentos de referencia que se utilizarán.

Asegúrate de contar con el equipo de calibración necesario, como calibradores, patrones de referencia y herramientas.

Selección de ubicación y condiciones de calibración:

Elige una ubicación que sea representativa del entorno de operación normal del sensor. Las condiciones ambientales, como temperatura y humedad, deben ser similares a las condiciones reales de uso.

Si es necesario, establece un entorno controlado para garantizar condiciones estables durante la calibración.

Calibración de referencia:

Utiliza un estándar o instrumento de referencia con trazabilidad a estándares nacionales o internacionales para realizar mediciones de referencia precisas.

Realiza mediciones de referencia en los puntos de calibración necesarios de acuerdo con las especificaciones del sensor.

Comparación con el sensor a calibrar:

Coloca el sensor a calibrar en la ubicación designada y realice mediciones con el sensor en las mismas condiciones que las mediciones de referencia.

Registra las lecturas del sensor.

Ajuste y corrección (si es necesario):

Si las lecturas del sensor difieren significativamente de las mediciones de referencia, realiza ajustes o correcciones en el sensor según sea necesario.

Esto puede implicar la modificación de valores de calibración, la corrección de offset o ganancia, o la aplicación de factores de corrección.

Generación del informe de calibración:

Documenta todos los pasos del proceso de calibración en un informe de calibración. Este informe debe incluir detalles sobre los puntos de calibración, las mediciones de referencia, las lecturas del sensor y cualquier ajuste o corrección aplicado.

El informe de calibración sirve como evidencia de que el sensor ha sido calibrado correctamente en campo.El método de calibración por puntos es un enfoque común utilizado para calibrar sensores y equipos de medición, especialmente aquellos que tienen una respuesta lineal o aproximadamente lineal. En este método, el sensor se calibra en varios puntos específicos a lo largo de su rango de medición, y se establece una relación conocida entre las lecturas del sensor y los valores de referencia en esos puntos. Aquí se describen los pasos típicos involucrados en el método de calibración por puntos:

Selección de puntos de calibración:

Determina los puntos específicos en el rango de medición del sensor donde deseas realizar las calibraciones.

El número y la ubicación de estos puntos deben ser suficientes para garantizar una buena representación de todo el rango de medición del sensor.

Obtención de valores de referencia conocidos:

Utiliza instrumentos de referencia o estándares calibrados para medir los valores de referencia conocidos en los puntos seleccionados.

Estos valores de referencia deben ser trazables a estándares nacionales o internacionales para garantizar su precisión.

Calibración en cada punto:

Coloca el sensor en el primer punto de calibración y realiza una medición con el sensor en esas condiciones.

Registra la lectura del sensor en ese punto.

Comparación con valores de referencia:

Compara la lectura del sensor en cada punto con el valor de referencia conocido obtenido en el paso 2.

Calcula la desviación entre la lectura del sensor y el valor de referencia.

Ajuste o corrección (si es necesario):

Si la desviación entre la lectura del sensor y el valor de referencia es significativa, se pueden realizar ajustes o correcciones en el sensor para alinear las mediciones con los valores de referencia.

Los ajustes pueden implicar cambiar los valores de calibración del sensor, aplicar factores de corrección, ajustar el offset o modificar la ganancia, según sea necesario.

Repetición para otros puntos de calibración:

Repite el proceso de calibración para cada uno de los puntos de calibración seleccionados.

A medida que avanzas a través de los puntos, realiza mediciones, compara con valores de referencia y aplica ajustes según sea necesario.

Creación de la curva de calibración:

Una vez que hayas calibrado en todos los puntos, puedes crear una curva de calibración que relacione las lecturas del sensor con los valores de referencia en todo el rango de medición del sensor.

Esta curva puede ser lineal o seguir una forma específica, según la naturaleza del sensor y los datos recopilados.

Pruebas de validación (opcional):

Para garantizar la precisión y la confiabilidad de la calibración, puedes realizar pruebas adicionales con el sensor calibrado en condiciones similares a las de uso real.

Esto permite verificar que el sensor ahora proporcione mediciones precisas en todo su rango de operación.

El método de calibración por puntos es útil en situaciones donde se necesita una corrección específica para un sensor en su rango de operación, pero puede requerir más esfuerzo y tiempo en comparación con otros métodos de calibración. También es importante documentar adecuadamente todas las etapas del proceso de calibración y mantener registros precisos de las mediciones y los ajustes realizados.

Certificado de calibración:

Algunas aplicaciones pueden requerir la emisión de un certificado de calibración que incluya los resultados de la calibración y detalles sobre la trazabilidad de las mediciones de referencia. Un certificado de calibración es un documento emitido por un laboratorio de calibración certificado o una entidad de calibración autorizada que proporciona información detallada sobre el proceso de calibración de un instrumento o sensor. Este documento es esencial para demostrar que un instrumento se ha sometido a un proceso de calibración y que sus mediciones son precisas y confiables. A continuación, se describen los elementos típicos que se encuentran en un certificado de calibración:

Información del laboratorio de calibración:

Nombre y dirección del laboratorio de calibración.

Número de acreditación o certificación del laboratorio, si corresponde.

Información de contacto, incluido el nombre del contacto o ingeniero de calibración.

Información del cliente:

Nombre y dirección del cliente o propietario del instrumento calibrado.

Número de referencia del cliente o número de orden de servicio, si corresponde.

Descripción del instrumento calibrado:

Nombre y modelo del instrumento.

Número de serie del instrumento.

Identificación única del instrumento, si es relevante.

Detalles de la calibración:

Fecha de la calibración: La fecha en que se realizó la calibración.

Fecha de vencimiento o próxima fecha de calibración recomendada, si corresponde.

Método de calibración utilizado.

Normas o procedimientos de referencia aplicados durante la calibración.

Trabajo específico realizado durante la calibración, incluidos los puntos de calibración y cualquier ajuste o corrección realizada.

Resultados de la calibración:

Lecturas del instrumento en cada punto de calibración.

Valores de referencia conocidos utilizados durante la calibración.

Desviaciones entre las lecturas del instrumento y los valores de referencia.

Información sobre la incertidumbre de la medición, que refleja la estimación de la precisión de las mediciones de referencia y del instrumento calibrado.

Ajustes o correcciones (si es necesario):

Detalles sobre cualquier ajuste o corrección aplicados al instrumento durante la calibración, incluyendo valores de corrección o factores de corrección.

Condiciones ambientales durante la calibración:

Información sobre las condiciones ambientales, como temperatura y humedad, durante el proceso de calibración.

Observaciones o comentarios adicionales:

Cualquier observación o comentario relevante sobre la calibración o el instrumento, como problemas detectados o condiciones especiales durante la calibración.

Firma y sello del responsable:

Firma y sello del ingeniero de calibración o persona responsable de la calibración, que certifica que el instrumento se ha calibrado de acuerdo con los estándares y procedimientos aplicables.

Certificación de trazabilidad:

Declaración de que las mediciones realizadas durante la calibración son trazables a estándares nacionales o internacionales reconocidos.

Un certificado de calibración es un documento importante que respalda la precisión y la confiabilidad de un instrumento o sensor. Debe mantenerse como registro para futuras referencias y auditorías de calidad. Además, es esencial para demostrar la conformidad con estándares y regulaciones específicas en diversas industrias y aplicaciones.

Mantenimiento de registros:

Es importante mantener registros adecuados de todas las calibraciones en campo, incluidos los informes de calibración y cualquier documentación relacionada.

La calibración en campo es esencial en aplicaciones donde la precisión de las mediciones es crítica y donde llevar los sensores a un laboratorio de calibración no es práctico. Es importante seguir procedimientos rigurosos y documentar adecuadamente todo el proceso para garantizar mediciones precisas y confiables en el entorno real de operación.

Método de calibración por puntos:

En este enfoque, el sensor se calibra en varios puntos específicos a lo largo de su rango de medición.

Se aplican valores conocidos o estándares a los puntos de calibración, y se registran las lecturas del sensor.

Se crea una curva de calibración que relaciona las lecturas del sensor con los valores de referencia conocidos.

Este método es común en sensores lineales, como termómetros y manómetros.

Calibración por interpolación:

En lugar de calibrar el sensor en cada punto, se calibra solo en algunos puntos clave.

Luego, se utiliza la interpolación matemática para estimar valores en otros puntos dentro del rango de medición.

Este enfoque es útil cuando se desea reducir el tiempo y el costo de la calibración.

Calibración automática (auto-calibración):

Algunos sensores modernos cuentan con la capacidad de auto-calibración, donde el sensor se ajusta automáticamente para corregir las desviaciones de su rendimiento original.

Esto se logra utilizando algoritmos y circuitos de retroalimentación internos para ajustar las lecturas del sensor en función de mediciones de referencia internas o externas.

Calibración por factores de corrección:

En algunos casos, en lugar de ajustar directamente las lecturas del sensor, se aplican factores de corrección a las mediciones para llevarlas a los valores correctos.

Esto es común en sensores utilizados en sistemas de adquisición de datos, donde las correcciones se aplican en el software de procesamiento de datos.

Es importante tener en cuenta que la elección de la técnica de calibración dependerá de la aplicación específica, la precisión requerida y los recursos disponibles. Además, la calibración debe realizarse periódicamente, ya que los sensores pueden desviarse con el tiempo debido al envejecimiento o las condiciones ambientales cambiantes.

24-Transductores y su aplicación en mecatrónica

Los transductores son dispositivos utilizados en mecatrónica y en muchas otras disciplinas para convertir una forma de energía en otra. En el contexto de la mecatrónica, los transductores desempeñan un papel crucial al permitir la interfaz entre el mundo físico y los sistemas electrónicos o computacionales.

Definición de Transductor: Un transductor es un dispositivo que convierte una forma específica de energía en otra. Puede convertir energía mecánica, eléctrica, térmica, luminosa, química, etc., en una señal eléctrica o una señal de otro tipo que sea más fácil de procesar o analizar.

Los transductores son ampliamente utilizados en diversas aplicaciones, como sistemas de medición, control automático, telecomunicaciones, y en muchas otras áreas donde se requiere la conversión de información de un tipo a otro para su análisis o manipulación.

Tipos de Transductores: Existen diversos tipos de transductores utilizados en mecatrónica, entre los que se incluyen:

Transductores de presión: Convierten la presión en una señal eléctrica. Se usan en sistemas de control de procesos y en la industria automotriz.Los transductores de presión son dispositivos que convierten la presión aplicada sobre ellos en una señal eléctrica proporcional. Estos dispositivos son ampliamente utilizados en una variedad de aplicaciones en sistemas de control de procesos, la industria automotriz y muchas otras áreas. Aquí hay más detalles sobre los transductores de presión y sus aplicaciones:

Funcionamiento de los Transductores de Presión: Los transductores de presión suelen utilizar principios físicos como la deformación mecánica, la capacitancia, la resistencia eléctrica o el efecto piezoeléctrico para convertir la presión en una señal eléctrica. La cantidad de cambio en la señal eléctrica está directamente relacionada con la magnitud de la presión aplicada.

Aplicaciones en Sistemas de Control de Procesos: Los transductores de presión son esenciales en la industria de control de procesos para medir y controlar la presión en sistemas como tanques de almacenamiento, tuberías, reactores químicos y equipos de HVAC (calefacción, ventilación y aire acondicionado). Estos dispositivos ayudan a garantizar la seguridad, la eficiencia y la calidad del proceso.

Industria Automotriz: En la industria automotriz, los transductores de presión se utilizan en una variedad de aplicaciones, incluyendo:

Medición de la presión del aceite del motor para monitorear la lubricación del motor.

Medición de la presión del combustible para garantizar un suministro adecuado de combustible al motor.

Medición de la presión de los neumáticos para la monitorización de la presión de aire en tiempo real (sistemas de control de la presión de los neumáticos TPMS).

Medición de la presión del sistema de frenado para sistemas de frenos antibloqueo (ABS).

Otras Aplicaciones: Los transductores de presión también se utilizan en otras aplicaciones, como la monitorización de sistemas de tuberías en la industria de petróleo y gas, la medición de presión en sistemas de aire acondicionado y refrigeración, y la monitorización de presión en equipos médicos, como monitores de presión arterial.

Los transductores de presión son dispositivos cruciales para medir y controlar la presión en una variedad de aplicaciones industriales y automotrices. Estos dispositivos permiten la conversión de la información de presión en señales eléctricas que pueden ser procesadas y utilizadas para tomar decisiones o realizar acciones en sistemas automatizados.

Transductores de posición: Detectan la posición de un objeto y la convierten en una señal eléctrica. Son esenciales en robots y sistemas de automatización.Los transductores de posición son dispositivos diseñados para medir la posición de un objeto o un elemento móvil y convertir esta información en una señal eléctrica o una salida que representa la posición relativa o absoluta. Estos transductores son fundamentales en una amplia gama de aplicaciones, desde la industria automotriz y la manufactura hasta la aeroespacial y la robótica. Aquí te proporciono información adicional sobre los transductores de posición:

Tipos de Transductores de Posición: Existen varios tipos de transductores de posición, cada uno de los cuales utiliza principios físicos diferentes para medir la posición. Algunos ejemplos incluyen:

Potenciómetros: Utilizan un resistor variable y un contacto móvil para medir la posición.

Codificadores rotativos: Proporcionan una señal digital o analógica que indica la rotación de un eje.

LVDT (Linear Variable Differential Transformer): Mide la posición lineal mediante la variación de la inducción electromagnética en un núcleo móvil.

Encoders lineales: Proporcionan información precisa sobre la posición lineal a través de una señal digital o analógica.

Aplicaciones de los Transductores de Posición: Los transductores de posición se utilizan en una amplia variedad de aplicaciones en diversas industrias. Algunas de las aplicaciones más comunes incluyen:

Automoción: En vehículos, se utilizan para medir la posición del acelerador, la dirección, la suspensión y otros componentes.

Industria manufacturera: Se emplean en máquinas herramienta, robots industriales y sistemas de automatización para controlar la posición y el movimiento.

Aeroespacial: Se utilizan en aviones y vehículos espaciales para controlar superficies de control y sistemas de navegación.

Electrónica de consumo: Se encuentran en dispositivos como joysticks, mandos a distancia y sistemas de realidad virtual para rastrear el movimiento.

Medicina: En aplicaciones médicas, se utilizan para medir la posición de dispositivos médicos, como endoscopios y equipos de terapia.

Ventajas de los Transductores de Posición:

Proporcionan mediciones precisas y repetibles de la posición.

Se pueden utilizar para controlar y monitorear sistemas en tiempo real.

Son esenciales en aplicaciones de control de movimiento y automatización.

Se pueden integrar con sistemas de control y procesamiento de datos para tomar decisiones y realizar acciones.

Los transductores de posición son componentes clave en la mecatrónica y la automatización, ya que permiten medir y controlar la posición de objetos o componentes en una amplia gama de aplicaciones industriales y tecnológicas. Su precisión y versatilidad los hacen fundamentales en el diseño de sistemas que requieren un control preciso del movimiento y la posición.

Transductores de temperatura: Convierten la temperatura en una señal eléctrica. Se utilizan en sistemas de control de climatización y procesos industriales.

Transductores de fuerza: Midan la fuerza ejercida sobre ellos y la convierten en una señal eléctrica. Se aplican en sistemas de medición de carga y ensayos de materiales.Los transductores de temperatura son dispositivos utilizados para medir y convertir la temperatura en una señal eléctrica o electrónica que pueda ser procesada y registrada. Estos dispositivos son esenciales en una amplia variedad de aplicaciones en la industria, la ciencia, la tecnología y la automatización. A continuación, se presentan detalles sobre los transductores de temperatura y sus aplicaciones:

Funcionamiento de los Transductores de Temperatura: Los transductores de temperatura operan en base a principios físicos específicos que cambian en respuesta a las variaciones de temperatura. Algunos de los tipos más comunes de transductores de temperatura incluyen:

Termopares: Utilizan la diferencia de voltaje generada cuando dos metales diferentes están conectados en un circuito en función de la temperatura.

Termistor: Un dispositivo semiconductor cuya resistencia eléctrica cambia

significativamente con la temperatura.

RTD (Resistencia de temperatura) de platino: Un sensor de resistencia que utiliza un alambre de platino cuya resistencia cambia con la temperatura.

Termómetros infrarrojos: Capturan la radiación infrarroja emitida por un objeto y la convierten en una medida de temperatura.

Aplicaciones de los Transductores de Temperatura: Los transductores de temperatura se utilizan en una variedad de aplicaciones, algunas de las cuales incluyen:

Control de procesos industriales: Para mantener la temperatura adecuada en sistemas de calefacción, refrigeración y procesos químicos.

Monitorización ambiental: En estaciones meteorológicas y sistemas de control climático en edificios.

Electrónica y dispositivos de consumo: Para medir la temperatura de CPU en computadoras, controlar la temperatura de electrodomésticos y dispositivos de climatización.

Investigación científica: En laboratorios para medir la temperatura en experimentos y estudios científicos.

Control de motores y vehículos: Para monitorear y controlar la temperatura del motor y otros componentes en automóviles y maquinaria.

Aplicaciones médicas: Para medir la temperatura corporal en termómetros clínicos y sistemas de control de temperatura en dispositivos médicos.

Ventajas de los Transductores de Temperatura:

Ofrecen mediciones precisas y repetibles de la temperatura.

Son ampliamente utilizados en una amplia gama de aplicaciones.

Son compatibles con sistemas electrónicos y sistemas de control.

Pueden funcionar en una amplia gama de temperaturas, desde muy frías hasta extremadamente calientes.

Los transductores de temperatura son componentes fundamentales en una variedad de aplicaciones en la industria, la ciencia y la tecnología. Permiten la medición y el control precisos de la temperatura, lo que es esencial para garantizar la seguridad, la eficiencia y la calidad en una amplia gama de procesos y sistemas.

Transductores de velocidad: Detectan la velocidad de un objeto y la convierten en una señal eléctrica. Son comunes en sistemas de control de motores y vehículos autónomos.Los transductores de velocidad son dispositivos diseñados para medir la velocidad de un objeto o un flujo y convertir esta información en una señal eléctrica o electrónica que se pueda procesar, registrar o utilizar para controlar sistemas. Estos transductores son esenciales en una variedad de aplicaciones en la industria, la investigación científica y otras áreas. Aquí te proporciono más información sobre los transductores de velocidad y sus aplicaciones:

Funcionamiento de los Transductores de Velocidad: Los transductores de velocidad operan en base a principios físicos específicos que permiten la medición de la velocidad. Algunos de los tipos más comunes de transductores de velocidad incluyen:

Tacómetros: Detectan la rotación de un eje o una rueda y convierten las revoluciones por minuto (RPM) en una señal eléctrica.

Anemómetros: Se utilizan para medir la velocidad del viento o el flujo de aire y convierten esta información en una señal eléctrica.

Medidores de flujo: Midan la velocidad de un fluido (líquido o gas) y convierten la velocidad en una señal eléctrica, que se utiliza para medir el caudal.

Transmisores de velocidad angular: Proporcionan información sobre la velocidad angular de un eje o un objeto en movimiento.

Aplicaciones de los Transductores de Velocidad: Los transductores de velocidad se utilizan en diversas aplicaciones, algunas de las cuales incluyen:

Control de motores: En sistemas de control de velocidad y posicionamiento en maquinaria industrial y vehículos.

Monitoreo de la velocidad del viento: En aplicaciones meteorológicas y en la industria de la energía eólica para medir la velocidad del viento y optimizar la producción de energía.

Control de flujo en procesos industriales: Para garantizar que los fluidos se muevan a la velocidad adecuada en sistemas de tuberías y procesos químicos.

Investigación científica: En experimentos y estudios que requieren mediciones precisas de la velocidad de partículas, objetos en movimiento o flujos de fluidos.

Navegación y vehículos autónomos: En sistemas de navegación para determinar la velocidad y la dirección de un vehículo.

Ventajas de los Transductores de Velocidad:

Proporcionan mediciones precisas de la velocidad.

Son fundamentales en sistemas de control de movimiento y automatización.

Se utilizan en una amplia variedad de aplicaciones, desde la industria hasta la investigación científica y la navegación.

Ayudan a garantizar la seguridad y el rendimiento en sistemas que requieren control de velocidad.

Los transductores de velocidad son dispositivos importantes en muchas aplicaciones donde se necesita medir y controlar la velocidad de objetos, fluidos o sistemas. Su capacidad para convertir la velocidad en señales eléctricas o electrónicas los hace esenciales en una amplia gama de aplicaciones industriales, científicas y tecnológicas.

Aplicaciones en Mecatrónica: Los transductores desempeñan un papel fundamental en la mecatrónica, que combina la mecánica, la electrónica y la informática en sistemas automatizados. Algunas aplicaciones comunes de los transductores en mecatrónica incluyen:

Control de movimiento: Los transductores de posición y velocidad son esenciales para controlar motores y actuadores en robots y sistemas de automatización.

Monitoreo y control de procesos: Los transductores de presión, temperatura y flujo se utilizan en la industria para controlar y supervisar procesos industriales.

Automatización industrial: Los transductores son clave para la automatización de líneas de producción y sistemas de fabricación.

Sistemas de navegación: Los transductores de posición y velocidad son vitales en sistemas de navegación, como vehículos autónomos y drones.

Sistemas de control de vehículos: Los transductores de velocidad y dirección son esenciales en la mecatrónica de vehículos, incluidos automóviles y sistemas de transporte público.

En resumen, los transductores son componentes esenciales en la mecatrónica, ya que permiten la conversión de señales físicas en formas que puedan ser procesadas y controladas por sistemas electrónicos y computacionales. Estos dispositivos son fundamentales para el funcionamiento eficiente de sistemas mecatrónicos en una amplia variedad de aplicaciones.

25. Redes de comunicación industrial

Las redes de comunicación industrial son infraestructuras de comunicación utilizadas en entornos industriales para conectar y coordinar dispositivos, máquinas, sistemas de control y aplicaciones en una fábrica o planta de producción. Estas redes desempeñan un papel fundamental en la automatización industrial y la Industria 4.0 al permitir la transferencia de datos en tiempo real y el control eficiente de procesos. Aquí te proporciono información sobre las redes de comunicación industrial:

Tipos de Redes de Comunicación Industrial: Existen varios tipos de redes de comunicación industrial, cada una diseñada para satisfacer necesidades específicas. Algunos ejemplos incluyen:

Ethernet industrial: Basada en el estándar Ethernet, esta red es cada vez más común en la automatización industrial para conectar dispositivos y sistemas.Ethernet industrial se refiere a una implementación de la tecnología de Ethernet estándar en entornos industriales y de automatización. A diferencia de la Ethernet utilizada en redes de oficina y hogar, la Ethernet industrial se adapta para satisfacer las necesidades específicas de la automatización industrial y proporciona un entorno robusto y confiable para la comunicación de datos en entornos adversos. Aquí hay algunas características y consideraciones clave sobre Ethernet industrial:

Robustez y Condiciones Ambientales: Las redes industriales a menudo se encuentran en entornos desafiantes, donde pueden estar expuestas a temperaturas extremas, humedad, vibraciones, interferencias electromagnéticas y otros factores adversos. La Ethernet industrial está diseñada para soportar estas condiciones y funcionar de manera confiable.

Determinismo: En muchas aplicaciones industriales, la comunicación debe ser altamente determinista, lo que significa que los datos deben llegar a su destino dentro de un tiempo predecible. La Ethernet industrial ofrece protocolos y configuraciones que permiten la comunicación en tiempo real y garantizan el cumplimiento de los plazos.

Priorización de Tráfico: Para garantizar que los datos críticos tengan prioridad, se utilizan mecanismos de priorización de tráfico en las redes industriales. Esto asegura que los datos esenciales, como el control de procesos, tengan un ancho de banda dedicado y no se vean afectados por el tráfico no esencial.

Redundancia: La redundancia es fundamental en aplicaciones industriales críticas. Las redes Ethernet industriales a menudo admiten configuraciones de red redundantes para garantizar la continuidad de las operaciones incluso en caso de fallos en la red.

Protocolos de Comunicación Industrial: Además de Ethernet, las redes industriales pueden utilizar protocolos de comunicación específicos de la industria, como PROFINET, EtherNet/IP, Modbus TCP, entre otros. Estos protocolos se basan en Ethernet y se utilizan para la comunicación en aplicaciones industriales específicas.

Seguridad: La seguridad de la red es crítica en entornos industriales, ya que la interrupción o el acceso no autorizado pueden tener consecuencias graves. Se aplican medidas de seguridad para proteger las redes industriales contra amenazas cibernéticas y garantizar la integridad de los datos.

Escalabilidad: Las redes Ethernet industriales deben ser escalables para permitir la expansión de la infraestructura de red a medida que cambian las necesidades de la planta o la fábrica.

Ethernet industrial se utiliza en una amplia variedad de aplicaciones industriales, que van desde la automatización de fábricas y procesos hasta la monitorización y el control de maquinaria y sistemas de producción. Su adopción ha permitido una mayor eficiencia, flexibilidad y capacidad de respuesta en entornos industriales, contribuyendo a la evolución de la Industria 4.0 y la automatización avanzada.

PROFIBUS: Un protocolo de comunicación ampliamente utilizado en la automatización y la fabricación.PROFIBUS (acrónimo de Process Field Bus) es un estándar de comunicación industrial ampliamente utilizado en la automatización y control de procesos. Fue desarrollado originalmente en Alemania en la década de 1980 y desde entonces se ha convertido en uno de los protocolos de comunicación más populares en la industria. PROFIBUS se utiliza en una variedad de aplicaciones industriales para conectar dispositivos y controladores en redes de automatización y control. Aquí hay información importante sobre PROFIBUS:

Dos Variantes Principales:

PROFIBUS DP (Decentralized Peripherals): Esta variante se utiliza para la comunicación rápida y determinista entre dispositivos de campo y un controlador central. Es ideal para aplicaciones que requieren tiempos de ciclo cortos y alta velocidad de comunicación.

PROFIBUS PA (Process Automation): Se utiliza en aplicaciones de automatización de procesos, como la industria química y de procesamiento. Es especialmente adecuado para la transmisión de datos analógicos y digitales en entornos peligrosos, ya que es intrínsecamente seguro.

Topología de Red: PROFIBUS admite diversas topologías de red, como bus lineal, árbol y estrella. En una red PROFIBUS, los dispositivos se conectan en serie a un solo cable principal. Esto simplifica la instalación y permite la comunicación eficiente entre dispositivos distribuidos en el campo.

Protocolo de Comunicación: PROFIBUS utiliza un protocolo de comunicación maestro/esclavo en el que un dispositivo maestro (como un PLC) controla la comunicación con múltiples dispositivos esclavos (sensores, actuadores, controladores). La comunicación puede ser cíclica o acíclica, lo que permite la transmisión de datos de control y diagnóstico.

Velocidad de Transmisión: PROFIBUS DP puede operar a velocidades de transmisión de hasta 12 Mbps, lo que lo hace adecuado para aplicaciones que requieren alta velocidad de comunicación. PROFIBUS PA, diseñado para la industria de procesos, opera a velocidades más bajas, generalmente en el rango de 31.25 kbps a 1.5 Mbps.

Diagnóstico y Mantenimiento: PROFIBUS incluye características de diagnóstico avanzado que permiten la monitorización y el mantenimiento predictivo de dispositivos en la red. Esto ayuda a identificar problemas y fallos en el sistema antes de que causen interrupciones en la producción.

Amplia Adopción: PROFIBUS es ampliamente utilizado en diversas industrias, como la automotriz, la manufactura, la industria química, la alimentaria y la energética. Su popularidad se debe en parte a su eficiencia, confiabilidad y amplia disponibilidad de dispositivos compatibles.

Evolución: Aunque PROFIBUS sigue siendo ampliamente utilizado, se ha desarrollado un sucesor llamado PROFINET, que utiliza Ethernet industrial para comunicaciones en tiempo real. PROFINET es compatible con PROFIBUS y ofrece mayores velocidades y capacidades.

PROFIBUS es un estándar de comunicación industrial sólido y bien establecido que ha contribuido significativamente a la automatización y el control de procesos en una variedad de industrias. Proporciona una plataforma confiable para la interconexión de dispositivos y sistemas en entornos industriales, lo que mejora la eficiencia y la productividad.

Modbus: Un protocolo de comunicación serial que permite la comunicación entre dispositivos de automatización.Modbus es un protocolo de comunicación utilizado en sistemas de automatización industrial y control de procesos. Fue desarrollado en la década de 1970 y se ha convertido en uno de los estándares más ampliamente adoptados para la comunicación entre dispositivos electrónicos en entornos industriales. Modbus es utilizado en una amplia gama de aplicaciones, desde la adquisición de datos hasta el control de procesos y la monitorización de sistemas en la industria. A continuación, se presentan aspectos clave sobre el protocolo Modbus:

Variantes de Modbus:

Modbus RTU (Remote Terminal Unit): Modbus RTU es una variante del protocolo que utiliza la transmisión serie de datos en formato binario. Es ampliamente utilizado en sistemas de automatización industrial que requieren una comunicación eficiente a través de líneas serie RS-232 o RS-485.

Modbus TCP/IP: Modbus TCP/IP es una variante que utiliza la capa de transporte TCP/IP para comunicaciones a través de redes Ethernet. Esta variante es adecuada para sistemas de automatización industrial basados en Ethernet y se utiliza en aplicaciones modernas de la Industria 4.0.

Arquitectura de Comunicación: Modbus utiliza una arquitectura maestro/esclavo. Un dispositivo maestro (como un PLC o una computadora) envía solicitudes a dispositivos esclavos (sensores, actuadores, controladores) para leer o escribir datos. Las solicitudes y respuestas están organizadas en "registros" que contienen información específica.

Formato de Mensajes: Los mensajes Modbus están formateados de manera uniforme y constan de un encabezado que contiene la dirección del dispositivo esclavo, el tipo de mensaje (lectura o escritura), la dirección de registro y la cantidad de datos. Esto facilita la interpretación y el procesamiento de los mensajes.

Tipos de Mensajes Modbus: Modbus admite dos tipos de mensajes principales: lectura (Read) y escritura (Write). Con los mensajes de lectura, un dispositivo maestro puede solicitar información a un dispositivo esclavo, como lecturas de sensores. Con los mensajes de escritura, un dispositivo maestro puede enviar comandos o configuraciones a un dispositivo esclavo, como el control de actuadores.

Amplia Adopción: Modbus es uno de los protocolos de comunicación más ampliamente adoptados en la automatización industrial debido a su simplicidad y confiabilidad. Es compatible con una amplia variedad de dispositivos y controladores de diferentes fabricantes.

Limitaciones:

Modbus no es inherentemente seguro ni cifrado, lo que significa que puede ser vulnerable a ataques cibernéticos si no se implementan medidas de seguridad adecuadas.

La velocidad de transmisión en Modbus RTU está limitada y puede no ser adecuada para aplicaciones que requieran alta velocidad de comunicación.

Modbus es un protocolo de comunicación ampliamente utilizado en la automatización industrial y el control de procesos. Su simplicidad y flexibilidad lo hacen atractivo para una amplia gama de aplicaciones, desde sistemas heredados basados en Modbus RTU hasta sistemas modernos basados en Modbus TCP/IP que aprovechan las ventajas de las redes Ethernet industriales.

CAN (Controller Area Network): Utilizado en aplicaciones automotrices y de fabricación, es conocido por su robustez y velocidad.CAN (Controller Area Network) es un protocolo de comunicación serial ampliamente utilizado en aplicaciones de control y automatización, especialmente en la industria automotriz y en sistemas embebidos. Fue desarrollado por Bosch en la década de 1980 y ha evolucionado para convertirse en un estándar de facto para la comunicación en redes de control distribuido. Aquí tienes información importante sobre CAN:

Topología de Red: CAN se basa en una topología de red en bus, lo que significa que todos los dispositivos se conectan a una línea de comunicación compartida. Esto simplifica la estructura de la red y permite la comunicación entre múltiples dispositivos conectados a un solo bus.

Transmisión Diferencial: CAN utiliza una técnica de transmisión diferencial para enviar datos. Esto significa que se envían dos señales eléctricas que tienen polaridades opuestas a lo largo del cable. Esto ayuda a reducir la interferencia electromagnética y aumenta la robustez de la comunicación en entornos ruidosos.

Comunicación en Tiempo Real: CAN está diseñado para proporcionar comunicación en tiempo real confiable. Los mensajes se transmiten en función de la prioridad y los dispositivos pueden transmitir datos cuando sea necesario, lo que permite una comunicación eficiente en aplicaciones críticas para el tiempo.

Estándar Abierto: CAN es un estándar internacional (ISO 11898) y está ampliamente adoptado en la industria automotriz, así como en sistemas de control y automatización industrial. Esto significa que muchos fabricantes de dispositivos ofrecen hardware y software compatibles con CAN.

Dos Variantes Principales:

CAN 2.0A (Standard Frame Format): Utiliza un identificador de 11 bits para direccionar mensajes y es adecuado para aplicaciones con un gran número de nodos en la red.CAN 2.0A, también conocido como "Control Area Network 2.0A," es una variante del protocolo CAN (Controller Area Network) que utiliza el formato estándar de trama (frame format). Esta variante de CAN es ampliamente utilizada en una variedad de aplicaciones, especialmente en la industria automotriz y en sistemas de control y automatización industrial. A continuación, se detallan las características clave de CAN 2.0A:

Identificador de 11 bits: En CAN 2.0A, los mensajes se identifican mediante un identificador de 11 bits. Esto permite un total de 2^{11} (o 2048) identificadores únicos en la red CAN. Cada mensaje transmitido lleva un identificador que determina su prioridad y a qué dispositivo o función se destina.

Comunicación en tiempo real: CAN 2.0A está diseñado para proporcionar comunicación en tiempo real, lo que significa que los mensajes se transmiten y reciben de manera determinista y predecible. Esto es esencial en aplicaciones en las que es crítico que los datos lleguen a su destino dentro de un tiempo específico.

Topología en bus: El protocolo CAN utiliza una topología en bus, lo que significa que todos los dispositivos en la red están conectados a un solo cable o línea de comunicación compartida. Esto simplifica la arquitectura de la red y permite una fácil expansión al agregar nuevos dispositivos.

Robustez: CAN 2.0A utiliza transmisión diferencial, lo que lo hace altamente resistente a interferencias electromagnéticas y ruido en el cableado. Esto es especialmente importante en aplicaciones industriales y automotrices donde las condiciones eléctricas pueden ser adversas.

Aplicaciones comunes: CAN 2.0A se utiliza en una amplia variedad de aplicaciones, incluyendo la industria automotriz para la comunicación entre sistemas de un vehículo (por ejemplo, motor, transmisión, sistemas de seguridad), así como en sistemas de control y automatización industrial para coordinar la comunicación entre sensores, actuadores y controladores.

Mensajes estándar y extendidos: Además de los mensajes estándar, CAN 2.0A también admite mensajes extendidos con identificadores de 29 bits. Los mensajes extendidos permiten un mayor número de identificadores únicos en la red y se utilizan en aplicaciones más complejas.

Flexibilidad: CAN 2.0A es altamente escalable y flexible, lo que significa que se puede adaptar para su uso en sistemas con diferentes tamaños y niveles de complejidad.

Ejemplos de trama CAN 2.0A: Una trama CAN 2.0A típica consta de los siguientes elementos:

Identificador de 11 bits.

Control de longitud de datos (DLC) que indica la cantidad de bytes de datos en el mensaje (generalmente de 0 a 8 bytes).

Los datos reales (hasta 8 bytes).

Bits de comprobación de redundancia cíclica (CRC) para garantizar la integridad de los datos.

Bits de detección de errores, como el bit de verificación de redundancia cíclica (CRC).

CAN 2.0A es una variante del protocolo CAN que utiliza un identificador de 11 bits y se utiliza en una amplia gama de aplicaciones de comunicación en tiempo real, especialmente en la industria automotriz y la automatización industrial. Su robustez, confiabilidad y eficiencia lo convierten en una opción popular para sistemas distribuidos y críticos para el tiempo.

CAN 2.0B (Extended Frame Format): Utiliza un identificador de 29 bits, lo que permite un mayor número de identificadores únicos y es útil en aplicaciones más complejas.CAN 2.0B, también conocido como "Control Area Network 2.0B," es una variante del protocolo

CAN (Controller Area Network) que utiliza el formato de trama extendida (extended frame format). A diferencia de CAN 2.0A, que utiliza un identificador de 11 bits, CAN 2.0B utiliza un identificador de 29 bits. Esta variante se utiliza en aplicaciones que requieren una mayor cantidad de identificadores únicos y se encuentran en sistemas más complejos. Aquí están las características clave de CAN 2.0B en formato de trama extendida:

Identificador de 29 bits: La característica más distintiva de CAN 2.0B en formato de trama extendida es el uso de un identificador de 29 bits. Esto permite un número mucho mayor de identificadores únicos en comparación con CAN 2.0A, lo que es útil en sistemas que requieren una mayor granularidad en la identificación de mensajes y una mayor cantidad de dispositivos en la red.

Comunicación en tiempo real: Al igual que CAN 2.0A, CAN 2.0B en formato de trama extendida está diseñado para proporcionar comunicación en tiempo real, lo que significa que los mensajes se transmiten y reciben de manera determinista y predecible.

Topología en bus: Al igual que otras variantes de CAN, CAN 2.0B utiliza una topología en bus, en la que todos los dispositivos en la red están conectados a un solo cable o línea de comunicación compartida.

Robustez: CAN 2.0B también utiliza la transmisión diferencial para mejorar la robustez y la resistencia a las interferencias electromagnéticas y el ruido en el cableado. Esto es especialmente importante en aplicaciones industriales y automotrices.

Aplicaciones comunes: CAN 2.0B en formato de trama extendida se utiliza en aplicaciones donde se requiere una mayor cantidad de identificadores únicos en la red y se encuentra en sistemas más complejos. Ejemplos incluyen vehículos pesados, sistemas de transporte público, sistemas ferroviarios, y aplicaciones industriales avanzadas.

Flexibilidad: Al igual que otras variantes de CAN, CAN 2.0B es escalable y flexible, lo que significa que se puede adaptar para su uso en sistemas con diferentes tamaños y niveles de complejidad.

Ejemplos de trama CAN 2.0B en formato de trama extendida: Una trama CAN 2.0B en formato de trama extendida típica consta de los siguientes elementos:

Identificador de 29 bits.

Control de longitud de datos (DLC) que indica la cantidad de bytes de datos en el mensaje (generalmente de 0 a 8 bytes).

Los datos reales (hasta 8 bytes).

Bits de comprobación de redundancia cíclica (CRC) para garantizar la integridad de los datos.

Bits de detección de errores, como el bit de verificación de redundancia cíclica (CRC).

CAN 2.0B en formato de trama extendida es una variante del protocolo CAN que utiliza un identificador de 29 bits y se utiliza en aplicaciones que requieren una mayor cantidad de identificadores únicos y se encuentran en sistemas más complejos. Esta variante permite una mayor flexibilidad y granularidad en la comunicación en redes CAN.

Aplicaciones:

Industria Automotriz: CAN se utiliza ampliamente en la industria automotriz para la comunicación entre los diversos sistemas electrónicos del vehículo, como el motor, la transmisión, el freno, el sistema de entretenimiento y la seguridad.

Sistemas Embebidos: CAN se utiliza en sistemas embebidos para la comunicación entre microcontroladores y sensores en una variedad de aplicaciones, incluyendo robótica, automatización industrial y sistemas de control de maquinaria.

Aeroespacial: También se utiliza en aplicaciones aeroespaciales, como en sistemas de control de satélites y aviones.

Seguridad y Fiabilidad: CAN es conocido por su robustez y confiabilidad. Incluso en caso de fallo de un nodo, la red puede seguir funcionando de manera eficiente.

Escalabilidad: CAN es escalable y puede adaptarse a sistemas con diferentes tamaños y niveles de complejidad, desde sistemas sencillos hasta redes complejas con múltiples nodos.

El protocolo CAN (Controller Area Network) es ampliamente utilizado en aplicaciones de control y automatización debido a su robustez, confiabilidad y eficiencia en la comunicación en tiempo real. Ha encontrado una amplia adopción en la industria automotriz y se utiliza en una variedad de otras aplicaciones donde se requiere comunicación confiable entre dispositivos distribuidos.

OPC (OLE for Process Control): Un estándar de interoperabilidad que permite la comunicación entre diferentes sistemas y aplicaciones en la industria.

Aplicaciones de las Redes de Comunicación Industrial: Las redes de comunicación industrial se utilizan en una variedad de aplicaciones en el ámbito industrial, algunas de las cuales incluyen:

Control de procesos: Para monitorear y controlar sistemas de fabricación, producción y control de calidad.

Automatización de fábricas: Para coordinar máquinas, robots y sistemas de producción.

Monitorización y mantenimiento predictivo: Para recopilar datos de sensores y equipos, lo que permite el mantenimiento proactivo y la reducción de tiempos de inactividad.

Logística y gestión de almacenes: Para controlar sistemas de transporte, robots de paletización y sistemas de seguimiento de inventario.

Energía y gestión de recursos: Para controlar sistemas de gestión de energía y recursos en entornos industriales.

Características Importantes:

Tiempo real: Muchas aplicaciones industriales requieren comunicación en tiempo real para garantizar la sincronización y la respuesta inmediata a eventos.

Seguridad: La seguridad de datos y la protección contra amenazas cibernéticas son críticas en redes industriales para garantizar la integridad de los procesos y la protección de la propiedad intelectual.

Tolerancia a fallos: Las redes industriales a menudo deben ser resistentes a fallos para garantizar la continuidad de las operaciones en entornos críticos.

Escalabilidad: Las redes industriales deben poder crecer y adaptarse a medida que cambian las necesidades de la planta.

Las redes de comunicación industrial son un componente esencial de la automatización y la modernización de la industria. Permiten la recopilación de datos en tiempo real, la coordinación de sistemas y la toma de decisiones informadas, lo que conduce a una mayor eficiencia, calidad y competitividad en los entornos de producción industrial.

26.Protocolos de comunicación en sistemas mecatrónicos.

En sistemas mecatrónicos, que combinan elementos mecánicos y electrónicos para realizar tareas específicas, la comunicación entre diferentes componentes es esencial. Los protocolos de comunicación son conjuntos de reglas y estándares que determinan cómo los dispositivos se comunican entre sí. Aquí hay algunos protocolos de comunicación comunes utilizados en sistemas mecatrónicos:

CAN (Controller Area Network): CAN es ampliamente utilizado en la industria automotriz y en aplicaciones mecatrónicas. Es un protocolo robusto y confiable que permite la comunicación entre diferentes dispositivos, como sensores y actuadores, en tiempo real. CAN se utiliza para controlar sistemas de frenado, dirección, transmisión y más en vehículos modernos.CAN, que significa Controller Area Network, es un protocolo de comunicación y estándar de red utilizado principalmente en la industria automotriz y en otras industrias donde la alta confiabilidad y la comunicación en tiempo real son esenciales. Fue desarrollado originalmente por Robert Bosch GmbH en la década de 1980. Desde entonces, CAN se ha convertido en un estándar internacional (ISO 11898) y se utiliza ampliamente en diversas aplicaciones más allá de los automóviles.

Las características clave y las características de CAN incluyen:

Comunicación Serie: CAN es un protocolo de comunicación serie, lo que significa que transmite datos secuencialmente, bit a bit, en lugar de en paralelo como algunos otros métodos de comunicación.

Comunicación en Tiempo Real: CAN está diseñado para aplicaciones en tiempo real, donde la comunicación oportuna y predecible es crucial. Es capaz de transmitir datos con baja latencia, lo que lo hace adecuado para aplicaciones como el control del motor, sistemas de frenos antibloqueo y sistemas de airbag en vehículos.

Señalización Diferencial: CAN utiliza la señalización diferencial para reducir la susceptibilidad a la interferencia electromagnética (EMI) y mejorar la inmunidad al ruido. Esto significa que envía datos a través de dos cables (CAN_H y CAN_L) con voltajes complementarios.

Multi-Master y Detección de Colisiones: CAN admite una topología de red multi-máster, lo que significa que múltiples nodos (controladores o dispositivos) pueden transmitir datos en la red. También tiene mecanismos incorporados de detección y resolución de colisiones para manejar situaciones en las que dos nodos intentan transmitir datos simultáneamente.

Protocolo Basado en Mensajes: CAN está orientado a mensajes, con datos transmitidos en tramas. Cada trama contiene un identificador, datos y bits de control. Las tramas CAN se pueden categorizar en dos tipos: tramas de datos (utilizadas para transmitir datos reales) y tramas remotas (utilizadas para solicitar datos de otros nodos).

Detección y Manejo de Errores: CAN incorpora mecanismos robustos de detección de errores para garantizar la integridad de los datos. Si se detectan errores en una trama, puede ser retransmitida. Esto asegura que los datos erróneos no se propaguen por toda la red.

Tasas de Datos Flexibles: Existiendo diferentes versiones de CAN, incluyendo CAN Clásico y CAN FD (Flexible Data-Rate). CAN FD permite tasas de transferencia de datos más altas, lo que lo hace adecuado para aplicaciones con requisitos de ancho de banda aumentados.

Amplia Gama de Aplicaciones: Aunque inicialmente se desarrolló para aplicaciones automotrices, CAN ha encontrado uso en diversas industrias, incluyendo la automatización industrial, dispositivos médicos, aeroespacial y más. Su confiabilidad, capacidades en tiempo real y robustez lo convierten en una elección versátil para la comunicación en numerosos entornos.

Controladores y Transceptores CAN: Para implementar la comunicación CAN, los dispositivos requieren controladores y transceptores CAN. El controlador CAN gestiona el protocolo, mientras que el transceptor maneja la interfaz de capa física entre el controlador y la red.

CAN ha evolucionado a lo largo de los años, y sus diferentes versiones (por ejemplo, CAN 2.0A, CAN 2.0B, CAN FD) se adaptan a diversos requisitos de velocidad de datos. Continúa siendo un protocolo de comunicación esencial para aplicaciones donde la confiabilidad, la comunicación en tiempo real y la tolerancia a fallos son críticas.

Modbus: Modbus es un protocolo de comunicación serial que se utiliza comúnmente en sistemas de automatización industrial y sistemas mecatrónicos. Es simple y eficiente y puede funcionar sobre diferentes tipos de medios de comunicación, como RS-232, RS-485 y Ethernet.Modbus es un protocolo de comunicación serial ampliamente utilizado en la automatización industrial y sistemas de control. Fue desarrollado inicialmente por Modicon (hoy en día parte de Schneider Electric) en la década de 1970 y se ha convertido en un estándar de facto en la industria.

Las principales características de Modbus incluyen:

Comunicación Serial: Modbus se basa en la comunicación serie, lo que significa que transmite datos secuencialmente, bit a bit, a través de un solo par de cables, como RS-232 o RS-485.

Maestro-Esclavo: En el protocolo Modbus, los dispositivos se organizan en una relación de maestro-esclavo. El maestro es el dispositivo que inicia las solicitudes de datos, y los esclavos son los dispositivos que responden a esas solicitudes.

Arquitectura Abierta: Modbus es un protocolo de comunicación abierto y ampliamente adoptado, lo que significa que se utiliza en una amplia variedad de dispositivos y sistemas de diferentes fabricantes.

Lectura y Escritura de Datos: Modbus permite la lectura y escritura de datos entre el maestro y los esclavos. Los datos pueden incluir información de control, estado, configuración y otros tipos de información relevante.

Funciones Estándar: Modbus define un conjunto de funciones estándar, como lectura de registros, escritura de registros, lectura de entradas discretas, escritura de entradas discretas, etc., que permiten a los maestros y esclavos comunicarse de manera eficiente.

Variedades de Modo de Transmisión: Modbus puede operar en varios modos de transmisión, como Modo ASCII y Modo RTU (un marco binario compacto). El Modo RTU es el más comúnmente utilizado en aplicaciones industriales debido a su eficiencia.

Flexibilidad de Cableado: Modbus puede funcionar en sistemas de cableado de par trenzado, como RS-485, lo que permite una comunicación confiable a distancias moderadas.

Amplia Aplicabilidad: Modbus se utiliza en una variedad de aplicaciones, incluyendo control de procesos industriales, monitoreo y control de edificios, sistemas de gestión energética, sistemas de adquisición de datos, y más.

Es importante mencionar que Modbus es un protocolo de comunicación relativamente simple en comparación con algunas alternativas más complejas, como OPC (OLE for Process Control). Esto hace que Modbus sea adecuado para aplicaciones donde se necesita una comunicación confiable y eficiente sin la complejidad adicional de protocolos más avanzados.

EtherCAT (Ethernet for Control Automation Technology): EtherCAT es una tecnología de comunicación en tiempo real basada en Ethernet que se utiliza en aplicaciones mecatrónicas. Permite una alta velocidad y precisión en la comunicación entre dispositivos, lo que lo hace adecuado para aplicaciones de control de movimiento y sistemas de automatización avanzados.EtherCAT es una tecnología de comunicación en tiempo real basada en Ethernet que se utiliza en una amplia gama de aplicaciones, especialmente en el campo de la automatización industrial y mecatrónica. Aquí tienes más información sobre EtherCAT:

Ethernet en Tiempo Real: EtherCAT es una extensión de Ethernet estándar que permite la comunicación en tiempo real a través de una red Ethernet convencional. A diferencia de Ethernet tradicional, que puede tener cierta latencia impredecible, EtherCAT está diseñado para lograr tiempos de ciclo extremadamente cortos y consistentes.

Topología en Anillo: EtherCAT utiliza una topología en anillo (ring topology) para la comunicación entre dispositivos. Esto significa que los datos se transmiten en un bucle a través de los dispositivos conectados, lo que reduce la latencia y mejora la velocidad de comunicación.

Esclavos EtherCAT: Los dispositivos que se conectan a una red EtherCAT se denominan "esclavos EtherCAT". Estos dispositivos pueden incluir controladores de movimiento, sensores, actuadores y otros componentes utilizados en sistemas mecatrónicos.

Maestro EtherCAT: Para controlar la red EtherCAT y coordinar la comunicación entre los esclavos, se utiliza un dispositivo llamado "maestro EtherCAT". El maestro EtherCAT envía comandos a los esclavos y recopila datos de ellos de manera eficiente y en tiempo real.

Rendimiento en Tiempo Real: EtherCAT es conocido por su alto rendimiento en tiempo real, con tiempos de ciclo muy cortos que son esenciales en aplicaciones donde se requiere una respuesta rápida y precisa. Esto lo hace ideal para aplicaciones de control de movimiento, robótica, procesos industriales y otras aplicaciones mecatrónicas.

Amplia Adopción: EtherCAT ha sido ampliamente adoptado en la industria debido a su capacidad para proporcionar comunicación en tiempo real de alta velocidad y baja latencia. Muchos fabricantes de dispositivos industriales ofrecen productos compatibles con EtherCAT.

Flexibilidad y Escalabilidad: EtherCAT es altamente escalable y se adapta bien a sistemas de diferentes tamaños y complejidades. Puede ser utilizado en sistemas pequeños con unos pocos esclavos o en sistemas más grandes y complejos con cientos de dispositivos.

EtherCAT es una tecnología de comunicación en tiempo real basada en Ethernet que ha encontrado una amplia aplicación en la automatización industrial y en aplicaciones mecatrónicas en las que la sincronización precisa y la velocidad de comunicación son esenciales. Su capacidad para lograr tiempos de ciclo cortos y consistentes lo hace valioso en entornos donde se requiere control de alta precisión y respuesta rápida.

Profinet: Profinet es otro protocolo de comunicación basado en Ethernet utilizado en sistemas de automatización industrial y mecatrónica. Ofrece altos niveles de rendimiento y flexibilidad y es adecuado para aplicaciones que requieren una comunicación rápida y confiable.Profinet es otro protocolo de comunicación utilizado en la automatización industrial, especialmente en aplicaciones de control y monitoreo en tiempo real. Profinet es una abreviatura de "Process Field Network" (Red de Campo de Proceso) y es desarrollado y promovido por PROFIBUS & PROFINET International (PI), una organización de usuarios y proveedores de tecnología.

Comunicación Ethernet: Profinet se basa en la tecnología Ethernet estándar, lo que significa que utiliza la infraestructura de red Ethernet para la comunicación. Esto hace que sea fácil de implementar en entornos industriales que ya utilizan Ethernet.

Protocolo en Tiempo Real: Profinet está diseñado para proporcionar comunicación en tiempo real en aplicaciones industriales. Puede transmitir datos de control y diagnóstico con baja latencia y alta precisión, lo que lo hace adecuado para sistemas de control de procesos y automatización.

Versatilidad: Profinet admite una amplia variedad de dispositivos, incluidos controladores de PLC (Controlador Lógico Programable), controladores de movimiento, sensores, actuadores y más. Puede utilizarse en una variedad de aplicaciones, desde sistemas de control de máquinas hasta sistemas de control de procesos complejos.

Topologías Variadas: Profinet es flexible en cuanto a las topologías de red que puede admitir. Puede implementarse en configuraciones de estrella, de anillo, de árbol o de línea, lo que permite adaptarse a las necesidades específicas de la aplicación.

Diagnóstico Avanzado: Profinet ofrece capacidades avanzadas de diagnóstico y mantenimiento. Los dispositivos Profinet pueden proporcionar información detallada sobre su estado y el estado de la red, lo que facilita la detección y resolución de problemas.

Ciclo de Actualización Configurable: Profinet permite configurar el ciclo de actualización de datos según las necesidades de la aplicación. Esto significa que se pueden enviar datos a alta velocidad cuando sea necesario y a una velocidad más lenta cuando la precisión en tiempo real no es crítica.

Perfil de Dispositivo: Profinet utiliza perfiles de dispositivo que estandarizan cómo los dispositivos deben comunicarse en una red. Esto facilita la interoperabilidad entre dispositivos de diferentes fabricantes.

Profinet es un protocolo de comunicación Ethernet en tiempo real utilizado en la automatización industrial. Ofrece capacidades avanzadas de comunicación y diagnóstico, lo que lo hace adecuado para una amplia variedad de aplicaciones en entornos industriales. Su uso de Ethernet como infraestructura de red facilita la implementación y la integración en sistemas existentes.

Bluetooth y Wi-Fi: En sistemas mecatrónicos más pequeños y portátiles, se pueden utilizar protocolos inalámbricos como Bluetooth y Wi-Fi para la comunicación entre dispositivos. Estos protocolos son comunes en sistemas robóticos, drones y dispositivos de consumo.Bluetooth y Wi-Fi son dos tecnologías de comunicación inalámbrica ampliamente utilizadas en sistemas mecatrónicos más pequeños y portátiles. Cada una de estas tecnologías tiene sus propias características y ventajas, y su elección depende de las necesidades específicas de la aplicación. Aquí tienes una descripción de cómo se utilizan Bluetooth y Wi-Fi en sistemas mecatrónicos portátiles:

Bluetooth:

Conexión de Corto Alcance: Bluetooth es una tecnología inalámbrica diseñada para conexiones de corto alcance, generalmente dentro de un rango de unos pocos metros hasta unos pocos decenas de metros. Esto lo hace ideal para aplicaciones en las que los dispositivos mecatrónicos deben comunicarse a distancias cercanas.

Consumo de Energía Bajo: Bluetooth se ha desarrollado con un enfoque en la eficiencia energética, lo que lo hace adecuado para dispositivos alimentados por batería. Existen versiones de Bluetooth, como Bluetooth Low Energy (BLE), que están especialmente diseñadas para minimizar el consumo de energía.

Interconexión de Dispositivos: Bluetooth permite la conexión de múltiples dispositivos a través de una red de área personal (PAN). Esto es útil en sistemas mecatrónicos que requieren la interconexión de varios sensores, actuadores o dispositivos de control.

Aplicaciones Comunes: Bluetooth se utiliza en una variedad de aplicaciones mecatrónicas portátiles, como auriculares inalámbricos, teclados y ratones inalámbricos, controladores de juegos, sistemas de seguimiento de actividad física y dispositivos médicos portátiles.

Wi-Fi:

Conexión de Largo Alcance: Wi-Fi proporciona una conectividad inalámbrica de largo alcance, generalmente dentro de un rango de varios metros a cientos de metros, dependiendo de la infraestructura y el equipo utilizado. Esto lo hace adecuado para aplicaciones que requieren comunicación a mayores distancias.

Velocidad de Datos Elevada: Wi-Fi ofrece velocidades de transferencia de datos más altas en comparación con Bluetooth, lo que lo hace adecuado para la transmisión rápida de datos en tiempo real. Esto es beneficioso en sistemas mecatrónicos que requieren una comunicación de alta velocidad.

Infraestructura de Red: Wi-Fi se basa en una infraestructura de red más compleja y se utiliza comúnmente para la conectividad a Internet. Puede ser útil en sistemas mecatrónicos que requieren acceso a recursos en la nube o interconexión con otros dispositivos a través de la red.

Aplicaciones Comunes: Wi-Fi se utiliza en sistemas mecatrónicos portátiles como tabletas, teléfonos inteligentes, cámaras de seguridad inalámbricas, impresoras inalámbricas y otros dispositivos que necesitan conectividad de alta velocidad y acceso a Internet.

La elección entre Bluetooth y Wi-Fi en sistemas mecatrónicos portátiles dependerá de factores como la distancia de comunicación requerida, la velocidad de transmisión de datos, la eficiencia energética y la infraestructura disponible. A menudo, se utilizan ambas tecnologías en un dispositivo para aprovechar sus respectivas ventajas en diferentes aspectos de la comunicación.

RS-232 y RS-485: Estos son protocolos de comunicación serial ampliamente utilizados en sistemas mecatrónicos más antiguos o en aplicaciones específicas. Son simples pero pueden ser efectivos para la transmisión de datos a corta distancia.RS-232 y RS-485 son dos protocolos de comunicación serial ampliamente utilizados en aplicaciones industriales, de automatización, telecomunicaciones y muchas otras áreas donde se requiere la transmisión de datos serie. Cada uno de estos protocolos tiene sus propias características y aplicaciones específicas:

RS-232 (Recommended Standard 232):

Distancia Corta: RS-232 es adecuado para comunicaciones a distancias cortas, generalmente dentro de unos pocos metros. Es comúnmente utilizado para conectar dispositivos como módems, impresoras, escáneres y equipos de laboratorio a una computadora o sistema de control.

Comunicación Punto a Punto: RS-232 es un protocolo de comunicación punto a punto, lo que significa que conecta un dispositivo transmisor (TX) a un dispositivo receptor (RX). No es adecuado para configuraciones de red o multidispositivo sin hardware adicional.

Voltajes Bipolares: RS-232 utiliza voltajes bipolares para representar bits de datos, lo que lo hace menos susceptible a interferencias eléctricas y ruidos. Los niveles de voltaje típicos son +12V para "1" y -12V para "0".

Limitaciones de Velocidad: RS-232 tiene limitaciones de velocidad de transmisión de datos y es más lento en comparación con algunas otras tecnologías modernas de comunicación serial. La velocidad de transmisión típica es de hasta 115,200 bps.

RS-485 (Recommended Standard 485):

Distancias Más Largas: RS-485 es conocido por su capacidad de comunicación a distancias más largas que RS-232, alcanzando hasta varios kilómetros, dependiendo de las condiciones del cableado y la velocidad de transmisión.

Comunicación Multidispositivo: RS-485 es un protocolo de comunicación multidispositivo y multidireccional, lo que significa que puede conectarse a múltiples dispositivos en un bus de datos compartido. Es comúnmente utilizado en aplicaciones de redes industriales y sistemas de control distribuido.

Diferencial y Equilibrado: RS-485 utiliza señales diferenciales equilibradas para la transmisión de datos, lo que lo hace altamente resistente al ruido y adecuado para entornos industriales ruidosos.

Velocidades Más Altas: RS-485 admite velocidades de transmisión de datos más altas que RS-232, con tasas típicas que pueden variar desde 9,600 bps hasta varios megabits por segundo.

Terminación: Para garantizar una comunicación confiable en un bus RS-485, se requiere la terminación adecuada en ambos extremos del cableado.

RS-232 es adecuado para aplicaciones de corta distancia y punto a punto, mientras que RS-485 se utiliza en aplicaciones que requieren comunicación a larga distancia, multidispositivo y resistencia al ruido. La elección entre estos protocolos depende de las necesidades específicas de la aplicación y las condiciones del entorno. Ambos protocolos siguen siendo ampliamente utilizados en una variedad de industrias.

ROS (Robot Operating System): ROS no es un protocolo de comunicación en sí, sino un marco de trabajo de código abierto que facilita la comunicación y el control en sistemas robóticos y mecatrónicos. Utiliza varios protocolos de comunicación, como TCP/IP y UDP, para permitir que los componentes del sistema se comuniquen entre sí. ROS (Robot

Operating System) no es un protocolo de comunicación en sí mismo, sino más bien una plataforma de código abierto diseñada para el desarrollo y la operación de robots. ROS proporciona un conjunto de herramientas, bibliotecas y servicios que facilitan la creación de software para robots y sistemas de control robótico.

Aunque ROS no es un protocolo de comunicación, incluye múltiples protocolos y sistemas de comunicación que se utilizan para permitir la interacción entre los diferentes componentes de un sistema robótico. Algunos de los protocolos de comunicación comunes utilizados en el contexto de ROS incluyen:

TCP/IP: ROS utiliza el protocolo TCP/IP (Transmission Control Protocol/Internet Protocol) para la comunicación entre nodos (componentes de software) en un sistema ROS. Los nodos pueden enviar mensajes a través de conexiones de red utilizando este protocolo.

XML-RPC: XML-RPC es un protocolo utilizado en ROS para permitir la comunicación entre nodos. Los nodos pueden llamar a funciones remotas en otros nodos utilizando llamadas de procedimiento remoto basadas en XML.

UDP: En algunos casos, como la transmisión de datos de sensores en tiempo real, se utilizan conexiones UDP (User Datagram Protocol) para una comunicación más rápida y eficiente.

Publish-Subscribe Model: ROS utiliza un modelo de publicación-suscripción en el que los nodos pueden publicar mensajes en tópicos (topics) y suscribirse a tópicos específicos para recibir datos. Este modelo facilita la comunicación y la transferencia de información entre los componentes de un robot o sistema robótico.

Middleware de ROS: Dentro de ROS, se utiliza un middleware de comunicación llamado "ROS middleware" para facilitar la transmisión de mensajes entre nodos en una red ROS.

Aunque ROS no es un protocolo de comunicación en sí mismo, desempeña un papel importante en la gestión y la organización de la comunicación en sistemas robóticos al proporcionar una estructura y herramientas coherentes para el desarrollo de software robótico. Los desarrolladores de ROS pueden elegir entre varios protocolos y métodos de comunicación según las necesidades específicas de su aplicación.

La elección del protocolo de comunicación dependerá de los requisitos específicos de su sistema mecatrónico, como la velocidad de comunicación, la distancia, la confiabilidad y la compatibilidad con los dispositivos y componentes utilizados. Es importante seleccionar el protocolo adecuado para garantizar un funcionamiento eficiente y confiable de su sistema mecatrónico.

27. Microcontroladores y microprocesadores avanzados

Los microcontroladores y microprocesadores avanzados son componentes esenciales en la electrónica moderna y la informática. Ambos son dispositivos de procesamiento de datos, pero se utilizan en aplicaciones diferentes debido a sus características y capacidades particulares.

Microcontroladores avanzados:

Definición: Un microcontrolador es un dispositivo integrado que combina un procesador de CPU, memoria, periféricos de entrada/salida y, a menudo, funciones de temporización en un solo chip. Está diseñado para controlar sistemas embebidos y ejecutar tareas específicas.Un microcontrolador es un dispositivo electrónico que se utiliza para controlar y gestionar tareas específicas en sistemas embebidos. Aquí hay una desglosada:

Dispositivo Integrado: Un microcontrolador es un chip o dispositivo electrónico que contiene todos los componentes esenciales necesarios para su funcionamiento en un solo paquete.

Procesador de CPU: El corazón del microcontrolador es su unidad central de procesamiento (CPU), que ejecuta las instrucciones y controla las operaciones del dispositivo.

Memoria: Los microcontroladores tienen memoria incorporada que se utiliza para almacenar programas (memoria de programa o Flash) y datos temporales (memoria RAM).

Periféricos de Entrada/Salida: Los microcontroladores están equipados con una variedad de puertos y pines de entrada/salida que permiten la comunicación con el entorno externo. Esto puede incluir pines digitales, pines analógicos, interfaces de comunicación como UART, SPI, I2C, y más.

Funciones de Temporización: Muchos microcontroladores incluyen funciones de temporización, como temporizadores y contadores, que son útiles para la generación de señales de reloj y el control de eventos en el sistema.

Un microcontrolador es un componente esencial en sistemas electrónicos embebidos y se utiliza en una amplia gama de aplicaciones, desde electrodomésticos y dispositivos móviles hasta sistemas de control industrial y automoción. Su capacidad para integrar una CPU, memoria y periféricos en un solo chip lo hace ideal para tareas específicas de control y procesamiento de datos en tiempo real.

Aplicaciones: Los microcontroladores se utilizan en una amplia gama de aplicaciones, desde electrodomésticos y electrónica de consumo hasta automoción y sistemas de control industrial. Son ideales para aplicaciones donde se requiere control en tiempo real y baja potencia.Los microcontroladores se utilizan en una amplia gama de aplicaciones debido a su versatilidad y capacidad para controlar y automatizar una variedad de sistemas. Algunas de las aplicaciones más comunes de los microcontroladores incluyen:

Electrodomésticos: Los microcontroladores se utilizan en lavadoras, secadoras, refrigeradores, hornos, microondas y otros electrodomésticos para controlar funciones como la temperatura, el tiempo y las operaciones de ciclo.

Electrónica de Consumo: Los dispositivos electrónicos de consumo, como televisores, reproductores de DVD, sistemas de sonido y relojes digitales, suelen utilizar microcontroladores para funciones de control y visualización.

Automoción: Los microcontroladores se utilizan en automóviles para controlar el motor, la transmisión, los sistemas de seguridad, la gestión del combustible, el entretenimiento y la navegación.

Electrónica Médica: En dispositivos médicos como marcapasos, monitores de glucosa y equipos de diagnóstico, los microcontroladores desempeñan un papel crucial en la monitorización y el control de los sistemas.

Automatización Industrial: Los microcontroladores son fundamentales en sistemas de automatización industrial para controlar máquinas, robots, sistemas de control de procesos y sistemas de seguridad.

Electrónica de Comunicaciones: Se utilizan en dispositivos de comunicación como módems, enrutadores, teléfonos celulares y sistemas de comunicación por satélite.

Dispositivos Portátiles: Los wearables como relojes inteligentes, rastreadores de actividad y dispositivos de salud utilizan microcontroladores para recopilar, procesar y mostrar datos.

Electrónica de Entretenimiento: En consolas de videojuegos, controladores de juegos y sistemas de entretenimiento en el hogar, los microcontroladores gestionan la interfaz de usuario y la funcionalidad del dispositivo.

Sistemas de Control de Acceso: Se utilizan en sistemas de seguridad, como cerraduras electrónicas y sistemas de acceso con tarjeta, para controlar el acceso a edificios y áreas restringidas.

Electrónica de Energía y Energías Renovables: Los microcontroladores se utilizan en inversores solares y sistemas de gestión de energía para controlar la generación y el uso de energía.

Robótica: Los robots utilizan microcontroladores para controlar motores, sensores y realizar tareas programadas.

Electrónica de Juguetes: En juguetes electrónicos y juegos interactivos, los microcontroladores proporcionan funcionalidades de juego y entretenimiento.

Características avanzadas: Los microcontroladores avanzados suelen incluir características como múltiples núcleos de CPU, mayor capacidad de memoria, soporte para comunicaciones inalámbricas (Wi-Fi, Bluetooth, etc.), aceleración de hardware y capacidades de seguridad mejoradas.los microcontroladores avanzados pueden incluir una serie de características adicionales y avanzadas que los distinguen de sus contrapartes más simples. Algunas de las características avanzadas que se encuentran en estos microcontroladores incluyen:

Múltiples Núcleos de CPU: Algunos microcontroladores avanzados están equipados con múltiples núcleos de CPU, lo que les permite realizar tareas de manera más eficiente y paralela. Esto es especialmente útil en aplicaciones donde se requiere un alto rendimiento o el procesamiento de múltiples flujos de datos en tiempo real.

Mayor Capacidad de Memoria: Los microcontroladores avanzados suelen tener una mayor capacidad de memoria, tanto en términos de memoria de programa (Flash) como de memoria RAM. Esto permite la ejecución de programas más grandes y el almacenamiento de más datos.

Unidades de Procesamiento Específicas: Algunos microcontroladores avanzados incluyen unidades de procesamiento específicas, como unidades de procesamiento digital de señales (DSP) o unidades de procesamiento de gráficos (GPU), que son útiles en aplicaciones que requieren un procesamiento intensivo de señales o gráficos.

Mayor Resolución ADC/DAC: Los microcontroladores avanzados suelen ofrecer convertidores analógico-digitales (ADC) y digitales-analógicos (DAC) de mayor resolución y precisión, lo que los hace ideales para aplicaciones de sensores y control de alta precisión.

Interfaces de Comunicación Avanzadas: Estos microcontroladores suelen tener una variedad de interfaces de comunicación avanzadas, como USB, Ethernet, CAN (Controller Area Network) y Ethernet, que permiten la conectividad con una amplia gama de dispositivos y redes.

Seguridad y Protección: Los microcontroladores avanzados a menudo incluyen características de seguridad mejoradas, como módulos de cifrado y autenticación, que son esenciales en aplicaciones donde se requiere proteger datos sensibles.

Gestión de Energía Eficiente: Estos microcontroladores suelen incorporar características de gestión de energía avanzadas para optimizar el consumo de energía y prolongar la vida útil de la batería en dispositivos alimentados por batería.

Sistemas de Temporización y Reloj Avanzados: Ofrecen temporizadores y sistemas de reloj avanzados que permiten una sincronización precisa de eventos y una gestión del tiempo más eficiente.

Soporte para Redes Inalámbricas: Algunos microcontroladores avanzados incluyen módulos de comunicación inalámbrica, como Wi-Fi, Bluetooth o Zigbee, que son útiles en aplicaciones de IoT (Internet de las cosas) y conectividad.

Estas características avanzadas hacen que los microcontroladores sean adecuados para una amplia gama de aplicaciones de alto rendimiento y aplicaciones que requieren funcionalidades específicas. Sin embargo, es importante tener en cuenta que los microcontroladores avanzados suelen ser más caros y pueden requerir un mayor nivel de experiencia en diseño y programación.

Fabricantes: Algunos de los principales fabricantes de microcontroladores avanzados incluyen Microchip, Texas Instruments, STMicroelectronics, NXP, Renesas y Cypress, entre otros.

Microprocesadores avanzados:

Definición: Un microprocesador es el cerebro de una computadora o sistema informático. Es un chip que ejecuta instrucciones de software y realiza cálculos. A diferencia de los microcontroladores, los microprocesadores no suelen incluir periféricos ni memoria incorporada en el mismo chip. Un microprocesador es, de hecho, el componente central de una computadora o sistema informático.

Cerebro de una Computadora o Sistema Informático: El microprocesador es la unidad de procesamiento central que realiza cálculos y ejecuta las instrucciones de software en una computadora o sistema informático.

Chip: El microprocesador generalmente se presenta en forma de un chip o circuito integrado que se conecta a la placa base de la computadora.

Ejecución de Instrucciones: El microprocesador es responsable de interpretar y ejecutar las instrucciones de software almacenadas en la memoria de la computadora. Estas instrucciones pueden incluir operaciones aritméticas, lógicas y de control.

No Incluye Periféricos ni Memoria Incorporada: A diferencia de los microcontroladores, los microprocesadores no suelen incluir periféricos ni memoria incorporada en el mismo chip. Los periféricos, como puertos de entrada/salida, controladores de memoria y otros dispositivos, suelen estar separados y conectados al microprocesador a través de buses o interfaces.

Componente Fundamental: El microprocesador es uno de los componentes más críticos de una computadora y determina en gran medida su rendimiento general. A menudo, se conoce como la "Unidad Central de Procesamiento" o CPU.

Es importante destacar que, en una computadora completa, el microprocesador trabaja en conjunto con otros componentes, como la memoria RAM, el disco duro, las tarjetas gráficas y otros dispositivos de entrada/salida, para realizar tareas informáticas complejas. La combinación de estos componentes permite que una computadora ejecute programas y realice una amplia variedad de tareas.

Aplicaciones: Los microprocesadores se utilizan en una amplia variedad de dispositivos, desde computadoras personales y servidores hasta teléfonos inteligentes, tabletas y sistemas embebidos de alta gama. Son ideales para aplicaciones que requieren un alto rendimiento de procesamiento. Se utilizan en una amplia variedad de dispositivos y sistemas, desde equipos de cómputo de alto rendimiento hasta dispositivos embebidos de consumo y sistemas embebidos de alta gama.

Computadoras Personales (PC): Los microprocesadores son el corazón de las computadoras personales, como computadoras de escritorio y laptops. Ejecutan el sistema operativo y las aplicaciones de software que permiten a los usuarios realizar tareas como navegación web, procesamiento de texto, edición de imágenes y juegos.

Servidores: En centros de datos y entornos empresariales, los microprocesadores se utilizan en servidores para gestionar el tráfico de red, alojar sitios web, administrar bases de datos y ejecutar aplicaciones empresariales.

Teléfonos Inteligentes y Tabletas: Los microprocesadores se encuentran en dispositivos móviles como teléfonos inteligentes y tabletas, donde gestionan el sistema operativo, las aplicaciones móviles y las funciones de comunicación.

Sistemas Embebidos de Alta Gama: Los sistemas embebidos de alta gama, como consolas de videojuegos, televisores inteligentes, sistemas de entretenimiento en el automóvil y dispositivos de realidad virtual, utilizan microprocesadores para ofrecer funciones avanzadas y gráficos de alta calidad.

Automatización Industrial: Los microprocesadores se utilizan en sistemas de control industrial para supervisar y controlar maquinaria y procesos en entornos de fabricación y automatización.

Sistemas de Control Embebidos: Los sistemas embebidos que controlan dispositivos como electrodomésticos, sistemas de seguridad, drones y robots suelen utilizar microprocesadores para realizar tareas específicas.

Electrónica de Consumo: Los microprocesadores se encuentran en una variedad de dispositivos de electrónica de consumo, como reproductores de medios, cámaras digitales, electrodomésticos inteligentes y sistemas de audio.

Comunicaciones y Redes: Los equipos de red, como enrutadores y conmutadores, utilizan microprocesadores para gestionar la transmisión de datos en redes de comunicación.

Automoción: Los vehículos modernos utilizan microprocesadores para gestionar sistemas como el motor, la transmisión, la navegación, la seguridad y la comodidad del conductor.

Aeroespacial y Defensa: En aplicaciones aeroespaciales y militares, los microprocesadores se utilizan en aviones, vehículos no tripulados, sistemas de radar y dispositivos de comunicación segura.

Instrumentación y Equipos de Laboratorio: Los microprocesadores se utilizan en equipos de medición y control, como osciloscopios, espectroscopios y analizadores de datos.

Estos son solo algunos ejemplos de las numerosas aplicaciones de los microprocesadores en una variedad de industrias y dispositivos. Su versatilidad y capacidad de procesamiento los hacen esenciales en la tecnología moderna.

Características avanzadas: Los microprocesadores avanzados suelen contar con arquitecturas más potentes, múltiples núcleos de CPU, mayor caché, capacidad de ejecutar múltiples hilos de procesamiento simultáneamente (multithreading) y soporte para tecnologías de virtualización. También se utilizan en aplicaciones de inteligencia artificial y aprendizaje automático.los microprocesadores avanzados suelen contar con características y arquitecturas más potentes en comparación con sus contrapartes más simples. Algunas de las características avanzadas que se encuentran en estos microprocesadores incluyen:

Arquitecturas de Múltiples Núcleos: Muchos microprocesadores avanzados están equipados con múltiples núcleos de CPU en un solo chip. Esto permite el procesamiento paralelo de tareas y un mejor rendimiento multitarea.

Altas Frecuencias de Reloj: Los microprocesadores avanzados a menudo tienen frecuencias de reloj más altas, lo que mejora significativamente su capacidad de procesamiento y velocidad de respuesta.

Caché de Nivel Superior: Estos microprocesadores suelen tener una memoria caché de nivel superior más grande y rápida, lo que acelera el acceso a los datos y las instrucciones utilizadas con frecuencia.

Soporte para Instrucciones SIMD: Instrucciones de un solo conjunto de datos (SIMD) permiten el procesamiento paralelo de datos en operaciones como el procesamiento de gráficos y multimedia, lo que mejora el rendimiento en aplicaciones específicas.

Arquitecturas de Pipelining Avanzadas: Los microprocesadores avanzados pueden utilizar arquitecturas de pipelining más complejas que dividen las instrucciones en etapas para mejorar la velocidad de ejecución.

Soporte para Virtualización: Algunos microprocesadores avanzados incluyen características de virtualización que permiten la creación de máquinas virtuales y la ejecución de múltiples sistemas operativos en una sola máquina física.

Seguridad Integrada: Los microprocesadores avanzados a menudo incluyen características de seguridad avanzadas, como ejecución de código seguro (SGX), para proteger datos y aplicaciones sensibles.

Tecnologías de Ahorro de Energía: Estos microprocesadores pueden incorporar tecnologías de ahorro de energía, como gestión de energía dinámica y modos de suspensión, para reducir el consumo de energía cuando no se necesita todo el rendimiento.

Soporte para Extensiones de Instrucciones: Pueden incluir soporte para extensiones de instrucciones específicas de la arquitectura que mejoran el rendimiento en aplicaciones particulares.

Interconexiones de Alto Ancho de Banda: Los microprocesadores avanzados pueden tener buses de datos de alta velocidad y una mayor capacidad de interconexión para un rendimiento de memoria más rápido.

Gráficos Integrados: Algunos microprocesadores avanzados incluyen unidades de procesamiento de gráficos (GPU) integradas, lo que los hace adecuados para aplicaciones de gráficos y juegos.

Tecnologías de Fabricación Avanzada: Estos microprocesadores suelen utilizar tecnologías de fabricación más avanzadas, como procesos de nanómetros más pequeños, que mejoran el rendimiento y la eficiencia energética.

Estas características avanzadas hacen que los microprocesadores sean ideales para una amplia gama de aplicaciones, desde la informática de alto rendimiento hasta los dispositivos móviles y la inteligencia artificial. Su evolución constante impulsa el desarrollo de tecnologías y aplicaciones cada vez más avanzadas.

Fabricantes: Algunos de los principales fabricantes de microprocesadores avanzados incluyen Intel, AMD, ARM (que diseña arquitecturas utilizadas en muchos dispositivos móviles y sistemas embebidos), NVIDIA (con enfoque en GPU para aceleración de cálculos), y otros.

Los microcontroladores avanzados están diseñados principalmente para controlar sistemas embebidos y tareas específicas, mientras que los microprocesadores avanzados se utilizan en sistemas de alto rendimiento como computadoras personales, servidores y dispositivos móviles. Ambos tipos de dispositivos juegan un papel fundamental en la electrónica y la informática modernas.

28. Programación de microcontroladores en lenguaje C

La programación de microcontroladores en lenguaje C es una práctica común en la industria y en proyectos de electrónica y sistemas embebidos. Aquí tienes una descripción general de los pasos para programar un microcontrolador en lenguaje C:

Selecciona un Microcontrolador: El primer paso es elegir el microcontrolador adecuado para tu proyecto. Diferentes microcontroladores tienen arquitecturas y conjuntos de instrucciones específicos, por lo que debes seleccionar uno que se adapte a tus necesidades. La elección del microcontrolador adecuado es un paso crítico en el desarrollo de proyectos de sistemas embebidos. Debes considerar una serie de factores para seleccionar el microcontrolador que mejor se adapte a tus necesidades. Aquí tienes algunas consideraciones importantes:

Requisitos de Proyecto: Comienza por definir claramente los requisitos de tu proyecto. ¿Qué tarea o funcionalidad debe realizar el microcontrolador? ¿Cuáles son los objetivos específicos del proyecto? Esto te ayudará a determinar qué características necesitas en un microcontrolador.

Arquitectura del Microcontrolador: Diferentes microcontroladores tienen arquitecturas de CPU diferentes, como ARM, AVR, PIC, etc. La elección de la arquitectura afectará la capacidad de procesamiento y las características disponibles, por lo que debes seleccionar una que sea compatible con tu proyecto.

Potencia de Procesamiento: Evalúa la potencia de procesamiento requerida para tu aplicación. Algunos proyectos pueden requerir microcontroladores de alta potencia, mientras que otros pueden funcionar bien con microcontroladores de menor potencia y consumo energético.

Memoria: Considera la cantidad de memoria Flash (para el almacenamiento de programas) y RAM (para datos en tiempo de ejecución) que necesitarás. Esto depende de la complejidad de tu programa y los datos que debas manipular.

Periféricos Integrados: Los microcontroladores pueden tener una variedad de periféricos integrados, como UART, SPI, I2C, ADC, PWM, etc. Asegúrate de que el microcontrolador que elijas tenga los periféricos necesarios para tu aplicación.

Consumo de Energía: Si tu proyecto es alimentado por batería o requiere una gestión eficiente de la energía, debes considerar el consumo de energía del microcontrolador. Algunos microcontroladores tienen modos de bajo consumo que son ideales para aplicaciones de bajo consumo.

Costo: El costo del microcontrolador es un factor importante, especialmente en proyectos con presupuestos limitados. Compara los precios de varios microcontroladores y elige uno que se ajuste a tu presupuesto.

Disponibilidad y Soporte: Asegúrate de que el microcontrolador que elijas esté ampliamente disponible en el mercado y tenga un buen soporte de documentación, comunidades en línea y herramientas de desarrollo.

Herramientas de Desarrollo: Investiga las herramientas de desarrollo disponibles para el microcontrolador, como entornos de programación, compiladores y depuradores. Un buen ecosistema de desarrollo facilitará la programación y depuración de tu proyecto.

Tamaño y Encapsulado: Considera el tamaño físico y el encapsulado del microcontrolador, especialmente si tu proyecto tiene restricciones de espacio o si el microcontrolador debe integrarse en una placa de circuito impreso (PCB) específica.

Al evaluar estos factores y considerar las necesidades específicas de tu proyecto, podrás seleccionar un microcontrolador que sea adecuado para tu aplicación. La elección del microcontrolador correcto es fundamental para el éxito de tu proyecto de sistemas embebidos.

Configura el Entorno de Desarrollo: Necesitarás un entorno de desarrollo integrado (IDE) que sea compatible con el microcontrolador que has elegido. Ejemplos comunes de IDEs para microcontroladores incluyen MPLAB X para microcontroladores PIC, Keil MDK para microcontroladores ARM, y Arduino IDE para microcontroladores AVR, entre otros.Configurar el entorno de desarrollo integrado (IDE) adecuado es esencial para programar un microcontrolador de manera efectiva. Aquí tienes los pasos generales para configurar un entorno de desarrollo para programación de microcontroladores:

Descarga e Instala el IDE: Visita el sitio web del fabricante del microcontrolador o la plataforma de desarrollo y descarga el IDE compatible con tu microcontrolador. Asegúrate de descargar la versión más reciente del IDE.

Instala Controladores USB (si es necesario): Algunos microcontroladores requieren controladores USB para la comunicación con el ordenador. Si es necesario, instala los controladores según las instrucciones proporcionadas por el fabricante.

Configura el IDE para tu Microcontrolador: Abre el IDE y configura la información del microcontrolador que estás utilizando. Esto generalmente incluye seleccionar el modelo específico de microcontrolador y configurar la frecuencia de reloj, la memoria y otros parámetros relevantes.

Crea un Nuevo Proyecto: Inicia un nuevo proyecto en el IDE y asigna un nombre al proyecto. Este proyecto contendrá tu código fuente y configuraciones específicas del proyecto.

Escribe tu Código en C: Utiliza el editor de código del IDE para escribir tu programa en lenguaje C. Asegúrate de seguir las especificaciones del microcontrolador y utiliza las bibliotecas proporcionadas por el fabricante según sea necesario.

Configura Periféricos y Puertos de E/S: Configura los periféricos y puertos de entrada/salida del microcontrolador según las necesidades de tu proyecto. Esto generalmente se hace a través de configuraciones en el código fuente.

Compila el Código: Utiliza la función de compilación del IDE para compilar tu código C en un archivo binario o hexagonal que el microcontrolador pueda entender. El IDE generará archivos de salida y mostrará mensajes de compilación.

Configura el Programador: Si estás utilizando un programador externo para cargar el programa en el microcontrolador, asegúrate de configurar correctamente el programador en el IDE. Esto incluye seleccionar el tipo de programador y los ajustes de comunicación.

Carga el Programa en el Microcontrolador: Conecta el microcontrolador a través del programador o interfaz de programación y utiliza el IDE para cargar el programa en el microcontrolador. Esto puede requerir la selección del puerto de comunicación y otros ajustes.

Prueba y Depura: Ejecuta el programa en el microcontrolador y realiza pruebas para asegurarte de que funcione correctamente. Utiliza las herramientas de depuración proporcionadas por el IDE para detectar y solucionar problemas en el código.

Documenta y Realiza Copias de Seguridad: Documenta tu código y realiza copias de seguridad regularmente para evitar la pérdida de trabajo en caso de problemas.

Itera y Optimiza: Si es necesario, itera sobre el código y realiza ajustes para mejorar el rendimiento y solucionar problemas. Repite el proceso de compilación y carga según sea necesario.

Configurar el entorno de desarrollo de manera adecuada te permitirá escribir, compilar, cargar y depurar programas en tu microcontrolador de manera eficiente. Cada IDE puede tener sus propias peculiaridades y características específicas, por lo que es importante consultar la documentación y las guías proporcionadas por el fabricante para obtener ayuda adicional.

Escribe el Código en C: Utiliza el lenguaje de programación C para escribir el código que controlará el comportamiento del microcontrolador. Asegúrate de familiarizarte con la documentación del microcontrolador y las bibliotecas disponibles para sacar el máximo provecho de sus características.

Escribir código en C para programar un microcontrolador requiere familiarizarse con las especificaciones del microcontrolador, las bibliotecas disponibles y las necesidades específicas de tu proyecto. A continuación, te proporciono un ejemplo general de cómo podrías comenzar a escribir código en C para un microcontrolador:

```
Copy code
#include <stdio.h>  // Incluye la biblioteca estándar de C para entrada/salida
#include "microcontrolador.h"   // Incluye el archivo de encabezado específico del microcontrolador
// Función principal
int main() {
// Configura los periféricos y pines de E/S según sea necesario
configurar_perifericos();
// Bucle principal
while (1) {
// Realiza tareas específicas de tu aplicación aquí
// Ejemplo: Leer un valor analógico
int valor_adc = leer_adc();
// Ejemplo: Realizar una acción basada en el valor leído
if (valor_adc > 512) {encender_led();} else {apagar_led();}}return 0;}
```

En este ejemplo:

Se incluyen las bibliotecas necesarias, como stdio.h, que es estándar en C, y "microcontrolador.h", que sería el archivo de encabezado específico del microcontrolador que proporciona las definiciones y funciones necesarias para interactuar con él.

Se configuran los periféricos y pines de entrada/salida según las necesidades de tu proyecto. Esto puede incluir la inicialización de puertos GPIO, configuración de temporizadores, configuración de convertidores analógico-digitales (ADC) y más.

Se crea un bucle principal (while (1)) que ejecuta continuamente las tareas de tu aplicación.

Dentro del bucle, se pueden realizar acciones específicas según el comportamiento deseado. En este ejemplo, se lee un valor analógico mediante la función leer_adc() y se toma una acción (encender o apagar un LED) en función del valor leído.

El programa principal generalmente se ejecutará de forma continua, a menos que se utilicen interrupciones para manejar eventos específicos.

Es importante que consultes la documentación del microcontrolador y las bibliotecas disponibles para comprender las funciones y características específicas del microcontrolador que estás utilizando. El código que escribas dependerá en gran medida de los requisitos de tu proyecto y de las capacidades del microcontrolador seleccionado.

Compila el Código: Utiliza el IDE para compilar el código C en un archivo binario o hexagonal que el microcontrolador pueda entender. Durante la compilación, el código C se traduce en instrucciones de lenguaje de máquina específicas para el microcontrolador. Compilar el código C es un paso crucial en el proceso de programación de microcontroladores, ya que convierte el código legible por humanos en instrucciones de lenguaje de máquina que el microcontrolador puede entender y ejecutar. A continuación, te explicaré cómo compilar el código C para tu microcontrolador utilizando un entorno de desarrollo integrado (IDE) común:

Abre tu Proyecto en el IDE: Inicia el IDE que has configurado previamente para tu microcontrolador y abre el proyecto en el que estás trabajando. Asegúrate de que el código que deseas compilar esté abierto en el editor de código.

Configura Opciones de Compilación: Verifica y configura las opciones de compilación según las necesidades de tu proyecto. Esto puede incluir configurar la arquitectura del microcontrolador, la frecuencia de reloj y las opciones de optimización. Estas opciones suelen estar disponibles en la configuración del proyecto o en el menú de opciones del compilador.

Inicia la Compilación: Utiliza la función de compilación del IDE para iniciar el proceso de compilación. Esta función suele estar etiquetada como "Compilar" o "Build". Durante la compilación, el IDE traducirá tu código C en instrucciones de lenguaje de máquina específicas para el microcontrolador.

Verifica Errores y Advertencias: Después de la compilación, el IDE mostrará si hay errores o advertencias en tu código. Debes revisar cuidadosamente estos mensajes y solucionar cualquier problema identificado antes de continuar.

Genera el Archivo Binario o Hexagonal: Si la compilación se realiza correctamente, el IDE generará un archivo binario o hexagonal (dependiendo de la configuración y el formato requerido por tu microcontrolador). Este archivo contendrá el código compilado y será utilizado para cargarlo en el microcontrolador.

Ubicación del Archivo Compilado: El archivo compilado generalmente se encuentra en una carpeta específica del proyecto o en una carpeta de salida configurada en las opciones de compilación. Puedes verificar la ubicación del archivo compilado en la configuración del proyecto o en la salida del IDE.

Carga el Programa en el Microcontrolador: Una vez que tengas el archivo compilado, puedes utilizar un programador o una interfaz de programación compatible con tu microcontrolador para cargar el programa en la memoria del microcontrolador.

Prueba y Depura: Después de cargar el programa, realiza pruebas en el microcontrolador para asegurarte de que funcione según lo previsto. Utiliza herramientas de depuración proporcionadas por el IDE si es necesario para detectar y solucionar problemas.

Compilar el código C es una parte esencial del proceso de desarrollo de software para microcontroladores. Asegúrate de seguir las mejores prácticas de programación y realizar pruebas exhaustivas para garantizar que tu código funcione de manera confiable en el microcontrolador objetivo.

Carga el Programa en el Microcontrolador: Utiliza un programador o interfaz de programación para cargar el archivo binario generado en el microcontrolador. Este paso generalmente implica conectar el programador al microcontrolador y utilizar el software proporcionado por el fabricante para cargar el código.Cargar el programa en el microcontrolador es un paso fundamental en el proceso de programación de microcontroladores. Aquí tienes una descripción general de cómo cargar el programa en un microcontrolador utilizando un programador o interfaz de programación:

Preparación del Hardware:

Conecta el programador o interfaz de programación al puerto de programación del microcontrolador. Este puerto suele ser un conjunto de pines específicos en el microcontrolador que permiten la comunicación y la carga de programas.

Asegúrate de que el microcontrolador esté correctamente alimentado y conectado según las especificaciones del fabricante.

Inicia el Software de Programación:

Abre el software de programación proporcionado por el fabricante del microcontrolador o el programador.

En el software, selecciona el modelo y la familia de microcontrolador que estás utilizando. Esto garantiza que el software sea compatible con el microcontrolador específico.

Carga del Archivo Binario:

Abre el archivo binario o hexagonal que generaste durante la compilación en el paso anterior. Este archivo contiene el código compilado que deseas cargar en el microcontrolador.

En el software de programación, selecciona la opción para cargar o programar el microcontrolador.

Configuración de Opciones de Programación (si es necesario):

Algunos programadores o software de programación permiten configurar opciones adicionales, como la frecuencia de programación, la verificación del programa, la protección de escritura y más. Ajusta estas opciones según tus necesidades, pero asegúrate de estar familiarizado con las implicaciones de cada configuración.

Inicia la Programación:

Presiona el botón o la opción para iniciar la programación en el software. El programa se transferirá desde tu ordenador al microcontrolador a través del programador o interfaz de programación.

Proceso de Programación:

Durante la programación, el software informará sobre el progreso del proceso. Esto puede incluir la verificación de la escritura y la confirmación de que la programación se realizó con éxito.

Si se encuentra algún error durante la programación, el software te lo notificará. De ser necesario, deberás solucionar el problema antes de intentar nuevamente.

Finalización de la Programación:

Una vez que la programación se haya completado con éxito, el microcontrolador debería contener el programa que escribiste en el archivo binario.

Desconecta el programador o la interfaz de programación del microcontrolador.

Prueba el Microcontrolador:

Con el programa cargado, prueba el microcontrolador en tu aplicación o circuito para asegurarte de que funcione según lo previsto.

Es importante seguir cuidadosamente las instrucciones proporcionadas por el fabricante del microcontrolador y del programador, ya que los detalles pueden variar según el modelo y la marca del microcontrolador y el programador que estés utilizando. Además, asegúrate de que el microcontrolador esté correctamente alimentado y que no haya interrupciones de energía durante el proceso de programación, ya que esto podría dañar el microcontrolador o corromper el programa cargado.

Prueba y Depura: Ejecuta el programa en el microcontrolador y realiza pruebas para asegurarte de que funcione correctamente. Utiliza herramientas de depuración proporcionadas por el IDE y agrega mensajes de depuración en tu código si es necesario.Probar y depurar el programa en el microcontrolador es una etapa crítica para garantizar que funcione correctamente y para solucionar cualquier problema que pueda surgir. Aquí tienes algunos pasos y técnicas que puedes seguir:

Utiliza Herramientas de Depuración: La mayoría de los IDEs para microcontroladores proporcionan herramientas de depuración que te permiten supervisar y controlar la ejecución del programa en el microcontrolador. Algunas de las herramientas comunes incluyen:

Puntos de ruptura (breakpoints): Establece puntos de ruptura en tu código donde desees detener la ejecución para inspeccionar variables y condiciones.

Ventanas de Variables: Estas ventanas muestran el valor de las variables en tiempo de ejecución. Puedes observar cómo cambian durante la ejecución.

Rastreo de Pila (Stack Trace): Te muestra la secuencia de llamadas de funciones en el programa, lo que puede ser útil para identificar dónde se produce un error.

Consola de Depuración: Utiliza la consola de depuración para imprimir mensajes de depuración en tiempo real desde tu código. Esto es especialmente útil para rastrear el flujo de ejecución y verificar los valores de las variables.

Añade Mensajes de Depuración: Incluye declaraciones de impresión o registro (como printf() en C) en tu código para mostrar información relevante durante la ejecución. Puedes imprimir valores de variables, mensajes de estado o cualquier otra información que te ayude a rastrear problemas. Asegúrate de eliminar o desactivar estos mensajes una vez que hayas solucionado los problemas.

Verifica las Condiciones de Funcionamiento: Asegúrate de que las condiciones de funcionamiento sean las esperadas. Esto incluye verificar las entradas y salidas, las señales de temporización, los valores de sensores y cualquier otro aspecto crítico de tu aplicación.

Monitorea el Uso de la Memoria: Si estás utilizando recursos limitados de memoria, como RAM o Flash, asegúrate de que tu programa no exceda los límites. Algunos microcontroladores proporcionan herramientas para verificar el uso de la memoria en tiempo de compilación o en tiempo de ejecución.

Simulación (si es posible): Algunos IDEs ofrecen capacidades de simulación que te permiten ejecutar y depurar tu código en un entorno simulado antes de cargarlo en el microcontrolador real. Esto puede ser útil para identificar problemas antes de la implementación en hardware.

Soluciona Errores: Si encuentras errores durante la depuración, utilice las herramientas de depuración para rastrear su origen y realizar correcciones en el código. Esto puede incluir ajustar condiciones, corregir errores de sintaxis o lógica y optimizar el rendimiento.

Pruebas de Estrés: Realiza pruebas de estrés en tu programa para asegurarte de que pueda manejar situaciones extremas o condiciones inesperadas sin bloquearse o fallar.

Documentación: Documenta cualquier cambio que realices en el código y asegúrate de tener una comprensión clara de cómo funciona tu programa y cómo se comporta en diferentes escenarios.

Itera y Repite: La depuración es a menudo un proceso iterativo. Después de realizar correcciones, vuelve a probar y depurar hasta que estés seguro de que el programa funciona de manera confiable.

La depuración puede ser un desafío, pero es una parte esencial del desarrollo de software para microcontroladores. La paciencia y la atención al detalle son clave para resolver problemas y garantizar que tu programa funcione según lo previsto.

Itera y Optimiza: A menudo, es necesario iterar y optimizar el código para mejorar el rendimiento y solucionar problemas. Realiza ajustes según sea necesario y repite el proceso de compilación y carga.La iteración y la optimización del código son procesos continuos y esenciales en el desarrollo de software para microcontroladores. Aquí hay algunas pautas que puedes seguir al iterar y optimizar tu código:

Identifica Problemas y Cuellos de Botella: Comienza por identificar cualquier problema o cuello de botella en tu programa. Esto puede incluir errores, retrasos no deseados, ineficiencias en el uso de recursos, o cualquier otro aspecto que necesite mejoras.

Perfil de Rendimiento: Utiliza herramientas de perfil de rendimiento si están disponibles en tu IDE o sistema de desarrollo. El perfil de rendimiento te mostrará qué partes de tu código consumen más tiempo de CPU o recursos, lo que te ayudará a enfocarte en las áreas críticas.

Optimiza Algoritmos y Estructuras de Datos: La elección de algoritmos eficientes y estructuras de datos adecuadas puede marcar una gran diferencia en el rendimiento de tu programa. Considera si puedes reemplazar algoritmos más costosos en tiempo o recursos por versiones más eficientes.

Minimiza el Uso de Memoria: La gestión eficiente de la memoria es fundamental en sistemas embebidos. Utiliza solo la cantidad de memoria necesaria y evita el desperdicio. Considera el uso de variables locales en lugar de variables globales siempre que sea posible.

Optimiza Bucles: Los bucles suelen ser lugares comunes para optimizar. Evita bucles innecesarios o bucles que se ejecutan muchas veces. Considera la posibilidad de utilizar instrucciones de salto (break y continue) para salir de bucles temprano si se cumplen ciertas condiciones.

Utiliza Interrupciones Eficientemente: Si tu microcontrolador admite interrupciones, asegúrate de utilizarlas de manera eficiente para manejar eventos en tiempo real sin consumir ciclos de CPU innecesarios en espera activa.

Evita Esperas Activas: Evita crear bucles de espera activa que consuman ciclos de CPU sin razón. Utiliza temporizadores y mecanismos de espera eficientes para reducir el consumo de energía y mejorar la eficiencia.

Perfil de Uso de Recursos: Realiza un seguimiento del uso de recursos, como el uso de CPU, RAM y Flash, para asegurarte de que estás utilizando eficazmente los recursos disponibles en el microcontrolador.

Documentación y Comentarios: A medida que optimices el código, asegúrate de mantener una documentación clara y comentarios que expliquen las razones detrás de las optimizaciones. Esto facilitará la comprensión del código por parte de otros desarrolladores y ayudará en futuras iteraciones.

Pruebas Rigurosas: Después de realizar cambios significativos en el código, realiza pruebas rigurosas para asegurarte de que el programa siga funcionando correctamente y que las optimizaciones no hayan introducido errores.

Mantenimiento Continuo: La optimización no es un proceso único. A medida que evolucione tu proyecto, es posible que debas realizar ajustes adicionales y optimizaciones para mantener un rendimiento óptimo.

La optimización del código para microcontroladores es un equilibrio entre rendimiento, uso de recursos y legibilidad del código. Es importante recordar que la optimización excesiva puede conducir a un código difícil de mantener, por lo que debes encontrar un equilibrio que se adapte a las necesidades de tu proyecto. Además, siempre es recomendable realizar pruebas exhaustivas después de cada iteración para garantizar que el programa siga funcionando correctamente.

Gestión de Periféricos y Puertos de E/S: Configura los periféricos y puertos de entrada/salida del microcontrolador según las necesidades de tu proyecto. Esto incluye la configuración de pines, temporizadores, UART, SPI, I2C y otros periféricos según sea necesario.La gestión de periféricos y puertos de entrada/salida (E/S) es un aspecto crítico en la programación de microcontroladores, ya que determina cómo interactúa tu microcontrolador con el mundo exterior. A continuación, se detallan los pasos para configurar y gestionar periféricos y E/S en un microcontrolador:

Identifica los Periféricos Necesarios: Comienza por identificar los periféricos específicos que necesitas para tu proyecto. Estos pueden incluir puertos GPIO (puertos de entrada/salida de propósito general), UART (comunicación serial), SPI (Interfaz de Periférico en Serie), I2C (Inter-Integrated Circuit), temporizadores, ADC (convertidor analógico a digital), PWM (modulación por ancho de pulso) y otros.

Selecciona los Pines de E/S Adecuados: Determina qué pines del microcontrolador se utilizarán para conectar tus periféricos y E/S. Consulta el datasheet o la documentación del microcontrolador para conocer la asignación de pines y las capacidades de cada uno.

Configura los Puertos GPIO: Si estás utilizando puertos GPIO, configura los pines como entradas o salidas según sea necesario. También puedes configurar pines específicos para activar o desactivar resistencias de pull-up o pull-down, si es necesario.

Configura los Periféricos de Comunicación: Para periféricos como UART, SPI e I2C, configura los parámetros relevantes, como la velocidad de baudios para UART, el modo de operación para SPI, o la dirección del dispositivo para I2C. A menudo, esto implica configurar registros específicos en el microcontrolador.

Inicializa los Temporizadores: Si utilizas temporizadores, configura la fuente de reloj, el modo de operación y los valores de recarga según las necesidades de tu proyecto. Los temporizadores son útiles para controlar eventos basados en el tiempo.

Configura el ADC: Si necesitas realizar conversiones analógico-digitales (ADC), configura la resolución, la referencia y la fuente de reloj del ADC según tus requerimientos. Asegúrate de que el rango de entrada sea adecuado para tus señales analógicas.

Establece Rutinas de Manejo de Interrupciones: Si tu proyecto requiere interrupciones para manejar eventos en tiempo real, configura las rutinas de manejo de interrupciones para los periféricos relevantes. Esto te permitirá responder a eventos de manera eficiente.

Realiza Pruebas de Comunicación y Funcionamiento: Una vez que hayas configurado los periféricos y los pines de E/S, realiza pruebas de comunicación y funcionamiento para asegurarte de que todo esté configurado correctamente. Utiliza herramientas de depuración y observa las señales en un osciloscopio o analizador lógico si es necesario.

Itera y Optimiza: A medida que tu proyecto evolucione, es posible que debas realizar ajustes en la configuración de los periféricos y puertos de E/S para satisfacer nuevas necesidades o resolver problemas. La optimización puede incluir la selección de configuraciones que consuman menos energía o mejoren el rendimiento.

Documentación: A medida que configuras periféricos y puertos de E/S, documenta la configuración y las decisiones clave que tomes. Esto será útil para futuros desarrollos y para que otros miembros del equipo comprendan cómo está configurado el hardware.

La gestión de periféricos y E/S es fundamental para la interacción exitosa del microcontrolador con su entorno. Un entendimiento profundo de las especificaciones del microcontrolador y sus capacidades te ayudará a configurar y utilizar periféricos de manera efectiva en tu proyecto.

Manejo de Interrupciones: Si tu aplicación requiere manejar eventos o interrupciones en tiempo real, es importante implementar un manejo de interrupciones adecuado en tu código.El manejo de interrupciones es fundamental en aplicaciones de tiempo real y sistemas embebidos, ya que permite responder de manera rápida y eficiente a eventos críticos. Aquí hay una guía general sobre cómo implementar el manejo de interrupciones en tu código para un microcontrolador:

Comprende las Fuentes de Interrupción: En primer lugar, debes comprender las fuentes de interrupción que están presentes en tu microcontrolador. Estas fuentes pueden incluir temporizadores, periféricos de comunicación (UART, SPI, I2C), entradas de E/S, señales de hardware externas y más. Consulta la documentación del microcontrolador para conocer las fuentes de interrupción disponibles.

Habilita las Interrupciones: Para habilitar el manejo de interrupciones, debes configurar y habilitar las interrupciones en el microcontrolador. Esto generalmente se hace mediante registros de configuración específicos. Puedes habilitar o deshabilitar interrupciones individuales según tus necesidades.

Escribe Rutinas de Manejo de Interrupciones (ISRs): Debes escribir rutinas de manejo de interrupciones (ISRs, por sus siglas en inglés) para cada fuente de interrupción que desees manejar. Cada ISR es una función que se ejecutará cuando ocurra la interrupción correspondiente. Las ISRs deben ser lo más breves y eficientes posible, ya que se ejecutan en respuesta a eventos en tiempo real.

Prioridades de Interrupción: Algunos microcontroladores admiten múltiples niveles de prioridad de interrupción. Debes configurar las prioridades de interrupción según la importancia de las fuentes de interrupción. Las interrupciones de mayor prioridad se manejarán antes que las de menor prioridad.

Utiliza las Rutinas de Inicio y Fin de Interrupción: En muchas arquitecturas de microcontroladores, se proporcionan instrucciones específicas de inicio y fin de interrupción que deben utilizarse en las ISRs. Estas instrucciones pueden incluir __interrupt, __endinterrupt, __enter_isr, __exit_isr u otras, dependiendo del entorno de desarrollo.

Evita Bloqueos y Retardos: Dentro de las ISRs, debes evitar operaciones que puedan bloquear o retardar la ejecución del programa principal. Las ISRs deben ser lo más rápidas y determinísticas posible. Evita el uso de funciones que generen retrasos, como delay(), dentro de una ISR.

Comunicación entre la ISR y el Programa Principal: Si es necesario comunicarse entre una ISR y el programa principal, utiliza variables globales o técnicas de sincronización seguras, como semáforos o colas, para evitar problemas de concurrencia.

Pruebas y Depuración: Realiza pruebas exhaustivas para asegurarte de que las interrupciones se manejan correctamente y de que no se producen conflictos o bloqueos. Utiliza herramientas de depuración y técnicas de depuración de interrupciones para identificar y solucionar problemas.

Documentación: Documenta claramente las interrupciones que manejas, las ISRs correspondientes y las prioridades de interrupción en tu código. Esto facilitará el mantenimiento y la comprensión del código por parte de otros desarrolladores.

El manejo de interrupciones es esencial para el funcionamiento eficiente de sistemas embebidos y aplicaciones en tiempo real. Asegúrate de seguir las mejores prácticas y considerar las necesidades específicas de tu proyecto al implementar el manejo de interrupciones en tu código.

Documentación y Mantenimiento: Documenta tu código de manera adecuada para facilitar el mantenimiento futuro y comprender su funcionamiento. Esto es especialmente importante si otras personas trabajarán en el proyecto. La documentación y el mantenimiento son aspectos cruciales en el desarrollo de software para microcontroladores. Una documentación adecuada facilita el entendimiento del código y simplifica futuras actualizaciones y colaboraciones en el proyecto. Aquí hay algunas prácticas recomendadas para la documentación y el mantenimiento de tu código:

Comentarios Claros y Concisos: Agrega comentarios claros y concisos en tu código para explicar su funcionamiento. Incluye descripciones de las funciones, algoritmos y partes críticas del código. Usa un estilo de comentario consistente y sigue las convenciones de nomenclatura.

Documenta las Interfaces: Describe las interfaces de tus funciones y módulos. Especifica los parámetros de entrada, los valores de retorno y las restricciones. Esto ayuda a otros desarrolladores a utilizar tus funciones correctamente.

Detalles Técnicos: Proporciona detalles técnicos sobre la configuración del hardware, pines de E/S utilizados, configuraciones de periféricos y cualquier consideración específica del microcontrolador. Esto es especialmente importante en sistemas embebidos.

Ejemplos de Uso: Proporciona ejemplos de uso de tus funciones y módulos en tu documentación. Esto ayuda a los desarrolladores a comprender cómo utilizar tu código en situaciones reales.

Diagramas y Esquemas: Si es relevante, incluye diagramas de flujo, diagramas de conexión de hardware y esquemas para ayudar a visualizar la arquitectura del sistema.

Versionado del Código: Utiliza un sistema de control de versiones como Git para realizar un seguimiento de las revisiones y cambios en tu código. Etiqueta versiones importantes y proporciona notas de lanzamiento que describan las actualizaciones.

Mantén un Registro de Cambios: Lleva un registro de los cambios realizados en el código y las razones detrás de esos cambios. Esto es útil para rastrear el historial de desarrollo y resolver problemas.

Guía de Instalación y Configuración: Si tu código requiere una configuración o instalación específica, proporciona instrucciones detalladas para que otros puedan replicar tu entorno de desarrollo.

Directrices de Mantenimiento: Si otros desarrolladores trabajarán en el proyecto, establece directrices y convenciones de codificación para mantener un estilo de código consistente y facilitar la colaboración.

Documentación Externa: Si tu proyecto tiene componentes o bibliotecas externas, incluye enlaces a la documentación de esas bibliotecas y menciona las dependencias.

Pruebas y Resultados: Registra los resultados de pruebas, especialmente si tienes casos de prueba específicos o pruebas de estrés que ayuden a verificar el funcionamiento correcto del código.

Resolución de Problemas Comunes: Proporciona una sección que aborde problemas comunes que los desarrolladores pueden encontrar al usar o modificar tu código. Ofrece soluciones y consejos para resolver estos problemas.

Actualiza la Documentación: Mantén la documentación actualizada a medida que realices cambios en el código. Una documentación desactualizada puede ser más perjudicial que no tener documentación en absoluto.

La documentación bien organizada y completa es esencial para la mantenibilidad a largo plazo de tu proyecto. Facilita el trabajo en equipo, la resolución de problemas y la evolución del código a medida que cambian las necesidades del proyecto. Invierte tiempo en la documentación desde el principio para ahorrar tiempo y esfuerzo en el futuro.

Optimización de Recursos: Los microcontroladores suelen tener recursos limitados en términos de memoria y potencia de procesamiento. Optimiza tu código para que utilice eficientemente estos recursos. La optimización de recursos es esencial al programar microcontroladores, ya que estos dispositivos suelen tener limitaciones significativas en términos de memoria y potencia de procesamiento. Aquí hay algunas estrategias para optimizar tu código y aprovechar al máximo los recursos disponibles:

Conoce las Limitaciones del Hardware: Antes de comenzar a escribir código, comprende las limitaciones específicas de tu microcontrolador en términos de memoria RAM, Flash, velocidad de CPU y otros recursos. Consulta el datasheet y la documentación del fabricante para obtener detalles precisos.

Minimiza el Uso de Memoria: La gestión eficiente de la memoria es crucial. Utiliza tipos de datos adecuados y evita el desperdicio de memoria. Si es posible, utiliza variables locales en lugar de variables globales para reducir el consumo de memoria.

Optimiza el Uso de Flash: Minimiza el tamaño del programa compilado para ahorrar memoria Flash. Esto incluye eliminar código no utilizado, deshabilitar características innecesarias y utilizar técnicas de compresión si es posible.

Evita Librerías Innecesarias: No incluyas librerías o módulos que no sean necesarios para tu proyecto. Cada biblioteca agrega código y datos a tu aplicación, lo que puede aumentar significativamente la huella del programa.

Optimiza Algoritmos: Utiliza algoritmos y estructuras de datos eficientes. A veces, un algoritmo más rápido puede reducir la carga de la CPU y el consumo de memoria en comparación con un algoritmo menos eficiente.

Elimina Bucles Innecesarios: Evita bucles que no sean esenciales. Siempre que sea posible, evita bucles que se ejecuten continuamente en espera activa. Utiliza temporizadores y mecanismos de espera eficientes en su lugar.

Gestión Eficiente de Energía: Implementa estrategias de gestión de energía para reducir el consumo de energía cuando el microcontrolador no esté en uso. Esto puede incluir la reducción de la frecuencia del reloj o el uso de modos de bajo consumo de energía.

Desactiva Periféricos no Utilizados: Desactiva periféricos que no estén en uso para ahorrar energía y recursos. Algunos microcontroladores permiten apagar periféricos específicos cuando no se necesitan.

Utiliza Punteros con Cuidado: Si utilizas punteros en tu código, asegúrate de gestionarlos con cuidado para evitar fugas de memoria o acceso a áreas de memoria no válidas.

Perfil de Rendimiento: Utiliza herramientas de perfil de rendimiento para identificar las partes de tu código que consumen la mayor cantidad de recursos. Esto te ayudará a enfocar tus esfuerzos de optimización donde más se necesitan.

Pruebas Rigurosas: Realiza pruebas rigurosas para garantizar que las optimizaciones no introduzcan errores en tu código. Las optimizaciones pueden afectar el comportamiento del programa, por lo que es importante verificar su funcionamiento correcto.

Itera y Mejora: La optimización es un proceso iterativo. A medida que avances en el desarrollo, puedes encontrar nuevas formas de optimizar tu código. Mantén un enfoque continuo en la mejora del rendimiento y el uso eficiente de los recursos.

La optimización de recursos es esencial para garantizar que tu código funcione de manera confiable en microcontroladores con limitaciones. Cada mejora en la eficiencia puede marcar una diferencia significativa en la capacidad de tu microcontrolador para cumplir con las tareas requeridas.

La programación de microcontroladores en lenguaje C puede ser un proceso desafiante pero gratificante, ya que te permite controlar dispositivos y sistemas de manera eficiente y personalizada. Es importante aprender sobre la arquitectura y las características específicas de tu microcontrolador y estar dispuesto a experimentar y depurar para lograr un funcionamiento óptimo.

29. Control PID y otros algoritmos de control.

Los algoritmos de control son técnicas utilizadas en ingeniería y automatización para regular y mantener un sistema en un estado deseado. Uno de los algoritmos de control más comunes es el controlador PID (Proporcional-Integral-Derivativo), pero también existen otros enfoques, como el controlador proporcional, el controlador integral, el controlador derivativo y otros algoritmos más avanzados. A continuación, se describe brevemente el control PID y se mencionan algunos otros algoritmos de control:

Control PID (Proporcional-Integral-Derivativo):

Proporcional (P): Este componente calcula la diferencia entre el valor deseado (setpoint) y la variable controlada (proceso), luego multiplica esa diferencia por una constante proporcional (Kp) para obtener la señal de control proporcional. El control proporcional proporciona una respuesta rápida pero puede causar oscilaciones si se usa solo. El componente proporcional (P) en un controlador PID es fundamental para proporcionar una respuesta rápida al sistema.

Error (e(t)): El error en el sistema se calcula como la diferencia entre el valor deseado (setpoint) y la variable controlada (proceso) en un momento dado. Matemáticamente, se expresa como: $e(t) = setpoint - proceso(t)$

Componente Proporcional (P): El componente proporcional se calcula multiplicando el error actual (e(t)) por una constante proporcional (Kp): $P(t) = Kp * e(t)$

Señal de Control Proporcional (u(t)): La señal de control proporcional (u(t)) es la salida del componente proporcional y se utiliza para ajustar el sistema. Cuanto mayor sea el valor de Kp, mayor será la influencia del componente proporcional en la señal de control.

El control proporcional tiene las siguientes características clave:

Proporciona una respuesta rápida a cambios en el error.

Cuanto mayor sea el valor de Kp, más rápido responderá el sistema a las perturbaciones.

Puede causar oscilaciones si se utiliza con valores de Kp demasiado altos, lo que puede llevar a un sistema inestable.

Por lo tanto, en la práctica, es importante sintonizar adecuadamente el valor de Kp para lograr un equilibrio entre la respuesta rápida y la estabilidad del sistema. La sintonización del control PID implica ajustar los valores de Kp, Ki (integral) y Kd (derivativo) de manera adecuada para satisfacer los requisitos de rendimiento del sistema y minimizar cualquier efecto no deseado, como oscilaciones o sobretiro.

Integral (I): Este componente acumula el error a lo largo del tiempo y lo multiplica por una constante integral (Ki). Ayuda a eliminar el error en estado estacionario y mejora la precisión. El componente integral (I) en un controlador PID cumple una función importante en la eliminación del error en estado estacionario y mejora la precisión del sistema de control. A continuación, se explica con más detalle cómo funciona el componente integral:

Error Acumulado (Integral): El componente integral acumula el error a lo largo del tiempo. Esto significa que mantiene un registro de la suma de todos los errores pasados a medida que el sistema evoluciona. El error acumulado se expresa matemáticamente como la integral del error con respecto al tiempo:

$I(t) = \int e(\tau)d\tau$ desde 0 hasta t

Donde:

$I(t)$ es el término integral en un momento dado (t).

$e(t)$ es el error en ese momento (t).

La integral se toma desde el inicio (0) hasta el tiempo actual (t).

Componente Integral (I): El componente integral se obtiene multiplicando el error acumulado por una constante integral (Ki):

$I(t) = Ki * \int e(\tau)d\tau$ desde 0 hasta t

Señal de Control Integral (u(t)): La señal de control integral (u(t)) se suma a la señal de control proporcional y se utiliza para ajustar el sistema:

$u(t) = P(t) + I(t)$

El componente integral tiene las siguientes características clave:

Elimina el error en estado estacionario: El componente integral actúa para eliminar cualquier error constante que pueda existir en el sistema después de que se haya alcanzado un nuevo estado estacionario. Esto significa que el sistema eventualmente se estabiliza en el valor deseado (setpoint).

Mejora la precisión: La acción integral reduce la precisión del sistema, lo que significa que el sistema seguirá el setpoint de manera más precisa y con menos desviación.

Puede causar sobretiro: Si el valor de Ki (constante integral) es demasiado alto, el sistema puede responder excesivamente y causar un sobretiro, lo que significa que la variable controlada supera temporalmente el valor deseado antes de estabilizarse.

La sintonización adecuada de Ki es esencial para obtener un rendimiento óptimo del controlador PID y evitar problemas como el sobretiro. La elección de los valores de Kp, Ki y Kd depende de las características específicas del sistema y de los requisitos de control.

Derivativo (D): Este componente calcula la tasa de cambio del error y lo multiplica por una constante derivativa (Kd). Ayuda a evitar oscilaciones excesivas y a mejorar la respuesta transitoria.

El control PID se expresa como: $u(t) = Kp * e(t) + Ki * \int e(t)dt + Kd * de(t)/dt$

el componente derivativo (D) en un controlador PID es esencial para mejorar la respuesta transitoria del sistema y evitar oscilaciones excesivas. A continuación, se explica con más detalle cómo funciona el componente derivativo:

Tasa de Cambio del Error (Derivativa): El componente derivativo calcula la tasa de cambio del error con respecto al tiempo. Matemáticamente, esto se expresa como la derivada del error con respecto al tiempo:

$de(t)/dt$

Donde:

$de(t)/dt$ es la tasa de cambio del error en un momento dado (t).

$e(t)$ es el error en ese momento (t).

Componente Derivativo (D): El componente derivativo se obtiene multiplicando la tasa de cambio del error por una constante derivativa (Kd):

$D(t) = Kd * de(t)/dt$

Señal de Control Derivativa (u(t)): La señal de control derivativa (u(t)) se suma a las señales de control proporcional e integral y se utiliza para ajustar el sistema:

$u(t) = P(t) + I(t) + D(t)$

El componente derivativo tiene las siguientes características clave:

Mejora la respuesta transitoria: El componente derivativo anticipa la tendencia del error y ayuda a reducir la velocidad de cambio del error a medida que el sistema se acerca al valor deseado (setpoint). Esto evita oscilaciones excesivas y contribuye a una respuesta más suave.

Estabilidad mejorada: Ayuda a estabilizar el sistema al reducir la influencia de las perturbaciones repentinas en el error.

Evita el sobretiro: La acción derivativa puede ayudar a prevenir el sobretiro, ya que reduce la velocidad a la que la variable controlada se acerca al setpoint.

Al igual que con los componentes proporcional e integral, la sintonización adecuada de la constante derivativa Kd es esencial para obtener un rendimiento óptimo del controlador PID. La elección de los valores de Kp, Ki y Kd depende de las características específicas del sistema y de los requisitos de control, y a menudo se realiza mediante técnicas de sintonización experimental o mediante el uso de métodos más avanzados como el método de Ziegler-Nichols.

Controlador Proporcional:

Este controlador ajusta la señal de control proporcionalmente al error actual sin considerar el pasado ni la tendencia.El controlador proporcional (P) es uno de los componentes básicos de un controlador PID, pero también puede utilizarse como un controlador independiente en algunos sistemas de control. Como mencionaste, su característica principal es que ajusta la señal de control proporcionalmente al error actual sin considerar el pasado ni la tendencia. A continuación, se explica en detalle cómo funciona el controlador proporcional:

Error Actual (e(t)): El error en el sistema se calcula como la diferencia entre el valor deseado (setpoint) y la variable controlada (proceso) en un momento dado:

$e(t) = setpoint - proceso(t)$

Componente Proporcional (P): El controlador proporcional ajusta la señal de control multiplicando el error actual (e(t)) por una constante proporcional (Kp):

$P(t) = Kp * e(t)$

Señal de Control Proporcional (u(t)): La señal de control (u(t)) es la salida del controlador proporcional y se utiliza para ajustar el sistema:

$u(t) = P(t)$

Características clave del controlador proporcional:

Respuesta proporcional al error actual: La acción del controlador proporcional es directamente proporcional al error presente en el sistema en ese momento. Cuanto mayor sea el error, mayor será la corrección aplicada.

No tiene memoria: El controlador proporcional no considera el pasado ni la tendencia del error. Solo responde al error actual sin tener en cuenta cómo ha evolucionado el error en el pasado.

Respuesta rápida pero sin eliminación del error en estado estacionario: El controlador proporcional proporciona una respuesta rápida a las perturbaciones, pero no puede eliminar el error en estado estacionario por sí solo. Siempre habrá un cierto error constante cuando el sistema se encuentre en equilibrio.

El controlador proporcional es adecuado para sistemas con baja inercia o en los que el error en estado estacionario no es crítico. Sin embargo, en sistemas más complejos o en situaciones en las que se necesita eliminar el error en estado estacionario, se suelen utilizar controladores PID o controladores que incorporan componentes integrales y derivativos.

Controlador Integral:

Este controlador acumula el error a lo largo del tiempo y ajusta la señal de control en función del error acumulado. Ayuda a eliminar el error en estado estacionario. El controlador integral (I) es otro de los componentes básicos del controlador PID y desempeña un papel fundamental en la eliminación del error en estado estacionario en sistemas de control. Su característica principal es acumular el error a lo largo del tiempo y ajustar la señal de control en función del error acumulado. A continuación, se explica con más detalle cómo funciona el controlador integral:

Error Acumulado (Integral): El componente integral acumula el error a lo largo del tiempo. Esto significa que mantiene un registro de la suma de todos los errores pasados a medida que el sistema evoluciona. El error acumulado se expresa matemáticamente como la integral del error con respecto al tiempo:

$I(t) = \int e(\tau)d\tau$ desde 0 hasta t

Donde:

$I(t)$ es el término integral en un momento dado (t).

$e(t)$ es el error en ese momento (t).

La integral se toma desde el inicio (0) hasta el tiempo actual (t).

Componente Integral (I): El componente integral se obtiene multiplicando el error acumulado por una constante integral (K_i):

$I(t) = K_i * \int e(\tau)d\tau$ desde 0 hasta t

Señal de Control Integral $(u(t))$: La señal de control integral $(u(t))$ se suma a las señales de control proporcional y derivativa, y se utiliza para ajustar el sistema:

$u(t) = P(t) + I(t) + D(t)$

Características clave del controlador integral:

Elimina el error en estado estacionario: La acción integral acumula y corrige el error acumulado a lo largo del tiempo. Esto significa que, con el tiempo, el sistema se estabiliza en el valor deseado (setpoint) y elimina el error en estado estacionario.

Mejora la precisión del control: La acción integral mejora la precisión del sistema, lo que significa que el sistema seguirá el setpoint de manera más precisa y con menos desviación.

Toma en cuenta el pasado del sistema: A diferencia del controlador proporcional, el controlador integral tiene memoria y considera cómo ha evolucionado el error en el pasado.

Puede causar sobretiro: Si el valor de Ki (constante integral) es demasiado alto, el controlador integral puede hacer que el sistema responda excesivamente y cause un sobretiro, lo que significa que la variable controlada supera temporalmente el valor deseado antes de estabilizarse.

La sintonización adecuada de Ki es esencial para obtener un rendimiento óptimo del controlador PID y evitar problemas como el sobretiro.

Controlador Derivativo:

Este controlador ajusta la señal de control en función de la tasa de cambio del error. Ayuda a evitar oscilaciones excesivas y a mejorar la respuesta transitoria. El controlador derivativo (D) es el tercer componente del controlador PID, y su función principal es ajustar la señal de control en función de la tasa de cambio del error. Su acción se centra en mejorar la respuesta transitoria del sistema y en evitar oscilaciones excesivas. A continuación, se explica con más detalle cómo funciona el controlador derivativo:

Tasa de Cambio del Error (Derivativa): El componente derivativo calcula la tasa de cambio del error con respecto al tiempo. Matemáticamente, esto se expresa como la derivada del error con respecto al tiempo:

$de(t)/dt$

Donde:

$de(t)/dt$ es la tasa de cambio del error en un momento dado (t).

$e(t)$ es el error en ese momento (t).

Componente Derivativo (D): El controlador derivativo se obtiene multiplicando la tasa de cambio del error por una constante derivativa (Kd):

$D(t) = Kd * de(t)/dt$

Señal de Control Derivativa (u(t)): La señal de control derivativa (u(t)) se suma a las señales de control proporcional e integral, y se utiliza para ajustar el sistema:

$u(t) = P(t) + I(t) + D(t)$

Características clave del controlador derivativo:

Mejora la respuesta transitoria: La acción derivativa se enfoca en reducir la velocidad de cambio del error a medida que el sistema se acerca al valor deseado (setpoint). Esto ayuda a evitar oscilaciones excesivas y contribuye a una respuesta más suave y rápida del sistema.

Estabiliza el sistema: El controlador derivativo ayuda a estabilizar el sistema al reducir la influencia de perturbaciones repentinas en el error. Esto es especialmente útil cuando el sistema se ve afectado por perturbaciones externas o cambios bruscos.

No afecta el error en estado estacionario: A diferencia del controlador integral, el controlador derivativo no tiene un efecto directo en la eliminación del error en estado estacionario. Su enfoque se centra en la respuesta transitoria.

Puede causar problemas de ruido: Si el valor de Kd (constante derivativa) es demasiado alto, el controlador derivativo puede ser sensible al ruido en la señal de error y provocar una respuesta no deseada.

Al igual que con los componentes proporcional e integral, la sintonización adecuada de la constante derivativa Kd es esencial para obtener un rendimiento óptimo del controlador PID. La elección de los valores de Kp, Ki y Kd depende de las características específicas del sistema y de los requisitos de control, y a menudo se realiza mediante técnicas de sintonización experimental o mediante el uso de métodos más avanzados como el método de Ziegler-Nichols.

Controladores Avanzados:

Además de los controladores PID básicos, existen algoritmos de control más avanzados como el controlador de modelo predictivo, el control adaptativo, el control de retroalimentación no lineal, entre otros. Estos algoritmos se utilizan en sistemas más complejos y requieren un mayor conocimiento del sistema y una sintonización adecuada.además de los controladores PID básicos, existen algoritmos de control más avanzados que se utilizan en sistemas más complejos y específicos. Estos controladores avanzados suelen requerir un mayor conocimiento del sistema y una sintonización adecuada para funcionar eficazmente. A continuación, se mencionan algunos de los controladores avanzados más comunes:

Controlador de Modelo Predictivo (MPC - Model Predictive Control): El MPC utiliza un modelo matemático del sistema para predecir su comportamiento futuro y determinar la señal de control óptima que minimiza una función de costo. El MPC es especialmente útil en sistemas con múltiples variables de control y restricciones.

Control Adaptativo: El control adaptativo ajusta automáticamente los parámetros del controlador en función de las variaciones del sistema. Está diseñado para sistemas con características cambiantes en el tiempo o sistemas con parámetros desconocidos o variables.

Control de Retroalimentación No Lineal: Este enfoque utiliza modelos no lineales del sistema y aplica técnicas de control no lineal para sistemas que no pueden ser modelados de manera efectiva mediante aproximaciones lineales.

Control por Lógica Difusa: La lógica difusa se utiliza para controlar sistemas que involucran vaguedad o imprecisión en la información. Este enfoque es especialmente útil cuando las reglas de control no pueden expresarse de manera clara en términos de valores numéricos precisos.

Control por Redes Neuronales Artificiales (ANN - Artificial Neural Networks): Las redes neuronales artificiales se utilizan en sistemas de control para aprender y adaptarse al comportamiento del sistema a partir de datos históricos. Pueden ser utilizadas en sistemas complejos y no lineales.

Control Basado en Eventos: En lugar de aplicar un control continuo, este enfoque ajusta la señal de control solo cuando se producen eventos específicos o condiciones se cumplen, lo que lo hace eficiente para sistemas con eventos discretos.

La elección del controlador avanzado adecuado depende de la naturaleza del sistema, los objetivos de control y la disponibilidad de información sobre el sistema. La sintonización y la implementación de estos controladores avanzados pueden ser más complejas que en el caso de los controladores PID, y a menudo involucran técnicas de modelado avanzado, optimización y algoritmos sofisticados.

La elección del algoritmo de control depende de la naturaleza del sistema y de los objetivos de control específicos. La sintonización adecuada de los parámetros del controlador es esencial para lograr un rendimiento óptimo. El control PID es ampliamente utilizado debido a su simplicidad y eficacia en una amplia gama de aplicaciones, pero en sistemas más complejos, pueden ser necesarios enfoques más avanzados.

30. Simulación de sistemas mecatrónico

La simulación de sistemas mecatrónicos es una técnica que se utiliza para modelar y analizar sistemas que combinan componentes mecánicos, electrónicos y de control. Estos sistemas suelen encontrarse en una variedad de aplicaciones, como la robótica, la automoción, la industria manufacturera y muchas otras áreas. La simulación de sistemas mecatrónicos permite a los ingenieros y diseñadores probar y optimizar sus diseños antes de construir prototipos físicos, lo que puede ahorrar tiempo y costos significativos en el desarrollo de productos.

A continuación, se describen algunos aspectos importantes de la simulación de sistemas mecatrónicos:

Modelado: El primer paso en la simulación de sistemas mecatrónicos es crear modelos matemáticos que representen con precisión el comportamiento de los componentes mecánicos, electrónicos y de control del sistema. Estos modelos pueden incluir ecuaciones diferenciales, diagramas de bloques y otros enfoques de modelado. El modelado es un paso fundamental en la simulación de sistemas mecatrónicos. Aquí hay más información sobre este proceso clave:

Modelado de componentes: Para simular un sistema mecatrónico de manera precisa, es necesario modelar cada uno de sus componentes individualmente. Esto incluye la creación de modelos matemáticos que describan el comportamiento de los elementos mecánicos, como brazos robóticos, ruedas, engranajes, etc. También es necesario modelar los componentes electrónicos, como sensores, actuadores y circuitos de control.

Modelado de interacciones: Además de modelar los componentes por separado, es crucial modelar las interacciones entre ellos. Por ejemplo, si está simulando un robot, debe considerar cómo los motores afectan el movimiento del brazo, cómo los sensores capturan datos del entorno y cómo el controlador utiliza esos datos para tomar decisiones y controlar el movimiento.

Ecuaciones matemáticas: Los modelos matemáticos pueden tomar la forma de ecuaciones diferenciales, ecuaciones de estado, diagramas de bloques u otras representaciones matemáticas, según la naturaleza de los componentes y las interacciones del sistema. Estas ecuaciones describen cómo cambian las variables de estado a lo largo del tiempo.

Validación experimental: Para asegurarse de que los modelos sean precisos, es común validarlos experimentalmente. Esto implica la recopilación de datos del comportamiento real de los componentes y la comparación de estos datos con las predicciones del modelo. Si hay discrepancias significativas, se pueden ajustar los modelos para mejorar la precisión.

Software de modelado: Para realizar el modelado, se utilizan software de simulación y modelado, como MATLAB/Simulink, SolidWorks, AutoCAD, LabVIEW y otros. Estas herramientas proporcionan interfaces gráficas y entornos de desarrollo que facilitan la creación de modelos y la simulación de sistemas mecatrónicos.

En resumen, el modelado es el proceso inicial y crítico en la simulación de sistemas mecatrónicos, ya que establece la base para comprender y representar el comportamiento del sistema en su conjunto. Un modelo preciso es esencial para obtener resultados confiables en la simulación y, posteriormente, en el diseño y desarrollo de sistemas mecatrónicos.

Integración de componentes: Los sistemas mecatrónicos suelen consistir en múltiples componentes interconectados, como motores, sensores, controladores y elementos mecánicos. La simulación integra estos componentes en un modelo global para simular el funcionamiento del sistema completo. La integración de componentes es un paso fundamental en la simulación y desarrollo de sistemas mecatrónicos.

Identificación de componentes clave: El primer paso en la integración de componentes es identificar los elementos clave del sistema mecatrónico. Estos pueden incluir motores, sensores, controladores, elementos mecánicos, elementos electrónicos, software de control, entre otros.

Interconexiones: Una vez que se han identificado los componentes clave, es necesario definir cómo están interconectados. Esto implica determinar cómo se transmiten señales y datos entre los diferentes componentes del sistema. Por ejemplo, un sensor puede enviar datos al controlador, que luego envía señales de control a un motor.

Interfaces de comunicación: En sistemas mecatrónicos, es común que los componentes se comuniquen entre sí a través de interfaces de comunicación, como buses de datos, protocolos de comunicación, redes de campo, etc. Es importante definir estas interfaces y asegurarse de que los componentes sean compatibles en términos de comunicación.

Modelado integrado: Después de definir las interconexiones y las interfaces de comunicación, se procede a crear un modelo integrado del sistema mecatrónico. Este modelo incluye todos los componentes y sus relaciones, y se basa en los modelos matemáticos individuales de cada componente que se crearon en el proceso de modelado.

Simulación global: Una vez que se ha construido el modelo integrado, se puede llevar a cabo la simulación global del sistema mecatrónico. Esto implica simular cómo interactúan todos los componentes juntos en tiempo real o en un entorno virtual. Durante la simulación, se pueden probar diferentes escenarios y condiciones para evaluar el rendimiento y el comportamiento del sistema en diversas situaciones.

Depuración y ajustes: La simulación a menudo revela problemas o áreas de mejora en el sistema mecatrónico. Se pueden realizar ajustes en el modelo, en la configuración de los componentes o en el software de control para abordar estos problemas y mejorar el rendimiento.

La integración de componentes es esencial para comprender cómo todos los elementos de un sistema mecatrónico trabajan juntos en armonía. Esto permite a los ingenieros y diseñadores optimizar el diseño, evaluar el rendimiento y anticipar posibles problemas antes de construir un prototipo físico, lo que ahorra tiempo y costos en el desarrollo de productos mecatrónicos.

Simulación de eventos discretos: En algunos casos, los sistemas mecatrónicos pueden incluir eventos discretos, como la interacción entre un robot y su entorno. La simulación de eventos discretos se utiliza para modelar estas interacciones y sus efectos en el sistema. La simulación de eventos discretos es una técnica importante en la simulación de sistemas mecatrónicos cuando se deben modelar eventos que ocurren en momentos específicos y que pueden afectar el comportamiento del sistema. Esto es especialmente relevante cuando se trata de la interacción entre un robot y su entorno o cuando hay eventos que no se producen de manera continua o suave, sino en momentos definidos y discretos.

Definición de eventos discretos: Los eventos discretos son eventos que ocurren en momentos específicos y pueden tener un impacto significativo en el sistema. Por ejemplo, en un sistema de manufactura automatizado, un evento discreto podría ser la llegada de un producto a una estación de trabajo o el inicio de una operación de ensamblaje en un robot.

Modelado de eventos discretos: Para modelar eventos discretos, se utilizan técnicas de programación de eventos, donde se registran y se programan eventos específicos en función del tiempo de simulación. Cada evento puede desencadenar cambios en el estado del sistema, como cambios en las variables de estado, la activación de procesos o la toma de decisiones.

Simulación temporal: En la simulación de eventos discretos, el tiempo se maneja de manera discreta, avanzando de evento en evento en lugar de avanzar de manera continua. Cada evento se programa para ocurrir en un momento específico en el tiempo de simulación.

Modelado de decisiones: Los eventos discretos también pueden estar relacionados con decisiones que el sistema debe tomar en función de las condiciones del entorno o del estado interno. Por ejemplo, un robot podría decidir cambiar de dirección si detecta un obstáculo en su camino.

Interacción con el entorno: En el caso de sistemas mecatrónicos, como robots, la simulación de eventos discretos puede ser crucial para modelar interacciones con el entorno, como la detección de obstáculos, la manipulación de objetos o la interacción con usuarios humanos.

Validación y optimización: La simulación de eventos discretos permite probar y optimizar el comportamiento del sistema en situaciones realistas y variadas. Los diseñadores pueden evaluar cómo el sistema responde a eventos inesperados o condiciones cambiantes.

En resumen, la simulación de eventos discretos es una técnica valiosa en la simulación de sistemas mecatrónicos porque permite modelar eventos específicos y las interacciones con el entorno de manera precisa. Esto es esencial para comprender y mejorar el rendimiento del sistema en situaciones dinámicas y complejas.

Herramientas de software: Para llevar a cabo la simulación de sistemas mecatrónicos, se utilizan herramientas de software específicas, como MATLAB/Simulink, LabVIEW, SolidWorks Simulation, ANSYS, y muchas otras. Estas herramientas proporcionan entornos de modelado y simulación poderosos y flexibles.en la simulación de sistemas mecatrónicos se utilizan diversas herramientas de software para modelar y analizar el comportamiento de estos sistemas. Aquí tienes una breve descripción de algunas de las herramientas de software más comunes utilizadas en este campo:

MATLAB/Simulink: MATLAB es un entorno de programación y Simulink es una herramienta de modelado y simulación que se utiliza ampliamente en la ingeniería mecatrónica para desarrollar modelos matemáticos y simular sistemas mecánicos, eléctricos y de control.

LabVIEW: LabVIEW es un entorno de desarrollo de sistemas y software de adquisición de datos desarrollado por National Instruments. Se utiliza para diseñar sistemas mecatrónicos, controlar hardware en tiempo real y realizar pruebas y simulaciones.

SolidWorks Simulation: SolidWorks es una plataforma de diseño CAD (Diseño Asistido por Computadora), y SolidWorks Simulation es una extensión que permite realizar análisis de elementos finitos (FEA) para evaluar el comportamiento mecánico de las piezas y ensamblajes.

ANSYS: ANSYS es un software de análisis de elementos finitos que se utiliza para realizar simulaciones avanzadas de mecánica estructural, dinámica de fluidos, transferencia de calor y otros tipos de análisis en sistemas mecatrónicos.

Autodesk Inventor: Autodesk Inventor es otro software de diseño CAD que se utiliza en la creación de modelos 3D de componentes mecatrónicos y permite realizar análisis de elementos finitos y simulaciones de movimiento.

Simulación Amesim: Simulación Amesim es una herramienta de simulación multidisciplinaria que se utiliza en la industria mecatrónica para modelar y analizar sistemas complejos que involucran múltiples disciplinas como mecánica, hidráulica, neumática y control.

Dymola: Dymola es una herramienta de modelado y simulación basada en Modelica que se utiliza en la simulación de sistemas mecatrónicos. Permite integrar modelos de diferentes disciplinas en una sola simulación.

Estas son solo algunas de las herramientas de software disponibles para la simulación de sistemas mecatrónicos. La elección de la herramienta adecuada dependerá de los requisitos específicos del proyecto y de las preferencias del ingeniero o diseñador mecatrónico.

Análisis y optimización: Una vez que se ha creado el modelo y se ha realizado la simulación, los ingenieros pueden realizar análisis para evaluar el rendimiento del sistema, identificar posibles problemas y realizar optimizaciones para mejorar el diseño. Exacto, una vez que se ha creado el modelo y se ha realizado la simulación de un sistema mecatrónico, los ingenieros pueden llevar a cabo análisis y optimizaciones para evaluar su rendimiento y hacer mejoras en el diseño. Aquí hay algunas de las actividades comunes en esta etapa:

Análisis de resultados: Después de completar la simulación, se analizan los resultados para evaluar cómo se comporta el sistema en diferentes condiciones. Esto puede incluir la revisión de gráficos, tablas de datos y otros resultados para comprender el rendimiento del sistema.

Identificación de problemas: Durante el análisis de resultados, los ingenieros pueden identificar posibles problemas o áreas de mejora en el sistema mecatrónico. Esto podría incluir problemas de rendimiento, vibraciones no deseadas, sobrecargas en componentes, etc.

Optimización del diseño: Una vez que se han identificado problemas o áreas de mejora, los ingenieros pueden realizar cambios en el diseño del sistema. Estos cambios pueden incluir modificaciones en la geometría de componentes, ajustes en los parámetros de control, cambios en los materiales utilizados, etc.

Simulación paramétrica: En algunos casos, se pueden realizar simulaciones paramétricas para explorar cómo diferentes valores de parámetros afectan el rendimiento del sistema. Esto ayuda a encontrar configuraciones óptimas.

Análisis de tolerancia: Se pueden realizar análisis de tolerancia para evaluar cómo las variaciones en la fabricación de componentes pueden afectar el rendimiento del sistema. Esto es especialmente importante en sistemas mecatrónicos donde la precisión es crítica.

Validación experimental: En algunos casos, se pueden llevar a cabo pruebas físicas o experimentos para validar los resultados de la simulación y garantizar que el sistema se comporte como se esperaba.

Iteración de diseño: El proceso de análisis y optimización a menudo implica múltiples iteraciones, donde se realizan ajustes en el diseño y se vuelven a simular para lograr un rendimiento óptimo.

La simulación y el análisis son partes fundamentales del proceso de diseño mecatrónico, ya que permiten a los ingenieros comprender mejor cómo se comportará un sistema antes de construirlo físicamente, lo que ahorra tiempo y recursos en el desarrollo y optimización del diseño.

Validación: La simulación es una herramienta valiosa para validar el diseño de sistemas mecatrónicos antes de la construcción de prototipos físicos. Esto ayuda a reducir el riesgo de errores costosos y a acelerar el proceso de desarrollo. Tienes toda la razón, la validación es una parte esencial del proceso de diseño de sistemas mecatrónicos, y la simulación desempeña un papel fundamental en este aspecto. Aquí hay más detalles sobre cómo la simulación contribuye a la validación:

Reducción de riesgos: La simulación permite probar y validar el diseño de un sistema mecatrónico en un entorno virtual antes de gastar recursos en la construcción de prototipos físicos. Esto ayuda a identificar y corregir problemas potenciales antes de que se conviertan en costosos errores en la implementación real.

Ahorro de tiempo y costos: La validación mediante simulación ahorra tiempo y recursos financieros al evitar la necesidad de crear prototipos físicos en una etapa temprana del proceso de diseño. Los ajustes y mejoras se pueden realizar de manera más rápida y económica en el entorno virtual.

Exploración de múltiples escenarios: La simulación permite evaluar el rendimiento del sistema bajo una variedad de condiciones y escenarios operativos. Esto es especialmente útil para sistemas mecatrónicos complejos que pueden tener un comportamiento variable.

Optimización temprana: La simulación también brinda la oportunidad de realizar optimizaciones tempranas en el diseño, lo que puede llevar a un diseño final más eficiente y mejorado.

Mejora de la toma de decisiones: Al proporcionar una visión clara del rendimiento esperado del sistema, la simulación ayuda a los ingenieros y diseñadores a tomar decisiones informadas en cuanto a los cambios de diseño y la selección de componentes.

Validación de seguridad: En sistemas mecatrónicos que tienen aplicaciones críticas para la seguridad, la simulación permite realizar pruebas exhaustivas para garantizar que el sistema cumple con los estándares de seguridad y confiabilidad.

La simulación desempeña un papel crucial en la validación de sistemas mecatrónicos al proporcionar una plataforma virtual para probar y mejorar el diseño antes de avanzar hacia la fase de construcción física. Esto no solo reduce los riesgos y costos, sino que también acelera el proceso de desarrollo al permitir ajustes y refinamientos más eficientes en las etapas iniciales del proyecto.

La simulación de sistemas mecatrónicos es una parte fundamental del diseño y desarrollo de sistemas complejos que involucran componentes mecánicos y electrónicos. Permite a los ingenieros probar y perfeccionar sus diseños de manera virtual antes de llevarlos a la realidad, lo que puede mejorar la eficiencia y la calidad de los productos finales.

31.Robótica industrial.

La robótica industrial es una rama de la ingeniería que se enfoca en el diseño, desarrollo y aplicación de robots en entornos de fabricación y procesos industriales. Estos robots industriales son máquinas programables que realizan tareas específicas o repetitivas en un entorno de producción, con el objetivo de aumentar la eficiencia, la precisión y la productividad en la industria. Aquí hay algunos puntos clave relacionados con la robótica industrial:

Tipos de robots industriales: Existen varios tipos de robots industriales diseñados para tareas específicas, como:

Brazos robóticos: Máquinas con múltiples articulaciones que pueden moverse en varias direcciones para tareas de ensamblaje, soldadura, pintura y manipulación.

Robots cartesianos: Utilizan coordenadas cartesianas (X, Y, Z) para moverse y se utilizan en aplicaciones de manejo de materiales y montaje.

Robots SCARA: Diseñados para aplicaciones de ensamblaje y manejo de materiales, son rápidos y precisos.

Robots móviles: Son vehículos autónomos que se utilizan en aplicaciones de transporte y logística dentro de fábricas o almacenes.

Programación de robots: Los robots industriales se programan para realizar tareas específicas. Esto se puede hacer mediante programación en línea (directamente en el robot), programación fuera de línea (utilizando software especializado) o programación basada en lenguajes de programación específicos para robótica.Así es, la programación de robots industriales es un proceso esencial para definir y controlar las acciones que un robot debe llevar a cabo en su entorno de trabajo. Aquí tienes información más detallada sobre la programación de robots industriales:la programación de robots industriales es un proceso fundamental que permite que estos robots realicen tareas específicas de manera precisa y eficiente. La programación de robots implica la definición y configuración de la secuencia de movimientos y acciones que el robot debe realizar para llevar a cabo una tarea específica. Aquí hay información más detallada sobre la programación de robots industriales:

Métodos de programación: Existen varios métodos para programar robots industriales, y la elección del método depende del robot en particular y de las necesidades de la aplicación. Algunos de los métodos más comunes son:

Programación manual: En este método, un operador mueve físicamente el brazo del robot y utiliza una interfaz de control para registrar los movimientos. Esto se usa a menudo para tareas de enseñanza inicial o para ajustes finos en la programación.

Programación por enseñanza: El operador guía físicamente el brazo del robot a través de la secuencia de movimientos que se requieren para la tarea. El robot registra estos movimientos y los reproduce en función de las coordenadas y los puntos de referencia.

Programación offline: En este enfoque, se utiliza software de simulación y programación en una computadora para crear el programa del robot sin la necesidad de interactuar físicamente con él. Esto permite una programación más precisa y la posibilidad de optimizar la secuencia de movimientos antes de implementarla en el robot.

Programación basada en lenguajes de programación específicos para robótica: Algunos robots permiten la programación utilizando lenguajes de programación específicos para robótica, como RAPID (para robots ABB) o KUKA Robot Language (KRL). Estos lenguajes permiten una programación detallada y sofisticada.

Secuencia de tareas: Cuando se programa un robot industrial, se define una secuencia de tareas que el robot debe realizar para llevar a cabo una tarea específica. Esto incluye movimientos, acciones de herramientas (como agarrar o soltar objetos), interacciones con otros equipos y cualquier lógica de control necesaria.

Coordinación y control: La programación también implica la coordinación y el control de los movimientos del robot, asegurando que se realicen de manera segura y eficiente. Esto puede incluir la planificación de trayectorias, la velocidad y la aceleración de los movimientos, y la gestión de colisiones.

Programación de lógica de control: Además de los movimientos físicos, la programación de robots industriales puede incluir la implementación de lógica de control para tomar decisiones en tiempo real, como detenerse en caso de una emergencia o ajustar el comportamiento en función de las condiciones del entorno.

Depuración y ajuste: Después de programar el robot, se realiza una fase de depuración para identificar y corregir posibles errores o problemas en la secuencia de tareas. También es común ajustar la programación para mejorar la eficiencia o la precisión de las operaciones.

Documentación: Es importante mantener una documentación detallada de la programación del robot, incluyendo el código o la secuencia de tareas, los parámetros de movimiento y cualquier otra información relevante. Esto facilita futuras modificaciones o mantenimiento.

La programación de robots industriales es una habilidad fundamental en la robótica y es esencial para aprovechar al máximo la automatización en la fabricación y otros entornos industriales. Los avances en software de simulación y programación offline han simplificado y agilizado este proceso, permitiendo una mayor flexibilidad y precisión en la programación de robots.

Métodos de programación: Existen varios métodos para programar robots industriales, y la elección del método depende del robot en particular y de las necesidades de la aplicación. Algunos de los métodos más comunes son:

Programación manual: En este método, un operador mueve físicamente el brazo del robot y utiliza una interfaz de control para registrar los movimientos. Esto se usa a menudo para tareas de enseñanza inicial o para ajustes finos en la programación.La programación manual es uno de los métodos más comunes para enseñar y ajustar el comportamiento de un robot industrial. Como mencionaste, en este método, un operador mueve físicamente el brazo del robot y utiliza una interfaz de control para registrar los movimientos. Aquí hay más detalles sobre la programación manual en robots industriales:

Enseñanza inicial: La programación manual a menudo se utiliza para enseñar al robot las secuencias de movimientos básicas necesarias para realizar una tarea específica. Durante esta fase de enseñanza, el operador guía físicamente el brazo del robot a través de la secuencia de movimientos deseada. El robot registra estos movimientos y los convierte en un programa que puede repetir.

Ajustes finos: Además de la enseñanza inicial, la programación manual también se utiliza para realizar ajustes finos en el comportamiento del robot. Después de que el robot haya aprendido la secuencia básica de movimientos, el operador puede refinarla moviendo manualmente el brazo del robot y ajustando parámetros como la velocidad, la aceleración y la precisión de los movimientos.

Interfaz de control: La interfaz de control utilizada en la programación manual suele ser una consola o una estación de programación que permite al operador interactuar con el robot de manera segura y precisa. Esta interfaz a menudo incluye botones, joysticks o dispositivos similares que permiten al operador mover y controlar el brazo del robot de manera intuitiva.

Control de puntos de referencia: Durante la programación manual, se pueden establecer puntos de referencia o puntos de interés en el entorno de trabajo. Estos puntos de referencia son utilizados por el robot para orientarse y ubicar objetos o realizar tareas específicas.

Validación y depuración: Después de que se haya realizado la programación manual, se suele realizar una fase de validación y depuración para asegurarse de que el robot pueda realizar la tarea de manera precisa y segura. Durante esta fase, se pueden identificar y corregir posibles problemas o ajustar la programación según sea necesario.

Documentación: Es importante documentar adecuadamente la programación manual, incluyendo los movimientos registrados, los ajustes de parámetros y los puntos de referencia establecidos. Esto facilita futuras modificaciones o mantenimiento.

La programación manual es especialmente útil para tareas que requieren un alto grado de precisión y adaptabilidad, así como para tareas que no se pueden prever completamente en un entorno de producción cambiante. Sin embargo, en aplicaciones más complejas o en entornos de producción de alto volumen, es posible que se utilicen métodos de programación más avanzados, como la programación offline, que permiten un mayor control y eficiencia en la programación de robots industriales.

Programación por enseñanza: El operador guía físicamente el brazo del robot a través de la secuencia de movimientos que se requieren para la tarea. El robot registra estos movimientos y los reproduce en función de las coordenadas y los puntos de referencia.La programación por enseñanza es un método común en la programación de robots industriales que permite a un operador guiar físicamente el brazo del robot a través de la secuencia de movimientos requeridos para una tarea específica. A medida que el operador mueve el robot y realiza las acciones necesarias, el robot registra estos movimientos y acciones, lo que le permite repetir la secuencia en función de las coordenadas y puntos de referencia. Aquí hay más detalles sobre la programación por enseñanza:

Interacción física: Durante la programación por enseñanza, el operador interactúa directamente con el robot moviendo su brazo o herramienta de extremo a extremo. Este proceso puede involucrar movimientos en todas las direcciones, incluyendo movimientos lineales y rotativos.

Registro de movimientos: A medida que el operador mueve el robot, los sensores del robot registran la posición, la orientación y otros datos relevantes. Estos datos se almacenan en un programa o archivo que representa la secuencia de movimientos y acciones realizados durante la enseñanza.

Puntos de referencia: Durante la programación por enseñanza, se pueden establecer puntos de referencia en el entorno de trabajo que el robot utilizará para orientarse y ubicar objetos o realizar tareas específicas. Estos puntos de referencia pueden ser ubicaciones específicas en el espacio de trabajo.

Precisión y repetibilidad: La programación por enseñanza permite una alta precisión y repetibilidad en las tareas realizadas por el robot, ya que el robot reproduce exactamente los movimientos y acciones que se enseñaron durante el proceso.

Ajustes y refinamientos: Después de la programación inicial por enseñanza, es común realizar ajustes y refinamientos en el programa para mejorar la eficiencia o la precisión. Esto puede incluir la modificación de velocidades, aceleraciones, pausas y otros parámetros de movimiento.

Validación y pruebas: Una vez que se ha programado el robot por enseñanza y se han realizado los ajustes necesarios, se suele llevar a cabo una fase de validación y pruebas para asegurarse de que el robot pueda realizar la tarea de manera satisfactoria.

Documentación: Es importante documentar adecuadamente el programa creado durante la programación por enseñanza, incluyendo los movimientos registrados, los puntos de referencia y los ajustes realizados. Esto facilita futuras modificaciones o mantenimiento.

La programación por enseñanza es especialmente útil para tareas que pueden variar o que no se pueden prever completamente en un entorno de producción cambiante. Permite una rápida implementación de robots en tareas específicas y es adecuada para aplicaciones donde la adaptabilidad y la interacción física con el robot son esenciales. Sin embargo, en aplicaciones de producción de alto volumen o en entornos más controlados, pueden utilizarse métodos de programación más avanzados, como la programación offline.

Programación offline: En este enfoque, se utiliza software de simulación y programación en una computadora para crear el programa del robot sin la necesidad de interactuar físicamente con él. Esto permite una programación más precisa y la posibilidad de optimizar la secuencia de movimientos antes de implementarla en el robot. La programación offline es un enfoque avanzado en la programación de robots industriales que implica la creación y optimización de programas de robot utilizando software de simulación y programación en una computadora, sin la necesidad de interactuar físicamente con el robot. Este enfoque ofrece una serie de ventajas significativas en términos de precisión, eficiencia y flexibilidad en la programación de robots. Aquí hay más detalles sobre la programación offline:

Software de simulación: La programación offline se basa en software de simulación de robots, que permite al usuario crear y probar programas de robot en un entorno virtual antes de implementarlos en el robot físico. Estos programas de simulación pueden representar con precisión el entorno de trabajo y las capacidades del robot.

Interfaz de programación: El software de simulación proporciona una interfaz de programación que permite al usuario definir la secuencia de movimientos y acciones que el robot debe realizar. Esto se hace utilizando una interfaz gráfica o lenguajes de programación específicos para robótica.

Optimización y refinamiento: Uno de los principales beneficios de la programación offline es la capacidad de optimizar y refinar los programas antes de la implementación en el robot real. Esto incluye la capacidad de ajustar parámetros de movimiento, tiempos de ciclo y trayectorias para lograr la máxima eficiencia y precisión.

Reducción de errores: La programación offline ayuda a reducir la posibilidad de errores durante la programación, ya que permite detectar y corregir problemas potenciales en un entorno virtual antes de que ocurran en el mundo real. Esto es especialmente valioso en aplicaciones críticas donde la seguridad y la precisión son fundamentales.

Simulación de colisiones: Los programas de simulación pueden incluir herramientas de detección de colisiones que alertan al usuario sobre posibles colisiones entre el robot y objetos o herramientas en el entorno. Esto ayuda a prevenir daños al robot o al equipo circundante.

Reutilización de programas: Los programas de robot creados en el entorno de simulación pueden reutilizarse y adaptarse para tareas similares o variantes sin tener que reprogramar desde cero. Esto ahorra tiempo y recursos en la programación.

Documentación detallada: La programación offline permite una documentación detallada de los programas de robot, lo que facilita futuras modificaciones, mantenimiento y la capacidad de compartir programas entre equipos y ubicaciones.

Reducción de tiempo de inactividad: Dado que la programación se realiza en un entorno virtual, se puede minimizar el tiempo de inactividad del robot real, ya que los programas se prueban y ajustan previamente antes de su implementación.

La programación offline es especialmente beneficiosa en aplicaciones de producción de alto volumen y entornos donde la precisión y la eficiencia son críticas. Permite a los ingenieros y programadores de robots trabajar de manera más eficiente y segura, al tiempo que garantiza un alto nivel de control y optimización en la programación de robots industriales.

Programación basada en lenguajes de programación específicos para robótica: Algunos robots permiten la programación utilizando lenguajes de programación específicos para robótica, como RAPID (para robots ABB) o KUKA Robot Language (KRL). Estos lenguajes permiten una programación detallada y sofisticada.muchos fabricantes de robots industriales proporcionan lenguajes de programación específicos para sus robots, como RAPID para robots ABB y KUKA Robot Language (KRL) para robots KUKA. Estos lenguajes de programación específicos para robótica permiten una programación detallada y sofisticada, lo que brinda un alto grado de control sobre el comportamiento del robot. Aquí hay más información sobre este enfoque:

Lenguajes específicos para robótica: Estos lenguajes de programación están diseñados específicamente para programar y controlar robots de un fabricante particular. Cada fabricante puede tener su propio lenguaje con su sintaxis y características únicas.

Acceso completo al control del robot: Los lenguajes de programación específicos para robótica brindan a los programadores acceso completo al control del robot, lo que significa que pueden definir con precisión cada aspecto del movimiento y las acciones del robot.

Programación detallada: Estos lenguajes permiten una programación muy detallada de movimientos, trayectorias, velocidades, aceleraciones y lógica de control. Esto es útil en aplicaciones que requieren un alto grado de precisión y control.

Flexibilidad: La programación en un lenguaje específico para robótica ofrece flexibilidad para adaptar el comportamiento del robot a una amplia variedad de tareas y aplicaciones. Los programadores pueden diseñar programas que se ajusten a las necesidades específicas de producción.

Librerías y funciones específicas: Los fabricantes suelen proporcionar librerías y funciones específicas en sus lenguajes de programación para realizar tareas comunes o interactuar con equipos y sistemas específicos.

Capacidades avanzadas: Estos lenguajes a menudo admiten características avanzadas, como el control de múltiples ejes, la manipulación de herramientas y accesorios, la interacción con sensores y la implementación de lógica de control personalizada.

Curvas de aprendizaje: La programación en lenguajes específicos para robótica puede tener una curva de aprendizaje pronunciada y requerir conocimientos especializados en la sintaxis y las características del lenguaje. Sin embargo, una vez dominado, permite un alto grado de control y eficiencia en la programación.

Mantenimiento y soporte: Los fabricantes de robots proporcionan recursos de soporte y documentación para ayudar a los programadores a trabajar con sus lenguajes específicos para robótica, lo que facilita el mantenimiento y la solución de problemas.

Interfaz con otros sistemas: Los programas escritos en lenguajes específicos para robótica a menudo pueden interactuar con otros sistemas y máquinas en la planta de producción, lo que permite una integración efectiva en el proceso de fabricación.

La elección de programar en un lenguaje específico para robótica depende del robot en uso y de las necesidades de la aplicación. Aunque estos lenguajes pueden requerir una curva de aprendizaje más pronunciada en comparación con otros métodos de programación, ofrecen un alto nivel de control y flexibilidad para los programadores que desean personalizar y optimizar el comportamiento de los robots industriales.

Secuencia de tareas: Cuando se programa un robot industrial, se define una secuencia de tareas que el robot debe realizar para llevar a cabo una tarea específica. Esto incluye movimientos, acciones de herramientas (como agarrar o soltar objetos), interacciones con otros equipos y cualquier lógica de control necesaria.

Coordinación y control: La programación también implica la coordinación y el control de los movimientos del robot, asegurando que se realicen de manera segura y eficiente. Esto puede incluir la planificación de trayectorias, la velocidad y la aceleración de los movimientos, y la gestión de colisiones.

Programación de lógica de control: Además de los movimientos físicos, la programación de robots industriales puede incluir la implementación de lógica de control para tomar decisiones en tiempo real, como detenerse en caso de una emergencia o ajustar el comportamiento en función de las condiciones del entorno.

Depuración y ajuste: Después de programar el robot, se realiza una fase de depuración para identificar y corregir posibles errores o problemas en la secuencia de tareas. También es común ajustar la programación para mejorar la eficiencia o la precisión de las operaciones.

Documentación: Es importante mantener una documentación detallada de la programación del robot, incluyendo el código o la secuencia de tareas, los parámetros de movimiento y cualquier otra información relevante. Esto facilita futuras modificaciones o mantenimiento.

La programación de robots industriales es una habilidad fundamental en la robótica y es esencial para aprovechar al máximo la automatización en la fabricación y otros entornos industriales. Los avances en software de simulación y programación offline han simplificado y agilizado este proceso, permitiendo una mayor flexibilidad y precisión en la programación de robots.

Aplicaciones comunes: Los robots industriales se utilizan en una amplia variedad de aplicaciones, como soldadura automatizada, ensamblaje de productos, manejo y empaque de materiales, pintura, inspección de calidad, mecanizado y más.

Efectivamente, los robots industriales se utilizan en una amplia variedad de aplicaciones en la industria, lo que demuestra su versatilidad y su capacidad para realizar una variedad de tareas en entornos de fabricación y procesos industriales. Aquí tienes una descripción más detallada de algunas de las aplicaciones comunes de los robots industriales:

Soldadura automatizada: Los robots industriales son ampliamente utilizados en aplicaciones de soldadura, tanto en soldadura por arco como en soldadura por puntos. Su precisión y repetibilidad los hacen ideales para tareas de soldadura en la fabricación de automóviles, maquinaria pesada, productos metálicos y más.

Ensamblaje de productos: Los robots industriales son eficaces en la realización de tareas de ensamblaje, como unir componentes, apretar tornillos, insertar piezas y realizar otras operaciones de montaje en líneas de producción.

Manejo y empaque de materiales: Los robots son excelentes para el manejo de materiales, desde cargar y descargar máquinas hasta mover productos terminados en una línea de producción. También se utilizan en aplicaciones de empaque, donde pueden colocar productos en cajas, paletizar mercancías y realizar otras tareas de manipulación.

Pintura: Los robots industriales se utilizan en aplicaciones de pintura, como la pintura de carrocerías de automóviles, componentes metálicos y otros productos. La precisión y la uniformidad en la aplicación de pintura son ventajas clave en esta aplicación.

Inspección de calidad: Los robots se emplean para inspeccionar productos en busca de defectos o para medir características críticas. Utilizan sensores y sistemas de visión artificial para realizar inspecciones rápidas y precisas.

Mecanizado: En aplicaciones de mecanizado, los robots pueden realizar operaciones de fresado, taladrado, rectificado y otras tareas de mecanizado. Esto es especialmente útil en la fabricación de piezas metálicas y componentes.

Carga y descarga de máquinas: Los robots pueden cargar y descargar máquinas, como tornos CNC, prensas, máquinas de inyección de plástico y otros equipos de producción. Esto aumenta la eficiencia y la productividad en las operaciones de fabricación.

Manipulación de materiales peligrosos: Los robots industriales se utilizan en entornos peligrosos o contaminados, como la manipulación de sustancias químicas, materiales radioactivos o productos peligrosos, donde protegen la seguridad de los trabajadores.

Almacenamiento y recuperación automatizados: En almacenes automatizados, los robots pueden mover y organizar productos en estanterías, permitiendo un acceso rápido y eficiente a los artículos almacenados.

Industria alimentaria: En la industria alimentaria, los robots se utilizan para la selección, empaque y paletización de productos alimenticios, lo que garantiza la higiene y la precisión en la manipulación.

Estas son solo algunas de las muchas aplicaciones en las que los robots industriales desempeñan un papel fundamental. Su capacidad para llevar a cabo tareas repetitivas con precisión y consistencia los hace valiosos en una amplia gama de industrias y procesos de fabricación.

Sensores y visión artificial: Muchos robots industriales están equipados con sensores y sistemas de visión artificial que les permiten percibir y adaptarse al entorno, lo que es esencial para realizar tareas de manera segura y precisa. Los sensores y sistemas de visión artificial son componentes esenciales en muchos robots industriales, ya que les permiten interactuar de manera más efectiva con su entorno y realizar tareas con precisión y seguridad. Aquí hay una explicación más detallada de cómo estos elementos mejoran el rendimiento de los robots industriales:

Sensores: Los sensores son dispositivos que permiten a los robots detectar información sobre su entorno. Algunos de los sensores comunes utilizados en robots industriales incluyen:

Sensores de proximidad: Estos sensores detectan la presencia de objetos cercanos. Se utilizan para evitar colisiones y para determinar la ubicación de objetos en el espacio.

Sensores de fuerza y par: Estos sensores miden la fuerza y el momento que se ejerce sobre las partes del robot. Esto es útil en aplicaciones como el ensamblaje y la manipulación, donde el robot necesita aplicar una fuerza controlada.

Sensores de visión: Los sensores de visión, como cámaras y sistemas de visión artificial, permiten al robot ver y reconocer objetos, patrones y colores. Esto es fundamental para tareas de inspección, selección y seguimiento de objetos.

Sensores táctiles: Los sensores táctiles detectan el contacto físico con objetos o superficies. Estos sensores pueden utilizarse para determinar si el robot ha agarrado correctamente un objeto o para detectar obstáculos de manera sensible.

Sensores de temperatura: Los sensores de temperatura permiten al robot medir la temperatura de objetos o entornos, lo que es importante en aplicaciones como la soldadura y el manejo de materiales a alta temperatura.

Sensores de nivel: Estos sensores se utilizan para medir el nivel de líquidos o materiales en tanques o contenedores, lo que es relevante en aplicaciones de procesamiento químico y manufactura.

Visión artificial: Los sistemas de visión artificial son tecnologías avanzadas que permiten a los robots "ver" y analizar imágenes y datos visuales. Algunas capacidades de la visión artificial en robots industriales incluyen:

Reconocimiento de objetos: Los sistemas de visión pueden identificar y clasificar objetos en función de su forma, tamaño, color y patrones, lo que es útil para la selección y el seguimiento de objetos.

Inspección de calidad: Los robots con sistemas de visión pueden inspeccionar productos para detectar defectos, imperfecciones o discrepancias en la calidad, mejorando el control de calidad en la producción.

Localización y seguimiento: Los sistemas de visión permiten al robot localizar y seguir objetos en movimiento, lo que es esencial en aplicaciones como la robótica colaborativa y el seguimiento de piezas en líneas de producción.

Navegación autónoma: Para robots móviles, la visión artificial se utiliza para la navegación autónoma, permitiendo al robot moverse de manera segura y evitar obstáculos en su entorno.

La combinación de sensores y visión artificial permite a los robots industriales tomar decisiones en tiempo real, adaptarse a cambios en el entorno y realizar tareas de manera precisa y segura. Esto es especialmente importante en aplicaciones donde la interacción con objetos y el entorno es compleja y dinámica.

Automatización de procesos: La robótica industrial es esencial para la automatización de procesos, lo que conduce a una mayor eficiencia, una producción más consistente y una reducción de errores humanos. La robótica industrial desempeña un papel fundamental en la automatización de procesos en la industria. La automatización se refiere al uso de sistemas y tecnologías, como los robots industriales, para realizar tareas y procesos de manera autónoma y repetitiva. Aquí hay más detalles sobre cómo la robótica industrial contribuye a la automatización de procesos y sus beneficios:

Eficiencia mejorada: Los robots industriales pueden trabajar las 24 horas del día, los 7 días de la semana, sin fatiga ni necesidad de descanso. Esto resulta en una producción continua y una mayor eficiencia en comparación con la mano de obra humana, que puede requerir descansos y turnos.

Consistencia y calidad: Los robots ejecutan tareas con una precisión constante, lo que conduce a una mayor consistencia en la calidad de los productos. Esto ayuda a reducir defectos y aumentar la satisfacción del cliente.

Reducción de errores humanos: La automatización de procesos mediante robots minimiza la posibilidad de errores humanos, como equivocaciones, omisiones o lapsos de concentración, que pueden ocurrir en tareas repetitivas.

Mayor velocidad: Los robots pueden realizar tareas a una velocidad constante y a menudo más rápida que los trabajadores humanos. Esto acelera la producción y reduce los tiempos de ciclo en las líneas de ensamblaje y producción.

Ahorro de costos a largo plazo: Aunque la inversión inicial en robots y sistemas de automatización puede ser significativa, a largo plazo, suele resultar en ahorros sustanciales en costos laborales y mejora la eficiencia operativa.

Seguridad: Los robots industriales pueden trabajar en entornos peligrosos o tareas riesgosas, lo que reduce la exposición de los trabajadores a condiciones potencialmente peligrosas.

Flexibilidad: Aunque los robots están diseñados para tareas específicas, son altamente adaptables y pueden reprogramarse para realizar diferentes tareas, lo que facilita la reconfiguración de líneas de producción en función de las necesidades cambiantes del mercado.

Monitoreo y recopilación de datos: Los robots industriales a menudo están equipados con sensores que permiten el monitoreo en tiempo real del rendimiento del proceso. Los datos recopilados pueden utilizarse para la mejora continua y la toma de decisiones informadas.

Navegación y colaboración avanzada: Los robots móviles y los cobots (robots colaborativos) pueden navegar de manera autónoma en entornos complejos y trabajar junto a los trabajadores humanos en tareas compartidas.

La automatización de procesos con robots industriales se aplica en una amplia gama de industrias, desde la manufactura de automóviles y electrónicos hasta la industria alimentaria, la atención médica y la logística. En cada caso, la robótica industrial ayuda a aumentar la eficiencia, mejorar la calidad y reducir los costos, lo que contribuye a la competitividad de las empresas en un mercado global.

Seguridad: La seguridad en la robótica industrial es una prioridad. Los robots están equipados con sistemas de seguridad, como sensores de proximidad y sistemas de parada de emergencia, para evitar accidentes en el lugar de trabajo. La seguridad en la robótica industrial es una preocupación fundamental y una prioridad en la industria. Dado que los robots industriales pueden ser máquinas poderosas y potencialmente peligrosas, se toman medidas exhaustivas para garantizar la seguridad de los trabajadores y minimizar los riesgos de accidentes en el lugar de trabajo. Aquí hay algunas consideraciones clave relacionadas con la seguridad en la robótica industrial:

Sistemas de parada de emergencia: Los robots industriales están equipados con sistemas de parada de emergencia que permiten detener rápidamente todas las operaciones del robot en caso de una situación peligrosa. Estos sistemas suelen incluir botones de parada de emergencia accesibles para los operadores.

Sensores de proximidad: Los sensores de proximidad, como sensores láser o infrarrojos, detectan la presencia de personas o objetos en el área de trabajo del robot. Cuando un objeto o una persona entra en la zona de seguridad del robot, se detiene o reduce automáticamente su velocidad para evitar colisiones.

Cercas de seguridad: En muchas instalaciones, se utilizan cercas de seguridad para separar físicamente a los robots industriales de los trabajadores. Estas cercas ayudan a evitar el acceso no autorizado al área de trabajo del robot.

Control de acceso: Los sistemas de control de acceso garantizan que solo personal autorizado tenga acceso al área de trabajo del robot. Esto evita que personas no capacitadas entren en áreas peligrosas.

Formación y capacitación: Es fundamental que los operadores y el personal de mantenimiento estén adecuadamente capacitados en la operación segura de robots industriales. Esto incluye el conocimiento de los procedimientos de emergencia y la comprensión de las medidas de seguridad.

Robots colaborativos (cobots): Los robots colaborativos están diseñados para trabajar de manera segura junto a los trabajadores humanos. Estos robots suelen estar equipados con sensores avanzados que les permiten detectar la presencia humana y reducir su velocidad o detenerse por completo si se acercan demasiado a un operador.

Programación segura: La programación de robots industriales incluye medidas de seguridad para garantizar que las tareas se realicen de manera segura. Esto puede incluir limitar las velocidades y las fuerzas en ciertas operaciones.

Evaluación de riesgos: Antes de implementar un sistema de robótica industrial, se realiza una evaluación exhaustiva de riesgos para identificar posibles peligros y tomar medidas preventivas adecuadas.

Mantenimiento adecuado: Es esencial realizar un mantenimiento regular y adecuado de los robots industriales para asegurarse de que funcionen de manera segura. Esto incluye inspecciones, calibraciones y reemplazo de componentes desgastados.

La seguridad en la robótica industrial es una responsabilidad compartida entre los fabricantes de robots, los integradores de sistemas, los operadores y los trabajadores. Se requiere una colaboración estrecha y el cumplimiento de normativas y estándares de seguridad para garantizar que los robots se utilicen de manera segura en entornos industriales. El objetivo es proteger la seguridad y el bienestar de las personas mientras se aprovecha la automatización y la eficiencia de los robots industriales.

Colaboración hombre-robot: Existe un interés creciente en el desarrollo de robots colaborativos o "cobots" que pueden trabajar junto a los humanos de manera segura en tareas compartidas. Esto abre nuevas posibilidades en la industria. Absolutamente, la colaboración entre humanos y robots, conocida como "colaboración hombre-robot" o "cobots", representa una tendencia importante en la robótica industrial. Los cobots están diseñados para trabajar en estrecha colaboración con los trabajadores humanos en tareas compartidas, lo que ofrece una serie de beneficios y oportunidades en la industria. Aquí hay algunas consideraciones clave sobre la colaboración hombre-robot:

Seguridad mejorada: Los cobots están equipados con sensores avanzados que les permiten detectar la presencia de personas y objetos en su entorno. Cuando un humano se acerca demasiado, el robot reduce su velocidad o se detiene por completo, lo que minimiza los riesgos de colisión y lesiones.

Aumento de la productividad: Los cobots pueden trabajar en tareas que requieren fuerza o resistencia, lo que permite a los trabajadores humanos centrarse en tareas que requieren habilidades cognitivas, creatividad y toma de decisiones.

Flexibilidad en la automatización: La colaboración con robots abre nuevas posibilidades de automatización en tareas que anteriormente eran difíciles de automatizar debido a su complejidad o variabilidad. Esto incluye operaciones en ensamblaje, inspección de calidad y manipulación de objetos delicados.

Aprendizaje rápido: Los cobots suelen ser fáciles de programar y reprogramar, lo que permite a los trabajadores humanos aprender a trabajar con ellos en poco tiempo. Esto reduce la necesidad de habilidades de programación altamente especializadas.

Reducción de lesiones laborales: Al compartir tareas físicas y peligrosas con cobots, se puede reducir el riesgo de lesiones laborales, como lesiones por esfuerzo repetitivo o accidentes en entornos peligrosos.

Aplicaciones diversas: Los cobots se utilizan en una variedad de industrias, desde la manufactura hasta la atención médica y la logística. Pueden desempeñar funciones en la industria 4.0, como la interconexión de sistemas y la recopilación de datos.

Escalabilidad: Los cobots son escalables y se pueden implementar en entornos de diferentes tamaños. Esto los hace adecuados tanto para pequeñas y medianas empresas como para grandes corporaciones.

Tendencia de la industria: El mercado de los cobots está experimentando un crecimiento significativo debido a su versatilidad y su capacidad para aumentar la eficiencia y la seguridad en el lugar de trabajo.

Colaboración en la investigación: La colaboración entre humanos y robots también se está aplicando en la investigación y el desarrollo de nuevas tecnologías, como la exploración espacial, la atención médica y la asistencia en tareas peligrosas.

La colaboración hombre-robot representa una evolución emocionante en la robótica industrial y está cambiando la forma en que se llevan a cabo las operaciones en muchas industrias. Al permitir que humanos y robots trabajen juntos de manera efectiva, se pueden aprovechar las fortalezas de ambos para lograr una mayor productividad y eficiencia en el entorno laboral.

Tendencias futuras: La robótica industrial sigue evolucionando con avances en inteligencia artificial, aprendizaje automático y conectividad. Los robots están siendo más inteligentes y capaces de adaptarse a entornos cambiantes. Sin duda, la robótica industrial continúa avanzando a un ritmo rápido, impulsada por avances en tecnologías clave como la inteligencia artificial (IA), el aprendizaje automático y la conectividad. Estas tendencias están dando lugar a una nueva generación de robots industriales que son más inteligentes, adaptables y versátiles. Aquí hay algunas de las tendencias futuras clave en la robótica industrial:

Inteligencia artificial y aprendizaje automático: La incorporación de IA y aprendizaje automático en los robots industriales permite que estos sistemas sean más autónomos y capaces de tomar decisiones en tiempo real. Los robots pueden aprender de la experiencia y adaptarse a situaciones cambiantes, lo que mejora su capacidad para lidiar con la variabilidad en las tareas de fabricación.

Visión artificial avanzada: Los sistemas de visión artificial están mejorando en términos de precisión y capacidad de reconocimiento de objetos y patrones. Esto permite a los robots industriales realizar tareas más complejas que requieren un alto grado de percepción visual, como la selección de objetos o la inspección de calidad detallada.

Robots colaborativos avanzados: La tecnología de cobots continúa avanzando, permitiendo una colaboración más estrecha entre humanos y robots en tareas compartidas. Los cobots están siendo diseñados con sensores más sofisticados y capacidades de control de movimiento para trabajar de manera más segura y efectiva junto a los trabajadores humanos.

Robots móviles autónomos: Los robots móviles autónomos están siendo utilizados en una variedad de aplicaciones, desde la logística en almacenes hasta la inspección en entornos industriales. Estos robots pueden navegar de manera autónoma en entornos complejos, lo que los hace ideales para tareas de transporte y logística.

Conectividad y IoT (Internet de las cosas): La integración de robots en redes de IoT permite la recopilación de datos en tiempo real sobre el rendimiento de los robots y el estado de las operaciones. Esto facilita el monitoreo y la toma de decisiones basadas en datos para mejorar la eficiencia y la productividad.

Robots 5G: La tecnología 5G está brindando una conectividad más rápida y confiable para los robots industriales. Esto es esencial para aplicaciones que requieren una transmisión de datos de alta velocidad, como el control remoto y la teleoperación de robots.

Impresión 3D y fabricación aditiva: La robótica está siendo utilizada en conjunción con la impresión 3D y la fabricación aditiva para automatizar la producción de componentes y productos personalizados de manera más eficiente.

Robots autónomos en agricultura y logística: Los robots autónomos están siendo utilizados en la agricultura para tareas de siembra, cosecha y mantenimiento de cultivos. También se utilizan en la logística para la entrega y manipulación de mercancías en almacenes y centros de distribución.

Robótica médica: Los robots están desempeñando un papel cada vez más importante en la cirugía asistida y en la atención médica, realizando procedimientos más precisos y mejorando la recuperación de los pacientes.

Estas tendencias están transformando la forma en que se utiliza la robótica industrial en una amplia gama de industrias. A medida que la tecnología continúa avanzando, es probable que veamos una mayor adopción de robots inteligentes y autónomos en entornos industriales y comerciales, lo que conducirá a una mayor eficiencia y productividad en todo el mundo.

La robótica industrial es fundamental para la industria manufacturera y desempeña un papel importante en la mejora de la eficiencia, la calidad y la competitividad de las empresas en todo el mundo. Su evolución continúa impulsando la automatización y la productividad en la industria.

32. Visión por computadora en la mecatrónica

La visión por computadora desempeña un papel crucial en la mecatrónica, una disciplina que combina la ingeniería mecánica, la electrónica y la informática para diseñar sistemas automatizados y controlados por computadora. La visión por computadora en mecatrónica se refiere a la capacidad de las máquinas para interpretar y comprender información visual a través de cámaras u otros sensores ópticos. Esto puede aplicarse en una amplia variedad de aplicaciones, desde la robótica industrial hasta la automatización de procesos, la inspección de calidad, la navegación de vehículos autónomos y más.

Aquí hay algunas áreas en las que la visión por computadora es esencial en la mecatrónica:

Robótica Industrial: Los robots industriales a menudo utilizan sistemas de visión por computadora para reconocer objetos, localizar piezas, seguir trayectorias y realizar tareas de ensamblaje y manipulación con alta precisión. en el campo de la robótica industrial, la visión por computadora desempeña un papel esencial para mejorar la capacidad de los robots para interactuar de manera efectiva con su entorno y llevar a cabo tareas de manera precisa y eficiente. Aquí hay algunos ejemplos de cómo se utiliza la visión por computadora en la robótica industrial:

Reconocimiento de Objetos: Los sistemas de visión por computadora permiten a los robots reconocer objetos específicos en su entorno. Esto es crucial para la selección y manipulación de objetos en aplicaciones de ensamblaje, embalaje y paletización, entre otras.

Localización de Piezas: Los robots pueden utilizar la visión por computadora para localizar piezas o componentes en una cinta transportadora, una bandeja de alimentación o cualquier otro lugar de trabajo. Esto es importante en la industria manufacturera para ensamblar productos de manera precisa.

Seguimiento de Trayectorias: Los sistemas de visión pueden rastrear y seguir trayectorias específicas en una línea de producción o en un proceso de fabricación. Esto permite que los robots realicen movimientos precisos a lo largo de una ruta predefinida.

Calibración y Corrección de Posición: Los sistemas de visión pueden ayudar a los robots a calibrar su posición con respecto a los objetos o piezas que deben manipular. Esto es especialmente importante en aplicaciones donde se requiere un alto nivel de precisión.

Inspección de Calidad: La visión por computadora se utiliza para inspeccionar visualmente productos y detectar defectos, como grietas, abolladuras, desviaciones de tamaño y otros problemas de calidad. Los robots pueden realizar estas inspecciones de manera rápida y constante.

Robótica Colaborativa: En entornos de trabajo donde los robots colaboran con humanos, la visión por computadora puede utilizarse para garantizar la seguridad y la detección de personas cercanas, lo que permite a los robots detenerse o modificar su comportamiento si se detecta la presencia de un operador humano.

Adaptación a Cambios en el Entorno: La visión por computadora permite a los robots adaptarse a cambios en el entorno, como la reorganización de piezas o la introducción de nuevos objetos en la línea de producción.

La visión por computadora en la robótica industrial aumenta la versatilidad y la capacidad de los robots para llevar a cabo una variedad de tareas en entornos de fabricación. Esto conduce a mejoras en la productividad, la precisión y la eficiencia en la industria, y es fundamental para la implementación exitosa de la automatización en la manufactura.

Automatización de Procesos: En la fabricación y otros entornos de producción, la visión por computadora se utiliza para inspeccionar productos en busca de defectos, medir dimensiones, guiar procesos de ensamblaje y garantizar la calidad. La visión por computadora desempeña un papel crucial en la automatización de procesos en la fabricación y otros entornos de producción. Aquí hay más detalles sobre cómo se utiliza la visión por computadora en este contexto:

Inspección de Calidad: La visión por computadora se utiliza para inspeccionar productos y componentes en busca de defectos visuales, como grietas, arañazos, deformaciones, manchas o cualquier otro tipo de imperfección. Los sistemas de visión pueden detectar estas anomalías de manera rápida y precisa, lo que garantiza que los productos cumplan con los estándares de calidad. la inspección de calidad es una de las aplicaciones más importantes de la visión por computadora en la industria y otros sectores. Aquí hay más detalles sobre cómo funciona la inspección de calidad utilizando sistemas de visión por computadora:

Captura de Imágenes: En la inspección de calidad basada en visión por computadora, se utilizan cámaras u otros sensores ópticos para capturar imágenes de los productos o componentes que se están inspeccionando. Estas imágenes pueden ser capturadas en diferentes ángulos y bajo diversas condiciones de iluminación.

Procesamiento de Imágenes: Una vez que se capturan las imágenes, se procesan utilizando algoritmos de procesamiento de imágenes. Estos algoritmos pueden realzar el contraste, ajustar el brillo, eliminar el ruido y realizar otras operaciones para mejorar la calidad de la imagen y resaltar las áreas de interés.

Detección de Defectos: Los algoritmos de procesamiento de imágenes también se utilizan para detectar defectos o anomalías en las imágenes. Esto puede incluir grietas, arañazos, deformaciones, manchas, burbujas de aire o cualquier otro tipo de imperfección visual que pueda comprometer la calidad del producto.

Comparación con Estándares: Para determinar si un producto es aceptable o no, los sistemas de visión por computadora comparan las características detectadas en la imagen con los estándares de calidad predefinidos. Si se encuentra un defecto que supera ciertos umbrales, el producto puede ser rechazado.

Clasificación y Etiquetado: Además de detectar defectos, los sistemas de visión pueden clasificar productos en diferentes categorías en función de sus características visuales. Esto es útil en la fabricación para separar productos defectuosos de los productos aceptables.

Retroalimentación en Tiempo Real: La inspección de calidad basada en visión por computadora puede proporcionar retroalimentación en tiempo real a los operadores o a las máquinas de producción. Esto permite tomar medidas correctivas de inmediato, como detener la línea de producción si se detecta un producto defectuoso.

Registro y Documentación: Los resultados de la inspección, incluidas las imágenes de los productos inspeccionados y cualquier información relacionada con defectos, pueden registrarse y documentarse para fines de trazabilidad y auditoría.

La inspección de calidad basada en visión por computadora es fundamental en industrias donde la calidad del producto es crítica, como la fabricación de dispositivos electrónicos, la producción de alimentos, la automoción, la industria farmacéutica y muchas otras. Al automatizar este proceso con sistemas de visión, las empresas pueden mejorar la consistencia y la precisión de las inspecciones, reducir los costos relacionados con defectos y garantizar que sus productos cumplan con los estándares de calidad.

Medición de Dimensiones: Los sistemas de visión por computadora pueden medir con precisión las dimensiones de los productos y componentes. Esto es especialmente útil en la fabricación para verificar que las piezas se ajusten a las tolerancias especificadas en el diseño. La medición de dimensiones es otra aplicación importante de la visión por computadora en la fabricación y la industria. Los sistemas de visión por computadora pueden medir con precisión las dimensiones de productos y componentes, lo que es fundamental para garantizar que las piezas cumplan con las tolerancias especificadas en el diseño. Aquí hay más información sobre cómo funcionan estos sistemas:

Captura de Imágenes: Los sistemas de visión por computadora capturan imágenes de los productos o componentes que se van a medir. Estas imágenes pueden contener características, como bordes, líneas, puntos o marcas, que se utilizarán como referencias para las mediciones.

Calibración: Antes de realizar las mediciones, es necesario calibrar el sistema de visión para convertir las unidades de medida de píxeles en unidades físicas (por ejemplo, milímetros o pulgadas). Esto se hace utilizando objetos de referencia de tamaño conocido o patrones de calibración.

Segmentación: El proceso de segmentación implica identificar las regiones de interés en la imagen que se van a medir. Esto puede incluir bordes, esquinas, puntos de referencia o cualquier otra característica que defina las dimensiones de interés.

Extracción de Características: Una vez que se han identificado las regiones de interés, los sistemas de visión por computadora extraen características relevantes, como longitudes, ángulos, áreas, distancias y otras medidas específicas que se desean calcular.

Medición: Con las características extraídas, el sistema de visión realiza las mediciones y calcula las dimensiones con base en las referencias calibradas. Estas dimensiones se pueden comparar con las tolerancias especificadas para determinar si los productos cumplen con los estándares de calidad.

Retroalimentación en Tiempo Real: La medición de dimensiones basada en visión por computadora puede proporcionar retroalimentación en tiempo real a los operadores o a las máquinas de producción. Si se detecta una desviación con respecto a las especificaciones, se pueden tomar medidas correctivas de inmediato.

Registro y Documentación: Los resultados de las mediciones, incluidas las dimensiones calculadas y cualquier desviación con respecto a las tolerancias, se registran y documentan para fines de trazabilidad y auditoría.

Esta aplicación de la visión por computadora es valiosa en la fabricación de productos que requieren dimensiones precisas, como componentes electrónicos, piezas de automóviles, productos farmacéuticos y muchos otros. La medición de dimensiones basada en visión por computadora permite una inspección rápida y precisa, lo que reduce los errores y garantiza la calidad del producto final.

Guía de Ensamblaje: La visión por computadora puede guiar los procesos de ensamblaje asegurando que los componentes se coloquen en las posiciones y orientaciones correctas. Los sistemas de visión pueden proporcionar retroalimentación en tiempo real a los operadores o a los robots de ensamblaje para asegurarse de que cada paso del proceso se realice correctamente.

Clasificación y Separación: Los sistemas de visión pueden clasificar productos o componentes en función de sus características visuales. Esto es útil para separar productos defectuosos de los productos aceptables o para clasificar productos en diferentes categorías.

Seguimiento de Procesos: La visión por computadora puede monitorear el flujo de productos en una línea de producción y detectar problemas o interrupciones en el proceso. Esto permite tomar medidas correctivas de manera oportuna.

Control de Calidad en Tiempo Real: La visión por computadora proporciona un control de calidad en tiempo real, lo que significa que los problemas pueden identificarse y abordarse de inmediato, reduciendo la cantidad de productos defectuosos y minimizando el desperdicio.

Registro y Documentación: Los sistemas de visión pueden registrar imágenes y datos de inspección para fines de documentación y trazabilidad. Esto es importante en industrias reguladas o para llevar un registro de la calidad de los productos a lo largo del tiempo.

La visión por computadora en la automatización de procesos es una herramienta versátil que puede adaptarse a una amplia gama de aplicaciones en la fabricación, desde la producción de alimentos hasta la fabricación de productos electrónicos y la industria automotriz. Ayuda a mejorar la calidad del producto, aumentar la eficiencia y reducir los costos de producción al identificar y abordar problemas de manera temprana en el proceso.

Navegación Autónoma: En aplicaciones como vehículos autónomos o drones, la visión por computadora permite a las máquinas "ver" su entorno y tomar decisiones en tiempo real para evitar obstáculos y navegar de manera segura. La navegación autónoma es una aplicación fundamental de la visión por computadora en vehículos autónomos, drones y otros sistemas robóticos móviles. Estos sistemas utilizan sensores de visión por computadora, como cámaras y sensores lidar, para "ver" y comprender su entorno, permitiéndoles tomar decisiones en tiempo real para evitar obstáculos y navegar de manera segura. Aquí te explico cómo funciona la navegación autónoma con visión por computadora:

Captura de Imágenes y Datos 3D: Los vehículos autónomos y drones están equipados con cámaras y sensores lidar que capturan imágenes y datos tridimensionales de su entorno. Estos sensores generan una gran cantidad de información que se utiliza para crear un modelo del entorno circundante.

Procesamiento de Imágenes y Datos Lidar: Los datos capturados se procesan mediante algoritmos de visión por computadora para identificar objetos, obstáculos, carreteras u otras características relevantes. La fusión de datos de múltiples sensores permite obtener una comprensión más completa del entorno.

Localización y Mapeo Simultáneo (SLAM): Los sistemas utilizan técnicas de localización y mapeo simultáneo (SLAM) para determinar la ubicación del vehículo o drone en tiempo real en relación con su entorno. Esto es esencial para la navegación autónoma precisa.

Planificación de Trayectoria: Una vez que el sistema comprende su ubicación y el entorno, puede planificar una trayectoria segura y eficiente hacia su destino. Esto implica evitar obstáculos, seguir señales de tráfico, respetar las normativas de seguridad y tomar decisiones para sortear imprevistos.

Detección y Evitación de Obstáculos: La visión por computadora se utiliza para detectar obstáculos en tiempo real y tomar medidas para evitar colisiones. Esto incluye identificar vehículos, peatones, bicicletas, edificios y otros objetos que puedan representar un riesgo.

Interacción con el Entorno: Los sistemas autónomos pueden interactuar con su entorno, como detectar semáforos, señales de tráfico y señales de peatones para tomar decisiones de navegación seguras.

Adaptación a Cambios en el Entorno: La visión por computadora permite a los sistemas adaptarse a cambios en el entorno, como la aparición de nuevos obstáculos o modificaciones en la ruta planificada.

Comunicación y Control: Los resultados del procesamiento de visión por computadora se utilizan para controlar la dirección, la velocidad y otros aspectos del vehículo o drone, permitiendo la navegación autónoma.

La navegación autónoma con visión por computadora es esencial en una variedad de aplicaciones, como vehículos autónomos en carreteras, drones para entregas, exploración de entornos desconocidos y operaciones de búsqueda y rescate. La capacidad de "ver" y comprender el entorno es fundamental para la seguridad y la efectividad de estos sistemas robóticos autónomos.

Reconocimiento de Patrones: La visión por computadora se utiliza para reconocer patrones específicos en imágenes o secuencias de video, como caracteres escritos a mano, rostros humanos o señales de tráfico. el reconocimiento de patrones es una aplicación clave de la visión por computadora que se utiliza para identificar y clasificar objetos, características o patrones específicos en imágenes o secuencias de video. Esto se logra mediante el entrenamiento de algoritmos de aprendizaje automático, como redes neuronales convolucionales (CNN), para reconocer patrones visuales en datos de entrada. Aquí te explico cómo funciona el reconocimiento de patrones con visión por computadora:

Adquisición de Datos: Se capturan imágenes o secuencias de video que contienen los patrones que se desean reconocer. Esto puede ser cualquier cosa, desde caracteres escritos a mano hasta objetos, caras humanas o señales de tráfico.

Preprocesamiento de Datos: Las imágenes o secuencias de video se preprocesan para mejorar la calidad de la imagen y reducir el ruido. Esto puede incluir ajustes de brillo y contraste, corrección de distorsiones y eliminación de fondos no deseados.

Extracción de Características: Los algoritmos de visión por computadora extraen características relevantes de las imágenes o secuencias de video. Estas características pueden incluir bordes, texturas, colores, formas y otros elementos visuales que ayudan a describir los patrones.

Entrenamiento del Modelo: Para reconocer patrones específicos, se entrena un modelo de aprendizaje automático, como una CNN, utilizando un conjunto de datos etiquetado que contiene ejemplos de los patrones que se desean reconocer. El modelo aprende a identificar patrones a partir de estos ejemplos.

Clasificación o Detección: Una vez que el modelo está entrenado, se utiliza para clasificar o detectar patrones en nuevos datos de entrada. Por ejemplo, si se ha entrenado para reconocer caracteres escritos a mano, puede clasificar automáticamente caracteres en nuevas imágenes.

Resultados y Aplicaciones: Los resultados del reconocimiento de patrones se pueden utilizar en una variedad de aplicaciones, como OCR (reconocimiento óptico de caracteres) para la conversión de texto impreso a texto digital, sistemas de detección de rostros en cámaras de seguridad, sistemas de reconocimiento de placas de matrícula en vehículos y sistemas de reconocimiento de señales de tráfico en vehículos autónomos.

Mejora Continua: Los modelos de reconocimiento de patrones pueden mejorarse continuamente mediante el ajuste fino y la expansión del conjunto de datos de entrenamiento para hacer que sean más precisos y robustos en una variedad de condiciones.

El reconocimiento de patrones con visión por computadora tiene aplicaciones en una amplia gama de industrias, incluyendo la industria automotriz, la salud, la seguridad, la identificación de objetos, la automatización industrial y muchas otras. Está en constante evolución gracias a los avances en el aprendizaje automático y la visión artificial, y se utiliza para resolver problemas complejos de reconocimiento y clasificación en el mundo real.

Realidad Aumentada y Virtual: En aplicaciones de realidad aumentada y virtual, la visión por computadora permite superponer información digital en el mundo real o crear mundos virtuales basados en la percepción visual. La visión por computadora desempeña un papel esencial en las aplicaciones de realidad aumentada (RA) y realidad virtual (RV). Ambas tecnologías utilizan la percepción visual y la interacción con el entorno para crear experiencias inmersivas o para superponer información digital en el mundo real. Aquí te explico cómo la visión por computadora se relaciona con estas tecnologías:

Realidad Aumentada (RA):

Seguimiento y Reconocimiento de Marcadores: En aplicaciones de RA, la visión por computadora se utiliza para rastrear y reconocer marcadores visuales, como códigos QR o imágenes específicas. Estos marcadores actúan como puntos de referencia que permiten a la aplicación superponer contenido digital en la ubicación correcta dentro del campo de visión del usuario.

Seguimiento de Posición y Orientación (6DoF): Para proporcionar una experiencia de RA precisa y convincente, los sistemas de visión por computadora pueden rastrear la posición y la orientación de la cámara o del dispositivo de visualización en tiempo real. Esto permite que los objetos digitales se mantengan correctamente alineados con el mundo real a medida que el usuario se mueve.

Detección de Superficies y Entornos: La visión por computadora se utiliza para detectar y reconocer superficies planas, verticales u horizontales en el entorno del usuario. Esto permite que los objetos virtuales se coloquen sobre estas superficies de manera realista.

Reconocimiento de Gestos: En aplicaciones de RA, la visión por computadora puede utilizarse para detectar y reconocer gestos de los usuarios, como movimientos de manos o gestos faciales, para controlar objetos virtuales o interactuar con la información superpuesta.

Realidad Virtual (RV):

Seguimiento de Posición y Orientación (6DoF): La RV a menudo implica el uso de dispositivos como auriculares y controladores que deben ser rastreados con precisión en tiempo real. La visión por computadora se utiliza para realizar este seguimiento, lo que permite que los usuarios se muevan y interactúen en entornos virtuales de manera natural.

Interacción con Objetos Virtuales: En la RV, la visión por computadora permite a los usuarios interactuar con objetos virtuales, como recoger, mover o manipular objetos digitales dentro del entorno virtual. Esto crea una experiencia más inmersiva.

Detección de Colisiones y Obstáculos: Los sistemas de visión por computadora se utilizan para detectar obstáculos o colisiones potenciales en el mundo virtual. Esto es especialmente importante para garantizar la seguridad de los usuarios y evitar que choquen con objetos virtuales o reales mientras están inmersos en el entorno de RV.

Mapeo del Entorno: En algunos casos, la RV puede incorporar elementos del mundo real en el entorno virtual. La visión por computadora puede utilizarse para mapear y reconstruir el entorno real y luego integrarlo en el mundo virtual.

En resumen, la visión por computadora es una tecnología fundamental en las aplicaciones de RA y RV, ya que permite la interacción fluida entre el mundo real y el digital, así como la creación de experiencias inmersivas y realistas para los usuarios. Estas tecnologías continúan avanzando y encontrando aplicaciones en una variedad de campos, desde juegos y entretenimiento hasta formación y simulación, medicina y diseño de productos.

Seguridad y Vigilancia: La visión por computadora se utiliza en sistemas de seguridad y vigilancia para detectar actividades sospechosas, identificar personas y vehículos, y monitorear áreas críticas. Así es, la visión por computadora desempeña un papel fundamental en los sistemas de seguridad y vigilancia, proporcionando capacidades avanzadas para la detección, identificación y seguimiento de objetos y personas en tiempo real. Aquí se describen algunas de las aplicaciones clave de la visión por computadora en seguridad y vigilancia:

Detección de Intrusos: Los sistemas de seguridad con visión por computadora pueden detectar intrusiones en áreas restringidas, como edificios, instalaciones industriales o residencias. Esto se logra mediante la identificación de movimientos inusuales o la detección de personas no autorizadas.

Reconocimiento Facial: La visión por computadora se utiliza para identificar y autenticar a personas mediante el reconocimiento facial. Los sistemas de seguridad pueden comparar las caras capturadas con bases de datos de rostros conocidos y alertar cuando se detectan coincidencias o desviaciones.

Reconocimiento de Placas de Matrícula: Los sistemas de visión por computadora pueden leer y reconocer placas de matrícula de vehículos en tiempo real. Esto es útil en aplicaciones de control de acceso, seguimiento de vehículos robados y monitoreo de estacionamientos.

Detección de Comportamientos Anómalos: La visión por computadora puede analizar el comportamiento de personas y objetos en un área vigilada. Esto incluye la detección de actividades inusuales o peligrosas, como abandonar objetos sospechosos.

Seguimiento de Objetos: Los sistemas de seguridad con visión por computadora pueden rastrear y seguir objetos o personas en movimiento a través de cámaras de vigilancia. Esto es útil para mantener el seguimiento de individuos o vehículos sospechosos.

Monitorización de Perímetros: La visión por computadora se utiliza para supervisar los límites y perímetros de áreas críticas, como aeropuertos, centrales eléctricas o instalaciones militares, detectando intrusiones o actividades no autorizadas.

Análisis de Video en Tiempo Real: Los sistemas de seguridad pueden analizar secuencias de video en tiempo real para identificar eventos sospechosos, como peleas, incendios o accidentes de tráfico.

Reconocimiento de Gestos y Emociones: En aplicaciones de seguridad y vigilancia avanzadas, la visión por computadora puede analizar gestos y expresiones faciales para detectar emociones y comportamientos inusuales que puedan indicar una amenaza.

Almacenamiento y Recuperación de Datos: Los sistemas de seguridad con visión por computadora pueden grabar y almacenar datos de video para su posterior revisión y recuperación en caso de incidentes o investigaciones.

La visión por computadora en seguridad y vigilancia contribuye a mejorar la eficiencia y la efectividad de los sistemas de seguridad al reducir los errores humanos y permitir la detección temprana de situaciones potencialmente peligrosas. Además, proporciona una herramienta valiosa para investigaciones posteriores en caso de incidentes o amenazas a la seguridad.

Medicina y Salud: En la mecatrónica médica, la visión por computadora se aplica en la detección de enfermedades a través de imágenes médicas, el seguimiento de movimientos para terapia física y la cirugía asistida por robots. La visión por computadora desempeña un papel crucial en la mecatrónica médica, una disciplina que combina la ingeniería mecánica, la electrónica y la informática para desarrollar soluciones tecnológicas avanzadas en el campo de la medicina y la salud. Aquí se describen algunas de las aplicaciones clave de la visión por computadora en medicina y salud:

Detección de Enfermedades a través de Imágenes Médicas: La visión por computadora se utiliza para analizar imágenes médicas, como radiografías, tomografías computarizadas (CT), resonancias magnéticas (RM) y escáneres de ultrasonido. Los algoritmos de procesamiento de imágenes ayudan a detectar y diagnosticar enfermedades como cáncer, enfermedades cardíacas, fracturas óseas y más.

Seguimiento de Movimientos para Terapia Física: En la rehabilitación y la terapia física, la visión por computadora se emplea para realizar un seguimiento preciso de los movimientos de los pacientes. Los sistemas de visión pueden medir el rango de movimiento de las articulaciones y la calidad de los movimientos, lo que es esencial para la evaluación y el seguimiento de la recuperación.

Cirugía Asistida por Robots: En cirugía robótica, la visión por computadora se utiliza para proporcionar a los cirujanos una vista en tiempo real del área de trabajo. Esto permite una cirugía altamente precisa y mínimamente invasiva. Los sistemas de visión también pueden ayudar a identificar estructuras anatómicas críticas y guiar la manipulación de instrumentos quirúrgicos.

Detección de Lesiones Dermatológicas: La visión por computadora se utiliza para el análisis de imágenes de lesiones en la piel. Esto puede ayudar a detectar signos tempranos de cáncer de piel y otras enfermedades dermatológicas, facilitando el diagnóstico y la atención médica oportuna.

Diagnóstico por Imagen Biomédica: Además de las imágenes médicas tradicionales, la visión por computadora también se aplica en modalidades de diagnóstico por imagen biomédica más avanzadas, como la imagenología por resonancia magnética funcional (fMRI) y la tomografía por emisión de positrones (PET), para ayudar en la investigación y el diagnóstico de trastornos neurológicos y otras afecciones.

Microscopía Avanzada: En investigación biomédica y laboratorios clínicos, la visión por computadora se utiliza para analizar imágenes microscópicas de tejidos, células y biomoléculas. Esto es importante en áreas como la patología, la investigación del cáncer y el desarrollo de medicamentos.

Seguimiento de Pacientes: La visión por computadora puede usarse para monitorear a los pacientes en tiempo real en unidades de cuidados intensivos y hospitales. Puede detectar cambios en la condición del paciente y alertar al personal médico cuando sea necesario.

En resumen, la visión por computadora en medicina y salud tiene un impacto significativo en el diagnóstico, el tratamiento y la investigación médica. Ayuda a los profesionales de la salud a tomar decisiones más informadas, a realizar procedimientos con mayor precisión y a mejorar la atención al paciente. También impulsa avances en el campo de la medicina mediante el análisis y la interpretación de datos médicos complejos y la mejora de las técnicas de diagnóstico y terapéuticas.

Agricultura de Precisión: La visión por computadora se utiliza en la agricultura para monitorear el crecimiento de cultivos, detectar enfermedades de las plantas y optimizar la aplicación de fertilizantes y pesticidas. Absolutamente, la visión por computadora desempeña un papel significativo en la agricultura de precisión, una disciplina que utiliza tecnología avanzada para mejorar la eficiencia y la productividad en la agricultura. Aquí se explican algunas de las aplicaciones clave de la visión por computadora en la agricultura de precisión:

Monitoreo del Crecimiento de Cultivos: La visión por computadora se utiliza para capturar imágenes de campos de cultivo a través de drones, vehículos autónomos o cámaras montadas en equipos agrícolas. Estas imágenes se procesan para evaluar el crecimiento de los cultivos, la densidad de plantación y la salud de las plantas. Esto permite a los agricultores tomar decisiones basadas en datos sobre la gestión de los cultivos.

Detección de Enfermedades y Plagas: Los sistemas de visión por computadora pueden identificar tempranamente enfermedades de las plantas, plagas o malezas en los campos de cultivo. Esto permite una respuesta rápida y dirigida para limitar la propagación de enfermedades o infestaciones y minimizar el uso de pesticidas.

Mapeo de Rendimiento: La visión por computadora se utiliza para mapear el rendimiento de los cultivos en diferentes partes de un campo. Los datos de rendimiento se recopilan para comprender las variaciones en la producción y ajustar la gestión agrícola en consecuencia.

Aplicación de Fertilizantes y Pesticidas de Precisión: Basándose en la información recopilada por la visión por computadora, los sistemas de agricultura de precisión pueden aplicar fertilizantes y pesticidas de manera específica y en las cantidades adecuadas en diferentes áreas del campo. Esto reduce el desperdicio y mejora la eficiencia de los insumos agrícolas.

Detección de Malezas y Herbicidas Selectivos: La visión por computadora se utiliza para identificar tipos específicos de malezas en un campo de cultivo. Esto permite la aplicación de herbicidas selectivos que solo afectan a las malezas identificadas, reduciendo la necesidad de herbicidas de amplio espectro.

Gestión de la Irrigación: La visión por computadora se utiliza para evaluar las condiciones del suelo y la humedad en el campo. Esto ayuda a optimizar la gestión de la irrigación y a evitar el uso excesivo de agua.

Predicción de Rendimiento: Los datos recopilados mediante la visión por computadora se utilizan para desarrollar modelos predictivos de rendimiento de cultivos. Esto ayuda a los agricultores a tomar decisiones informadas sobre cuándo plantar, cosechar y aplicar insumos.

Seguimiento de Ganado: Además de los cultivos, la visión por computadora también se puede utilizar para el seguimiento y la gestión de ganado en ranchos y explotaciones ganaderas.

La agricultura de precisión con visión por computadora ayuda a los agricultores a optimizar la producción, reducir costos y minimizar el impacto ambiental al hacer un uso más eficiente de los recursos agrícolas. Esta tecnología está transformando la forma en que se lleva a cabo la agricultura al permitir una toma de decisiones más informada y basada en datos.

Para implementar sistemas de visión por computadora en mecatrónica, se utilizan algoritmos y técnicas de procesamiento de imágenes, aprendizaje automático y visión artificial. Los sistemas suelen incluir cámaras u otros sensores ópticos para capturar imágenes del entorno, y luego se procesan estas imágenes para extraer información útil y tomar decisiones en función de esa información. La visión por computadora en la mecatrónica ha avanzado significativamente en las últimas décadas y sigue siendo una área de investigación y desarrollo en constante evolución.

33. Sistemas de automatización y control industrial

Los sistemas de automatización y control industrial son fundamentales en la industria para mejorar la eficiencia, la calidad y la seguridad de los procesos de fabricación y producción. Estos sistemas utilizan una variedad de tecnologías, incluida la visión por computadora, para supervisar y controlar maquinaria, procesos y sistemas en entornos industriales. Aquí se describen algunos aspectos clave de los sistemas de automatización y control industrial:

Sensores y Adquisición de Datos: Los sistemas de automatización utilizan sensores para recopilar datos sobre variables como la temperatura, la presión, el flujo, la velocidad, la posición y la calidad de los productos. Estos datos se adquieren y se utilizan para monitorear y controlar procesos. los sensores y la adquisición de datos son componentes fundamentales en los sistemas de automatización y control industrial. Estos sensores permiten recopilar información valiosa sobre diversas variables en un entorno industrial, lo que a su vez facilita la supervisión, el control y la toma de decisiones basadas en datos. Aquí hay más detalles sobre cómo funcionan los sensores y la adquisición de datos en la automatización industrial:

Variedad de Sensores: Existen una amplia variedad de sensores disponibles para medir diferentes tipos de variables. Algunos ejemplos incluyen:

Sensores de temperatura: para medir la temperatura de equipos y procesos.

Sensores de presión: para medir la presión en sistemas hidráulicos o neumáticos.

Sensores de flujo: para medir la velocidad del flujo de líquidos o gases.

Sensores de velocidad: para medir la velocidad de movimiento de equipos o componentes.

Sensores de posición: para detectar la posición de elementos como válvulas, actuadores y piezas en movimiento.

Sensores de calidad: para evaluar la calidad de los productos en línea de producción.

Conversión de Señales: Los sensores convierten la variable física que están midiendo en una señal eléctrica, que es más fácil de procesar y transmitir. Esto se hace mediante tecnologías como la resistencia eléctrica, la capacitancia, la piezoelectricidad y otros principios físicos.

Adquisición de Datos: Los datos generados por los sensores se adquieren utilizando sistemas de adquisición de datos (DAQ). Estos sistemas pueden ser hardware dedicado o componentes de software que se conectan a los sensores para leer y registrar las señales en intervalos regulares.

Transmisión de Datos: Los datos adquiridos se transmiten a través de cables o redes inalámbricas a un sistema central de control o a una computadora. La transmisión puede ser en tiempo real o en intervalos programados, según las necesidades de control y monitoreo.

Procesamiento de Datos: Una vez que se recopilan los datos, se pueden procesar utilizando software de análisis. Esto puede incluir la conversión de unidades, el cálculo de promedios, la detección de tendencias y la identificación de eventos anómalos.

Toma de Decisiones: Los datos procesados se utilizan para tomar decisiones en tiempo real o para generar informes y análisis posteriores. Por ejemplo, los datos de un sensor de temperatura pueden utilizarse para activar o desactivar un sistema de enfriamiento según sea necesario para mantener la temperatura en un rango específico.

Control de Sistemas: Los datos de los sensores también pueden ser utilizados por controladores, como controladores lógicos programables (PLC), para regular y optimizar procesos industriales. Por ejemplo, un sensor de nivel en un tanque puede controlar automáticamente una bomba para mantener el nivel deseado de líquido.

Monitoreo y Mantenimiento Predictivo: La recopilación continua de datos de sensores permite el monitoreo en tiempo real de equipos y procesos industriales. Esto es esencial para el mantenimiento predictivo, ya que los problemas pueden detectarse antes de que causen fallas costosas.

La utilización de sensores y la adquisición de datos en la automatización industrial es clave para mejorar la eficiencia, la calidad y la seguridad de los procesos. Permite a las empresas tomar decisiones informadas, reducir los tiempos de inactividad, optimizar la producción y garantizar un mejor control de los sistemas industriales.

PLC (Controladores Lógicos Programables): Los PLC son componentes esenciales de los sistemas de control industrial. Estos dispositivos se programan para controlar máquinas y procesos, tomando decisiones en función de la información recopilada por los sensores. Los PLC son altamente confiables y se utilizan para una amplia variedad de aplicaciones industriales. los Controladores Lógicos Programables (PLC, por sus siglas en inglés, Programmable Logic Controllers) son componentes esenciales en los sistemas de control industrial. Estos dispositivos juegan un papel fundamental en la automatización y el control de procesos en una amplia variedad de aplicaciones industriales. Aquí te proporciono más información sobre los PLC y su función en la automatización industrial:

Control Lógico Programable: Los PLC son dispositivos electrónicos programables diseñados para controlar y supervisar máquinas y procesos industriales. Su diseño se basa en la lógica de relés eléctricos utilizada en la automatización industrial temprana.

Programación Personalizada: Los PLC se programan para realizar tareas específicas mediante un lenguaje de programación gráfica o basado en texto. Los programadores crean secuencias de instrucciones lógicas que determinan cómo debe comportarse el PLC en respuesta a diferentes condiciones.

Entradas y Salidas: Los PLC están equipados con entradas y salidas digitales y analógicas que se conectan a sensores, actuadores y otros dispositivos en el sistema. Las entradas recopilan datos del entorno, mientras que las salidas ejecutan acciones, como controlar motores, válvulas o luces.

Procesamiento en Tiempo Real: Los PLC funcionan en tiempo real y responden rápidamente a los cambios en las entradas. Esto es esencial en aplicaciones donde la precisión y la sincronización son críticas.

Aplicaciones Diversas: Los PLC se utilizan en una amplia variedad de aplicaciones industriales, como la fabricación, la automatización de líneas de montaje, el control de maquinaria pesada, la gestión de sistemas de energía, el control de procesos químicos y muchas otras áreas.

Flexibilidad y Adaptabilidad: Una de las ventajas clave de los PLC es su capacidad de adaptarse a diferentes tareas mediante la reprogramación. Esto facilita la reconfiguración de sistemas y la incorporación de nuevas funcionalidades sin necesidad de cambiar hardware.

Fiabilidad y Durabilidad: Los PLC están diseñados para funcionar en entornos industriales hostiles, donde pueden estar expuestos a condiciones como vibraciones, polvo, humedad y temperaturas extremas. Son conocidos por su confiabilidad y durabilidad.

Redundancia: En aplicaciones críticas, se pueden utilizar sistemas PLC redundantes para garantizar la disponibilidad continua en caso de fallos. Esto es común en aplicaciones de seguridad y control de procesos importantes.

Comunicación en Red: Los PLC modernos están equipados con capacidades de comunicación en red que les permiten conectarse a sistemas de supervisión (SCADA), sistemas MES (Manufacturing Execution Systems) y otros dispositivos en la planta. Esto permite una gestión centralizada y un mayor control de procesos.

Evolución Tecnológica: A medida que avanza la tecnología, los PLC también han evolucionado. Los PLC programables de última generación ofrecen capacidades avanzadas, como comunicación en la nube, análisis de datos en tiempo real y mayor capacidad de procesamiento.

En resumen, los PLC son componentes esenciales en la automatización industrial y desempeñan un papel vital en la supervisión y el control de procesos en una amplia gama de industrias. Su programabilidad, flexibilidad y confiabilidad los convierten en una herramienta fundamental para mejorar la eficiencia y la productividad en el ámbito industrial.

HMI (Interfaz Hombre-Máquina): Las HMI son interfaces gráficas que permiten a los operadores humanos interactuar con los sistemas de automatización y control. Proporcionan información en tiempo real, permiten configurar parámetros y controlar procesos.Correcto, las HMI (Interfaz Hombre-Máquina, por sus siglas en inglés Human-Machine Interface) son componentes esenciales en los sistemas de automatización y control industrial que permiten a los operadores humanos interactuar con los sistemas y supervisar procesos industriales de manera efectiva. Estas interfaces gráficas proporcionan una forma intuitiva y visual de monitorear y controlar equipos y procesos industriales. Aquí te proporciono más detalles sobre las HMI y su función en la automatización industrial:

Visualización de Procesos: Las HMI proporcionan una representación gráfica de los procesos industriales en tiempo real. Los operadores pueden ver de manera instantánea información relevante, como el estado de las máquinas, la temperatura, la presión, el flujo y otros datos críticos.

Control de Procesos: Además de la visualización, las HMI permiten a los operadores controlar procesos y dispositivos industriales de manera interactiva. Esto incluye encender o apagar máquinas, ajustar configuraciones, establecer puntos de consigna y más.

Alarmas y Notificaciones: Las HMI pueden generar alarmas y notificaciones visuales o audibles en caso de condiciones anormales o situaciones de emergencia. Los operadores pueden responder de manera rápida y adecuada ante eventos críticos.

Historial y Registro de Datos: Las HMI a menudo registran datos históricos de procesos, lo que permite a los operadores revisar el historial de operación y analizar tendencias a lo largo del tiempo. Esto es valioso para la toma de decisiones informadas y la solución de problemas.

Personalización y Configuración: Las HMI suelen ser altamente configurables y personalizables para adaptarse a las necesidades específicas de la aplicación. Los operadores pueden configurar la interfaz según sus preferencias y necesidades.

Conexión a Sistemas de Control: Las HMI se conectan a sistemas de control, como Controladores Lógicos Programables (PLC) o sistemas de control distribuido (DCS), para intercambiar datos en tiempo real. Esto permite que la HMI interactúe con los sistemas de control y realice acciones basadas en la retroalimentación del proceso.

Interfaz Gráfica Intuitiva: Las HMI utilizan una interfaz gráfica intuitiva que se asemeja a una pantalla de computadora. Esto facilita que los operadores comprendan y controlen los procesos sin la necesidad de conocimientos técnicos avanzados.

Compatibilidad con Múltiples Dispositivos: Las HMI modernas suelen ser compatibles con una variedad de dispositivos de visualización, como pantallas táctiles, tabletas y teléfonos inteligentes, lo que permite el acceso y el control remotos.

Seguridad y Protección: Las HMI suelen incorporar funciones de seguridad, como autenticación de usuarios y control de acceso, para proteger los sistemas de automatización contra accesos no autorizados o manipulaciones.

Capacidades de Comunicación: Las HMI pueden comunicarse con otros sistemas y dispositivos en la red industrial, lo que les permite acceder a datos de sensores, sistemas de control, sistemas MES y más.

En resumen, las HMI son esenciales para la automatización industrial, ya que proporcionan una interfaz efectiva y fácil de usar para que los operadores humanos monitoreen y controlen procesos en tiempo real. Estas interfaces gráficas mejoran la eficiencia, la seguridad y la capacidad de respuesta en entornos industriales al brindar acceso a información crítica y permitir acciones de control precisas.

Control PID (Proporcional, Integral, Derivativo): Los controladores PID son utilizados para regular procesos en función de la retroalimentación de los sensores. Ajustan automáticamente la acción de control para mantener una variable (como la temperatura o la presión) en un valor deseado.los controladores PID (Proporcional, Integral, Derivativo) son ampliamente utilizados en la automatización y el control industrial para regular y estabilizar procesos en función de la retroalimentación de los sensores. Estos controladores son esenciales para mantener variables de proceso, como la temperatura, la presión, la velocidad, el nivel y otras, en un valor deseado o en un conjunto de valores.

Los controladores PID se basan en tres componentes principales que trabajan juntos para ajustar la salida del controlador y mantener la variable de proceso en el valor objetivo:

Control Proporcional (P): El componente proporcional calcula la diferencia entre el valor deseado (setpoint) y el valor medido de la variable de proceso (proceso actual). Luego, multiplica esta diferencia por una constante llamada ganancia proporcional (Kp). La salida proporcional es directamente proporcional al error actual y se utiliza para corregir la magnitud del error.

Si el error es grande, la salida proporcional será grande y el controlador tomará medidas rápidas para reducir el error.

Si el error es pequeño, la salida proporcional será pequeña, lo que ralentizará la corrección.

Control Integral (I): El componente integral acumula la integral del error a lo largo del tiempo y la multiplica por una constante llamada ganancia integral (Ki). La salida integral se utiliza para eliminar el error acumulado durante un período de tiempo.

El control integral es útil para eliminar el error residual que persiste después de que el control proporcional haya actuado.

Evita que el controlador se estanque en un estado de error constante.

Control Derivativo (D): El componente derivativo calcula la derivada del error y la multiplica por una constante llamada ganancia derivativa (Kd). La salida derivativa es proporcional a la velocidad de cambio del error.

El control derivativo se utiliza para anticipar y prevenir oscilaciones y sobrepicos en la variable de proceso.

Ayuda a estabilizar el sistema y reduce la respuesta oscilatoria.

La salida total del controlador PID se calcula sumando las tres componentes: P + I + D. Esta salida se utiliza para ajustar la acción de control, como abrir o cerrar una válvula, activar un motor o ajustar la potencia de calentamiento, con el objetivo de mantener la variable de proceso lo más cercana posible al valor deseado.

El ajuste de las ganancias proporcional, integral y derivativa (Kp, Ki, Kd) es una parte crítica del diseño de un controlador PID eficaz. Estas ganancias deben ajustarse cuidadosamente para cada aplicación para lograr un rendimiento óptimo y evitar problemas como la inestabilidad o la respuesta excesivamente lenta.

Los controladores PID son ampliamente utilizados en una variedad de aplicaciones industriales, desde el control de temperatura en hornos y calderas hasta la regulación de nivel en tanques y el control de velocidad en motores. Son una herramienta versátil y efectiva en la automatización y el control de procesos industriales.

Sistemas SCADA (Supervisory Control and Data Acquisition): Los sistemas SCADA permiten supervisar y controlar procesos industriales desde una ubicación centralizada. Proporcionan una vista completa del sistema, alertas de alarmas y herramientas de análisis de datos.los sistemas SCADA (Supervisory Control and Data Acquisition) son herramientas esenciales en la automatización industrial que permiten supervisar y controlar procesos industriales desde una ubicación centralizada. Estos sistemas desempeñan un papel fundamental en la gestión y el monitoreo de sistemas y procesos en tiempo real en una amplia variedad de industrias. Aquí se describen las características clave y las funciones de los sistemas SCADA:

Supervisión en Tiempo Real: Los sistemas SCADA proporcionan una vista en tiempo real de los procesos industriales. Esto permite a los operadores y supervisores tener una comprensión inmediata del estado de las operaciones y la producción.

Interfaz de Usuario Gráfica: Los SCADA ofrecen una interfaz de usuario gráfica y visual que muestra datos de procesos en forma de gráficos, tablas, alarmas, tendencias y otros elementos visuales. Esto facilita la interpretación de la información.

Recopilación de Datos: Los sistemas SCADA recopilan datos de sensores, dispositivos PLC y otros equipos distribuidos en una planta industrial. Estos datos incluyen mediciones de variables de proceso, estados de equipos y más.

Control Remoto: Los SCADA permiten a los operadores controlar y ajustar procesos y dispositivos desde una ubicación remota. Esto es particularmente útil para la solución de problemas y la toma de decisiones rápidas.

Alarmas y Notificaciones: Los sistemas SCADA generan alarmas y notificaciones en tiempo real en caso de condiciones anormales o situaciones de emergencia. Esto alerta a los operadores sobre problemas potenciales para que puedan tomar medidas correctivas.

Historial y Registro de Datos: Los SCADA registran y almacenan datos históricos de procesos durante un período de tiempo especificado. Esto es valioso para el análisis retrospectivo, la optimización de procesos y el cumplimiento de regulaciones.

Tendencias y Gráficos: Los sistemas SCADA permiten a los usuarios trazar tendencias y gráficos a partir de datos históricos, lo que facilita la identificación de patrones y tendencias a lo largo del tiempo.

Seguridad y Control de Acceso: Los sistemas SCADA suelen contar con medidas de seguridad para proteger los datos y el acceso no autorizado. Esto incluye autenticación de usuarios, control de acceso y encriptación de datos.

Comunicación en Red: Los SCADA se comunican con dispositivos y sistemas distribuidos a través de redes de comunicación industriales, como Ethernet industrial o Fieldbus. Esto permite la integración con una amplia variedad de equipos.

Integración con PLC y Controladores: Los sistemas SCADA se conectan a PLC, controladores lógicos programables y otros dispositivos de control para recibir y enviar datos de control.

Aplicaciones Diversas: Los sistemas SCADA se utilizan en una amplia gama de industrias, como la energía, la manufactura, la gestión de agua y aguas residuales, la industria química, el petróleo y gas, la alimentación y bebidas, y más.

En resumen, los sistemas SCADA desempeñan un papel crucial en la supervisión y el control de procesos industriales. Proporcionan a los operadores y supervisores una visión completa y en tiempo real de las operaciones, lo que les permite tomar decisiones informadas, garantizar la eficiencia y la seguridad de los procesos, y responder de manera efectiva a las condiciones cambiantes. Los SCADA son una herramienta esencial en la automatización y el control industrial modernos.

Visión por Computadora: Como se ha discutido previamente, la visión por computadora se utiliza para inspeccionar productos, medir dimensiones, detectar defectos y rastrear objetos en entornos industriales. Esto es fundamental para la calidad y la eficiencia de la producción. La visión por computadora es una tecnología esencial en la automatización industrial y tiene un impacto significativo en la calidad y la eficiencia de la producción. Aquí se destacan algunas de las aplicaciones clave de la visión por computadora en entornos industriales, que ya mencionamos anteriormente, para enfatizar su importancia:

Inspección de Calidad: La visión por computadora se utiliza para inspeccionar productos y componentes en busca de defectos visuales, como grietas, arañazos, deformaciones, manchas o cualquier otro tipo de imperfección. Los sistemas de visión pueden detectar estas anomalías de manera rápida y precisa, lo que garantiza que los productos cumplan con los estándares de calidad.

Medición de Dimensiones: Los sistemas de visión por computadora pueden medir con precisión las dimensiones de los productos y componentes. Esto es especialmente útil en la fabricación para verificar que las piezas se ajusten a las tolerancias especificadas en el diseño.

Detección de Defectos: Además de la inspección visual, la visión por computadora puede identificar defectos que no son visibles a simple vista, como defectos de soldadura interna o imperfecciones microscópicas.

Rastreo y Localización de Objetos: La visión por computadora se utiliza para rastrear y localizar objetos en tiempo real en entornos industriales. Esto es útil en aplicaciones como la logística de almacenes, la manipulación de materiales y el seguimiento de productos a lo largo de la línea de producción.

Clasificación y Separación: Los sistemas de visión pueden clasificar productos en función de sus características visuales, como forma, color o tamaño, y luego separarlos automáticamente en categorías específicas.

Lectura de Códigos de Barras y QR: La visión por computadora se utiliza para leer códigos de barras y códigos QR en productos y envases, lo que facilita el seguimiento y la trazabilidad de productos en la cadena de suministro.

Control de Robótica: Los robots industriales a menudo incorporan sistemas de visión para tareas de manipulación y ensamblaje más precisas, ya que pueden "ver" objetos y ajustar su posición en consecuencia.

Optimización de Procesos: La información recopilada por sistemas de visión se utiliza para optimizar procesos, reducir el desperdicio y mejorar la eficiencia en la producción.

Monitoreo Continuo: La visión por computadora permite el monitoreo continuo de procesos y productos, lo que es esencial para mantener la calidad y detectar problemas de manera temprana.

Seguridad: En entornos industriales peligrosos, la visión por computadora se utiliza para detectar intrusiones, identificar la presencia de personas o detectar condiciones peligrosas.

En conjunto, la visión por computadora mejora significativamente la precisión y la velocidad de las operaciones en la industria, lo que se traduce en una mayor calidad de los productos y una mayor eficiencia en la producción. Esta tecnología es esencial en una amplia gama de aplicaciones industriales y sigue siendo una área en constante evolución con avances tecnológicos continuos.

Robótica Industrial: Los robots industriales se utilizan para automatizar tareas repetitivas y peligrosas en la fabricación y el ensamblaje. Estos robots son controlados por sistemas de automatización y pueden incorporar sistemas de visión para tareas de inspección y manipulación más precisas. los robots industriales son herramientas esenciales en la automatización de tareas repetitivas y peligrosas en la fabricación y el ensamblaje en una amplia variedad de industrias. Estos robots son altamente versátiles y pueden realizar una variedad de tareas de manera eficiente y precisa. Aquí se destacan algunas de las características y aplicaciones clave de los robots industriales:

Automatización de Tareas: Los robots industriales se utilizan para automatizar tareas que de otra manera serían realizadas manualmente por trabajadores humanos. Esto puede incluir operaciones de montaje, soldadura, pintura, embalaje, paletización, manipulación de materiales y más.

Precisión y Consistencia: Los robots industriales pueden realizar tareas con una precisión y consistencia excepcionales, lo que mejora la calidad del producto y reduce el riesgo de errores humanos.

Carga Pesada: Los robots industriales están diseñados para manejar cargas pesadas de manera segura, lo que los hace ideales para tareas de levantamiento y manipulación de objetos pesados en entornos industriales.

Seguridad: Los robots industriales están equipados con sensores de seguridad y sistemas de control que les permiten operar de manera segura en presencia de humanos. Se utilizan cortinas de luz, sensores de proximidad y otras medidas para garantizar la seguridad en el entorno de trabajo compartido con humanos.

Programación y Control: Los robots industriales son controlados por sistemas de automatización, como Controladores Lógicos Programables (PLC) o controladores de robots específicos. Se pueden programar para realizar una amplia variedad de tareas y pueden ser reprogramados para adaptarse a diferentes aplicaciones.

Visión por Computadora: Como mencionaste, los robots industriales pueden incorporar sistemas de visión por computadora para realizar tareas de inspección y manipulación más precisas. Esto les permite identificar y manipular objetos con una alta precisión, incluso en condiciones variables.

Flexibilidad: Los robots industriales son altamente flexibles y pueden cambiar de tarea rápidamente mediante la reprogramación. Esto es beneficioso en entornos de fabricación con una variedad de productos o tareas.

Tiempo de Ciclo Rápido: Los robots industriales son capaces de realizar tareas repetitivas a alta velocidad, lo que aumenta la eficiencia y la productividad en la línea de producción.

Monitoreo y Mantenimiento Predictivo: Los sistemas de automatización que controlan los robots pueden recopilar datos de rendimiento y salud del robot. Esto permite el monitoreo continuo y el mantenimiento predictivo para evitar tiempo de inactividad no planificado.

Aplicaciones en Diversas Industrias: Los robots industriales se utilizan en una variedad de industrias, como la automotriz, la electrónica, la metalurgia, la alimentación y bebidas, la farmacéutica, la logística y muchas otras.

En resumen, los robots industriales desempeñan un papel fundamental en la mejora de la eficiencia, la calidad y la seguridad en la fabricación y el ensamblaje industrial. Su capacidad para automatizar tareas repetitivas y peligrosas, combinada con su precisión y versatilidad, los convierte en herramientas esenciales en la industria moderna.

Redes de Comunicación Industrial: Los sistemas de automatización y control industrial utilizan redes de comunicación especializadas, como Ethernet industrial o Fieldbus, para conectar y coordinar dispositivos y componentes en un entorno industrial. las redes de comunicación industrial son una parte fundamental de los sistemas de automatización y control industrial. Estas redes están diseñadas específicamente para conectar y coordinar dispositivos y componentes en entornos industriales, donde se requiere una comunicación confiable y en tiempo real para controlar procesos y supervisar sistemas. Aquí se describen algunas de las características clave de las redes de comunicación industrial:

Comunicación en Tiempo Real: En la automatización industrial, la comunicación en tiempo real es esencial para el control preciso de procesos y la sincronización de dispositivos. Las redes industriales están diseñadas para proporcionar tiempos de respuesta predecibles y consistentes.

Determinismo: El determinismo se refiere a la capacidad de predecir el tiempo que llevará que los datos se transmitan de un punto a otro en la red. Esto es crítico en aplicaciones donde se requiere una coordinación precisa, como el control de máquinas y robots.

Robustez y Confiabilidad: Las redes industriales deben ser robustas y confiables para resistir las condiciones adversas del entorno industrial. Esto incluye la resistencia a la interferencia electromagnética, la vibración, la temperatura extrema y la humedad.

Soporte para Diferentes Protocolos: Las redes industriales admiten una variedad de protocolos de comunicación, como Ethernet industrial (por ejemplo, PROFINET, EtherNet/IP), Fieldbus (por ejemplo, PROFIBUS, DeviceNet), Modbus y otros. Esto permite la interoperabilidad entre dispositivos de diferentes fabricantes.

Topología de Red Variada: Las redes industriales pueden tener diversas topologías, como estrella, anillo, bus y malla, según los requisitos de la aplicación y la redundancia deseada.

Seguridad de la Red: La seguridad de la red es crítica en entornos industriales para proteger los datos y prevenir el acceso no autorizado. Se utilizan medidas como la autenticación de usuarios, la encriptación y los cortafuegos para garantizar la seguridad de la red.

Integración con Sistemas de Control: Las redes de comunicación industrial se integran con sistemas de control, como Controladores Lógicos Programables (PLC) y sistemas SCADA, para permitir el intercambio de datos en tiempo real.

Diagnóstico y Mantenimiento Remoto: Las redes industriales a menudo permiten el diagnóstico y el mantenimiento remoto de equipos y dispositivos, lo que reduce el tiempo de inactividad no planificado y facilita la solución de problemas.

Escalabilidad: Las redes industriales son escalables, lo que significa que pueden adaptarse y crecer para satisfacer las necesidades cambiantes de la aplicación sin una reestructuración completa.

Aplicaciones Diversas: Se utilizan en una amplia variedad de aplicaciones industriales, desde la automatización de líneas de producción hasta el control de procesos químicos y la gestión de sistemas de energía.

En resumen, las redes de comunicación industrial son un componente crítico en la automatización y el control industrial modernos. Facilitan la comunicación y la coordinación de dispositivos y sistemas en tiempo real, lo que es esencial para garantizar la eficiencia, la calidad y la seguridad en una amplia gama de industrias. La elección de la red adecuada depende de las necesidades específicas de la aplicación y las condiciones del entorno.

Automatización de Procesos Continuos y Discretos: Estos sistemas se utilizan en una amplia gama de industrias, desde la fabricación de automóviles y productos electrónicos hasta la producción de alimentos y productos químicos. la automatización de procesos continuos y discretos se utiliza en una amplia gama de industrias para mejorar la eficiencia, la calidad y la productividad. Aunque ambos tipos de procesos son diferentes en su naturaleza, la automatización se aplica de manera efectiva en ambas categorías. Aquí se explica la diferencia entre los procesos continuos y discretos, así como cómo se utilizan en diversas industrias:

Procesos Continuos:

Naturaleza: En los procesos continuos, los materiales fluyen de manera constante y no hay una separación clara entre las unidades de producción. Estos procesos son típicos en la fabricación de productos químicos, petróleo y gas, producción de energía, papel y pulpa, entre otros.

Automatización: La automatización en procesos continuos implica el control preciso de variables como la temperatura, la presión y el flujo. Los sistemas de control supervisan y ajustan constantemente estas variables para mantener el proceso en condiciones óptimas.

Ejemplo: La automatización se utiliza en plantas químicas para controlar la temperatura y la presión en reactores químicos o en plantas de energía para controlar la generación de electricidad.

Procesos Discretos:

Naturaleza: En los procesos discretos, los materiales se procesan en unidades definidas y separadas. La producción se divide en lotes o unidades individuales, como en la fabricación de automóviles, electrónica, alimentos y productos farmacéuticos.

Automatización: La automatización en procesos discretos implica el control de máquinas y robots que ensamblan, manipulan y procesan productos en etapas específicas. La programación y la coordinación precisa son esenciales en estos procesos.

Ejemplo: La automatización se utiliza en la fabricación de automóviles para ensamblar piezas, en la electrónica para montar componentes en placas de circuito impreso y en la industria alimentaria para empacar productos.

La automatización en ambas categorías de procesos tiene beneficios significativos, como la reducción de costos laborales, la mejora de la calidad y la velocidad de producción, la reducción de errores y la capacidad de operar en condiciones peligrosas o repetitivas. Además, la automatización también permite la recopilación de datos en tiempo real, lo que es fundamental para el monitoreo y la optimización de procesos.

Las industrias que dependen de estos procesos incluyen la automotriz, la electrónica, la alimentaria, la farmacéutica, la química, la energética, la del papel y la pulpa, la metalúrgica y muchas otras. La automatización de procesos es una herramienta esencial para mantener la competitividad en estas industrias y cumplir con las demandas cambiantes del mercado.

Optimización de Procesos: La automatización y el control industrial permiten optimizar procesos para maximizar la eficiencia, reducir los costos de producción, mejorar la calidad del producto y garantizar la seguridad de los trabajadores. la automatización y el control industrial desempeñan un papel crucial en la optimización de procesos en una amplia variedad de industrias. La optimización de procesos se centra en mejorar la eficiencia operativa, reducir los costos de producción, aumentar la calidad del producto y garantizar la seguridad de los trabajadores. Aquí se describen algunos de los aspectos clave de la optimización de procesos mediante la automatización y el control industrial:

Eficiencia Operativa: La automatización permite que las tareas repetitivas se realicen de manera eficiente y precisa, lo que reduce el tiempo de ciclo y aumenta la producción.

Reducción de Costos: La automatización puede reducir los costos laborales al reemplazar tareas manuales con máquinas y robots. Además, la optimización de procesos puede minimizar el desperdicio de materiales y recursos.

Mejora de la Calidad del Producto: Los sistemas de control industrial pueden garantizar que los productos cumplan con las especificaciones y tolerancias precisas, lo que mejora la calidad y reduce los productos defectuosos.

Flexibilidad y Adaptabilidad: Los sistemas de automatización pueden adaptarse rápidamente a cambios en la producción o en los requisitos del producto, lo que aumenta la flexibilidad en la fabricación.

Mantenimiento Predictivo: La recopilación de datos en tiempo real y el monitoreo de procesos permiten la implementación de mantenimiento predictivo, lo que reduce el tiempo de inactividad no planificado.

Optimización de Recursos: Los sistemas de control pueden ajustar automáticamente la cantidad de recursos utilizados, como energía, agua o materiales, para minimizar el desperdicio y los costos asociados.

Seguridad Mejorada: La automatización puede llevar a cabo tareas peligrosas o repetitivas sin poner en riesgo a los trabajadores, lo que mejora la seguridad laboral.

Cumplimiento Normativo: Los sistemas de control industrial pueden garantizar que se cumplan las regulaciones y estándares de la industria, lo que reduce el riesgo de multas y sanciones.

Monitorización en Tiempo Real: La capacidad de supervisar y controlar procesos en tiempo real permite a los operadores identificar y abordar problemas de manera inmediata, minimizando el impacto en la producción.

Análisis de Datos Avanzados: La recopilación de datos a lo largo del tiempo permite el análisis avanzado de datos para identificar tendencias y oportunidades de mejora continua.

Integración de Sistemas: Los sistemas de automatización pueden integrarse con otros sistemas empresariales, como sistemas de planificación de recursos empresariales (ERP) y sistemas de gestión de la cadena de suministro (SCM), para una operación más eficiente y coordinada.

La automatización y el control industrial son fundamentales para mantener la competitividad en la industria moderna. Permiten a las empresas producir productos de alta calidad de manera eficiente y segura, lo que es esencial para satisfacer las demandas del mercado en constante cambio y lograr ventajas competitivas.

En resumen, los sistemas de automatización y control industrial son esenciales para la industria moderna y permiten una producción más eficiente y confiable. La incorporación de tecnologías avanzadas, como la visión por computadora, está impulsando aún más la automatización industrial y mejorando la calidad de los productos y la seguridad en los lugares de trabajo.

34. Sistemas embebidos y sistemas en tiempo real

Los sistemas embebidos y los sistemas en tiempo real son dos conceptos relacionados pero distintos en el campo de la informática y la ingeniería de sistemas. Aquí te explico brevemente en qué consisten y cuáles son sus diferencias principales:

Sistemas Embebidos:

Un sistema embebido es un sistema de cómputo dedicado y especializado diseñado para realizar tareas específicas. Un sistema embebido es un tipo de sistema de cómputo que se diseña y construye con un propósito específico en mente. Está dedicado a realizar tareas concretas y no es tan generalista como una computadora personal o de propósito general. Los sistemas embebidos se encuentran en una amplia variedad de dispositivos y aplicaciones, desde electrodomésticos hasta dispositivos médicos y sistemas de control industrial. Su diseño se optimiza para la eficiencia y la confiabilidad en la ejecución de sus funciones específicas.

Estos sistemas se encuentran "embebidos" en dispositivos o productos más grandes y desempeñan una función específica dentro de ese dispositivo. Estos sistemas se "embeben" o incorporan dentro de dispositivos o productos más grandes. Su función principal es desempeñar tareas específicas dentro de ese dispositivo o producto en lugar de ser una computadora independiente. Por ejemplo, un sistema embebido en un automóvil puede estar encargado de controlar el sistema de frenos antibloqueo (ABS) o el sistema de gestión del motor. Está diseñado para trabajar en conjunto con otros componentes del dispositivo y contribuir a su funcionalidad global. Esta integración permite que los dispositivos sean más eficientes y realicen sus funciones de manera más efectiva.

Los sistemas embebidos pueden encontrarse en una amplia variedad de dispositivos, como electrodomésticos, automóviles, sistemas de control industrial, dispositivos médicos, cámaras, teléfonos móviles y más. Estos sistemas están presentes en prácticamente todos los aspectos de la vida cotidiana y en diversas industrias debido a su versatilidad y capacidad para realizar funciones específicas de manera eficiente. Algunos ejemplos adicionales incluyen:

Electrodomésticos como lavadoras, refrigeradores y hornos que utilizan sistemas embebidos para controlar las funciones y sensores.

Dispositivos de entretenimiento como televisores, reproductores de Blu-ray y consolas de videojuegos que incorporan sistemas embebidos para ejecutar aplicaciones y procesar multimedia.

Equipos médicos como marcapasos, monitores de pacientes y equipos de diagnóstico que dependen de sistemas embebidos para realizar funciones críticas de salud.

Dispositivos de comunicación como enrutadores y módems que utilizan sistemas embebidos para gestionar la conectividad de redes.

Sistemas de control industrial en fábricas y plantas de producción que supervisan y regulan procesos de fabricación.

La versatilidad de los sistemas embebidos se debe a su capacidad para adaptarse a una amplia variedad de aplicaciones y necesidades específicas, lo que los convierte en una parte esencial de la tecnología moderna.

Están diseñados para funcionar de manera eficiente y confiable, generalmente con recursos limitados de hardware y software. otra característica distintiva de los sistemas embebidos es que están diseñados para funcionar de manera eficiente y confiable, a menudo con recursos limitados de hardware y software. Esto se debe a que muchos dispositivos embebidos tienen restricciones en términos de energía, tamaño, capacidad de procesamiento y memoria.

Aquí hay algunas razones adicionales que explican por qué los sistemas embebidos se diseñan para ser eficientes y confiables:

Eficiencia Energética: Muchos sistemas embebidos funcionan con baterías o fuentes de energía limitadas, por lo que es crucial que utilicen la energía de manera eficiente para prolongar la vida útil de la batería o reducir el consumo de energía en general.

Espacio Limitado: Los dispositivos embebidos a menudo tienen un espacio físico limitado para alojar hardware, por lo que el diseño debe ser compacto y eficiente en términos de espacio.

Recursos de Hardware Limitados: Los sistemas embebidos a menudo cuentan con procesadores y memorias limitadas en comparación con las computadoras de propósito general, por lo que el software debe estar altamente optimizado.

Confiabilidad Crítica: En muchas aplicaciones, como automóviles, dispositivos médicos o sistemas de control industrial, la confiabilidad es esencial para la seguridad del usuario. Un mal funcionamiento podría tener consecuencias graves.

Costos: Los dispositivos embebidos a menudo se producen en grandes cantidades, por lo que la eficiencia en los costos es un factor importante en su diseño.

Debido a estas restricciones y consideraciones, los ingenieros que trabajan en sistemas embebidos deben equilibrar la funcionalidad deseada con los recursos disponibles y asegurarse de que el sistema funcione de manera consistente y confiable a lo largo del tiempo. Esto a menudo implica una cuidadosa optimización y pruebas exhaustivas del sistema.

Sistemas en Tiempo Real:

Un sistema en tiempo real es un sistema informático que debe responder a eventos o estímulos del mundo real en un período de tiempo determinado y predefinido. En otras palabras, el sistema tiene que reaccionar a eventos dentro de un límite de tiempo específico. En otras palabras, debe cumplir con plazos estrictos para procesar y responder a las entradas o eventos que recibe.

Los sistemas en tiempo real se utilizan en situaciones donde la latencia (el tiempo que tarda en producirse una respuesta) es crítica y puede tener consecuencias significativas. Pueden clasificarse en dos categorías principales:

Sistemas en Tiempo Real Duro: En estos sistemas, se deben cumplir plazos estrictos de manera absoluta. Si una respuesta no se genera dentro del tiempo especificado, se considera una falla crítica. Ejemplos de aplicaciones incluyen sistemas de control de vuelo en aviones, sistemas de control de reactores nucleares y sistemas de frenos antibloqueo en automóviles.

Sistemas en Tiempo Real Blando: En estos sistemas, se deben cumplir plazos, pero se permite cierta tolerancia. Si una respuesta se produce tarde, aún se puede considerar útil, aunque con un rendimiento reducido. Ejemplos incluyen aplicaciones multimedia en tiempo real, sistemas de comunicación en tiempo real y sistemas de navegación GPS.

Los sistemas en tiempo real a menudo involucran una cuidadosa planificación, diseño y prueba para garantizar que puedan cumplir con los requisitos de tiempo establecidos. Esto puede incluir el uso de algoritmos de programación y técnicas de gestión de recursos especiales para garantizar un rendimiento confiable en un entorno de tiempo real.

Estos sistemas se utilizan en aplicaciones donde la velocidad y la predictibilidad son críticas, como sistemas de control de vuelo, sistemas de frenado antibloqueo en automóviles, sistemas de control de procesos industriales, sistemas médicos, etc.

Sistemas de Control de Vuelo: En la aviación, los sistemas en tiempo real se utilizan en el control de vuelo para garantizar que los aviones se mantengan en trayectorias seguras y estables. Esto incluye sistemas de control automático que ajustan constantemente los alerones, timones y aceleradores para mantener el avión en el rumbo deseado.

Sistemas de Frenado Antibloqueo en Automóviles (ABS): Los sistemas ABS utilizan sensores y sistemas en tiempo real para monitorear la velocidad de las ruedas y evitar que se bloqueen durante el frenado. Esto mejora significativamente la capacidad de control del conductor en carreteras resbaladizas y ayuda a evitar accidentes.

Sistemas de Control de Procesos Industriales: En entornos industriales, los sistemas en tiempo real se utilizan para controlar procesos de fabricación, monitorear la temperatura, la presión y otros parámetros, y tomar decisiones rápidas para mantener la producción dentro de especificaciones.

Sistemas Médicos: En dispositivos médicos como marcapasos y desfibriladores, la precisión y la rapidez son esenciales para salvar vidas. Los sistemas en tiempo real aseguran que estos dispositivos respondan de manera inmediata a las necesidades del paciente.

Robótica y Automatización: En aplicaciones robóticas y de automatización, los sistemas en tiempo real garantizan movimientos precisos y coordinación entre múltiples robots o máquinas. Esto es fundamental en la fabricación y en la industria logística.

En todas estas aplicaciones, la capacidad de respuesta rápida y confiable de los sistemas en tiempo real es crucial para garantizar la seguridad, la eficiencia y el rendimiento deseado. Cualquier retraso o fallo podría tener consecuencias graves, por lo que se dedican esfuerzos significativos al diseño, la implementación y la prueba de estos sistemas para garantizar su adecuado funcionamiento en situaciones críticas.

Los sistemas en tiempo real se pueden clasificar en dos categorías principales: sistemas en tiempo real duro, donde las respuestas deben ser absolutamente puntuales, y sistemas en tiempo real blando, donde las respuestas son importantes pero pueden tolerar cierta variabilidad en los tiempos de respuesta.

Sistemas en Tiempo Real Duro:

En los sistemas en tiempo real duro, se deben cumplir plazos estrictos de manera absoluta.

La respuesta debe ocurrir dentro de un límite de tiempo determinado, y cualquier desviación de este límite se considera una falla crítica.

Estos sistemas se utilizan en aplicaciones donde la seguridad es primordial y cualquier retraso podría tener consecuencias graves. Ejemplos incluyen sistemas de control de vuelo, sistemas de control de procesos químicos y sistemas de frenos antibloqueo en automóviles.

Sistemas en Tiempo Real Blando:

En los sistemas en tiempo real blando, se deben cumplir plazos, pero se permite cierta tolerancia.

Si una respuesta se produce tarde, aún puede ser útil, aunque con un rendimiento reducido.

Estos sistemas se utilizan en aplicaciones donde la velocidad es importante, pero un retraso ocasional en la respuesta no tiene consecuencias críticas. Ejemplos incluyen aplicaciones multimedia en tiempo real, sistemas de comunicación en tiempo real y sistemas de navegación GPS.

La elección entre sistemas en tiempo real duro y blando depende de la naturaleza de la aplicación y de las consecuencias de no cumplir con los plazos. En situaciones donde la seguridad es crítica, se opta por sistemas en tiempo real duro para garantizar respuestas precisas y oportunas. En otros casos, donde la tolerancia al retraso es aceptable y se prioriza la eficiencia, se pueden utilizar sistemas en tiempo real blando.

Diferencias clave:

Los sistemas embebidos se centran en realizar tareas específicas en dispositivos integrados, mientras que los sistemas en tiempo real se centran en cumplir plazos estrictos en la respuesta a eventos.

No todos los sistemas embebidos son sistemas en tiempo real, pero algunos sistemas embebidos pueden ser diseñados para ser sistemas en tiempo real si es necesario. No todos los sistemas embebidos son sistemas en tiempo real, ya que algunos sistemas embebidos pueden estar diseñados para realizar tareas específicas sin requerir plazos estrictos en la respuesta a eventos. Sin embargo, la versatilidad de los sistemas embebidos permite que algunos de ellos sean diseñados o configurados para funcionar como sistemas en tiempo real cuando es necesario. Esto implica ajustar el hardware, el software y los algoritmos para garantizar que puedan cumplir con los requisitos de tiempo establecidos en aplicaciones particulares. La capacidad de adaptación de los sistemas embebidos los hace adecuados para una amplia variedad de aplicaciones, incluyendo aquellas que requieren respuestas en tiempo real.

Los sistemas en tiempo real suelen ser críticos para la seguridad y deben funcionar de manera confiable en todo momento, mientras que los sistemas embebidos pueden abordar una variedad de aplicaciones y no siempre tienen requisitos de tiempo real estrictos. Los sistemas en tiempo real suelen ser críticos para la seguridad y deben funcionar de manera confiable en todo momento, ya que cualquier fallo en la respuesta a eventos en tiempo real podría tener consecuencias graves. Estos sistemas a menudo se encuentran en aplicaciones donde la seguridad y la confiabilidad son primordiales, como sistemas de control de vuelo, sistemas médicos y sistemas de frenos en automóviles.

Por otro lado, los sistemas embebidos pueden abordar una variedad de aplicaciones y no siempre tienen requisitos de tiempo real estrictos. Pueden desempeñar funciones diversas en dispositivos y productos más grandes, y la velocidad de respuesta puede variar según la aplicación. Algunos sistemas embebidos pueden estar diseñados para funcionar en tiempo real cuando sea necesario, pero no todos los sistemas embebidos tienen este requisito crítico. La flexibilidad de los sistemas embebidos les permite adaptarse a una amplia gama de necesidades en diferentes industrias y aplicaciones.

En resumen, aunque ambos conceptos se utilizan en sistemas integrados, los sistemas en tiempo real se centran en la capacidad de respuesta y el cumplimiento de plazos, mientras que los sistemas embebidos se refieren más a la funcionalidad general dentro de un dispositivo o sistema más grande.

35. Tecnologías de automatización flexibles

Las tecnologías de automatización flexibles se refieren a sistemas y herramientas diseñados para automatizar tareas y procesos de manera versátil y adaptable. Estas tecnologías son esenciales en entornos donde se requiere la capacidad de reconfigurar rápidamente la automatización para satisfacer las necesidades cambiantes de la producción o los procesos. Algunas de las tecnologías de automatización flexibles más importantes incluyen:

Robótica colaborativa (cobots): Los cobots son robots diseñados para trabajar junto a los humanos en entornos de producción. Son flexibles y pueden ser reprogramados fácilmente para realizar diferentes tareas. Los robots colaborativos, comúnmente conocidos como cobots, son una categoría de robots diseñados específicamente para trabajar en colaboración con los seres humanos en entornos de producción y otras aplicaciones industriales. Aquí hay más información sobre los cobots:

Colaboración segura: Los cobots están diseñados con características de seguridad avanzadas que les permiten operar en proximidad directa con los trabajadores sin representar un riesgo significativo. Esto incluye sensores que pueden detectar la presencia humana y detenerse o reducir su velocidad para evitar colisiones.

Programación sencilla: Uno de los aspectos clave de los cobots es su capacidad para ser programados y reprogramados de manera fácil y rápida. A menudo, los usuarios pueden enseñar movimientos o tareas al robot simplemente moviendo físicamente el brazo del robot o utilizando interfaces de programación intuitivas basadas en software.

Flexibilidad: Los cobots son altamente flexibles y pueden adaptarse a una variedad de tareas y procesos. Esto los hace ideales para entornos de producción con cambios frecuentes en la producción o para pequeñas y medianas empresas que pueden necesitar reconfigurar sus sistemas de automatización con regularidad.

Aplicaciones diversas: Los cobots se utilizan en una amplia gama de aplicaciones, que incluyen ensamblaje, embalaje, manipulación de materiales, soldadura, inspección de calidad, laboratorios, atención médica y más. Su versatilidad los hace adecuados para muchas industrias.

Aumento de la productividad: Al trabajar junto a los humanos, los cobots pueden mejorar la eficiencia y la productividad al realizar tareas repetitivas o peligrosas, permitiendo que los trabajadores se concentren en tareas más estratégicas y creativas.

Reducción de costos: A pesar de su inversión inicial, los cobots pueden ayudar a reducir costos laborales y aumentar la precisión en la producción, lo que a menudo lleva a un retorno de la inversión a largo plazo.

Los cobots son una solución de automatización flexible y segura que puede mejorar la eficiencia y la calidad en la producción industrial, al tiempo que permite a las empresas adaptarse rápidamente a las cambiantes demandas del mercado. Su capacidad de trabajar en colaboración con los humanos los hace especialmente valiosos en entornos donde la interacción hombre-máquina es esencial.

Automatización programable: Esto incluye sistemas de control y automatización basados en software, como controladores lógicos programables (PLC) y sistemas de control distribuido (DCS), que permiten la programación y reprogramación de procesos con relativa facilidad. La automatización programable es una parte esencial de la automatización industrial y se refiere a la capacidad de controlar y gestionar procesos y sistemas utilizando software y hardware especializados que pueden ser programados y reprogramados según sea necesario. Algunos de los componentes clave de la automatización programable incluyen:

Controladores Lógicos Programables (PLC): Los PLC son dispositivos electrónicos programables que se utilizan para controlar máquinas y procesos industriales. Se programan mediante un lenguaje de programación específico, como ladder logic (lógica de escalera) o bloques de función. Los PLC son ampliamente utilizados en la industria para automatizar tareas como el control de máquinas, la gestión de procesos y la recopilación de datos.

Sistemas de Control Distribuido (DCS): Los sistemas de control distribuido son sistemas de automatización más grandes y complejos que se utilizan en plantas industriales y procesos continuos. Permiten el control y la supervisión centralizados de múltiples subsistemas distribuidos. Los DCS son comunes en industrias como la petroquímica, la energía y la fabricación a gran escala.

HMI (Interfaz Hombre-Máquina): Estas interfaces permiten a los operadores interactuar con el sistema de automatización a través de pantallas táctiles u otros dispositivos de entrada. Los HMI proporcionan una representación visual de los procesos y permiten la supervisión en tiempo real y la introducción de comandos.

SCADA (Supervisión, Control y Adquisición de Datos): Los sistemas SCADA son aplicaciones de software que se utilizan para supervisar y controlar procesos industriales en tiempo real. Permiten la visualización de datos, la recopilación de información y la toma de decisiones basadas en datos.

Programación basada en lenguajes de alto nivel: Además de los lenguajes específicos de programación de PLC, algunos sistemas de automatización permiten la programación en lenguajes de alto nivel como C++, Python o incluso lenguajes de scripting. Esto puede hacer que la programación sea más accesible para un público más amplio de ingenieros y técnicos.

La automatización programable es fundamental en la industria moderna, ya que permite la eficiencia en la producción, la reducción de errores y la capacidad de adaptarse rápidamente a cambios en los procesos de fabricación o producción. Además, la recopilación de datos en tiempo real a través de sistemas de automatización programable permite tomar decisiones informadas y mejorar continuamente la eficiencia y la calidad de la producción.

Sistemas de visión artificial: Estos sistemas utilizan cámaras y algoritmos de procesamiento de imágenes para reconocer objetos y realizar tareas específicas, como inspección de calidad, selección y clasificación. Los sistemas de visión artificial son tecnologías que emplean cámaras y algoritmos de procesamiento de imágenes para capturar, analizar y tomar decisiones basadas en información visual. Estos sistemas se utilizan en una variedad de aplicaciones industriales y no industriales para realizar tareas específicas que requieren percepción visual. Aquí hay más detalles sobre los sistemas de visión artificial:

Captura de imágenes: Los sistemas de visión artificial utilizan cámaras, sensores y otros dispositivos de adquisición de imágenes para capturar imágenes o videos de la escena o el objeto que se va a analizar.

Procesamiento de imágenes: Una vez que se adquieren las imágenes, los algoritmos de procesamiento de imágenes procesan los datos visuales para extraer información útil. Esto incluye la mejora de la calidad de la imagen, la detección de bordes, la segmentación de objetos y la eliminación de ruido.

Reconocimiento de objetos: Los sistemas de visión artificial utilizan algoritmos de aprendizaje automático y técnicas de procesamiento de imágenes para reconocer objetos, características o patrones específicos en las imágenes. Esto se utiliza en aplicaciones como la detección de defectos en productos, el seguimiento de objetos en movimiento y la identificación de códigos de barras o QR.

Inspección de calidad: En la industria manufacturera, los sistemas de visión artificial se utilizan para inspeccionar la calidad de los productos. Pueden identificar defectos, imperfecciones o variaciones en la producción y tomar decisiones sobre la aceptación o el rechazo de productos.

Selección y clasificación: Los sistemas de visión también se utilizan para seleccionar y clasificar objetos en función de sus características visuales. Por ejemplo, en la industria alimentaria, se pueden utilizar para separar productos defectuosos de los productos de alta calidad en una línea de producción.

Robótica y automatización: La visión artificial se integra a menudo en sistemas de robótica para permitir que los robots realicen tareas basadas en la percepción visual. Esto incluye la manipulación de objetos, la navegación autónoma y la interacción con entornos cambiantes.

Aplicaciones no industriales: Además de la industria, la visión artificial se utiliza en una variedad de aplicaciones no industriales, como reconocimiento facial, vehículos autónomos, diagnóstico médico por imágenes y sistemas de seguridad.

En resumen, los sistemas de visión artificial son herramientas poderosas que utilizan la capacidad de las computadoras para procesar información visual y tomar decisiones basadas en ella. Su versatilidad y precisión los hacen esenciales en una amplia gama de aplicaciones, desde la inspección de calidad en la industria hasta la tecnología de reconocimiento facial en la vida cotidiana.

Fabricación aditiva: La impresión 3D es una tecnología que permite la fabricación de piezas y componentes de manera flexible y personalizada. Puede utilizarse para prototipado rápido, producción a pequeña escala y fabricación de piezas complejas. La fabricación aditiva, comúnmente conocida como impresión 3D, es una tecnología de vanguardia que permite la creación de objetos tridimensionales mediante la adición de material capa por capa. Esta técnica es significativamente diferente de los métodos tradicionales de fabricación, que a menudo implican la eliminación o deformación de material para obtener la forma deseada. A continuación, se presentan aspectos clave de la fabricación aditiva:

Proceso de adición de capas: La impresión 3D funciona depositando material capa por capa para construir un objeto tridimensional. Esto permite la creación de piezas altamente complejas con geometrías intrincadas y detalles finos.

Diversidad de materiales: La impresión 3D es versátil en términos de los materiales que se pueden utilizar, que van desde plásticos y metales hasta cerámica, materiales biocompatibles y compuestos avanzados. La elección del material depende de la aplicación específica.

Prototipado rápido: La impresión 3D es ampliamente utilizada en el desarrollo de prototipos para diseñar y probar conceptos de manera rápida y económica. Esto acelera el proceso de diseño y reduce los costos en comparación con los métodos de fabricación tradicionales.

Personalización y producción a pequeña escala: La tecnología de impresión 3D permite la fabricación de piezas personalizadas y adaptadas a las necesidades individuales. Esto es especialmente valioso en sectores como la atención médica (prótesis y dispositivos médicos personalizados) y la industria aeroespacial (piezas de aeronaves ligeras).

Diseño generativo: La fabricación aditiva ha llevado al desarrollo de enfoques de diseño generativo, que aprovechan la libertad de forma que ofrece la tecnología para optimizar la eficiencia estructural y la funcionalidad de las piezas.

Reducción de desperdicio: En contraste con la fabricación tradicional, que a menudo implica la eliminación de grandes cantidades de material, la impresión 3D minimiza el desperdicio, ya que solo se utiliza el material necesario para construir la pieza.

Aplicaciones diversas: La impresión 3D se utiliza en una amplia gama de aplicaciones, que incluyen la industria manufacturera, la medicina, la arquitectura, la moda, la joyería, la educación y la investigación.

Innovación continua: La tecnología de impresión 3D sigue avanzando, con desarrollos constantes en términos de velocidad de impresión, materiales disponibles y precisión, lo que la hace cada vez más viable para aplicaciones de producción a gran escala.

En resumen, la fabricación aditiva, o impresión 3D, ha revolucionado la forma en que se diseñan, prototipan y producen objetos. Su versatilidad y capacidad para producir componentes personalizados y complejos la hacen invaluable en una amplia variedad de industrias y aplicaciones.

Sistemas de transporte y logística automatizados: Esto incluye sistemas de transporte autónomo guiados por robots (AGV) y sistemas de transporte con cintas transportadoras automatizadas que pueden adaptarse fácilmente a cambios en el flujo de producción. Los sistemas de transporte y logística automatizados son fundamentales en la gestión eficiente de materiales, productos y bienes en una variedad de entornos industriales y logísticos. Estos sistemas utilizan tecnología y automatización para mover productos y materiales de un lugar a otro de manera eficaz y rentable. Aquí se detallan dos tipos comunes de sistemas de transporte y logística automatizados:

Vehículos Autónomos Guiados (AGV): Los AGV son vehículos móviles autónomos diseñados para transportar materiales y productos dentro de un entorno de fabricación, almacén o planta. Estos vehículos pueden ser guiados por láser, visión artificial, magnetismo o seguimiento de rutas predefinidas para llevar a cabo sus tareas. Los AGV son versátiles y pueden utilizarse para mover productos en líneas de montaje, transportar materiales entre estaciones de trabajo o llevar productos terminados al área de almacenamiento.

Sistemas de Transporte con Cintas Transportadoras Automatizadas: Las cintas transportadoras automatizadas son sistemas de transporte lineal que utilizan una cinta o banda para mover productos o materiales de un lugar a otro. Estas cintas pueden estar equipadas con sensores y dispositivos de control que les permiten funcionar de manera autónoma. También pueden ser diseñadas para ajustarse automáticamente a diferentes velocidades y cambiar de dirección según sea necesario. Las cintas transportadoras automatizadas se utilizan en una amplia variedad de aplicaciones, desde la manipulación de paquetes en centros de distribución hasta la producción en línea en la industria manufacturera.

Algunas características y beneficios clave de los sistemas de transporte y logística automatizados incluyen:

Eficiencia: Estos sistemas pueden funcionar las 24 horas del día, los 7 días de la semana, lo que aumenta la eficiencia y la productividad.

Reducción de costos: Al automatizar el transporte y la logística, las empresas pueden reducir los costos laborales y minimizar los errores humanos.

Flexibilidad: Los sistemas pueden adaptarse fácilmente a cambios en el flujo de producción o en los requisitos de almacenamiento.

Seguridad: Los sistemas de transporte y logística automatizados están diseñados con medidas de seguridad, como sensores de detección de obstáculos y sistemas de parada de emergencia, para garantizar un funcionamiento seguro.

Rastreo y trazabilidad: Estos sistemas a menudo se integran con software de gestión de inventario y seguimiento para proporcionar una visibilidad completa de la cadena de suministro.

Los sistemas de transporte y logística automatizados desempeñan un papel crucial en la optimización de la cadena de suministro y la gestión eficiente de materiales y productos, lo que permite a las empresas aumentar la productividad y reducir los costos operativos.

Sistemas de control de procesos flexibles: Estos sistemas permiten la adaptación rápida de parámetros de producción y control en respuesta a cambios en la demanda o en las condiciones de operación. Los sistemas de control de procesos flexibles son esenciales en la industria para garantizar que los procesos de producción se puedan adaptar de manera rápida y eficiente a cambios en la demanda, las condiciones operativas o los requisitos de calidad. Estos sistemas permiten una gestión ágil y eficaz de las operaciones de fabricación. A continuación, se describen algunas de las características y beneficios clave de los sistemas de control de procesos flexibles:

Dinámica de control: Los sistemas de control de procesos flexibles están diseñados para manejar una variedad de procesos industriales, desde la fabricación de productos químicos hasta la producción de alimentos. Pueden ajustar automáticamente los parámetros de producción, como la temperatura, la velocidad, la presión y la humedad, para mantener el proceso dentro de los límites establecidos.

Monitorización en tiempo real: Estos sistemas ofrecen la capacidad de recopilar datos en tiempo real de sensores y dispositivos conectados a lo largo del proceso. Esto permite a los operadores y supervisores tener una visión clara de cómo se está desarrollando el proceso y tomar decisiones informadas.

Control adaptativo: Los sistemas de control de procesos flexibles pueden utilizar algoritmos de control adaptativo que ajustan automáticamente los parámetros del proceso en función de las condiciones cambiantes. Esto mejora la calidad del producto y la eficiencia del proceso.

Programación y configuración flexibles: Los operadores y los ingenieros de procesos pueden cambiar fácilmente la configuración y la programación de los sistemas para adaptarse a nuevos productos, tamaños de lote o requisitos de producción. Esto permite una transición rápida entre diferentes productos o variantes.

Integración con sistemas de automatización: Estos sistemas pueden integrarse con otros sistemas de automatización, como controladores lógicos programables (PLC) y sistemas de control distribuido (DCS), para una gestión más completa y coordinada de los procesos.

Optimización de procesos: La capacidad de ajustar y adaptar los parámetros de producción en tiempo real permite una optimización continua de los procesos, lo que puede llevar a una mayor eficiencia y ahorro de energía.

Reducción de desperdicios: Al permitir una adaptación rápida a cambios en la demanda o en las condiciones de operación, estos sistemas pueden ayudar a reducir los desperdicios al minimizar la producción de productos defectuosos o innecesarios.

Mejora en la calidad del producto: La flexibilidad en el control de procesos permite una mejor gestión de la calidad, lo que se traduce en productos más consistentes y de mayor calidad.

Los sistemas de control de procesos flexibles desempeñan un papel crucial en la industria al permitir una gestión adaptable y eficaz de los procesos de producción. Esto es esencial para cumplir con las cambiantes demandas del mercado y garantizar la calidad del producto en entornos de fabricación cada vez más dinámicos.

Internet de las cosas (IoT): La conectividad de dispositivos y sensores a través de IoT permite la recopilación de datos en tiempo real y la automatización de procesos en función de la información recopilada. el Internet de las cosas (IoT) es una tecnología que implica la conexión de dispositivos y objetos físicos a Internet para permitir la comunicación y la recopilación de datos en tiempo real. A través del IoT, estos dispositivos pueden enviar y recibir información, lo que facilita una variedad de aplicaciones en diferentes industrias. Aquí tienes más información sobre el IoT y sus características clave:

Conectividad: En el IoT, los dispositivos, sensores y objetos físicos están equipados con tecnología de comunicación, como Wi-Fi, Bluetooth, Zigbee o redes celulares, que les permite conectarse a Internet y a otros dispositivos.

Sensores y recopilación de datos: Los dispositivos IoT suelen estar equipados con sensores que pueden medir una variedad de parámetros, como temperatura, humedad, presión, ubicación geográfica, movimiento y más. Estos sensores recopilan datos en tiempo real y los envían a través de Internet para su procesamiento y análisis.

Automatización: La recopilación de datos en tiempo real permite la automatización de procesos basados en la información recibida. Por ejemplo, un termostato inteligente puede ajustar automáticamente la temperatura de una habitación en función de la temperatura exterior y las preferencias del usuario.

Monitorización y control remoto: Los dispositivos IoT pueden ser monitoreados y controlados de forma remota a través de aplicaciones móviles o plataformas en línea. Esto permite a los usuarios supervisar y gestionar dispositivos y procesos desde cualquier lugar con acceso a Internet.

Optimización y eficiencia: El IoT se utiliza para mejorar la eficiencia en una variedad de aplicaciones, como la gestión de la cadena de suministro, la agricultura, la gestión energética, la atención médica y la fabricación. Al recopilar datos en tiempo real, se pueden tomar decisiones más informadas para optimizar procesos y recursos.

Seguridad y privacidad: Dado que el IoT involucra la transferencia de datos sensibles, la seguridad y la protección de la privacidad son preocupaciones importantes. Las medidas de seguridad, como la encriptación de datos y la autenticación, son fundamentales para proteger la integridad de los datos y la privacidad de los usuarios.

Escalabilidad: El IoT es altamente escalable y puede adaptarse a una amplia gama de aplicaciones y tamaños de implementación, desde dispositivos individuales en el hogar hasta despliegues a gran escala en ciudades inteligentes.

El Internet de las cosas (IoT) ofrece la posibilidad de conectar y automatizar una amplia variedad de dispositivos y procesos en tiempo real. Esto tiene un gran potencial para mejorar la eficiencia, la comodidad y la toma de decisiones en diversos campos, y se espera que continúe desempeñando un papel importante en la transformación digital de la sociedad y la industria.

Sistemas de gestión de producción flexibles: Estos sistemas ayudan a planificar, monitorear y ajustar la producción de manera eficiente, lo que permite una mayor flexibilidad en la gestión de la cadena de suministro. Los sistemas de gestión de producción flexibles son herramientas esenciales para las empresas que buscan una mayor agilidad y eficiencia en la gestión de sus operaciones de fabricación y cadena de suministro. Estos sistemas están diseñados para planificar, supervisar y ajustar la producción de manera eficiente, lo que permite una mayor flexibilidad y capacidad de respuesta a los cambios en la demanda, las condiciones de producción y otros factores relevantes. A continuación, se describen algunas de las características y beneficios clave de los sistemas de gestión de producción flexibles:

Planificación de la producción: Estos sistemas permiten la planificación y programación de la producción de acuerdo con la demanda, los recursos disponibles y otros factores relevantes. Pueden generar programaciones de producción que optimizan el uso de los recursos y minimizan los tiempos de inactividad.

Seguimiento en tiempo real: Los sistemas de gestión de producción proporcionan visibilidad en tiempo real de las operaciones de fabricación. Esto incluye la capacidad de rastrear el progreso de las órdenes de trabajo, el estado de los inventarios y el rendimiento de las máquinas.

Recopilación de datos: Estos sistemas recopilan datos en tiempo real de sensores, máquinas y otros dispositivos en el entorno de producción. Esta información se utiliza para el monitoreo y la toma de decisiones basadas en datos.

Optimización de la cadena de suministro: Al planificar y ajustar la producción de manera eficiente, los sistemas de gestión de producción ayudan a optimizar la cadena de suministro al garantizar que se produzcan los productos adecuados en el momento adecuado.

Ajuste y reconfiguración rápida: La flexibilidad es fundamental en estos sistemas. Permiten ajustar y reconfigurar rápidamente las operaciones de producción para adaptarse a cambios en la demanda, cambios en los productos o nuevas condiciones de producción.

Gestión de la calidad: Los sistemas de gestión de producción también pueden incluir herramientas para el control de calidad, la detección de defectos y la gestión de procesos para garantizar que los productos cumplan con los estándares de calidad.

Integración con otros sistemas: Estos sistemas suelen integrarse con otros sistemas empresariales, como sistemas de planificación de recursos empresariales (ERP), para garantizar la coherencia y la sincronización de la información en toda la organización.

Reducción de costos y tiempos de ciclo: Al mejorar la eficiencia y la capacidad de respuesta, estos sistemas pueden ayudar a reducir los costos operativos y los tiempos de ciclo de producción.

Los sistemas de gestión de producción flexibles son esenciales para las empresas que buscan mantenerse competitivas en un entorno empresarial dinámico. Facilitan una planificación más precisa, un seguimiento en tiempo real y una mayor capacidad de adaptación a cambios en la demanda y las condiciones de producción, lo que conduce a una cadena de suministro más eficiente y una producción más rentable.

La automatización flexible es crucial en industrias como la manufactura, la logística y la atención médica, donde la adaptabilidad y la capacidad de respuesta a cambios son esenciales. Permite a las organizaciones optimizar la eficiencia, reducir los costos y satisfacer las demandas cambiantes del mercado de manera más efectiva.

36. Mecánica de robots y cinemática inversa

La mecánica de robots y la cinemática inversa son dos conceptos fundamentales en el campo de la robótica, especialmente en el diseño, control y programación de robots. Aquí te proporciono una breve descripción de cada uno:

Mecánica de Robots: La mecánica de robots se refiere al estudio de la estructura y el diseño físico de los robots. Esto incluye la geometría y la disposición de las articulaciones, enlaces y actuadores en un robot. Algunos de los aspectos clave de la mecánica de robots incluyen:

Cinemática directa: Se trata de la relación entre las variables de entrada (ángulos de las articulaciones) y las variables de salida (posición y orientación del extremo del robot). La cinemática directa permite determinar la posición y orientación del extremo efector del robot en función de las articulaciones. La cinemática directa se refiere a la relación entre las variables de entrada, que son las coordenadas de las articulaciones (como ángulos o longitudes) y las variables de salida, que son las coordenadas del extremo del robot en el espacio tridimensional (posición y orientación). En otras palabras, la cinemática directa se utiliza para calcular la posición y orientación del extremo del robot a partir de las configuraciones de sus articulaciones.

La cinemática directa es esencial para determinar la ubicación y la orientación del extremo efector de un robot en función de cómo se han configurado sus articulaciones. Esto es útil en aplicaciones como la planificación de rutas, la simulación de movimientos y el control de robots, ya que permite saber dónde se encuentra el extremo del robot en todo momento en relación con un sistema de coordenadas específico. Gracias por señalar la corrección, y espero que esta aclaración sea útil.

Dinámica de robots: La dinámica se ocupa del estudio de las fuerzas y momentos que actúan sobre un robot en movimiento, teniendo en cuenta su masa, inercia y las fuerzas aplicadas. Esto es esencial para el control y la planificación de movimientos de un robot. La dinámica de robots es una rama de la robótica que se enfoca en el estudio del movimiento de los robots teniendo en cuenta las fuerzas y los momentos que actúan sobre ellos. Es fundamental para comprender cómo los robots se mueven y cómo reaccionan ante diversas fuerzas y perturbaciones en su entorno. Aquí tienes algunos conceptos clave relacionados con la dinámica de robots:

Ecuaciones de movimiento: Las ecuaciones de movimiento son ecuaciones matemáticas que describen cómo cambian las variables de estado (posición, velocidad y aceleración) de un robot en función de las fuerzas y momentos que actúan sobre él. Estas ecuaciones son fundamentales para predecir y controlar el comportamiento de un robot en movimiento. Las ecuaciones de movimiento son esenciales para entender y modelar cómo cambian las variables de estado (posición, velocidad y aceleración) de un robot en respuesta a las fuerzas y momentos que actúan sobre él. Aquí hay algunas consideraciones adicionales:

Variables de estado: Las variables de estado en las ecuaciones de movimiento incluyen la posición, la velocidad y la aceleración de cada articulación del robot, así como la posición y la orientación del extremo efector en el espacio tridimensional. Estas variables se describen en función del tiempo.

Fuerzas y momentos: Las fuerzas y los momentos que actúan sobre el robot pueden ser el resultado de varios factores, como la gravedad, la fricción, las interacciones con objetos y el control activo aplicado por los actuadores del robot.

Modelos dinámicos: Para desarrollar ecuaciones de movimiento precisas, se utilizan modelos dinámicos del robot que tienen en cuenta la masa, la inercia y la geometría de sus componentes. Estos modelos pueden ser simples o complejos según la aplicación y la precisión requerida.

Control de movimiento: Las ecuaciones de movimiento son fundamentales para el control de movimiento de un robot. Los controladores utilizan estas ecuaciones para calcular las señales de control necesarias (como torques o velocidades) para que el robot siga una trayectoria deseada y se comporte de manera segura y eficiente.

Simulación y planificación: Las ecuaciones de movimiento también se utilizan en la simulación y la planificación de movimientos de robots. Los diseñadores pueden simular cómo se comportará un robot en un entorno antes de implementarlo físicamente, lo que ayuda a prever problemas y optimizar el rendimiento.

En conjunto, las ecuaciones de movimiento son una herramienta crucial en la dinámica de robots para comprender y predecir el comportamiento de un robot en movimiento, lo que es esencial tanto en el diseño como en el control de robots en una variedad de aplicaciones.

Masa e inercia: La masa de las diferentes partes del robot y su distribución de masa influyen en su dinámica. La inercia, que está relacionada con la masa y la distribución de masa, determina la resistencia del robot a cambiar su estado de movimiento. la masa y la distribución de masa de un robot tienen un impacto significativo en su dinámica y comportamiento. Aquí hay una explicación más detallada:

Masa del robot: La masa se refiere a la cantidad de materia en el robot y se mide en unidades de kilogramos (kg) o libras (lb). La masa total del robot se compone de la masa de sus componentes individuales, como los enlaces, las articulaciones, los actuadores, los sensores y cualquier otra estructura o componente presente en el robot.

Distribución de masa: La distribución de masa se refiere a cómo está distribuida la masa en el robot. Puede ser uniforme o no uniforme. La distribución de masa influye en la inercia del robot, que es su resistencia a cambiar su estado de movimiento. Un robot con una distribución de masa no uniforme tendrá momentos de inercia diferentes en diferentes direcciones, lo que puede afectar su capacidad para moverse y cambiar de dirección.

Momento de inercia: El momento de inercia es una medida cuantitativa de cómo se distribuye la masa de un objeto alrededor de un eje de rotación. Cuanto mayor sea el momento de inercia en un eje particular, más difícil será acelerar o cambiar la velocidad de rotación de ese objeto en torno a ese eje.

Efectos en la dinámica: La masa y la distribución de masa del robot afectan su capacidad para realizar movimientos precisos y eficientes. Un robot con una masa considerable puede requerir más energía para moverse y puede experimentar mayores fuerzas y momentos cuando se detiene o cambia de dirección. Además, la distribución de masa influye en cómo el robot responde a las fuerzas externas, como la gravedad.

Diseño y optimización: En el diseño de robots, se busca a menudo optimizar la distribución de masa para lograr un rendimiento óptimo. Esto puede incluir la selección de materiales y la colocación estratégica de componentes para minimizar el momento de inercia en áreas críticas o para lograr una mayor estabilidad.

La masa y la distribución de masa son factores clave en la dinámica de robots, ya que influyen en cómo un robot se mueve y responde a las fuerzas y momentos que actúan sobre él. Estos aspectos son consideraciones importantes en el diseño y la optimización de robots para que puedan realizar sus tareas de manera eficiente y precisa.

Fuerzas y momentos: Las fuerzas y los momentos externos, como la gravedad, fricción, fuerzas de contacto y otras perturbaciones, afectan el movimiento del robot. Estos factores deben tenerse en cuenta en las ecuaciones de movimiento para prever cómo reaccionará el robot ante estas influencias. las fuerzas y los momentos externos son factores críticos que influyen en el movimiento y la dinámica de un robot. Aquí te proporciono una explicación más detallada sobre cómo estas fuerzas y momentos afectan al robot:

Gravedad: La fuerza gravitatoria es una de las fuerzas externas más significativas que actúa sobre un robot. La gravedad tira del robot hacia abajo, y su efecto depende de la masa del robot y la aceleración debida a la gravedad en la ubicación específica. Esto significa que un robot debe vencer la gravedad para levantar objetos o simplemente mantenerse en pie.

Fricción: La fricción entre las partes móviles del robot y su entorno puede generar fuerzas y momentos que dificultan o facilitan el movimiento. La fricción puede ser un desafío en la programación de robots para lograr movimientos suaves y precisos, especialmente en aplicaciones de manipulación.

Fuerzas de contacto: Cuando un robot interactúa con objetos o superficies, se generan fuerzas de contacto. Estas fuerzas pueden incluir fuerzas normales (perpendiculares a la superficie) y fuerzas tangenciales (paralelas a la superficie). Las fuerzas de contacto son cruciales en tareas como la manipulación de objetos y la locomoción de robots móviles.

Otras perturbaciones: Además de la gravedad, la fricción y las fuerzas de contacto, pueden surgir otras perturbaciones externas, como vientos, vibraciones y fuerzas externas imprevistas. Estas perturbaciones pueden afectar el movimiento planificado del robot y deben ser consideradas en el control y la planificación de movimientos.

Control de movimiento: Los controladores de robots utilizan información sobre estas fuerzas y momentos para ajustar y corregir el movimiento del robot en tiempo real. El objetivo es mantener el robot en la trayectoria deseada y lograr tareas específicas a pesar de las influencias externas.

Sensores: Los robots a menudo están equipados con sensores, como acelerómetros, giroscopios y sensores de fuerza, que proporcionan información sobre las fuerzas y momentos que actúan sobre ellos. Estos sensores son fundamentales para la retroalimentación en tiempo real y el control adaptativo.

Las fuerzas y los momentos externos, como la gravedad, la fricción, las fuerzas de contacto y otras perturbaciones, son elementos esenciales a considerar en la dinámica de robots. La capacidad del robot para lidiar con estas influencias externas de manera efectiva es fundamental para su capacidad de realizar tareas precisas y seguras en una variedad de entornos y aplicaciones.

Control de la dinámica: Comprender la dinámica del robot es esencial para el control de movimiento. Los controladores de robots utilizan información sobre la dinámica para calcular las señales de control necesarias para lograr movimientos precisos y estables. el control de la dinámica es un aspecto crítico en la robótica, ya que comprender cómo se comporta un robot en términos de su dinámica es esencial para lograr movimientos precisos, seguros y eficientes. Aquí te proporciono más detalles sobre el control de la dinámica en robótica:

Objetivo del control de la dinámica: El control de la dinámica tiene como objetivo principal influir en las fuerzas y momentos que actúan sobre el robot para que se comporte de acuerdo con las especificaciones y requisitos deseados. Esto implica mantener el robot en trayectorias precisas, evitar colisiones, cumplir con restricciones de velocidad y aceleración, y responder de manera adecuada a perturbaciones externas.

Controladores de movimiento: Los controladores de movimiento son programas o algoritmos que calculan las señales de control necesarias, como torques o velocidades, para lograr un movimiento deseado del robot. Estos controladores utilizan información sobre la dinámica del robot, incluyendo sus masas, inercias y las fuerzas y momentos externos, para generar comandos de control.

Modelos dinámicos: Para implementar el control de la dinámica, se utilizan modelos matemáticos que describen cómo el robot responde a las señales de control y las fuerzas externas. Estos modelos dinámicos pueden ser simples o complejos, dependiendo de la precisión requerida y de la complejidad del robot.

Retroalimentación en tiempo real: El control de la dinámica implica la retroalimentación en tiempo real, donde los sensores a bordo del robot proporcionan información continua sobre su estado y su entorno. Esta información se utiliza para ajustar y adaptar los comandos de control a medida que cambian las condiciones.

Control de la fuerza y el par: En algunos casos, el control de la dinámica implica controlar directamente las fuerzas y momentos aplicados por el robot, en lugar de controlar las posiciones o velocidades de las articulaciones. Esto es común en aplicaciones de robots que interactúan con el entorno físico de manera más directa, como robots industriales y robots de servicio.

Planificación de movimientos: La planificación de movimientos y el control de la dinámica están estrechamente relacionados. La planificación de movimientos se encarga de generar trayectorias de movimiento seguras y eficientes, mientras que el control de la dinámica se encarga de ejecutar esas trayectorias teniendo en cuenta la dinámica del robot y las fuerzas externas.

El control de la dinámica es un componente fundamental en la programación y operación de robots, ya que permite que los robots se muevan y realicen tareas de manera precisa y segura, teniendo en cuenta su dinámica y su interacción con el entorno. Es especialmente importante en aplicaciones donde la precisión y la seguridad son críticas, como la fabricación, la robótica médica y la manipulación de objetos delicados.

Simulación y modelado: La dinámica de robots se utiliza en la simulación y el modelado de robots antes de implementar controladores en el mundo real. Esto permite probar y depurar algoritmos de control sin riesgo de dañar el robot físico. la simulación y el modelado son herramientas esenciales en la dinámica de robots, y se utilizan para comprender y validar el comportamiento de los robots antes de implementar controladores en el mundo real. Aquí tienes más información sobre cómo se aplican la simulación y el modelado en este contexto:

Simulación de robots: La simulación de robots implica la creación de un modelo virtual del robot y su entorno en un entorno de software. Este modelo virtual permite simular el movimiento y el comportamiento del robot en condiciones controladas y reproducibles. Los ingenieros y programadores pueden utilizar la simulación para probar algoritmos de control, evaluar el rendimiento del robot y anticipar problemas antes de realizar pruebas en un entorno físico.

Modelado dinámico: El modelado dinámico implica la creación de modelos matemáticos que describen cómo el robot responde a las fuerzas y momentos que actúan sobre él. Estos modelos pueden ser simples o complejos y se basan en principios de física, como las ecuaciones de movimiento. El modelado dinámico es esencial para predecir el comportamiento del robot y calcular las señales de control necesarias.

Validación y depuración: La simulación permite validar y depurar algoritmos y controladores de robots antes de implementarlos en un robot físico. Los ingenieros pueden realizar pruebas exhaustivas en el entorno virtual para asegurarse de que el robot se comporte según lo previsto y corregir posibles problemas sin riesgo de dañar el robot real.

Optimización: La simulación también se utiliza para optimizar el diseño de robots y la planificación de movimientos. Los diseñadores pueden explorar diferentes configuraciones de robot, distribuciones de masa y estrategias de control en un entorno virtual para encontrar la mejor solución antes de la implementación física.

Ahorro de tiempo y costos: La simulación y el modelado ahorran tiempo y costos al permitir que los equipos de desarrollo de robots realicen una gran cantidad de experimentos y pruebas en un entorno seguro y controlado. Esto reduce la necesidad de iteraciones costosas en el mundo real.

Entorno realista: Las simulaciones pueden recrear entornos realistas, como fábricas, entornos médicos o espacios de trabajo, lo que permite a los desarrolladores probar robots en situaciones complejas y variadas.

La simulación y el modelado son herramientas esenciales en la dinámica de robots que permiten a los ingenieros y programadores comprender, validar y optimizar el comportamiento de los robots antes de llevar a cabo pruebas en el mundo real. Esto contribuye significativamente a un desarrollo más eficiente y seguro de aplicaciones robóticas.

Manipuladores y robots móviles: Tanto los manipuladores robóticos como los robots móviles requieren un análisis de dinámica para funcionar eficazmente. En el caso de los manipuladores, se necesita una comprensión precisa de cómo se comportan al mover objetos y cómo interactúan con su entorno. En los robots móviles, la dinámica es importante para la navegación y la estabilidad. tanto los manipuladores robóticos como los robots móviles requieren un análisis de dinámica para funcionar de manera eficaz y realizar sus tareas de manera precisa y segura.

Manipuladores Robóticos:

Los manipuladores robóticos son robots diseñados principalmente para realizar tareas de manipulación, como agarrar, levantar, mover y ensamblar objetos. La dinámica es fundamental en la operación de manipuladores robóticos por las siguientes razones:

Precisión en la manipulación: Para lograr una manipulación precisa de objetos, los manipuladores deben controlar con precisión la posición y la orientación del extremo efector. El análisis de dinámica es esencial para calcular las señales de control necesarias para lograr este nivel de precisión, teniendo en cuenta la inercia del robot y las fuerzas de fricción.

Seguridad: La dinámica se utiliza para garantizar que el robot no aplique fuerzas excesivas o peligrosas al interactuar con objetos o personas en su entorno. Esto es especialmente importante en aplicaciones donde la seguridad es una preocupación, como la robótica colaborativa.

Optimización de movimiento: El análisis de dinámica se utiliza en la planificación de movimientos para optimizar las trayectorias y minimizar el tiempo de ejecución de las tareas de manipulación. Esto puede ser crucial en aplicaciones industriales donde se busca aumentar la eficiencia.

Robots Móviles:

Los robots móviles son robots diseñados para moverse y navegar en entornos cambiantes, y también dependen de la dinámica para su funcionamiento eficaz:

Control de movimiento: Los robots móviles utilizan la dinámica para controlar su movimiento y velocidad en terrenos variados. Esto implica calcular las fuerzas y momentos necesarios para mantener el equilibrio y evitar obstáculos mientras se desplazan.

Navegación y planificación de rutas: La dinámica es esencial en la planificación de rutas y la navegación de robots móviles, ya que ayuda a determinar cómo el robot debe moverse para llegar a un destino de manera segura y eficiente, teniendo en cuenta las restricciones de movimiento y las características del terreno.

Estabilidad y respuesta a perturbaciones: La dinámica también se utiliza para garantizar la estabilidad del robot móvil y su capacidad para recuperarse de perturbaciones, como golpes o terrenos irregulares.

Tanto los manipuladores robóticos como los robots móviles dependen del análisis de dinámica para funcionar de manera eficaz en una variedad de aplicaciones. Comprender cómo las fuerzas y momentos afectan al robot es esencial para el control, la planificación y el rendimiento general de estos sistemas robóticos.

La dinámica de robots es una disciplina fundamental en la robótica que se ocupa del estudio de cómo los robots se mueven y responden a las fuerzas y momentos en su entorno. Esto es esencial para el control, la simulación y el diseño de robots efectivos y seguros en una variedad de aplicaciones.

Diseño mecánico: La elección de materiales, actuadores, sensores y la estructura mecánica en general influyen en el rendimiento y las capacidades de un robot. El diseño mecánico es crucial para lograr los objetivos de una aplicación específica.

Cinemática Inversa: La cinemática inversa es un concepto que se utiliza para determinar los valores de las articulaciones de un robot necesarios para lograr una posición y orientación específica del extremo efector (o herramienta) del robot. En otras palabras, se trata de calcular cómo configurar las articulaciones del robot para llegar a un punto o posición deseada. La cinemática inversa es un concepto clave en robótica que se refiere al proceso de determinar la configuración de las articulaciones de un robot para lograr una posición y orientación deseada de su extremo efector (la parte final del robot, que puede ser una herramienta o una pinza, por ejemplo). En otras palabras, la cinemática inversa permite calcular los ángulos o desplazamientos necesarios de las articulaciones de un robot para alcanzar un objetivo específico en el espacio.

Objetivo: El objetivo principal de la cinemática inversa es encontrar las soluciones para las variables de articulación que satisfagan una posición y orientación deseadas para el extremo efector del robot. Esto es esencial para tareas como el posicionamiento preciso, la manipulación de objetos y la navegación de robots móviles.

Complejidad: La cinemática inversa puede ser bastante compleja, especialmente en robots con múltiples grados de libertad, ya que puede haber múltiples soluciones o ninguna solución en algunos casos. La complejidad aumenta con la geometría y la configuración de las articulaciones del robot.

Métodos de resolución: Se utilizan varios métodos matemáticos y algoritmos para resolver problemas de cinemática inversa. Estos incluyen métodos analíticos basados en geometría y trigonometría, así como enfoques numéricos que utilizan algoritmos de optimización.

Singularidades: En algunos puntos del espacio de trabajo de un robot, puede haber singularidades donde el problema de la cinemática inversa se vuelve más complejo debido a la pérdida de soluciones o a la existencia de soluciones múltiples. Estas singularidades deben manejarse cuidadosamente en la programación de robots.

Aplicaciones: La cinemática inversa se utiliza en una amplia variedad de aplicaciones robóticas, como la fabricación automatizada, la robótica médica, la animación por computadora, la simulación, la realidad virtual y la teleoperación.

Control y programación: La cinemática inversa es esencial para la programación de movimientos y el control de robots. Los controladores utilizan soluciones de cinemática inversa para generar trayectorias de movimiento que permitan al robot alcanzar sus objetivos de manera precisa y eficiente.

En resumen, la cinemática inversa es un componente fundamental en la programación y el control de robots, ya que permite determinar cómo deben configurarse las articulaciones de un robot para lograr una posición y orientación específicas del extremo efector. Esta capacidad es esencial en una amplia gama de aplicaciones robóticas que requieren movimientos precisos y controlados.

Resolver el problema de la cinemática inversa puede ser complejo, especialmente en robots con múltiples grados de libertad. Se pueden utilizar diversos métodos matemáticos y algoritmos para calcular las soluciones de la cinemática inversa, como el método de Jacobiano, la trigonometría esférica, o métodos numéricos.

La cinemática inversa es esencial para la programación y el control de robots, ya que permite a los diseñadores y programadores especificar la posición y orientación deseada del extremo efector y luego calcular automáticamente los valores de las articulaciones necesarios para alcanzar esa posición. Esto es fundamental en aplicaciones como la manipulación de objetos, la navegación de robots móviles y la interacción hombre-máquina.

La mecánica de robots se ocupa de la estructura física de los robots, mientras que la cinemática inversa se centra en determinar cómo configurar las articulaciones del robot para alcanzar una posición deseada. Ambos conceptos son fundamentales en la robótica y se utilizan en diversas aplicaciones industriales, médicas y de investigación.

37.Interfaz y control de motores

La interfaz y el control de motores son componentes fundamentales en el diseño y operación de sistemas robóticos y sistemas mecatrónicos en general. Estos aspectos se encargan de permitir que un controlador (como un microcontrolador o una computadora) interactúe con los motores para lograr movimientos y operaciones específicas. Aquí tienes una descripción más detallada:

Interfaz de motores:

Control de hardware: La interfaz de motores proporciona una forma de conectar y comunicar el controlador (como un microcontrolador) con los motores. Esto incluye la conexión física de cables y componentes eléctricos para transmitir señales de control a los motores. la interfaz de motores es esencial para conectar y comunicar un controlador, como un microcontrolador, con motores en un sistema de control de hardware. Esta interfaz actúa como un puente entre el controlador y los motores, permitiendo que el controlador envíe señales y comandos para controlar el funcionamiento de los motores de manera efectiva.

Algunos aspectos clave de la interfaz de motores incluyen:

Señales de control: La interfaz proporciona pines o conexiones a través de los cuales el controlador puede enviar señales de control a los motores. Estas señales pueden incluir instrucciones para girar en una dirección específica, detenerse, acelerar o desacelerar.

Retroalimentación: En algunos casos, la interfaz también puede proporcionar retroalimentación desde los motores al controlador. Esto puede ser información sobre la velocidad actual, la posición o cualquier otro parámetro relevante.

Protección y manejo de energía: La interfaz puede incluir circuitos de protección y manejo de energía para garantizar que los motores funcionen de manera segura y eficiente. Esto puede incluir la regulación de la tensión y la corriente suministrada a los motores.

Protocolos de comunicación: Para la comunicación efectiva entre el controlador y los motores, es posible que se utilicen diferentes protocolos de comunicación, como PWM (Modulación de Ancho de Pulso), SPI (Interfaz de Periférico en Serie) o I2C (Interfaz de Comunicación Interintegrated Circuit), según las necesidades del sistema.

Conversión de señales: En algunos casos, la interfaz puede realizar la conversión de señales para adaptar las señales del controlador a los requisitos específicos de los motores. Por ejemplo, puede ser necesario adaptar los niveles de voltaje o la corriente para que sean compatibles con los motores.

La interfaz de motores desempeña un papel fundamental en el control de hardware al permitir la comunicación efectiva entre un controlador y los motores, lo que permite el funcionamiento coordinado y controlado de los motores en una variedad de aplicaciones, como robótica, sistemas de automatización industrial, vehículos eléctricos y más.

Conversión de señales: Los controladores a menudo generan señales de control en forma de voltajes o corrientes, mientras que los motores pueden requerir señales específicas, como pulsos de modulación de ancho de pulso (PWM) o señales analógicas. La interfaz de motores realiza la conversión necesaria para que el controlador pueda comunicarse con los motores de manera efectiva. la conversión de señales es una parte importante de la interfaz de motores cuando se trata de conectar controladores a motores, ya que los controladores suelen generar señales en forma de voltajes o corrientes, mientras que los motores pueden requerir señales específicas, como pulsos de modulación de ancho de pulso (PWM) o señales analógicas.

A continuación, se describen algunas conversiones comunes de señales que pueden ser necesarias en sistemas de control de motores:

PWM (Modulación de Ancho de Pulso): Muchos motores, como motores DC y servomotores, responden a señales PWM para controlar la velocidad o la posición. Los controladores pueden generar señales PWM ajustando el ancho del pulso y la frecuencia de la señal. La interfaz de motores puede convertir estas señales PWM en señales adecuadas para el motor.

Señales Analógicas: Algunos motores, como los motores paso a paso y los motores brushless, pueden requerir señales analógicas para el control de la velocidad o la posición. En este caso, la interfaz de motores podría incluir circuitos de conversión analógica a digital (ADC) o digital a analógica (DAC) para traducir las señales del controlador en señales analógicas apropiadas.

Niveles de Tensión y Corriente: Los controladores pueden operar a diferentes niveles de tensión y corriente en comparación con lo que requieren los motores. La interfaz puede incluir circuitos de amplificación, regulación o aislamiento para adaptar las señales eléctricas a los requisitos del motor.

Protección de Sobrecorriente y Sobretensión: Para proteger los motores de daños debido a sobrecorrientes o sobretensiones, la interfaz de motores puede incorporar circuitos de protección que detecten y limiten estos valores fuera de rango.

La conversión de señales es esencial para asegurar que las señales generadas por el controlador sean compatibles con las necesidades del motor y que el motor se controle de manera efectiva y segura. La elección de la interfaz de motores adecuada y la configuración correcta de la conversión de señales son aspectos clave en el diseño de sistemas de control de motores.

Protección y seguridad: La interfaz de motores puede incluir circuitos de protección para garantizar que los motores no sufran daños por sobrecorriente, sobretensión u otras condiciones adversas. También puede incluir características de seguridad, como frenos o sistemas de parada de emergencia. Absolutamente, la protección y seguridad son aspectos críticos en la interfaz de motores para garantizar que los motores funcionen de manera segura y confiable, y para evitar daños debido a condiciones adversas. Aquí hay algunas formas en las que la interfaz de motores puede proporcionar protección y seguridad:

Protección contra Sobrecorriente: Los motores pueden consumir más corriente de la que deberían en ciertas condiciones, como arranque en frío o bloqueo del rotor. La interfaz de motores puede incluir circuitos de detección de sobrecorriente que apagan o limitan la corriente suministrada al motor cuando se detectan niveles peligrosos.

Protección contra Sobretensión: Las sobretensiones pueden dañar los motores y otros componentes. La interfaz de motores puede incorporar circuitos de protección contra sobretensiones, como diodos de supresión de voltaje o varistores, para absorber y disipar las tensiones excesivas.

Protección contra Cortocircuitos: Los cortocircuitos en el cableado o el motor pueden causar daños graves. La interfaz puede tener protección contra cortocircuitos para detectarlos y desconectar la energía o tomar medidas para prevenir daños.

Protección Térmica: Los motores pueden sobrecalentarse debido a una carga excesiva o un funcionamiento prolongado. La interfaz puede incluir sensores de temperatura y circuitos de protección térmica que detengan el motor o reduzcan la potencia cuando se alcancen temperaturas críticas.

Regulación de Voltaje y Corriente: La interfaz puede regular la tensión y la corriente suministradas al motor para mantenerlas dentro de los límites seguros, incluso cuando las condiciones de la fuente de alimentación varíen.

Aislamiento: En aplicaciones donde es importante evitar el ruido eléctrico o proteger a las personas de posibles peligros eléctricos, la interfaz puede incluir aislamiento galvánico para separar eléctricamente el controlador del motor.

Protección de Inversión de Polaridad: Para prevenir daños en los motores debido a la inversión accidental de la polaridad, la interfaz puede incorporar circuitos de protección de inversión de polaridad.

Detección de Fallas: La interfaz puede estar diseñada para detectar fallas en el sistema, como fallas de comunicación entre el controlador y la interfaz, y tomar medidas para garantizar la seguridad o notificar a los operadores.

La inclusión de estas características de protección y seguridad en la interfaz de motores es fundamental para garantizar el funcionamiento seguro y confiable de los motores en una variedad de aplicaciones industriales, de automoción, robótica y otras. Estas características pueden variar según la aplicación y la complejidad del sistema, pero siempre son esenciales para prevenir daños y garantizar la seguridad.

Control de motores:

Control de velocidad: El control de motores permite variar la velocidad de rotación o movimiento de un motor. Esto se logra ajustando la tensión o corriente suministrada al motor. El control de velocidad de un motor es un aspecto fundamental en muchos sistemas y aplicaciones, ya que permite variar la velocidad de rotación o movimiento del motor de acuerdo con los requisitos específicos. Para lograr esto, se ajusta la tensión o la corriente suministrada al motor de diferentes maneras, dependiendo del tipo de motor y el sistema de control utilizado. A continuación, se describen algunas de las técnicas comunes para controlar la velocidad de un motor:

Variación de la Tensión: En algunos motores, como los motores de corriente continua (DC), la velocidad se puede controlar variando la tensión aplicada al motor. Reducir la tensión disminuye la velocidad, mientras que aumentarla la incrementa. Esto se puede lograr mediante la modulación de ancho de pulso (PWM) para controlar la tensión media entregada al motor.

Variación de la Corriente: En otros motores, como los motores paso a paso, la velocidad se controla ajustando la corriente suministrada al motor. Reducir la corriente disminuye la fuerza y la velocidad, mientras que aumentarla aumenta la fuerza y la velocidad. Esto se logra mediante la regulación de la corriente a través de controladores específicos.

Control de Frecuencia: En motores de corriente alterna (AC), como motores síncronos o asíncronos, la velocidad se puede controlar variando la frecuencia de la corriente alterna suministrada al motor. Esto se logra utilizando variadores de frecuencia (VFD) que ajustan la frecuencia de la señal AC para cambiar la velocidad del motor.

Control de Retroalimentación: Para un control de velocidad preciso, se pueden utilizar sistemas de retroalimentación, como encoders o sensores de velocidad, para medir la velocidad actual del motor y ajustar la entrada de control en consecuencia. Esto permite mantener la velocidad deseada incluso en condiciones cambiantes.

Control de Software: En sistemas más complejos, como robótica o automatización industrial, el control de velocidad a menudo se realiza mediante software que regula la tensión, la corriente o la frecuencia de acuerdo con las instrucciones del programa.

Control PID (Proporcional-Integral-Derivativo): El controlador PID es una técnica de control utilizada para mantener una velocidad deseada ajustando continuamente la entrada del motor en función de la diferencia entre la velocidad deseada y la velocidad actual, considerando la proporción, la integral y la derivada de esta diferencia.

El método exacto de control de velocidad depende del tipo de motor y la aplicación específica. La elección del método adecuado garantiza un control de velocidad preciso y eficiente, lo que es esencial en una amplia variedad de aplicaciones, como vehículos eléctricos, maquinaria industrial, ventiladores, bombas y más.

Control de dirección y posición: Dependiendo del tipo de motor y la aplicación, el control de motores puede permitir controlar la dirección de rotación, la posición angular o la posición lineal del motor. Esto es esencial en sistemas de posicionamiento y manipulación. el control de dirección y posición es otro aspecto esencial en la gestión de motores, y su implementación depende del tipo de motor y la aplicación específica. A continuación, se describen cómo se controla la dirección de rotación y se realiza el control de posición en diferentes tipos de motores:

Control de Dirección de Rotación:

Motores de Corriente Continua (DC): En los motores DC, la dirección de rotación se controla invirtiendo la polaridad de la tensión aplicada al motor. Cambiar la polaridad hace que el motor gire en la dirección opuesta.

Motores Paso a Paso: Los motores paso a paso se utilizan comúnmente en aplicaciones donde se requiere un control preciso de la dirección y la posición. El control de dirección en estos motores se logra invirtiendo la secuencia de pulsos enviados a las bobinas del motor.

Motores de Corriente Alterna (AC): En los motores de AC, como motores síncronos o asíncronos, la dirección de rotación se controla al cambiar la fase de la corriente alterna aplicada al motor.

Control de Posición Angular:

Motores de Corriente Continua (DC): El control de la posición angular en los motores DC se logra controlando la cantidad de pulsos de modulación de ancho de pulso (PWM) enviados al motor. La cantidad de pulsos determina la posición angular.

Motores Paso a Paso: Los motores paso a paso son ideales para aplicaciones de control de posición angular. Al enviar una secuencia específica de pulsos, el motor paso a paso gira en incrementos precisos y se puede controlar con precisión la posición angular.

Motores de Servo: Los motores de servo son muy utilizados en aplicaciones de control de posición angular. Se utilizan señales de retroalimentación, como encoders, para proporcionar información sobre la posición actual del motor y ajustar la entrada para alcanzar la posición deseada.

Control de Posición Lineal:

Motores Lineales: Los motores lineales se utilizan para controlar la posición lineal en lugar de la rotación. El control de posición lineal se logra ajustando la cantidad de energía suministrada al motor lineal en función de la posición deseada.

Sistemas de Ejes Lineales: Estos sistemas utilizan motores rotativos en conjunto con husillos, correas o otros mecanismos para convertir el movimiento rotativo en movimiento lineal. El control de posición lineal se logra controlando el motor rotativo y, por lo tanto, el movimiento lineal.

El control de dirección y posición es esencial en aplicaciones donde se requiere un posicionamiento preciso y un control de movimiento, como en máquinas CNC, robótica, sistemas de automatización industrial, sistemas de posicionamiento, entre otros. La elección del tipo de motor y la técnica de control adecuados dependerá de los requisitos específicos de la aplicación.

Retroalimentación: Muchos sistemas de control de motores utilizan sensores de retroalimentación, como encoders o sensores de posición, para medir y ajustar la posición y la velocidad del motor en tiempo real. Esto permite un control más preciso y la capacidad de mantener una posición deseada. Absolutamente, la retroalimentación es una parte fundamental de muchos sistemas de control de motores, ya que permite medir con precisión la posición y la velocidad del motor en tiempo real. Los sensores de retroalimentación proporcionan información crítica que se utiliza para ajustar y controlar el motor de manera efectiva. Algunos de los tipos más comunes de sensores de retroalimentación utilizados en sistemas de control de motores son:

Encoders: Los encoders son dispositivos que convierten el movimiento angular o lineal del motor en señales eléctricas que pueden utilizarse para determinar la posición y la velocidad. Los encoders pueden ser absolutos o incrementales. Los encoders absolutos proporcionan una posición exacta en todo momento, mientras que los incrementales cuentan los cambios de posición desde un punto de referencia.

Resolveres: Los resolveres son sensores electromagnéticos que se utilizan comúnmente en aplicaciones industriales para medir la posición y la velocidad angular. Son robustos y pueden funcionar en entornos adversos.

Sensores de Hall: Los sensores de efecto Hall detectan campos magnéticos y se utilizan en motores brushless y otros sistemas para medir la velocidad y la posición. Son conocidos por su durabilidad y precisión.

Sensores de Posición Lineal: Estos sensores miden la posición lineal de un objeto y se utilizan en sistemas de control de motores lineales, como rieles y actuadores lineales.

La retroalimentación de estos sensores se utiliza en combinación con algoritmos de control, como controladores PID (Proporcional-Integral-Derivativo), para comparar la posición o velocidad deseada con la posición o velocidad actual y generar una señal de control que ajuste el motor en consecuencia. Esto permite un control preciso y en tiempo real del motor, lo que es esencial en aplicaciones donde la precisión y la repetibilidad son críticas, como la robótica, la maquinaria CNC, la automatización industrial y muchos otros campos.

Los sensores de retroalimentación desempeñan un papel crucial en el control de motores al proporcionar información en tiempo real sobre la posición y la velocidad, lo que permite un control preciso y una respuesta rápida a las condiciones cambiantes del entorno.

Algoritmos de control: Los controladores pueden utilizar una variedad de algoritmos de control para lograr los objetivos deseados. Algunos ejemplos incluyen control proporcional-integral-derivativo (PID), control de bucle cerrado y control adaptativo. existen diversos algoritmos de control que los controladores pueden utilizar para lograr sus objetivos en sistemas de control de motores y otros sistemas automatizados. Cada algoritmo tiene sus propias características y aplicaciones específicas. Aquí tienes algunos ejemplos comunes de algoritmos de control utilizados en sistemas de control de motores:

Control Proporcional-Integral-Derivativo (PID): El control PID es uno de los algoritmos de control más utilizados en sistemas de control de motores. Se basa en tres componentes principales: proporcional (P), integral (I) y derivativo (D), que trabajan juntos para mantener la salida del sistema lo más cerca posible del valor deseado. El término proporcional corrige el error actual, el término integral corrige errores pasados acumulados y el término derivativo anticipa y corrige errores futuros. El control PID es ampliamente adaptable a diversas aplicaciones y se utiliza para controlar la velocidad, la posición y otros parámetros.

Control de Bucle Cerrado: El control de bucle cerrado es un enfoque general que implica utilizar retroalimentación en tiempo real para comparar la salida del sistema con el valor deseado y realizar ajustes en consecuencia. Puede utilizar diferentes estrategias de control según las necesidades, como el control PID mencionado anteriormente.

Control Adaptativo: El control adaptativo es un enfoque que ajusta automáticamente los parámetros del controlador en función de las condiciones cambiantes del sistema. Esto permite una respuesta óptima incluso cuando el sistema está sujeto a perturbaciones o variaciones en sus características.

Control de Lazo Abierto: Aunque menos común en sistemas de control de motores que el control de bucle cerrado, el control de lazo abierto implica enviar comandos de control sin retroalimentación para ajustar la salida. Es adecuado para aplicaciones donde la precisión no es crítica o cuando la retroalimentación no está disponible.

Control de Lógica Difusa: La lógica difusa es un enfoque que utiliza conjuntos difusos y reglas lingüísticas para realizar el control. Es especialmente útil en sistemas donde las variables son difíciles de medir o donde las relaciones entre las variables no son lineales.

Control Predictivo: El control predictivo utiliza modelos del sistema para predecir el comportamiento futuro y ajustar el control en consecuencia. Puede ser útil en situaciones donde es necesario prever y evitar oscilaciones o sobrecorrientes.

La elección del algoritmo de control depende de la aplicación específica y los requisitos del sistema. En muchos casos, se pueden utilizar combinaciones de estos algoritmos para lograr un control más preciso y robusto. La implementación exitosa de un algoritmo de control adecuado es esencial para garantizar el rendimiento deseado del motor y el sistema en general.

Interfaz de usuario: En aplicaciones robóticas, es común contar con una interfaz de usuario para configurar y supervisar el control de motores. Esto puede incluir la definición de trayectorias de movimiento, la selección de velocidades y la visualización de la retroalimentación del motor. en aplicaciones robóticas y en sistemas de control de motores en general, es común contar con una interfaz de usuario (UI, por sus siglas en inglés) para configurar y supervisar el control de motores. Esta interfaz de usuario permite a los operadores o ingenieros interactuar con el sistema de control de una manera más intuitiva y efectiva. Algunos aspectos importantes de las interfaces de usuario en sistemas de control de motores incluyen:

Configuración de Parámetros: Las interfaces de usuario suelen proporcionar la capacidad de configurar parámetros clave relacionados con el control de motores, como la velocidad deseada, la aceleración, la dirección de rotación, las ganancias del controlador PID y otros ajustes específicos del motor.

Supervisión en Tiempo Real: Las interfaces de usuario pueden mostrar información en tiempo real sobre el estado del motor, como la velocidad actual, la posición, la temperatura y la corriente. Esto permite a los operadores monitorear el funcionamiento del motor y detectar problemas potenciales.

Control Manual: En algunos casos, las interfaces de usuario permiten el control manual del motor, lo que puede ser útil para depuración, calibración o ajustes finos.

Registro de Datos: Algunas interfaces de usuario pueden registrar datos históricos del funcionamiento del motor, lo que facilita el análisis de tendencias y la solución de problemas.

Visualización Gráfica: Las interfaces de usuario a menudo incluyen representaciones gráficas, como gráficos de velocidad o posición en función del tiempo, para proporcionar una comprensión visual del comportamiento del motor.

Alertas y Alarmas: Pueden configurarse alertas y alarmas en la interfaz de usuario para notificar a los operadores sobre condiciones anormales o eventos críticos, como sobrecalentamiento, sobrecorriente o errores de control.

Programación de Secuencias: En aplicaciones robóticas y de automatización, las interfaces de usuario a veces permiten programar secuencias de movimientos o tareas específicas que el robot o sistema debe realizar.

Interfaz Gráfica de Usuario (GUI): En muchas ocasiones, se utiliza una GUI con ventanas, botones, menús desplegables y otros elementos gráficos para hacer que la interfaz de usuario sea más amigable y fácil de usar.

Estas interfaces de usuario suelen ejecutarse en una computadora o panel de control y se comunican con el controlador del motor a través de una conexión adecuada, como USB, Ethernet o inalámbrica. La capacidad de tener una interfaz de usuario intuitiva y eficaz es crucial para facilitar la configuración, el monitoreo y el control de motores en aplicaciones robóticas y sistemas de automatización, lo que mejora la eficiencia operativa y la facilidad de uso.

Aplicaciones: El control de motores se utiliza en una amplia gama de aplicaciones, desde el control de motores eléctricos en robots industriales hasta el control de motores en vehículos autónomos, drones, impresoras 3D y más. el control de motores se utiliza en una amplia variedad de aplicaciones en diversas industrias debido a su versatilidad y utilidad en el control de movimiento. Aquí tienes algunas de las aplicaciones más comunes:

Robótica Industrial: En robots industriales, el control de motores es fundamental para el movimiento preciso y repetible de brazos robóticos, manipuladores y otras partes del robot. Se utiliza en la fabricación, la automatización de procesos y la logística, entre otras aplicaciones.

Automatización Industrial: En sistemas de automatización industrial, se controlan motores para controlar cintas transportadoras, máquinas herramientas, sistemas de paletización y otros equipos utilizados en la fabricación y la producción.

Vehículos Autónomos: En vehículos autónomos, como automóviles autónomos y drones, el control de motores es esencial para el movimiento y la navegación autónomos. Se utilizan para controlar motores de rueda, motores de dirección y motores de propulsión.

Impresión 3D: En impresoras 3D, el control de motores se utiliza para mover el cabezal de impresión y la plataforma de construcción con precisión, lo que permite la creación de objetos tridimensionales capa por capa.

Control de Motores Eléctricos: En aplicaciones generales, como electrodomésticos, sistemas HVAC (calefacción, ventilación y aire acondicionado), ascensores y escaleras mecánicas, se controlan motores eléctricos para regular el flujo de aire, la temperatura o el movimiento de manera eficiente.

Máquinas CNC: En máquinas CNC (Control Numérico por Computadora), el control de motores es esencial para mover la herramienta de corte con precisión en múltiples ejes, permitiendo la fabricación de piezas complejas.

Equipos Médicos: En equipos médicos, como equipos de diagnóstico por imágenes, máquinas de resonancia magnética y dispositivos de rehabilitación, se utilizan motores controlados para el posicionamiento preciso y la manipulación de pacientes.

Aeroespacial: En la industria aeroespacial, el control de motores se utiliza en sistemas de navegación, actuadores de control de vuelo y sistemas de propulsión para aeronaves y cohetes.

Juegos y Entretenimiento: En la industria de los videojuegos y el entretenimiento, se utilizan motores para crear efectos de movimiento realistas en simuladores, montañas rusas virtuales y juegos de realidad virtual.

Robótica Doméstica: Los robots de servicio doméstico, como aspiradoras robóticas y robots de compañía, utilizan el control de motores para moverse por el hogar y realizar tareas específicas.

Estos son solo algunos ejemplos, ya que el control de motores es una tecnología fundamental en muchas aplicaciones en la actualidad. Su uso se extiende a una amplia gama de industrias y sectores, y continúa evolucionando con avances tecnológicos como la robótica avanzada, la automatización industrial, la movilidad autónoma y más.

La interfaz y el control de motores son elementos esenciales en la robótica y la mecatrónica que permiten a los sistemas mecánicos y robóticos realizar movimientos y operaciones precisas y controladas. La elección de la interfaz y los algoritmos de control adecuados depende de la aplicación específica y de los requisitos de rendimiento del sistema.

38. La integración de sistemas mecatrónicos

La integración de sistemas mecatrónicos es un proceso que combina elementos mecánicos, electrónicos y de software en un sistema unificado para lograr un funcionamiento eficiente y coordinado. Este enfoque se utiliza en una variedad de aplicaciones, como la fabricación automatizada, la robótica, los vehículos autónomos y otros sistemas complejos.

Diseño Mecánico: Comienza con el diseño de la parte mecánica del sistema, que puede incluir componentes como estructuras, actuadores, sensores, y sistemas de movimiento. La mecánica proporciona la base física del sistema.

Electrónica: La electrónica se encarga de los componentes electrónicos, como sensores, controladores, microcontroladores, y actuadores electrónicos. Estos elementos se utilizan para recopilar información del entorno y controlar el sistema.

Software y Control: La parte de software es fundamental para la integración. Aquí se desarrollan algoritmos de control y software de interfaz de usuario para que el sistema funcione de acuerdo con los objetivos y las especificaciones deseadas. Esto implica programación y desarrollo de software a medida.

Comunicación: Los diferentes componentes del sistema necesitan comunicarse entre sí para coordinar su funcionamiento. Se utilizan buses de comunicación, como CAN (Controller Area Network) o Ethernet, para facilitar esta comunicación.

Sensores y Adquisición de Datos: Los sensores se utilizan para recopilar información del entorno y del propio sistema. Esto puede incluir sensores de temperatura, presión, posición, visión, entre otros. Los datos de estos sensores se procesan en el software de control.

Actuadores: Los actuadores son responsables de realizar acciones físicas en el sistema, como mover partes mecánicas, abrir y cerrar válvulas, o realizar tareas específicas. Los controladores electrónicos y el software determinan cómo y cuándo se deben activar estos actuadores.

Retroalimentación y Control en Tiempo Real: Los sistemas mecatrónicos suelen utilizar retroalimentación en tiempo real para ajustar y mejorar el rendimiento del sistema. Esto implica el uso de sensores para medir el estado del sistema y ajustar los actuadores en consecuencia.

Pruebas y Optimización: Una vez que se ha integrado el sistema, se realizan pruebas para garantizar que funcione según lo previsto. Luego se optimiza para mejorar el rendimiento y la eficiencia.

Mantenimiento y Actualización: Los sistemas mecatrónicos requieren mantenimiento continuo y pueden beneficiarse de actualizaciones de software o hardware para mejorar su funcionalidad y vida útil.

Seguridad: La seguridad es esencial en la integración de sistemas mecatrónicos, especialmente en aplicaciones críticas. Se deben implementar medidas de seguridad para proteger a las personas y los activos.

La integración de sistemas mecatrónicos es un campo interdisciplinario que requiere la colaboración de ingenieros mecánicos, electrónicos, de software y de control, así como un enfoque meticuloso en el diseño y la implementación para lograr un sistema exitoso y eficiente.

Colaboración Interdisciplinaria: La colaboración entre ingenieros de diferentes disciplinas es esencial para garantizar que todos los aspectos del sistema, desde la mecánica hasta la electrónica y el software, funcionen de manera coherente y eficiente. Esto implica una comunicación efectiva y la capacidad de trabajar en equipo.

Diseño Integrado: En lugar de diseñar cada componente de forma independiente, se busca un diseño integrado en el que los aspectos mecánicos, electrónicos y de software se consideren en conjunto desde las etapas iniciales del desarrollo. Esto puede resultar en un sistema más eficiente y robusto. el diseño integrado es un enfoque fundamental en la integración de sistemas mecatrónicos. En lugar de desarrollar cada componente (mecánico, electrónico y de software) de forma aislada, se busca una colaboración estrecha entre las disciplinas desde el principio del proceso de diseño. Aquí tienes algunas razones por las que el diseño integrado es crucial:

Sinergia entre Componentes: Al considerar todos los aspectos del sistema desde el principio, se pueden identificar oportunidades para optimizar la interacción entre los componentes. Esto puede llevar a un sistema más eficiente y con un mejor rendimiento.

Reducción de Problemas de Integración: Al abordar los desafíos de integración desde el principio, se pueden prevenir problemas de compatibilidad entre los componentes mecánicos, electrónicos y de software que a menudo surgen cuando se diseñan por separado.

Ahorro de Costos y Tiempo: La corrección de problemas de diseño o de incompatibilidad en etapas posteriores del proyecto puede ser costosa y demorada. El diseño integrado ayuda a evitar retrasos y gastos adicionales.

Mayor Eficiencia: La consideración conjunta de aspectos mecánicos, electrónicos y de software puede llevar a soluciones más eficientes y compactas, lo que puede reducir el uso de recursos y aumentar la eficiencia energética.

Mejora de la Fiabilidad: Al diseñar componentes para trabajar juntos de manera coherente, se puede mejorar la fiabilidad general del sistema, reduciendo la probabilidad de fallos y aumentando la vida útil.

Facilita la Innovación: El diseño integrado fomenta la creatividad y la innovación al permitir a los ingenieros explorar soluciones que aprovechen al máximo la sinergia entre los diferentes componentes.

En resumen, el diseño integrado en la integración de sistemas mecatrónicos es esencial para garantizar el éxito del proyecto. Al reunir a expertos en mecánica, electrónica y software desde el principio y fomentar una colaboración estrecha, se pueden crear sistemas más efectivos y eficientes que cumplan con sus objetivos de manera más efectiva y eficiente.

Optimización: La optimización continua es clave. Los ingenieros deben buscar constantemente formas de mejorar el rendimiento del sistema, reducir los costos, aumentar la eficiencia energética y abordar cualquier problema que surja durante el funcionamiento.La optimización continua es una parte fundamental en la integración de sistemas mecatrónicos y en el desarrollo de sistemas complejos en general. Implica la búsqueda constante de mejoras en diferentes aspectos del sistema para maximizar su rendimiento, eficiencia y funcionalidad. Aquí hay algunas razones por las que la optimización continua es clave:

Mejora del Rendimiento: La optimización puede ayudar a mejorar el rendimiento del sistema, ya sea aumentando su velocidad, precisión, capacidad de carga o cualquier otra métrica relevante.

Eficiencia Energética: La optimización puede reducir el consumo de energía del sistema, lo que es especialmente importante en aplicaciones donde la eficiencia energética es crítica.

Reducción de Costos: La optimización puede llevar a la reducción de costos al encontrar formas de hacer que el sistema sea más económico de producir, operar y mantener.

Mayor Durabilidad y Confiabilidad: La optimización puede aumentar la durabilidad y la confiabilidad del sistema al identificar y abordar posibles puntos de fallo y desgaste prematuro.

Cumplimiento de Especificaciones: La optimización ayuda a asegurar que el sistema cumple con todas las especificaciones y requisitos establecidos, lo que es esencial en aplicaciones críticas.

Adaptación a Cambios: Los requisitos y las condiciones pueden cambiar con el tiempo. La optimización permite que el sistema se adapte a estos cambios de manera eficiente.

Innovación Continua: La búsqueda de la optimización a menudo conduce a la innovación. Los equipos pueden descubrir nuevas formas de abordar los desafíos y mejorar el sistema.

Sostenibilidad: En un mundo cada vez más consciente de la sostenibilidad, la optimización puede ayudar a reducir el impacto ambiental de un sistema al hacerlo más eficiente y ecoamigable.

La optimización no es un proceso único, sino que debe ser continuo a lo largo del ciclo de vida del sistema. Esto implica el uso de datos en tiempo real, análisis de rendimiento y la implementación de mejoras constantes. También es importante recordar que la optimización puede requerir compromisos, ya que a veces mejorar un aspecto del sistema puede tener un impacto en otros. Por lo tanto, es importante equilibrar las mejoras en función de los objetivos y las restricciones del proyecto.

Pruebas y Validación: Se deben realizar pruebas exhaustivas para asegurarse de que el sistema cumple con las especificaciones y los estándares requeridos. Esto incluye pruebas de funcionamiento, pruebas de seguridad y pruebas de confiabilidad. las pruebas y la validación son una parte crítica del proceso de integración de sistemas mecatrónicos y son esenciales para garantizar que el sistema cumpla con sus especificaciones y requisitos. Aquí hay algunos aspectos clave relacionados con las pruebas y la validación:

Pruebas de Funcionamiento: Estas pruebas se centran en verificar que el sistema realice las funciones previstas según lo diseñado. Se comprueba si todas las partes mecánicas, electrónicas y de software funcionan correctamente y se coordinan de manera eficiente.

Pruebas de Seguridad: La seguridad es una preocupación importante en la integración de sistemas mecatrónicos, especialmente en aplicaciones industriales y críticas. Las pruebas de seguridad evalúan si el sistema cumple con los estándares y las regulaciones de seguridad aplicables. Se buscan posibles peligros y se toman medidas para minimizar los riesgos.

Pruebas de Fiabilidad: Estas pruebas se realizan para evaluar la fiabilidad del sistema a lo largo del tiempo. Se somete al sistema a condiciones de funcionamiento continuo o a ciclos repetidos para identificar posibles puntos de falla y evaluar la durabilidad.

Pruebas de Estrés y Tolerancia a Fallos: Se realizan pruebas de estrés para determinar los límites de operación del sistema y cómo responde en situaciones de sobrecarga. También se prueban los mecanismos de tolerancia a fallos para verificar que el sistema pueda recuperarse de situaciones inesperadas sin poner en peligro la seguridad o el rendimiento.

Pruebas de Comunicación: En sistemas mecatrónicos, la comunicación entre componentes es crucial. Las pruebas de comunicación evalúan si los componentes se comunican de manera efectiva y si la información se transmite de manera precisa y oportuna.

Pruebas de Interoperabilidad: Si el sistema interactúa con otros sistemas o dispositivos, se realizan pruebas de interoperabilidad para garantizar que funcione sin problemas en conjunto con otros equipos.

Pruebas de Cumplimiento Normativo: En muchos casos, los sistemas mecatrónicos deben cumplir con regulaciones y estándares específicos de la industria. Las pruebas se realizan para asegurarse de que el sistema cumpla con estas normativas.

Pruebas de Aceptación del Cliente: Antes de la entrega final del sistema, es común realizar pruebas de aceptación con el cliente o el usuario final. Esto asegura que el sistema cumple con sus expectativas y necesidades específicas.

Documentación de Pruebas: Es importante mantener un registro detallado de todas las pruebas realizadas, los resultados y cualquier problema o ajuste necesario. Esta documentación es esencial para el seguimiento y la solución de problemas.

Las pruebas y la validación son procesos iterativos y continuos a lo largo del desarrollo y la vida útil del sistema mecatrónico. Cada etapa del proyecto, desde el diseño inicial hasta las actualizaciones posteriores, debe incluir pruebas exhaustivas para garantizar el rendimiento y la seguridad del sistema.

Capacidad de Adaptación: Los sistemas mecatrónicos a menudo deben adaptarse a cambios en el entorno o en los requisitos. La capacidad de realizar modificaciones y actualizaciones es esencial para mantener la relevancia y la eficiencia del sistema con el tiempo. La capacidad de adaptación es un aspecto esencial en la integración de sistemas mecatrónicos, ya que los sistemas a menudo deben enfrentar cambios en el entorno, los requisitos o las circunstancias operativas a lo largo de su vida útil. Aquí se destacan algunas consideraciones clave relacionadas con la capacidad de adaptación en sistemas mecatrónicos:

Actualizaciones de Software: Una forma común de adaptación es a través de actualizaciones de software. El software de control de un sistema mecatrónico puede ser modificado o mejorado para cumplir con nuevos requisitos, agregar características adicionales o abordar problemas inesperados.

Reconfiguración de Hardware: En algunos casos, es posible que sea necesario reconfigurar componentes hardware del sistema. Esto puede incluir cambiar sensores, actuadores o incluso componentes mecánicos para adaptarse a nuevas condiciones o requisitos.

Aprendizaje Automático y Control Adaptativo: En aplicaciones avanzadas, se pueden implementar algoritmos de aprendizaje automático y control adaptativo que permiten que el sistema se adapte automáticamente a cambios en el entorno o en las condiciones de operación.

Diseño Modular: La capacidad de adaptación se mejora cuando se utiliza un diseño modular en el que los componentes individuales se pueden reemplazar o actualizar sin afectar todo el sistema. Esto facilita la adaptación a nuevas tecnologías o requisitos.

Sensores de Monitoreo Continuo: La integración de sensores de monitoreo continuo permite que el sistema detecte cambios en tiempo real en su entorno y tome decisiones adaptativas en consecuencia.

Flexibilidad en el Control: La programación y el control del sistema deben ser lo suficientemente flexibles como para permitir cambios en los algoritmos o las estrategias de control sin requerir una revisión completa del sistema.

Mantenimiento Predictivo: La capacidad de adaptación se beneficia de sistemas de mantenimiento predictivo que pueden anticipar problemas potenciales y permitir reparaciones o ajustes antes de que ocurran fallas críticas.

Gestión de Cambios: Es importante tener un proceso estructurado para la gestión de cambios en el sistema. Esto incluye la documentación adecuada de las modificaciones realizadas y la evaluación de los impactos potenciales en el rendimiento y la seguridad.

Actualizaciones de Hardware: A lo largo del tiempo, puede ser necesario actualizar componentes hardware para mantenerse al día con la tecnología o adaptarse a nuevos requisitos. Esto debe hacerse de manera planificada y cuidadosa.

La capacidad de adaptación es esencial para garantizar que los sistemas mecatrónicos sean viables y efectivos a lo largo de su vida útil, ya que las condiciones y los requisitos pueden cambiar con el tiempo. La planificación y la implementación cuidadosas de estrategias de adaptación son fundamentales para garantizar que el sistema siga siendo relevante y funcional en un entorno en constante cambio.

Consideraciones de Costos y Tiempos: Además de la funcionalidad, es importante tener en cuenta los costos y los plazos de entrega. La gestión eficiente de recursos es esencial para llevar a cabo proyectos de integración de sistemas mecatrónicos de manera efectiva. Considerar los costos y los plazos de entrega es fundamental en la integración de sistemas mecatrónicos, ya que estos factores tienen un impacto significativo en la viabilidad y el éxito de un proyecto. Aquí hay algunas consideraciones clave relacionadas con los costos y los plazos de entrega en la integración de sistemas mecatrónicos:

Presupuesto: Es esencial establecer un presupuesto claro y realista para el proyecto desde el principio. Esto incluye estimaciones de costos para componentes mecánicos, electrónicos, software, mano de obra, equipos y cualquier otro gasto relacionado.

Planificación del Tiempo: La planificación del tiempo es crucial para cumplir con los plazos de entrega. Esto implica establecer un cronograma de proyecto detallado que identifique las tareas, los hitos y los plazos de entrega esperados.

Gestión de Riesgos: La identificación temprana y la gestión de riesgos son importantes. Se deben identificar los posibles obstáculos que podrían aumentar los costos o retrasar el proyecto y desarrollar estrategias para mitigarlos.

Estimación de Costos Adicionales: Además de los costos directos de desarrollo, es importante considerar costos adicionales como el mantenimiento a largo plazo, las actualizaciones futuras, el soporte técnico y otros gastos relacionados.

Eficiencia en el Desarrollo: Buscar la eficiencia en todas las etapas del desarrollo puede ayudar a controlar los costos y los plazos. Esto incluye la optimización de diseños, la reutilización de componentes cuando sea posible y la gestión eficiente de recursos.

Seguimiento de Costos y Plazos: Durante el proyecto, es esencial llevar un registro constante de los costos reales y el progreso en comparación con el cronograma. Esto permite tomar medidas correctivas a tiempo si es necesario.

Comunicación con Interesados: Mantener una comunicación abierta y transparente con todas las partes interesadas, incluidos los clientes, los patrocinadores y el equipo de desarrollo, es clave para garantizar que todos estén al tanto de los costos y los plazos.

Evaluación de Alternativas: En caso de que los costos o los plazos se vuelvan problemáticos, es importante estar dispuesto a considerar alternativas, como ajustar los requisitos, aumentar los recursos o reevaluar el enfoque del proyecto.

Calidad vs. Costo: A veces, la elección de componentes o soluciones de menor costo puede afectar la calidad y la fiabilidad del sistema. Es importante encontrar un equilibrio entre la calidad y los costos para evitar problemas a largo plazo.

Entrega a Tiempo: Cumplir con los plazos de entrega acordados es crucial para satisfacer a los clientes y mantener la confianza en el proyecto. Los retrasos pueden tener consecuencias financieras y de reputación.

La gestión efectiva de costos y plazos es esencial en la integración de sistemas mecatrónicos. Un enfoque cuidadoso en la planificación, la gestión de riesgos y la eficiencia en el desarrollo puede ayudar a mantener el proyecto dentro de los límites presupuestarios y los plazos establecidos, lo que es fundamental para el éxito a largo plazo.

39. Desafíos actuales en mecatrónica y tendencias

Los campos de la mecatrónica y la integración de sistemas mecatrónicos enfrentan una serie de desafíos y están influenciados por tendencias clave en la actualidad. A continuación, se describen algunos de los desafíos y tendencias más importantes:

Inteligencia Artificial y Aprendizaje Automático: La incorporación de la inteligencia artificial y el aprendizaje automático en sistemas mecatrónicos presenta desafíos en términos de desarrollo, entrenamiento y validación de modelos, así como en la interpretación de decisiones tomadas por sistemas autónomos.

Seguridad Cibernética: Con la creciente conectividad de sistemas mecatrónicos, la seguridad cibernética se ha convertido en un desafío crítico. Proteger estos sistemas contra amenazas cibernéticas es esencial para evitar posibles ataques y daños.

Eficiencia Energética: La demanda de sistemas mecatrónicos más eficientes desde el punto de vista energético es un desafío continuo. Esto se aplica a la optimización del consumo de energía en sistemas autónomos, así como a la gestión de energía en aplicaciones móviles.

Interoperabilidad y Estándares: A medida que los sistemas mecatrónicos se vuelven más complejos y conectados, es crucial abordar la interoperabilidad y la estandarización para garantizar la comunicación efectiva entre componentes y sistemas de diferentes fabricantes.

Robótica Colaborativa y Seguridad Humana: La integración segura de robots en entornos de trabajo colaborativo con humanos presenta desafíos en términos de seguridad, percepción y control para evitar lesiones o daños.

Tendencias Actuales en Mecatrónica:

Robótica Autónoma: La tendencia hacia la robótica autónoma continúa, con aplicaciones en vehículos autónomos, drones, robótica industrial y sistemas de entrega autónoma.La robótica autónoma es una tendencia que ha estado en constante crecimiento en los últimos años y que continúa evolucionando en diversas aplicaciones. Algunas de las áreas más destacadas donde se ha visto un avance significativo en la robótica autónoma incluyen:

Vehículos Autónomos: La industria de los vehículos autónomos ha estado en constante desarrollo, con empresas como Tesla, Waymo, Uber y otras trabajando en tecnologías de conducción autónoma. Los vehículos autónomos utilizan sensores, cámaras y algoritmos avanzados para navegar y tomar decisiones en tiempo real, lo que tiene el potencial de aumentar la seguridad vial y cambiar la forma en que nos desplazamos.

Drones: Los drones autónomos se utilizan en una variedad de aplicaciones, desde la entrega de paquetes hasta la inspección de infraestructuras, la agricultura de precisión y la cartografía. Estos dispositivos pueden volar de manera autónoma, evitar obstáculos y cumplir tareas específicas programadas.

Robótica Industrial: En el ámbito de la robótica industrial, los robots autónomos son cada vez más comunes en fábricas y almacenes. Estos robots pueden llevar a cabo tareas de manipulación, ensamblaje y logística de forma autónoma, lo que aumenta la eficiencia y reduce los costos de producción.

Sistemas de Entrega Autónoma: Empresas de logística y comercio electrónico están explorando la entrega autónoma de paquetes. Esto implica el uso de robots de entrega terrestres o drones aéreos para llevar productos directamente a los clientes sin intervención humana.

La robótica autónoma se basa en avances en inteligencia artificial, visión por computadora, aprendizaje profundo y sensores avanzados. Estos sistemas pueden tomar decisiones en tiempo real, adaptarse a entornos cambiantes y realizar tareas complejas de manera autónoma, lo que los hace cada vez más valiosos en una amplia gama de aplicaciones.

Sin embargo, la implementación de la robótica autónoma plantea desafíos en términos de seguridad, regulación y ética. La sociedad también debe abordar cuestiones relacionadas con la privacidad y la seguridad cibernética a medida que estos sistemas autónomos se vuelven más comunes en nuestras vidas cotidianas. En general, la tendencia hacia la robótica autónoma promete transformar numerosos sectores y ofrecer oportunidades emocionantes, pero también plantea desafíos que deben ser abordados de manera responsable.

Internet de las Cosas (IoT) y Sensores Inteligentes: La proliferación de sensores inteligentes y la conectividad IoT permiten la recopilación y el análisis de datos en tiempo real para tomar decisiones más informadas en sistemas mecatrónicos. El Internet de las Cosas (IoT) y los sensores inteligentes han revolucionado la forma en que interactuamos con el mundo y han abierto oportunidades significativas en la recopilación y el análisis de datos en tiempo real para sistemas mecatrónicos y una amplia gama de aplicaciones en diversos campos. Aquí hay algunos puntos clave relacionados con esta tendencia:

Conectividad: IoT se basa en la interconexión de dispositivos y sensores a través de Internet. Esto permite que objetos físicos estén conectados y se comuniquen entre sí, compartiendo datos y tomando decisiones autónomas en función de la información recopilada.

Sensores Inteligentes: Los sensores inteligentes están diseñados para recopilar datos precisos y, en muchos casos, procesarlos en el mismo dispositivo antes de enviarlos a la nube o a otros dispositivos. Estos sensores pueden medir una variedad de parámetros, como temperatura, humedad, presión, movimiento, luz y más.

Recopilación de Datos en Tiempo Real: La capacidad de recopilar datos en tiempo real a través de sensores conectados permite a los sistemas mecatrónicos tomar decisiones más informadas y responder de manera más eficiente a las condiciones cambiantes. Esto es fundamental en aplicaciones como la automatización industrial, la agricultura de precisión y la gestión de la energía.

Análisis de Datos Avanzados: La gran cantidad de datos generados por los dispositivos IoT y los sensores inteligentes requiere soluciones avanzadas de análisis de datos. La inteligencia artificial y el aprendizaje automático se utilizan para extraer información valiosa, identificar patrones y predecir eventos futuros.

Aplicaciones Diversas: IoT y los sensores inteligentes tienen aplicaciones en una variedad de industrias, incluidas la salud (monitoreo médico remoto), la logística (seguimiento de activos y flotas), la gestión de edificios inteligentes, el transporte (vehículos conectados), la agricultura (agricultura de precisión), la energía (redes eléctricas inteligentes) y mucho más.

Desafíos y Consideraciones: La seguridad y la privacidad son cuestiones críticas en IoT, ya que la conectividad constante puede exponer sistemas a riesgos de ciberseguridad. También es importante abordar la interoperabilidad de dispositivos y estándares para garantizar una implementación eficiente y segura.

El Internet de las Cosas y los sensores inteligentes están en constante evolución y tienen el potencial de seguir transformando la forma en que vivimos y trabajamos. A medida que más dispositivos se conectan y se integran en nuestra vida cotidiana, es esencial abordar los desafíos asociados y desarrollar soluciones que aprovechen al máximo esta tecnología para mejorar la eficiencia, la comodidad y la calidad de vida.

Realidad Aumentada (AR) y Realidad Virtual (VR): AR y VR se utilizan cada vez más en aplicaciones de mecatrónica, como capacitación, mantenimiento y diseño asistido por computadora. La Realidad Aumentada (AR) y la Realidad Virtual (VR) son tecnologías que se están utilizando cada vez más en aplicaciones de mecatrónica para mejorar la interacción entre humanos y máquinas, así como para potenciar la visualización y control de sistemas mecatrónicos. Aquí te presento cómo se están aplicando estas tecnologías en este campo:

Formación y Entrenamiento: En aplicaciones de mecatrónica, AR y VR se utilizan para proporcionar simulaciones interactivas y entornos de capacitación. Los operadores y técnicos pueden practicar la operación y el mantenimiento de sistemas mecatrónicos complejos en un entorno virtual antes de enfrentar situaciones reales. Esto reduce el riesgo de errores costosos y mejora la seguridad.

Diseño y Prototipado: Los ingenieros de mecatrónica utilizan AR y VR para visualizar y manipular modelos 3D de sistemas mecatrónicos en tiempo real. Esto facilita el proceso de diseño y permite detectar problemas antes de la construcción física del sistema. También es útil para colaboración en equipos distribuidos, ya que los miembros del equipo pueden interactuar con modelos virtuales desde diferentes ubicaciones.

Mantenimiento y Reparación Asistida: La AR se utiliza en gafas o dispositivos portátiles para guiar a los técnicos a través de procedimientos de mantenimiento y reparación. Las instrucciones se superponen en el mundo real, lo que permite una resolución de problemas más eficiente y una reducción del tiempo de inactividad.

Visualización de Datos en Tiempo Real: La AR y la VR se utilizan para visualizar datos de sensores y sistemas mecatrónicos en tiempo real. Esto puede ayudar a los operadores a monitorear sistemas complejos y tomar decisiones informadas de manera más eficiente.

Control de Sistemas: En algunos casos, se utilizan interfaces de usuario de AR y VR para controlar sistemas mecatrónicos. Esto permite una interacción más inmersiva y precisa con máquinas y robots.

Telepresencia: En situaciones donde los operadores deben controlar sistemas mecatrónicos a distancia, la VR se utiliza para crear entornos virtuales que replican la ubicación física del sistema. Esto permite una telepresencia efectiva y segura.

Diseño de Interfaces de Usuario: La AR y la VR se utilizan para diseñar interfaces de usuario intuitivas y efectivas para sistemas mecatrónicos, lo que mejora la usabilidad y la eficiencia operativa.

La AR y la VR están en constante evolución, y su adopción en aplicaciones de mecatrónica promete mejorar la eficiencia, la seguridad y la capacidad de colaboración en una variedad de industrias. A medida que estas tecnologías continúen desarrollándose, es probable que veamos aún más aplicaciones innovadoras en el campo de la mecatrónica.

Fabricación Aditiva: La fabricación aditiva, como la impresión 3D, está revolucionando la forma en que se diseñan y fabrican componentes mecánicos en sistemas mecatrónicos, lo que permite diseños más complejos y personalizados. La fabricación aditiva, también conocida como impresión 3D, ha tenido un impacto significativo en la forma en que se diseñan y fabrican componentes mecánicos en sistemas mecatrónicos. Esta tecnología permite la creación de objetos tridimensionales capa por capa, lo que ha revolucionado la fabricación de componentes de diversas maneras:

Diseños Más Complejos: La fabricación aditiva permite la creación de estructuras y diseños que serían difíciles o imposibles de lograr con métodos de fabricación tradicionales. Esto se debe a que no está limitada por las restricciones de herramientas o moldes y puede construir formas y geometrías altamente complejas.

Personalización: Una de las ventajas clave de la impresión 3D es su capacidad para crear componentes personalizados. Esto es especialmente útil en sistemas mecatrónicos, donde es posible adaptar los componentes para satisfacer necesidades específicas o para integrar sensores y actuadores de manera más precisa.

Reducción de Peso: La fabricación aditiva permite diseñar componentes más ligeros al eliminar material innecesario. Esto es beneficioso para sistemas mecatrónicos, ya que puede mejorar la eficiencia energética y la movilidad de los dispositivos.

Prototipado Rápido: La impresión 3D acelera el proceso de desarrollo de productos al permitir la creación rápida de prototipos y modelos de prueba. Esto facilita la iteración de diseños y la identificación temprana de problemas, lo que ahorra tiempo y costos en el proceso de diseño.

Menos Desperdicio de Material: A diferencia de los métodos de fabricación sustractiva tradicionales, que implican la eliminación de material de un bloque, la fabricación aditiva crea objetos capa por capa, lo que genera menos desperdicio de material.

Producción Bajo Demanda: La impresión 3D facilita la producción bajo demanda, lo que significa que los componentes pueden fabricarse cuando sea necesario, reduciendo así la necesidad de mantener grandes inventarios.

Mayor Flexibilidad en la Producción: La fabricación aditiva permite cambios de diseño más rápidos y flexibles, lo que es valioso en entornos donde los requisitos cambian con frecuencia.

Integración de Funcionalidades: Los sensores, actuadores y otros componentes electrónicos pueden integrarse directamente en componentes impresos en 3D, lo que facilita la creación de sistemas mecatrónicos más compactos y eficientes.

La fabricación aditiva, como la impresión 3D, ha transformado la forma en que se desarrollan y fabrican componentes mecánicos en sistemas mecatrónicos. Esta tecnología ofrece ventajas significativas en términos de diseño, personalización, eficiencia y flexibilidad, y su adopción continúa creciendo en una amplia gama de industrias. Esto promete un futuro emocionante para la mecatrónica y la fabricación de componentes avanzados.

Energías Renovables y Sostenibilidad: La búsqueda de sistemas mecatrónicos más sostenibles y amigables con el medio ambiente se refleja en la tendencia hacia el desarrollo de tecnologías de energía renovable y la eficiencia energética. La tendencia hacia el desarrollo de sistemas mecatrónicos más sostenibles y amigables con el medio ambiente es una respuesta importante a los desafíos globales relacionados con el cambio climático y la sostenibilidad. Esto se refleja en el énfasis en el uso de tecnologías de energía renovable y la eficiencia energética en sistemas mecatrónicos. Aquí te presento cómo estas tendencias están contribuyendo a la sostenibilidad:

Energía Renovable: La transición hacia fuentes de energía renovable, como la solar, eólica, hidroeléctrica y de biomasa, está impulsando la necesidad de sistemas mecatrónicos para capturar, almacenar y utilizar esta energía de manera eficiente. Los sistemas de conversión de energía, como paneles solares y turbinas eólicas, a menudo incorporan componentes mecatrónicos para optimizar su rendimiento.

Almacenamiento de Energía: Los sistemas mecatrónicos desempeñan un papel clave en el almacenamiento de energía renovable, como baterías y sistemas de almacenamiento de calor. Estos sistemas permiten una distribución y uso más eficiente de la energía generada a partir de fuentes renovables, lo que ayuda a superar la variabilidad inherente a estas fuentes.

Eficiencia Energética: La mecatrónica desempeña un papel fundamental en la mejora de la eficiencia energética en una amplia gama de aplicaciones. Los sistemas mecatrónicos están diseñados para minimizar la pérdida de energía y optimizar el uso de recursos en máquinas, vehículos, edificios y procesos industriales.

Automatización Industrial Sostenible: En la industria, la automatización y la mecatrónica se utilizan para reducir el consumo de energía y los residuos. Esto se logra a través de la optimización de procesos, el control inteligente de maquinaria y la monitorización de datos en tiempo real para la toma de decisiones basada en la eficiencia energética.

Movilidad Sostenible: Los sistemas mecatrónicos están en el corazón de vehículos eléctricos, híbridos y de hidrógeno, que son fundamentales para la reducción de las emisiones de gases de efecto invernadero y la promoción de una movilidad más sostenible.

Edificios Inteligentes y Sostenibles: En la construcción de edificios, la mecatrónica se utiliza para la gestión eficiente de sistemas de climatización, iluminación, seguridad y energía. Los edificios inteligentes pueden adaptarse automáticamente a las condiciones ambientales y al comportamiento de los ocupantes para reducir el consumo de energía.

Monitoreo Ambiental: La mecatrónica también se emplea en la monitorización ambiental y la gestión de recursos naturales. Los sistemas mecatrónicos permiten la recopilación de datos en tiempo real sobre la calidad del aire, el agua y el suelo, lo que contribuye a la protección y conservación del medio ambiente.

La mecatrónica desempeña un papel esencial en la búsqueda de sistemas más sostenibles y amigables con el medio ambiente. La combinación de tecnologías de energía renovable y eficiencia energética en sistemas mecatrónicos contribuye a la reducción de la huella ambiental y al avance hacia un futuro más sostenible y resiliente desde el punto de vista energético y medioambiental.

Computación Cuántica y Procesamiento Avanzado: A medida que la computación cuántica y las capacidades de procesamiento avanzado se vuelven más accesibles, se espera un impacto significativo en la simulación y optimización de sistemas mecatrónicos complejos. La computación cuántica y el procesamiento avanzado son áreas de rápido desarrollo que tienen el potencial de tener un impacto significativo en la simulación y optimización de sistemas mecatrónicos complejos. Aquí se presentan algunas formas en que estas tecnologías están influyendo en el campo de la mecatrónica:

Simulación de Sistemas Complejos: Los sistemas mecatrónicos suelen ser intrincados y difíciles de simular con precisión utilizando hardware y software convencionales. La computación cuántica ofrece una nueva forma de abordar estos desafíos, ya que tiene el potencial de realizar simulaciones más rápidas y precisas de sistemas mecatrónicos complejos.

Optimización de Diseño: La optimización de diseños es fundamental en la mecatrónica, ya que se busca constantemente mejorar la eficiencia y el rendimiento de los sistemas. La computación cuántica y las técnicas de procesamiento avanzado pueden acelerar el proceso de optimización al permitir la exploración de un gran espacio de diseño de manera más eficiente.

Máquinas de Aprendizaje Cuántico: Las máquinas de aprendizaje cuántico son un área emergente de investigación que utiliza principios cuánticos para realizar tareas de aprendizaje automático de manera más rápida y eficiente que las computadoras clásicas. Estas técnicas pueden aplicarse a la optimización y el control de sistemas mecatrónicos.

Resolución de Problemas Complejos: La computación cuántica tiene la capacidad de resolver problemas complejos y computacionalmente intensivos que están más allá de las capacidades de las computadoras tradicionales. Esto puede ser especialmente valioso en la resolución de problemas mecatrónicos que involucran múltiples variables y restricciones.

Criptografía Cuántica para Seguridad: En sistemas mecatrónicos críticos, la seguridad de la comunicación y la protección contra amenazas cibernéticas son fundamentales. La criptografía cuántica ofrece un nivel de seguridad superior al aprovechar los principios de la mecánica cuántica, lo que puede ser esencial para proteger sistemas mecatrónicos avanzados.

Modelado de Materiales y Química Cuántica: En sistemas mecatrónicos que involucran materiales avanzados o procesos químicos, la simulación a nivel cuántico puede ser esencial para comprender y optimizar el comportamiento de los materiales y las reacciones químicas.

Es importante tener en cuenta que tanto la computación cuántica como las técnicas de procesamiento avanzado están en una etapa temprana de desarrollo y adopción. A medida que estas tecnologías maduren y se vuelvan más accesibles, es probable que tengan un impacto cada vez mayor en la mecatrónica, permitiendo la simulación más precisa y la optimización de sistemas mecatrónicos avanzados.

Tecnología Médica y de Salud: La mecatrónica está desempeñando un papel crucial en el avance de dispositivos médicos, robótica quirúrgica y sistemas de telemedicina. Absolutamente, la mecatrónica está desempeñando un papel fundamental en el avance de la tecnología médica y de salud. Esta disciplina combina la mecánica, la electrónica, la informática y la automatización para diseñar sistemas y dispositivos que tienen aplicaciones significativas en el campo médico. A continuación, se presentan algunas de las áreas clave en las que la mecatrónica está teniendo un impacto:

Dispositivos Médicos: La mecatrónica se utiliza en el diseño y desarrollo de una amplia variedad de dispositivos médicos, como prótesis, marcapasos, bombas de infusión, dispositivos de diagnóstico por imagen y equipos de rehabilitación. Estos dispositivos mejoran la calidad de vida de los pacientes y facilitan el trabajo de los profesionales de la salud.

Robótica Quirúrgica: Los sistemas mecatrónicos se emplean en la robótica quirúrgica, donde los robots asisten a los cirujanos en procedimientos mínimamente invasivos y precisos. Esto permite una mayor precisión y menor invasión en cirugías, lo que conduce a una recuperación más rápida de los pacientes.

Telemedicina: La telemedicina utiliza tecnología mecatrónica para facilitar la atención médica a distancia. Los dispositivos de telemedicina permiten la monitorización de pacientes en tiempo real y la realización de consultas médicas a través de videoconferencias, lo que es especialmente importante en áreas remotas o para el seguimiento de enfermedades crónicas.

Prótesis y Exoesqueletos: La mecatrónica se utiliza en el desarrollo de prótesis avanzadas y exoesqueletos que mejoran la movilidad y la calidad de vida de personas con discapacidades físicas. Estos dispositivos pueden adaptarse de manera más precisa a las necesidades individuales de los usuarios.

Diagnóstico y Monitorización: Los dispositivos mecatrónicos se utilizan en equipos de diagnóstico por imagen, monitores de signos vitales y dispositivos de seguimiento de la salud. Estos sistemas proporcionan información crucial para el diagnóstico y la toma de decisiones médicas.

Rehabilitación: Los sistemas mecatrónicos se emplean en equipos de rehabilitación, como dispositivos de terapia física y ocupacional. Ayudan a los pacientes a recuperarse después de lesiones o cirugías y a mejorar su funcionalidad.

Farmacología y Entrega de Medicamentos: La mecatrónica también se utiliza en la automatización de laboratorios farmacéuticos y en sistemas de entrega de medicamentos precisos, como bombas de infusión y dispositivos de administración de medicamentos.

Equipos de Laboratorio y Análisis: En el ámbito de la investigación médica y el diagnóstico, la mecatrónica se utiliza en equipos de laboratorio automatizados, como espectrofotómetros, equipos de PCR y sistemas de análisis de sangre.

La mecatrónica no solo contribuye a la mejora de la atención médica, sino que también puede tener un impacto económico significativo al reducir costos y aumentar la eficiencia en la industria de la salud. Esta convergencia de tecnologías ha llevado a avances notables en la prevención, el diagnóstico y el tratamiento de enfermedades, y se espera que continúe impulsando la innovación en el campo médico en el futuro.

Robótica Blanda y Biomimética: La investigación en robótica blanda, inspirada en la biología, busca crear robots más flexibles y adaptables para aplicaciones en entornos cambiantes y delicados. La robótica blanda y la biomimética son dos campos de investigación interconectados que buscan desarrollar robots más flexibles, adaptables y eficientes tomando inspiración de la biología y los organismos vivos. Estas áreas tienen un gran potencial para aplicaciones en entornos cambiantes y delicados. Aquí hay más información sobre estas tendencias:

Robótica Blanda:

Flexibilidad y Adaptabilidad: A diferencia de los robots rígidos convencionales, los robots blandos están diseñados con materiales flexibles y elásticos que les permiten adaptarse a entornos complejos y cambiar de forma según las necesidades. Esto los hace ideales para aplicaciones en las que es importante evitar daños a objetos delicados o interactuar con seres vivos.

Biomecánica: Los investigadores en robótica blanda a menudo se inspiran en la biomecánica de organismos como pulpos, serpientes o insectos. Estos modelos biológicos sirven como fuente de inspiración para diseñar robots con capacidades de movimiento y manipulación sorprendentemente parecidas a las de los organismos naturales.

Aplicaciones Médicas: Los robots blandos tienen aplicaciones prometedoras en la medicina, como la cirugía mínimamente invasiva y la administración de medicamentos. Su flexibilidad y capacidad para navegar por tejidos delicados pueden reducir los riesgos y el tiempo de recuperación para los pacientes.

Robots de Exploración: En entornos no estructurados, como bajo el agua o en desastres naturales, los robots blandos pueden ser más efectivos que sus contrapartes rígidas. Pueden moverse a través de espacios estrechos, adherirse a superficies irregulares y evitar daños colisionando con obstáculos.

Biomimética:

Imitación de la Naturaleza: La biomimética se centra en el estudio y la imitación de los sistemas biológicos para resolver problemas y diseñar tecnología más eficiente. Esto puede incluir la mimetización de estructuras, procesos y estrategias adaptativas encontradas en la naturaleza.

Diseño Inspirado en la Naturaleza: La biomimética se ha aplicado en el diseño de robots que imitan características de animales, como alas de pájaros para vuelo eficiente o patas de insectos para una mejor movilidad en terrenos accidentados.

Aplicaciones en Medicina: La biomimética ha influido en la creación de prótesis y dispositivos médicos inspirados en la anatomía y la función de los órganos y tejidos naturales.

Sostenibilidad: La biomimética también se utiliza en el diseño de sistemas y productos más sostenibles, ya que la naturaleza a menudo proporciona modelos eficientes y soluciones para la conservación de recursos.

Ambos campos, la robótica blanda y la biomimética, están en constante evolución y ofrecen oportunidades emocionantes para mejorar la tecnología y abordar desafíos en una variedad de industrias, desde la atención médica hasta la exploración espacial y la sostenibilidad ambiental. La capacidad de crear robots y sistemas que se asemejen más a la naturaleza promete abrir nuevas posibilidades en la resolución de problemas y la innovación tecnológica.

Estos desafíos y tendencias reflejan la continua evolución de la mecatrónica y la integración de sistemas mecatrónicos en una amplia gama de aplicaciones, desde la industria manufacturera hasta la atención médica y la movilidad. Mantenerse al tanto de estas tendencias y abordar los desafíos de manera efectiva es esencial para el éxito en este campo en constante cambio.